Energieübertragung mit Gleichstrom hoher Spannung

Von

Karl Baudisch
Berlin-Siemensstadt

Unter Benutzung von Arbeiten von
M. Bosch, E. Janetschke, E. Rolf, P. Schnecke

Mit 199 Abbildungen

Springer-Verlag Berlin Heidelberg GmbH
1950

ISBN 978-3-642-50336-8   ISBN 978-3-642-50335-1 (eBook)
DOI 10.1007/978-3-642-50335-1

Alle Rechte,
insbesondere das der Übersetzung in fremde Sprachen, vorbehalten.

Copyright 1950 by Springer-Verlag Berlin Heidelberg

Ursprünglich erschienen bei Springer Verlag OHG. Berlin/Göttingen/Heidelberg 1950.

Vorwort.

Das stetige Anwachsen des Bedarfes an elektrischer Energie führte seit der denkwürdigen ersten Hochspannungsübertragung mit 20 kV von Laufen nach Frankfurt a. M. (1891) zu einer Weiterentwicklung der Drehstromübertragung bis 220 kV. Es wurde die Anlage Big Creek— Los Angeles im Jahre 1920 mit dieser Spannung betrieben und in den Jahren 1923 bis 1929 die Rheinlandleitung geschaffen, die die Alpenwasserkräfte mit den Dampfkraftwerken des Ruhrgebietes verbindet. Die Übertragung Boulder Dam nach Los Angeles erforderte die Verwendung noch höherer Spannungen, und so wurde im Jahre 1936 diese Übertragung mit 287 kV in Betrieb genommen, die im ersten Ausbau für eine Übertragungsleistung von 240 MW über eine Entfernung von 430 km ausgelegt war. Die Betriebssicherheit dieser Drehstromübertragungen erreichte ein hohes Ausmaß, gestützt auf eine sorgfältige Weiterentwicklung des elektrotechnischen Materials.

Die Schaffung von Rohstoffwerken mit ihrem hohen spezifischen Energieverbrauch, z. B. für die synthetische Erzeugung von Kautschuk, für die elektrolytische Gewinnung von Leichtmetallen, für die Kohlehydrierung zur Treibstoffgewinnung, erforderte Werke, die allein mehrere 100000 kW aufnehmen. Der Standort der Energiequellen, ganz gleich, ob es sich um Kohlenreviere oder Wasserkräfte handelt, fiel häufig nicht mit den Verbrauchszentren zusammen, und so stand man entweder vor der Notwendigkeit, die Brennstoffe über weite Entfernungen zu transportieren oder über Hochleistungsstränge die elektrische Energie auf weite Entfernungen zu übertragen. Bei der sich in den letzten Jahren abzeichnenden allgemeinen industriellen Entwicklung mußte man sich daher vorausblickend nach noch leistungsfähigeren Übertragungssystemen umsehen, und es war naheliegend, das bewährte Drehstromsystem zunächst durch eine weitere Steigerung der Betriebsspannung leistungsfähiger zu gestalten. So haben die Großfirmen das elektrotechnische Material so weit entwickelt, daß heute Drehstromübertragungen mit einer Spannung von 400 kV gebaut werden können. Die hierfür erforderlichen Großtransformatoren – in Einphaseneinheiten aufgelöst – werden sich zu Drehstromeinheiten von 200 bis 300 MVA Leistungsfähigkeit zusammenstellen und Schalter für 400 kV und Abschaltleistungen der Größenordnung 5000–6000 MVA schaffen lassen. Ebenso dürfte der Bau der Freileitungen für diese Spannungen vom technischen

Gesichtspunkt aus sichergestellt sein. Die Untersuchungen über die Leistungsfähigkeit des Drehstromsystems bei 400 kV zeigen jedoch, daß man auch hier auf verhältnismäßig enge Grenzen stößt. Man wird über eine Einfachleitung mit Hohlseilen nach dem heutigen Stande der Technik kaum mehr als 400 MW über eine Entfernung von 400 km übertragen können. Für Weitübertragungen von 1000 und mehr km, wie sie häufig erörtert wurden, sind bei Verwendung des Drehstromsystems teure zusätzliche Einrichtungen zur Kompensation der Leitungen erforderlich, die die Wirtschaftlichkeit des Drehstromsystems einschränken. Außerdem darf nicht außer acht gelassen werden, daß die Koronaerscheinungen einer weiteren Erhöhung der Spannung zunächst Einhalt gebieten, so daß dieses Übertragungssystem hiermit an der Grenze seiner Leistungsfähigkeit angelangt sein dürfte.

Es fehlte seit Jahren nicht an Fachleuten, die sich mit dem Studium anderer Übertragungssysteme befaßten; hier zeichnete sich die Möglichkeit einer Weitübertragung mit Gleichstrom als die aussichtsreichste Hochleistungsübertragung der Zukunft ab. Die fruchtbare und schnelle Entwicklung der Stromrichtertechnik versprach, die hierzu erforderlichen Drehstrom-Gleichstrom-Umformer bereitzustellen, und so haben sich führende Firmen des In- und Auslandes durch Erstellung von Großversuchsanlagen die Hilfsmittel zur Erforschung der Eigenschaften der Gleichstrom-Hochspannungsübertragung geschaffen. Wenn diese Arbeiten auch noch ständig im Fluß sind und noch viele Probleme einer Klärung bedürfen, so zeichnet sich doch immer deutlicher die Möglichkeit zur Verwirklichung von Gleichstrom-Hochspannungsübertragungen ab und damit die Möglichkeit zu einer Verkabelung unserer Hochleistungsstränge mit all ihren Vorteilen. Eine Verkabelung bei Drehstrom erscheint hiergegen wegen der Notwendigkeit der Kompensation der hohen kapazitiven Ladeleistungen der Kabel ausgeschlossen. Es dürfte daher von Interesse sein, über die in den letzten Jahren auf dem Gebiete der Gleichstrom-Hochspannungsübertragung geleisteten Entwicklungsarbeiten zusammenfassend zu berichten.

Der Verfasser stützt sich hierbei auf Arbeiten, die bei den Siemens-Schuckert-Werken vor allem in den Jahren 1937 bis 1945 geleistet wurden und zur ersten unter praktischen Verhältnissen arbeitenden 100 kV-Gleichstromübertragung führten. Leider mußten infolge der Zeitereignisse noch viele Fragen offen bleiben. Trotzdem erscheinen die Ergebnisse von solcher Bedeutung, daß sie allgemeines Interesse beanspruchen. Die Versuche bei den Siemens-Schuckert-Werken erfreuten sich der weitgehenden Förderung durch Herrn Direktor Dr.-Ing. e. h. R. BINGEL †. Sie wurden vom Stromrichterwerk der Siemens-Schuckert-Werke in Zusammenarbeit mit der Berliner Licht- und Kraft-A.G. durchgeführt. Die Konstruktion und Prüfung der Stromrichtersätze lag in den Händen von Dr.-Ing. M. BOSCH, die Klärung ihrer physikalischen Probleme bei Dr. M. STEENBECK. Die Projektierung der Anlagen wurde von Dipl.-Ing. E. JANETSCHKE und Dr.-Ing. P. SCHNECKE in Verbindung mit der Abteilung Zentralen, insbesondere Dr.-Ing. v. MANGOLDT und Dr.-Ing. BUSEMANN durchgeführt. Dr.-Ing. E. ROLF hat sich besonders um die Stabilitätsfragen der Wechselrichter und um die theoretische Behandlung der Kondensatorschalter bemüht. Direktor Dr. phil. H. KERSCHBAUM und Dr.-Ing. A. SIEMENS setzten sich für die Fertigung der Stromrichter ein. Die bei der Entwicklung von Kabeln zur Gleichstromübertragung auftretenden Fragen wurden vom Höchstspannungslaboratorium des Kabelwerkes der SSW bearbeitet. Bei der Größe der vorliegenden Aufgabe konnte nur eine größere Arbeitsgemeinschaft mit der Durchführung betraut werden. Der Verfasser, der in den Jahren 1941 bis 1944 als Leiter der technischen Abteilungen des Stromrichterwerkes mit dieser Arbeitsgemeinschaft verbunden war, kann nur dankbar feststellen, daß sich alle Beteiligten zum Teil unter schwierigsten Verhältnissen für die Klärung der auftretenden Probleme einsetzten.

Es ist nicht die Absicht dieser Schrift, auf eine gegenseitige Wertung der Drehstrom- und Gleichstrom-Hochleistungsübertragung einzugehen, da die Entwicklung beider Systeme noch sehr im Fluß ist und sich die Bewertungsgrundlagen noch recht erheblich ändern können. Außerdem spielen bei dem Bau so wichtiger Übertragungen die verschiedenartigsten Gesichtspunkte mit, die weit über technische Überlegungen hinausgehen können. Es soll im wesentlichen gezeigt werden, welchen Stand die Entwicklung der Gleichstromübertragung erreicht hat, um weitere Kreise mit deren Eigenheit vertraut zu machen und zu einer Klärung der noch zahlreichen offenen Fragen anzuregen. Ein Schrifttumsverzeichnis, das auch neuere Arbeiten über die Drehstromübertragung mit umfaßt, allerdings keinen Anspruch auf Vollständigkeit erhebt, diene als Wegweiser für ein tieferes Eindringen. Dem Verlag sei besonders für die sorgfältige Herausgabe gedankt.

Berlin-Siemensstadt, im Januar 1950.

K. Baudisch.

Inhaltsverzeichnis.

Seite

Einleitung 1

I. Das grundsätzliche Verhalten einer Gleichstromübertragung mit Stromrichtern 6
   1. Die Spannungscharakteristik einer Gleichstrom-Konstantspannungsübertragung 7
   2. Übertragung bei gleichen Transformator-Leerlaufspannungen unter Berücksichtigung des Leitungswiderstandes 19
   3. Übertragung bei ungleichen Transformator-Leerlaufspannungen . 23
   4. Zahlenbeispiel für eine Übertragung von 100 MW bei 400 kV über 1000 km 26
   5. Trittgrenze des Wechselrichters bei symmetrischer und unsymmetrischer Absenkung im gespeisten Netz 33

II. Regelung der Übertragung bei langsam verlaufenden Änderungen der Betriebsgrößen 38
   1. Frequenz und Spannungshaltung 39
   2. Belastungsart der Übertragung 42
   3. Regelung auf der Wechselrichterseite 45
   4. Regelung auf der Gleichrichterseite 51
   5. Regelung auf der Gleichrichterseite bei konstantem Strom bzw. Blindstrom 54
   6. Regelung auf der Gleichrichterseite und Kompoundierung der Wechselrichterseite 66

III. Über die Stabilität eines Drehstromnetzes, das durch einen Wechselrichter gespeist wird 70
   1. Takthaltung durch Synchronmaschinen 70
   2. Belastung des Wechselrichters durch synchrone und Ohmsche Verbraucher, Takthaltung durch Synchronmaschine 77

IV. Schaltung der Gleich- und Wechselrichter 85
   1. Die Beanspruchung der Stromrichtergefäße 85
   2. Die Stromrichtertransformatoren 100
   3. Die Spannungsbeanspruchung innerhalb der Brückenschaltung . 109
   4. Die Brückenschaltung 116

V. Stromrichter 123
   1. Die Ausgangsbasis für die Entwicklung von Quecksilberdampf-Höchstspannungs-Stromrichtern 123
   2. Einanodige Quecksilberdampf-Höchstspannungs-Stromrichter . . 129
   3. Aufbau der Stromrichtergerüste und Hilfsbetriebe 142
   4. Die Gittersteuerung für die Stromrichter 147
   5. Mehranodige Quecksilberdampf-Höchstspannungs-Stromrichter . . 150
   6. Die Reihenschaltung gleichzeitig kommutierender Gefäße . . . 152
   7. Der Lichtbogen-Stromrichter 158

Inhaltsverzeichnis.

Seite

VI. Die Leitungen 167
   1. Freileitungen 169
   2. Kabel 186

VII. Das Schaltproblem 200
   1. Die Zwangskommutierung der Stromrichter 203
   2. Die Wirkungsweise des Kondensatorschalters 207
   3. Der Reihenkondensatorschalter 209
      a) Freileitung mit überwiegend induktivem Widerstand 210
      b) Kabel mit überwiegend kapazitivem Widerstand 210
      c) Die mathematische Behandlung des vereinfachten Ersatzschaltbildes 212
        1. Der Übernahmeabschnitt S. 215. — 2. Der Abschaltabschnitt S. 217. — 3. Rein Ohmsche Dämpfungsimpedanz S. 220. — 4. Rein induktive Dämpfungsimpedanz S. 227. — 5. Gemischte Dämpfungsimpedanz S. 233. — 6. Induktivität vor dem Hilfsgefäß S. 233. — 7. Das Abschalten von Störungen S. 242.
   4. Der Parallelkondensatorschalter 247

VIII. Versuchsanlagen 258
   1. Versuchsfeldanlagen 259
      a) Modellübertragung der SSW für 75 kV, 4 A mit Glühkathodenstromrichtern in Brückenschaltung 259
      b) Prüf- und Versuchsfelder 261
   2. Versuchsübertragungsanlagen 264
      a) Die Versuchsübertragungsanlage Charlottenburg–Moabit der SSW 265
      b) Die Versuchsanlage Elbe—Berlin 283
      c) Die Übertragung von Wettingen nach Zürich der BBC 287
      d) Die Großversuchsanlage in Bodio der BBC 289
      e) Die Versuchsanlage Trollhättan—Mellerud der ASEA 291
      f) Versuchsanlagen mit Lichtbogen-Stromrichtern 292

IX. Anordnung der Stromrichterstationen 296

Schrifttumsverzeichnis 302

Sachverzeichnis 308

Einleitung.

Betrachtet man die Entwicklung des elektrischen Energieverbrauches der führenden Industrieländer, so wird man im großen gesehen feststellen, daß eine allmähliche Steigerung in den letzten Jahrzehnten stattgefunden hat und die von mancher Seite befürchtete Sättigung in keiner Weise festzustellen ist. So zeigt Abb. 1 die Energieerzeugung in Deutschland in den Jahren 1900 bis 1937. Der in den letzten Jahren schärfere Anstieg hatte seine tieferen Gründe in der fortschreitenden Entwicklung der Industrie an sich und insbesondere der Herstellungsverfahren von Mangelrohstoffen, wie: Buna, Aluminium, Magnesium, Benzin, Zellwolle u. a. Dabei handelt es sich zum Teil um besonders große Verbraucher.

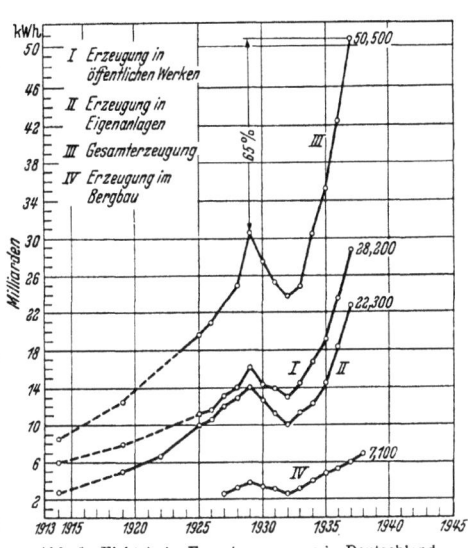

Abb. 1. Elektrische Energieerzeugung in Deutschland.

So sind einzelne Industriewerke mit einer Leistung von mehreren 100000 kW keine Ausnahme mehr. Braucht man doch z. B. zur Herstellung von

1 t Buna . . . . etwa 40000 kWh,
1 t Aluminium . . . . . etwa 20000 kWh.

Es entstand in erhöhtem Maße die Notwendigkeit, bei höchster Betriebssicherheit und Wirtschaftlichkeit, große Energiebeträge bereitzustellen, die zum Verbundbetrieb zwangen, wobei der Standort der Energie und der Verbraucher keineswegs immer zusammenfiel. Die Elektrowirtschaft wurde also vor die Aufgabe gestellt, mit leistungsfähigen Übertragungsanlagen eine sichere Versorgung wichtigster Industriezentren zu schaffen und nach Möglichkeit auch die ohnehin stark beanspruchten Verkehrssysteme von dem Brennstofftransport zu entlasten.

Wenn man bedenkt, daß mit einer Drehstromdoppelleitung des bisher bewährten 220 kV-Systems etwa 200 MW über eine Entfernung von 400 bis 600 km übertragen werden können, so muß dies bei den Anforderungen der Verbraucher als bescheidene Leistung angesprochen werden. Man versuchte daher durch Schaffung von 400 kV-Anlagen die Leistungsfähigkeit des Drehstromsystems zu steigern, ohne indessen für die Einfachleitung mit Bündelleitern über 600 MW und etwa die gleiche Entfernung hinauszukommen. Es mußten daher bei der sich abzeichnenden allgemeinen Entwicklung Zweifel entstehen, ob mit dem Drehstromsystem sich künftige noch größere Aufgaben wirtschaftlich lösen lassen.

So sind verschiedentlich immer wieder Weitübertragungen diskutiert worden, die über die bisher ausgeführten Anlagen wesentlich hinausgehen, wie:

Angara—Kusnezk . . . . 1100 km
Himalaya—Verbrauchszentren . . . 1500 km
Kuibischew—Moskau . . . . 900 km
Norwegen—Deutschland . . . . . . 1500 km
Rio Jgeuassu—Buenos Aires . . . . . 1200 km
Viktoria Falls—Rand Mines . . . . . 1100 km
u. a.

Bei diesen Projekten wird es sich im wesentlichen darum handeln, die Energie vom Entstehungsort zu einem Verbrauchszentrum auf eine weite Entfernung zu übertragen. Darüber hinaus kann man aber in hochindustrialisierten Gebieten durch Schaffung einer Höchstspannungssammelschiene Ausweichmöglichkeiten im Sinne einer Verbundwirtschaft schaffen, so daß im Notfalle die Energie selbst über größere Umwege unter allen Umständen durch die Leitungen zum Verbrauchsort gebracht wird. Man wird dabei bestrebt sein, die bei der Wechselstromübertragung sich ergebenden Schwierigkeiten des Synchronlaufes durch asynchrone Gestaltung zu vermeiden. Diese Eigenschaft besitzt das Gleichstromsystem an sich. Bei den sich hier abzeichnenden volkswirtschaftlich bedeutsamen Aufgaben muß die Forderung nach höchster Wirtschaftlichkeit und Betriebssicherheit besonders betont werden. Bei der bisherigen Gestaltung der Eisenbahntarife konnten der Kohlentransport und der Transport der elektrischen Energie über Fernleitungen nebeneinander bestehen. Durch eine Verbilligung der elektrischen Übertragung würde der Gesichtspunkt einer weitgehenden Entlastung unserer Transportsysteme von den Brennstofftransporten nur gefördert werden können. Man wird dieser Überlegung aber nur dann weiteren Spielraum einräumen, wenn die elektrische Übertragung höchste Sicherheit gewährleistet. Dies kann trotz der hohen Betriebssicherheit hochisolierter Freileitungen in gesteigertem Maße nur durch eine Verkabelung der Leitungsstränge erwartet werden. Denn hierdurch werden die Leitungen den atmosphärischen Einflüssen und ebenso der Möglichkeit mechanischer Beschädigungen entzogen, Vorteile, die im Zeitalter des Luftverkehrs über rein wirtschaftliche Überlegungen hinaus für die Wahl des Übertragungssystems entscheidend werden können. Sind doch bei Wasserkräften in den Alpen durch enge Täler zwei oder drei 400 kV-Leitungen nötig, um die anfallende Energie weiter zu übertragen. Bei den Abmessungen einer 400 kV-Freileitung lassen sich diese Leitungsstränge häufig in einem Tal nicht mehr unterbringen. Auch aus diesen Gesichtspunkten heraus wäre eine Gleichstromübertragung mit Kabel von besonderem Vorteil. Nicht zuletzt ließen sich dann auch die weiten Wälderausholzungen, die die Freileitungen erfordern, vermeiden.

Das Problem der Hochleistungsübertragung mit Gleichstrom hoher Spannung läßt sich nach dem Gesagten wie folgt zusammenfassen:

Erzeugung der Energie wie bisher in Wechselstromkraftwerken,

Umformung der Energie in hochgespannten Gleichstrom von mindestens 200 bis 400 kV Gleichspannung gegen Erde bzw. der doppelten Außenleiterspannung bei geerdeter Mitte,

Übertragung der Energie möglichst mit Kabel,

Rückumformung der Gleichstromenergie in Drehstrom von 200, 100 oder 60 kV, je nach dem Wirkungsbereich des sekundär versorgten Netzes. Diese Rückumformung wird sich zum Teil bei der direkten Verwendung des hochgespannten Gleichstroms für thermische Zwecke vermeiden lassen, vielleicht auch in zukünftigen Anlagen für elektro-chemische Prozesse.

Auf alle Fälle wird die sekundäre Verteilung wieder mit Wechselstrom vorgenommen werden. Hierfür muß die Blindleistung des Sekundärnetzes einschließlich der am Ende der Leitung erforderlichen Umformer besonders aufgebracht werden. Hierin besteht kaum ein Unterschied gegenüber der kompensierten Wechselstromfernleitung, die man aus wirtschaftlichen Gründen mit $\cos \varphi = 1$ betreiben wird, so daß die Blindleistung des Sekundärnetzes auch dort besonders aufgebracht werden muß.

Die Anforderungen, die an eine Gleichstromleitung im einfachsten Falle gestellt werden müssen, bestehen im Heranbringen der Energie von einem entfernten Anfallsort zur Verbrauchsstelle. Diese Art der Übertragung könnte ohne jede Schaltmittel in der Gleichstromleitung betrieben werden. Man wird jedoch nahezu stets damit zu rechnen haben, daß Zwischenstationen notwendig sind, und diese Anzapfstellen der Hauptleitung werden dann besondere Schaltmittel erfordern. Mechanische Schalter, die diese Aufgabe bewältigen können, sind nicht bekannt. Man wird also bei Verwendung des Gleichstromsystems vor die Notwendigkeit gestellt, der sehr schwierigen Frage der Unterbrechung hochleistungsfähiger Gleichstromkreise näherzutreten. Auch hierfür zeichnen sich Möglichkeiten bereits ab. Die Gleichstromübertragung stellt damit der Technik folgende drei Aufgaben:

1. Die Schaffung von Wechselstrom-Gleichstrom-Umformern zur Herstellung des hochgespannten Gleichstroms und von Wechselrichtern zur Rückumformung in Drehstrom;

2. die Schaffung hochausgenutzter billiger Gleichstromkabel, die allen elektrischen Beanspruchungen im System gewachsen sind und auch mechanisch den verschiedensten Anforderungen standhalten;

3. die Schaffung von Gleichstromschaltern.

Die Übertragung selbst muß allen billigen Anforderungen hinsichtlich Überlastbarkeit und Stabilität genügen und sich in den Betrieb der vorhandenen Drehstromnetze zwanglos einfügen.

Die Vorteile, die eine Gleichstromübertragung bietet, wurden zum Teil frühzeitig erkannt, und es fehlte nicht an ernsthaften Versuchen, dieses Übertragungssystem technisch weiterzuentwickeln. Bei den verhältnismäßig geringen Leistungen und Entfernungen, die bei der Einführung der ersten Kraftübertragungsanlagen zu bewältigen waren, zeigten sich indessen schon damals die Schwierigkeiten, die einer allgemeinen Einführung entgegenstanden, Mängel, die das Drehstromsystem innerhalb der damaligen Anwendungsgrenzen nicht besaß. Es war beim Gleichstromsystem, um auf wirtschaftliche Übertragungsspannungen zu gelangen, notwendig, zu einer Reihenschaltung zahlreicher Maschinen zu schreiten und die Übertragung mangels brauchbarer Gleichstromschalter nach dem Konstantstromsystem durchzuführen. Die erste bemerkenswerte Gleichstromübertragung wurde 1906 von THURY errichtet. Sie wurde mit einer Spannung von 125 kV betrieben, wobei auf der Strecke Moûtiers nach Lyon 20000 kW übertragen wurden. Erst mit der Entwicklung der Stromrichtertechnik gewann die Gleichstromübertragung drei Jahrzehnte später wieder erhöhtes Interesse; so hat die GEC eine Versuchsübertragung von 5000 kW mit einer Gleichspannung von 30 kV über 27 km unter Verwendung von Glühkathodenstromrichtern im Jahre 1935 betrieben. Mit Rücksicht auf die Empfindlichkeit der Glühkathoden gegen Überlastungen wurde auch diese Anlage nach dem Konstantstromsystem gebaut. Sie ist von WILLIS, BEDFORD und ELDER in der G. E.-Rev. 1935, S. 105, beschrieben. Alle weiteren Arbeiten in dieser Richtung versuchten aus naheliegenden Gründen das Konstantspannungssystem zu entwickeln, das sich zwanglos in unsere Drehstrom-Hochspannungsanlagen einfügt. Es wurde durch BBC für die Schweizer Landesausstellung 1939 eine Gleichstrom-Konstantspannungsübertragung von 500 kW mit Quecksilberdampf-

Stromrichtern mit 50 kV von Wettingen nach Zürich durchgeführt. Etwa zur gleichen Zeit entstand eine Versuchsanlage der SSW mit Glühkathodenstromrichtern in Brückenschaltung für 75 kV, 300 kW, und schließlich konnte 1944 in Zusammenarbeit zwischen den SSW und der Bewag Berlin die erste unter praktischen Bedingungen arbeitende Großversuchsanlage mit einanodigen Quecksilberdampf-Stromrichtern in Brückenschaltung zwischen den Kraftwerken Moabit und Charlottenburg in Probebetrieb genommen werden. Darüber hinaus wurde im Einvernehmen zwischen AEG und SSW einerseits und den Elektrowerken und der Bewag andererseits der Bau einer Großversuchsübertragung vom Kraftwerk Elbe (Dessau) aus zur Speisung des Berliner Hochspannungsringes mit einer Übergabestation in Marienfelde in Angriff genommen. Diese Übertragung war für 400 kV Außenleiterspannung mit einer ersten Leistungsstufe von 60 MW vorgesehen und nach dem Konstantspannungssystem für Kabelübertragung ausgelegt. Die Errichtung der Anlage sollte mit Reichsmitteln erfolgen. Sie konnte jedoch infolge der Zeitereignisse nicht mehr in Betrieb genommen werden. Parallel zu diesen Anlagen, die mit Quecksilberdampf-Stromrichtern ausgerüstet wurden, entwickelte E. MARX den Lichtbogen-Stromrichter.

Auch das Ausland hat sich mit der Errichtung von Gleichstrom-Hochspannungs-Versuchsanlagen eingehend befaßt, ein Zeichen, wie hoch man die Notwendigkeit einer weiteren Ausgestaltung unserer Hochleistungsübertragungen über weite Entfernungen einschätzte.

I. Das grundsätzliche Verhalten einer Gleichstromübertragung mit Stromrichtern.

Die wichtigste Voraussetzung für die Verwirklichung einer Gleichstrom-Hochspannungsübertragung ist die Schaffung einwandfrei arbeitender Drehstrom-Gleichstrom- und Gleichstrom-Drehstrom-Umformer für die in Frage kommenden hohen Spannungen und Leistungen. Bei den beschränkten Leistungen und Spannungen, für die sich Gleichstrommaschinen bauen lassen, müßte eine große Zahl parallel und in Reihe geschalteter Maschinen verwendet werden, ein Weg, der für die heutigen Erfordernisse einer Großkraftübertragung aus wirtschaftlichen und betriebstechnischen Gründen ausgeschieden werden kann.

Unter den verschiedenen vorgeschlagenen Wegen erscheinen heute die Stromrichter als aussichtsreichste Bewerber für eine befriedigende Lösung der Umformerfrage und hier besonders die auf eine in den letzten zwei Jahrzehnten geradezu stürmische Entwicklung zurückblickenden Quecksilberdampf-Stromrichter. Außerdem hat, besonders für den Betrieb mit hohen Spannungen und Leistungen, E. MARX versucht, den Lichtbogen-Stromrichter zu entwickeln, der für das hier zur Diskussion stehende Problem hinsichtlich Schaltung und Regelverhalten von dem der Quecksilberdampf-Stromrichter nicht im Grundsätzlichen abweicht. Wenn wir daher unseren Betrachtungen Quecksilberdampf-Stromrichter zugrunde legen, so wird das Verhalten der Übertragung bei Ausrüstung mit Lichtbogen-Stromrichtern und verwandten Umformern im wesentlichen mit erfaßt. Um den schnellen Gang der Entwicklung festzuhalten, sei festgestellt, daß man vor etwa 15 Jahren Quecksilberdampf-Stromrichter mit verhältnismäßig hoher Spannung im allgemeinen nur zur Versorgung von Großrundfunksendern bei Spannungen bis zu 20 kV und Leistungen von etwa 1000 bis 2000 kW einsetzte. Es erschien damals durchaus fraglich, bis zu welcher Spannung und Leistung man überhaupt Quecksilberdampf-Stromrichtergefäße würde entwickeln können. Es wurden deshalb verschiedene Wege eingeschlagen, um die Grenzleistungen kennenzulernen. So hat BBC zunächst mit mehranodigen Quecksilberdampf-Stromrichtern bei Leistungen von etwa 2000 kW Spannungen bis 50 kV erreicht. Andere Firmen folgten diesem Entwicklungsweg. Die SSW haben in folgerichtiger Entwicklungsarbeit frühzeitig auch für das Niederspannungsgebiet versucht, mit der Einführung von Einanodengefäßen sowohl höhere Ströme wie Spannungen je Anode zu erreichen, ausgehend von der grundsätzlichen Überlegung, daß die Vermeidung des von Anode zu Anode im gemeinsamen Gefäß umlaufenden Lichtbogens zu einer günstigeren Beherrschung der zugehörigen Dampfströmungsverhältnisse in den Gefäßen führen müßte. In der Tat ließen sich bei Niederspannungsgefäßen die je Anode beherrschbaren Ströme um mindestens 50% steigern, ohne daß damit eine eindeutige Leistungsgrenze gekennzeichnet sein soll, und bei entsprechender Ausbildung des Entladungsraumes Spannungen von 100 bis 200 kV je Gefäß erreichen. Wir werden daher zunächst diese einanodigen Gefäße unseren Betrachtungen zugrunde legen, sie zunächst als vollkommen durchgebildet voraussetzen und erst nach Kenntnis der allgemeinen Eigenschaften, die die Gleichstromübertragung besitzt, aus deren Sonderanforderungen heraus auf die Gefäße und den Stand der von ihnen erreichten Entwicklung eingehen. Die Gefäßfrage ist schließlich nicht von der der Schaltung zu trennen. Bei der umfangreichen Literatur, die heute über das Gebiet der Steuerung und Regelung der Quecksilberdampf-Stromrichter besteht, können wir die Grundgesetze dieser Technik als bekannt voraussetzen. Wir wollen nur so weit hierauf eingehen, als es für die Betrachtung der hier interessierenden Fragen notwendig ist.

1. Die Spannungscharakteristik einer Gleichstrom-Konstantspannungsübertragung.

Abb. 2 zeigt die Schaltung einer einfachen Gleichstromübertragung zwischen den Kraftwerken *I* und *II*. Die Generatoren des Kraftwerkes *I* arbeiten über die zugehörigen Transformatoren oder Transformatorensätze auf die Gleichrichtereinheit *Gl*, die aus gesteuerten Quecksilberdampf-Stromrichtern bestehen soll. Der Gleichstrom gewünschter Höhe

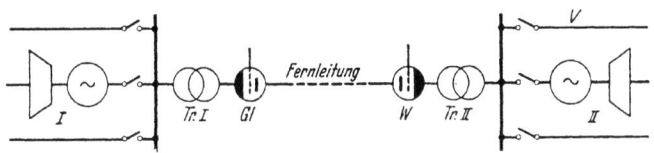

Abb. 2. Grundschaltung einer Gleichstromübertragung.

und Spannung wird über die Fernleitung zu dem Wechselrichter *W* geführt, der über den Transformator *II* das vom Kraftwerk *II* mitversorgte Verbrauchernetz *V* speist. Da die Kraftwerke *I* und *II* über eine Gleichstromleitung verbunden sind, haben wir es mit einer asynchronen Netzkupplung zu tun. Strom und Spannung auf der Leitung sind in Phase, das für die Drehstromübertragung bestehende Stabilitätsproblem, das durch die Phasendrehung der Anfangsspannung entlang der

8 Grundsätzliches Verhalten einer Gleichstromübertragung mit Stromrichtern.

Leitung gegeben ist, entfällt. Es tritt nun die Frage auf, nach welchen Gesetzen ein Leistungstransport von I nach II bewerkstelligt werden kann, welche Größen für die Charakteristik der Übertragung, für ihre Überlastbarkeit usw. maßgebend sind und welche Regelbedingungen einzuhalten sind, falls ein ungestörter Betrieb innerhalb vorgeschriebener Leistungs- und Spannungsgrenzen eingehalten werden soll. Dazu ist es notwendig, zunächst auf die Eigenschaften der Gleich- und Wechselrichter näher einzugehen.

In Abb. 3 sind drei einanodige Quecksilberdampf-Stromrichtergefäße an die sekundäre Sternwicklung eines 3 Phasen-Stromrichter-Transformators angeschlossen, der primär Dreieckschaltung besitzt und von einem Drehstromnetz gespeist wird. Wir können an Hand dieser Schaltung das grundsätzliche Verhalten eines Quecksilberdampf-Gleichrichters ableiten und auf einen Wechselrichter übertragen. Die Stromrichtergefäße besitzen in bekannter Weise die Anoden A aus Graphit, die an den Sekundärphasen des Transformators liegen, ferner je eine Quecksilberkathode, die zu einem gemeinsamen Sternpunkt zusammengeschlossen sind, und die Steuergitter St_G, die zwischen Kathode und Anode liegen. Da die getrennten Kathoden gemeinsames Potential haben, können sie auch zu einer

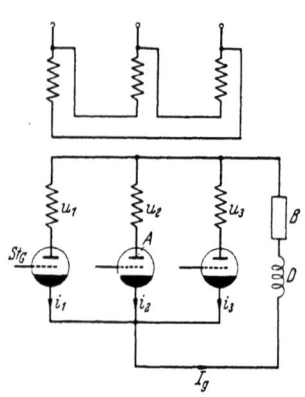

Abb. 3. Schaltung eines dreiphasigen Stromrichters.

vereinigt sein, die dann auf eine Reihe von Anoden arbeitet, was dem Prinzip der Mehranodengefäße entspricht. Der Raum, in dem die Elektroden untergebracht sind, besitzt ein Vakuum von etwa $1/1000$ mm Quecksilbersäule. Eine solche Anordnung läßt nur Strom durch, wenn die Anode positive Spannung führt (Ventilwirkung), bei negativer Anodenspannung verliert die Gasentladungsstrecke ihre Leitfähigkeit, und das Gefäß sperrt. Denken wir uns die Steuergitter St_G zunächst spannungslos, so führt jede Anode, falls die Belastung B eingeschaltet ist, so lange Strom, als sie die höchste Spannung gegenüber der Kathode besitzt, bei drei Anoden also während 120° el. Nehmen wir gemäß dem Diagramm Abb. 4 an, daß der Gleichrichter auf eine Belastung B mit hoher Induktivität (Kathodendrossel D) arbeitet, so kommutieren die Spannungen u_1, u_2, u_3 und die zugehörigen Anodenströme i_1, i_2, i_3 in der in Abb. 4 dargestellten Weise. Infolge der ausgleichenden Wirkung der Kathodendrossel sind die Phasenströme i_1, i_2, i_3 konstant, nur während der Stromübergabe von einer zur anderen Anode sinkt der Strom der ablaufenden Anode auf Null

Spannungscharakteristik einer Gleichstrom-Konstantspannungsübertragung. 9

und der der aufnehmenden Anode steigt bis zum vollen Wert des Gleichstromes J_g. Für diesen Vorgang ist eine endliche Zeit, die sogenannte Kommutierungszeit, notwendig, die von der Größe der Scheinwiderstände im kommutierenden Kurzschlußkreis abhängt. Da von diesem Kommutierungsvorgang das Spannungsverhalten der Stromrichter abhängt, soll näher darauf eingegangen werden. Vorher sei noch darauf hingewiesen, daß bei negativ geladenem Gitter und bei positiver Anode durch das Gefäß kein Strom fließen kann, da die von der Kathode ausgehenden Elektronen durch das negative Steuergitter von der Anode ferngehalten werden. Erst wenn man das Gitter während der positiven Halbwelle freigibt, d. h. mit einer positiven Spannung beaufschlagt, kann der Stromübergang, wenn auch zeitlich um den Steuerwinkel α verzögert, gemäß Abb. 4 eintreten. Man hat durch die Regelung des Zündzeitpunktes, der von der Phasengleichheit der Anodenspannungen des ungesteuerten Gleichrichters ausgerechnet wird, ein sehr bequemes Mittel in der Hand, um die Spannung stufenlos zu regeln und sie gewünschten Steuergesetzen zu unterwerfen.

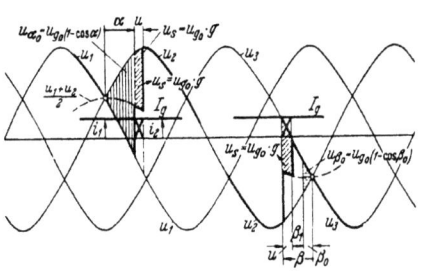

Abb. 4.
Kommutierung eines Gleich- und Wechselrichters.

Dazu sind positive und negative Gitterspannungen von etwa ± 200 V und Ströme bis zu einigen 100 mA erforderlich. Man kann also mit geringstem Steueraufwand große Leistungen mühelos beherrschen.

Für eine gegebene Leerlaufwechselspannung des Stromrichtertransformators ist die Höhe der gleichstromseitigen Klemmenspannung des Stromrichters festgelegt durch den Aussteuerungswinkel α, den induktiven und Ohmschen Gleichspannungsabfall. Für den voll ausgesteuerten Gleichrichter erhält man den Mittelwert U_{g_0} aus der Aneinanderreihung der Spannungskuppen u_1, u_2, u_3, wie aus Abb. 4 ersichtlich. Der Mittelwert U_{g_0} steht in einer durch die Transformatorschaltung gegebenen Beziehung zur Leerlaufwechselspannung, und zwar ist bei Sternpunktschaltungen

$$U_{g_0} = \frac{U_{\mathrm{ph}} \sqrt{2} \sin \frac{\pi}{p}}{\pi/p} \tag{1}$$

und bei Brückenschaltungen

$$U_{g_0} = 2 \cdot \frac{U_{\mathrm{ph}} \cdot \sqrt{2} \cdot \sin \frac{\pi}{p}}{\pi/p}, \tag{2}$$

worin U_{ph} die Sternspannung der sekundären Transformatorwicklung, d. h. die Spannung der äußeren Anschlußpunkte gegen den vorhandenen oder gegen einen gedachten Sternpunkt, bedeutet und unter p die Phasenzahl des in der Sekundärschaltung enthaltenen einzelnen Teilsystems verstanden ist. Es wird also z. B. für die sechsphasige Saugdrosselschaltung, die aus zwei Dreiphasensystemen aufgebaut ist, $p = 3$, ebenso für die dreiphasige Brückenschaltung. Aus den Gl. (1) und (2) ergeben sich unter dieser Voraussetzung die nachfolgenden Werte für U_{g_0}:

für die sechsphasige Saugdrosselschaltung $\quad U_{g_0} = 1{,}17\, U_{ph}$,
für die zwölfphasige Saugdrosselschaltung $\quad U_{g_0} = 1{,}17\, U_{ph}$,
für die dreiphasige Brückenschaltung $\quad U_{g_0} = 2{,}34\, U_{ph}$.

Durch Teilaussteuerung werden die Zündeinsätze für den Gleichrichter um den Aussteuerungswinkel α verzögert. Beim Wechselrichter ist der zugehörige Steuerwinkel gemäß der Darstellung der negativen Halbwelle in Abb. 4 mit β bezeichnet. Die ausgesteuerte Gleichspannung U_g wird

$$U_g = \frac{p}{2\pi} \sqrt{2}\, U_{ph} \int_{-\frac{\pi}{p}+\alpha}^{+\frac{\pi}{p}+\alpha} \cos x\, dx = \sqrt{2}\, U_{ph}\, \frac{p}{\pi} \sin \frac{\pi}{p} \cos \alpha = U_{g_0} \cos \alpha\,. \quad (3)$$

Entsprechend erhält man für die ausgesteuerte Gleichspannung des Wechselrichters

$$U_g = U_{g_0} \cdot \cos \beta\,. \quad (4)$$

Wären zwischen den aufeinanderfolgenden Anoden keine Wicklungen mit Streuung vorhanden, so würde in dem Augenblick, wo die Anodenspannungen gleiche Größe erreichen, der Strom momentan auf die folgende Anode übergehen, und es würden sich Stromrechtecke i_1, i_2, i_3 usw. lückenlos aneinanderreihen. Tatsächlich erfolgt der Stromübergang von einer Anode zur folgenden wegen der Scheinwiderstände im Kommutierungskreis gemäß Abb. 4 allmählich, während der endlichen Zeit u der Überlappungszeit. Dabei ist der Stromrichtertransformator vorübergehend kurzgeschlossen, und es fließt zwischen den gleichzeitig brennenden Anoden ein Wechselstrom. In dem Zeitpunkt, in dem der Augenblickswert dieses Kurzschlußstromes dem Gleichstrom einer Anode gleich und entgegengesetzt wird, ist der Umschaltvorgang beendet. Während der Umschaltzeit verläuft die Gleichspannung bei Belastung nach der Mittelwertkurve $\tfrac{1}{2}(u_1 + u_2)$.

Die Gleichspannung U_g erhält man als den Mittelwert der augenblicklichen Anodenspannungen während der Brennzeit. Änderungen der Wellenform der Anodenspannung, wie sie während der Stromübergabe eintreten, machen sich in der Höhe der Gleichspannung bemerkbar. Hierdurch geht beim Gleichrichter ein dem in Abb. 4 schrägschraf-

Spannungscharakteristik einer Gleichstrom-Konstantspannungsübertragung. 11

fierten Flächenstück entsprechender Spannungsbetrag für den Mittelwert U_g der Klemmenspannung verloren. Ihre Größe entspricht dem über die Zeit $0 - u$ genommenen Integral des halben Unterschiedes der induzierten Spannungen der kommutierten Phasen. Man erhält so mit Abb. 5 den induktiven Gleichspannungsabfall zu

$$u_s = \frac{p}{2\pi} \int_0^u \sqrt{2}\, U_{\mathrm{ph}} \sin\frac{\pi}{p} \sin\omega t\, d(\omega t) = \frac{p}{2\pi} \sqrt{2}\, U_{\mathrm{ph}} \sin\frac{\pi}{p} (1 - \cos u).$$

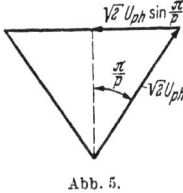

Abb. 5.

Die Gleichspannung U_g wird

$$U_g = U_{g_0} - u_s, \quad U_g = U_{g_0}\left(1 - \frac{1 - \cos u}{2}\right). \quad (5)$$

Den Überlappungswinkel u kann man ersetzen, wenn man berücksichtigt, daß er vom Blindwiderstand X_{ges} je Phase (die des Kommutierungskreises ist also $2\,X_{\mathrm{ges}}$) und vom Belastungsstrom J_g abhängig ist. Der Scheitelwert des Umschaltstromes bestimmt sich damit ohne weiteres zu

$$\frac{\sqrt{2}\, U_{\mathrm{ph}}}{X_{\mathrm{ges}}} \sin\frac{\pi}{p},$$

d. h. die Umschaltung ist beendet, wenn

$$\frac{\sqrt{2}\, U_{\mathrm{ph}}}{X_{\mathrm{ges}}} \sin\frac{\pi}{p}(1 - \cos u) = J_g.$$

Setzt man aus dieser Beziehung $1 - \cos u$ in Gl. (5) ein, so wird

$$U_g = U_{g_0}\left(1 - \frac{J_g X_{\mathrm{ges}}}{2\sqrt{2}\, U_{\mathrm{ph}} \sin\frac{\pi}{p}}\right)$$

und daraus der auf die Leerlaufspannung U_{g_0} und Nennstrom bezogene induktive Gleichspannungsabfall g

$$g = \frac{J_n X_{\mathrm{ges}}}{2\,U_{\mathrm{ph}}\sqrt{2} \sin\frac{\pi}{p}}. \quad (6)$$

Dabei bedeutet p wiederum die Phasenzahl des innerhalb der Gesamtschaltung kommutierenden Teilspannungssystems (für die Sechsphasen-Saugdrosselschaltung also $p = 3$ und J_n den in diesem Teilsystem kommutierenden Gleichstromanteil). Dieser wird für die Sechsphasen-Saugdrosselschaltung $J_n = \frac{J_g}{2}$, für die Brückenschaltung $J_n = J_g$. In der folgenden Tabelle sind für verschiedene Schaltungen die ermittelten Werte von g angegeben.

12 Grundsätzliches Verhalten einer Gleichstromübertragung mit Stromrichtern.

p	Schaltung	J_n	g		g
6	6phasige Sternschaltung . . .	J_g	0,708		1,23 $u_{s_{\text{ges}}}$
3	6phasige Saugdrosselschaltung .	$^1/_2\,J_g$	0,204	$\dfrac{J_g X_{\text{ges}}}{U_{\text{ph}}}$	0,5 $u_{s_{\text{ges}}}$
3	12phasige Saugdrosselschaltung .	0,25 J_g	0,102		0,26 $u_{s_{\text{ges}}}$
3	3phasige Brückenschaltung . .	J_g	0,408		0,5 $u_{s_{\text{ges}}}$

Im übrigen kann man den induktiven Gleichspannungsabfall g auch auf die auf den gesamten Kommutierungskreis wirkende Streuspannung $u_{s_{\text{ges}}}$ beziehen. Die zugehörigen Werte sind ebenfalls in der obigen Tabelle eingetragen.

Wie man der Abb. 4 entnehmen kann, bleibt im Wechselrichterbetrieb, entsprechend der Ventilwirkung der Gefäße, die Stromrichtung von J_g gleich derjenigen im Gleichrichterbetrieb. Um das Arbeiten des Stromrichters vom Gleichstrom- auf das Drehstromnetz zu erreichen, ist eine Umkehr der treibenden Spannung erforderlich. Aus der Abbildung geht ohne weiteres hervor, daß für den Gleichrichter durch die Kommutierung ein Gleichspannungsabfall auftritt, für den Wechselrichter aber eine Gleichspannungserhöhung. Wie man aus der Gl. (6) erkennt, ist der Gleichspannungsabfall nur abhängig vom Gleichstrom J_g und diesem proportional, dagegen aber unabhängig vom Grad der Aussteuerung. Bei Vernachlässigung des Ohmschen Abfalles ergibt sich die Klemmenspannung des Gleichrichters bei Belastung zu

$$U_g = U_{g_0} \cdot \cos\alpha - g\,U_{g_0} \quad \text{oder} \quad U_g = U_{g_0} \cdot (\cos\alpha - g) \tag{7}$$

und entsprechend für den Wechselrichter

$$U = U_{g_0}(\cos\beta + g). \tag{8}$$

Während g von α unabhängig ist, wird der Überlappungswinkel u sich im umgekehrten Verhältnis zur Wendespannung $u_2 - u_1$ ändern. Er ist bei voller Aussteuerung am größten und bei $\alpha = 90°$ am kleinsten.

Um die Spannungscharakteristik zu erhalten, müssen wir noch den Ohmschen Spannungsabfall berücksichtigen, der durch die Kupferverluste im Stromrichtertransformator in der Saugdrossel und in den Glättungsdrosselspulen entsteht. Bezeichnet man diese Kupferverluste bei Nennstrom mit V_K, so entspricht dies einem Gleichspannungsabfall $\dfrac{V_K}{J_g}$, und damit erhält man den Ohmschen Spannungsverlust in Volt

$$U_K = \frac{V_K}{J_g}$$

und den auf U_{g_0} bezogenen Ohmschen Gleichspannungsabfall r bei Nennbetrieb zu

$$r = \frac{V_K/J_g}{U_{g_0}}.$$

Spannungscharakteristik einer Gleichstrom-Konstantspannungsübertragung. 13

Berücksichtigt man noch den Lichtbogenabfall U_L, der wieder auf U_{g_0} und Nennstrom bezogen werden soll, so erhält man für den Gleichrichter nach der Schreibweise von E. ROLF:

$$\begin{aligned} U_g &= U_{g_0} \cdot \cos\alpha - g \cdot U_{g_0} - r \cdot U_{g_0} - U_L, \\ U_g &= U_{g_0} \cdot [\cos\alpha - (g+r)] - U_L \end{aligned} \quad (9)$$

oder in absoluten Spannungsbeträgen

$$\begin{aligned} U_g &= U_{g_0} - U_{g_0}(1-\cos\alpha) - g \cdot U_{g_0} - r \cdot U_{g_0} - U_L, \\ U_g &= U_{g_0} - U_\alpha - U_s - U_r - U_L. \end{aligned} \quad (10)$$

Im allgemeinen können wir U_L vernachlässigen, da der Lichtbogenabfall bei Gefäßspannungen über 50 bis 100 kV nur größenordnungsmäßig $2^0/_{00}$ ausmachen wird. Die entsprechende Beziehung für den Wechselrichter lautet

$$U_g = U_{g_0} \cdot [\cos\beta + (g+r)] + U_L. \quad (11)$$

Wenn wir von der Leerlaufspannung Gl. (3) die Vollastspannung gemäß Gl. (9) abziehen und sie zu ihr ins Verhältnis setzen, so erhalten wir die auf die Vollastspannung bezogene prozentuale Spannungsänderung ε bei Vernachlässigung des Lichtbogenabfalles zu

$$\varepsilon = \frac{U_{g_0}\cdot\cos\alpha - U_{g_0}\cdot\cos\alpha + U_{g_0}(g+r)}{U_{g_0}\cdot\cos\alpha - U_{g_0}(g+r)} \quad \text{bzw.} \quad \varepsilon = \frac{g+r}{\cos\alpha - (g+r)}. \quad (12)$$

Schließlich können wir noch den Stromübergabewinkel u aus den Spannungsflächen in der Abb. 4 ermitteln aus der Beziehung

$$U_{g_0} \cdot \cos(\alpha + u) = U_{g_0} \cdot \cos\alpha - U_{g_0} \cdot 2g$$

und damit

$$\cos(\alpha + u) = \cos\alpha - 2g. \quad (13)$$

Mit den abgeleiteten Beziehungen sind wir in der Lage, für eine widerstandslose Verbindung zweier Kraftwerke die Spannungsgleichung aufzustellen, die z. B. im Prüfbetrieb der Kreisschaltung eines Gleich- und Wechselrichters entspricht. Wird die Ausgangsspannung des Gleichrichtertransformators gleich der Eingangsspannung des Wechselrichters, so erhält man

$$U_{g_0}[\cos\alpha - (g+r)] - U_{g_0}[\cos\beta + (g+r)] = 0. \quad (14)$$

Bezogen auf Nennlast erhält man dabei die Steuerbedingung

$$\cos\alpha - \cos\beta = 2(g+r). \quad (15)$$

Wir sehen also, daß zu einem gegebenen Steuerwinkel des Wechselrichters ein ganz bestimmter Steuerwinkel des Gleichrichters einzustellen ist, um den Nennstrom zu übertragen, daß also bestimmte Steuerbedingungen einzuhalten sind, um eine gewünschte Leistungsübertragung zwischen den Kraftwerken zu bewerkstelligen.

Wir wollen nunmehr den Einfluß des Steuerwinkels β auf die Betriebseigenschaften des Wechselrichters noch etwas näher untersuchen. Da wir für unsere Betrachtungen Quecksilberdampf-Stromrichter, also echte Ventile, voraussetzen, müssen wir, um ein Rückarbeiten der Gefäße von einem Gleich- auf ein Drehstromnetz zu erreichen, bei gleichbleibender Stromrichtung die treibenden Spannungen umkehren. Deshalb wird der Wechselrichter auf der negativen Halbwelle, wie in Abb. 4 dargestellt, ausgesteuert. An Stelle des Winkels α tritt der Wechselrichterzündwinkel $\beta = \pi - \alpha$. Wir erkennen aus Abb. 4, daß die Kommutierung spätestens beendet sein muß, wenn die Spannung der übergebenden Phase gleich der übernehmenden Phase wird. Nur bis zu diesem Zeitpunkt ist die Spannung der übernehmenden Phase höher (d. h. weniger negativ) als die der übergebenden. Läuft die Kommutierung später aus, so brennt die übergebende Phase weiter, und es kommt zu einem Kurzschluß, der unbedingt vermieden werden muß. Wie wir beim Gleichrichterbetrieb gesehen haben, ist die Stromübergabedauer von der Belastung abhängig. Man wird also beim Wechselrichterbetrieb, dessen Kommutierung ja völlig gleichartig verläuft, mit einem lastabhängigen Stromübergabewinkel u zu rechnen haben, um eine Gewähr dafür zu besitzen, daß die mit der Phasengleichheit der aufeinanderfolgenden Spannungen gegebene „Trittgrenze" des Wechselrichters nicht überschritten wird, und zwar auch nicht bei unvermeidlichen Überlastungen, denen ein solcher Wechselrichter naturgemäß unterworfen ist. Eine ausreichende Sicherheit hierfür wird gegeben durch den Winkel β_0, oder mit anderen Worten: man erhält den Mindestwert des voreilenden Steuerwinkels des Wechselrichters zu

$$\beta_{\min} = u + \beta_0.$$

Genau genommen muß wegen des Ohmschen Widerstandes R der Transformatorwicklungen der Mindestwert des Steuerwinkels sogar noch etwas vergrößert werden, da für die Beendigung der Stromübergabe nicht der Schnittpunkt der Spannungskurven u_2, u_3 (Abb. 4) bei Leerlauf maßgebend ist, sondern bei Belastung. Dieser Schnittpunkt liegt dann um einen Winkel

$$\delta = \arc \cdot \sin \frac{J_t \cdot R}{2 \sqrt{2} \sin \frac{\pi}{p} U_{\mathrm{ph}}}$$

gegenüber dem Leerlaufschnittpunkt verschoben, so daß $\beta_{\min} = u + \beta_0 + \delta$ wird. $\beta_{\min}$ wird bei den folgenden Berechnungen nur durch eine vergrößerte Wahl von β_0 berücksichtigt. Vernachlässigt man δ, so bedeutet dies nur, daß die abgeleiteten Beziehungen für die Überlastbarkeit

des Wechselrichters etwas zu hohe Werte ergeben. Wir erhalten nunmehr für den Wechselrichter folgende Beziehung für die Leerlaufspannung:
$$U_{g\max} = U_{g_0} \cos\beta_0.$$

Würde bei dieser Zündwinkeleinstellung der Wechselrichter belastet werden, so würde sofort die Trittgrenze überschritten und der Wechselrichter wegen Versagens der Stromübergabe betriebsunfähig werden. Damit der Wechselrichter belastet werden kann, muß der Steuerwinkel vergrößert werden, und wir erhalten die Leerlaufspannung des mit dem Voreilwinkel β ausgesteuerten Wechselrichters, d. h. diejenige Gleichspannung, die man dem Wechselrichter zuführen muß, wenn der auf die Gegenwechselspannung des Transformators arbeitende Apparat keinen Strom führen soll, zu

$$U_g = U_{g_0} \cdot \cos\beta. \tag{16}$$

Um den Wechselrichter bei gegebener Wechselspannung zu belasten, muß die zugeführte Gleichspannung um den Betrag des induktiven und Ohmschen Spannungsabfalles erhöht werden. Wird dem Wechselrichter also eine Gleichspannung zugeführt, die höher ist als die Leerlaufspannung nach Gl. (16), so entsteht ein Belastungsstrom von solcher Größe, daß der durch ihn hervorgerufene Spannungsabfall gleich der Differenz zwischen der zugeführten Gleichspannung U_g und der gesteuerten Wechselspannung wird. Damit wird für die Vollastspannung

$$U_g = U_{g_0}[\cos\beta + (g + r)] \tag{17}$$

bzw. bei Vernachlässigung des Lichtbogenabfalles

$$U_g = U_{g_0} - U_{g_0}(1 - \cos\beta) + g \cdot U_{g_0} + r \cdot U_{g_0} \tag{18}$$

oder
$$U_g = U_{g_0} - U_\beta + U_s + U_r,$$

worin, wie in Gl. (10) für den Gleichrichter, hier für den Wechselrichter U_β den Steuerungsabfall, U_s den induktiven Gleichspannungsabfall und U_r den Ohmschen Gleichspannungsabfall bedeuten.

In Abb. 4 ist von diesen Spannungsbeträgen U_s als Fläche dargestellt. Auch die dem Sicherheitswinkel β_0 entsprechende Spannungsfläche $U_{\beta_0} = U_{g_0} \cdot (1 - \cos\beta_0)$ ist durch horizontale Schraffur gekennzeichnet. Daraus ist ersichtlich, daß der Wechselrichter nur so lange stabil arbeiten kann, wie die Differenz der dem Steuerwinkel entsprechenden Fläche $U_\beta = U_{g_0}(1 - \cos\beta)$ und der Sicherheitsfläche $U_{g_0}(1 - \cos\beta_0)$ größer ist als die doppelte Fläche des Spannungsabfalles $2g \cdot U_{g_0}$. Diese Differenz muß also größer als die Wendespannungsfläche sein oder

$$(1 - \cos\beta) - (1 - \cos\beta_0) \geqq 2g \quad \text{bzw.} \quad \cos\beta \leqq \cos\beta_0 - 2g. \tag{19}$$

16 Grundsätzliches Verhalten einer Gleichstromübertragung mit Stromrichtern.

Aus dieser Stromübergabebedingung kann man den Mindestvoreilwinkel bestimmen, mit dem man für eine gegebene Belastung den Wechselrichter betreiben kann. Wird $\cos\beta = \cos\beta_0 - 2g$, so arbeitet der Wechselrichter mit der für Nennstrom zulässigen Aussteuerung eben an der Trittgrenze. Bei geringster Überlastung fällt er außer Tritt. Um eine bestimmte Überlastung zu erzielen, muß der Voreilwinkel entsprechend vergrößert werden. Daraus ergibt sich die Forderung, daß für den ordnungsgemäßen Betrieb eines Wechselrichters sowohl die Spannungsgleichung (17) wie die Gl. (19) einzuhalten sind. Aus den Flächenbeziehungen läßt sich der Übergabewinkel u für Teilaussteuerung entnehmen zu

$$\cos(\beta - u) = \cos\beta + 2g \tag{20}$$

und für die Höchstaussteuerung, wenn man $\beta = \beta_0 + u$ setzt,

$$\cos(\beta_0 + u) = \cos\beta - 2g. \tag{20a}$$

Beachtet man, daß der Spannungsabfall $g \cdot U_{g_0}$ im Falle der Vollaussteuerung auf Grund der Flächenbeziehungen auch mit $\frac{1}{2} \cdot (1 - \cos u_0) \cdot U_{g_u}$ geschrieben werden kann und damit in der Formel (20) $(1 - \cos u_0)$ an die Stelle von $2g$ tritt, so ergibt sich der Ausdruck

$$\cos(\beta - u) = \cos\beta + (1 - \cos u_0).$$

Die Leerlaufspannung U_{g_0} und die Vollastspannung U_g erhält man analog für den Wechselrichter zu

$$U_g = U_{g_0}\left(1 + \frac{g+r}{\cos\beta}\right). \tag{21}$$

Darin bedeutet $\frac{g+r}{\cos\beta}$ die auf die Leerlaufspannung bezogene Gleichspannungsänderung, die bei gleichbleibender Wechselspannung als Spannungserhöhung erforderlich sein würde, um den Wechselrichter vom Leerlauf auf Vollast zu bringen. Die auf Vollastspannung bezogene Spannungsänderung dagegen erhält man zu

$$\varepsilon = \frac{U_g - U_{g_0}}{U_g} = \frac{g+r}{\cos\beta + (g+r)}. \tag{22}$$

Damit haben wir die Betriebsweise des Wechselrichters so weit geklärt, daß sein Verhalten bei Überlastungen und damit die statische Stabilitätsgrenze der Übertragung bei festem Steuerwinkel β ermittelt werden kann. Die *Überlastbarkeit* des netzgeführten Wechselrichters kann bei fest eingestelltem Steuerwinkel β durch verschiedene Veränderungen der Betriebszustände in den Kraftwerken *I* und *II* in Anspruch genommen werden, die sich im wesentlichen auf die Behandlung der folgenden zwei Grenzfälle zurückführen lassen:

a) Es kann bei gleichbleibender Spannung des gespeisten Wechselstromnetzes eine Erhöhung der dem Wechselrichter zugeführten Gleichspannung U_g eintreten, z. B. durch Entlastung der Generatoren im Kraftwerk *I*.

b) Es kann bei konstanter Gleichspannung ein Absinken der Wechselspannung des gespeisten Netzes auftreten durch eine Belastungszunahme des Kraftwerkes *II*, durch Störerscheinungen usw. In der Praxis werden sich meistens beide Spannungen ändern. Die Größe des auftretenden Stromes ergibt sich daraus, daß der durch diesen Strom hervorgebrachte Spannungsabfall gleich der Differenz zwischen der zugeführten Gleichspannung U_g und der gesteuerten Wechselspannung $U_{g_0} \cdot \cos\beta$ sein muß. Ein Absinken der Wechselspannung ist gleichbedeutend mit einer Verminderung der Wendespannung, so daß für einen gegebenen Winkel β für den Grenzfall b) eine geringere Überlastbarkeit auftritt als im Falle a) mit gleichbleibender Wendespannung.

Im folgenden sollen alle diejenigen Werte, die für die Trittgrenze gelten, mit dem Fußzeichen T versehen werden. Als Überlastbarkeit oder relativer Grenzstrom i_T sei das Verhältnis des Grenzgleichstromes J_{gT} zum Nenngleichstrom J_g definiert oder

$$i_T = \frac{J_{gT}}{J_g}.\qquad(23)$$

Als Maß dafür, um wieviel die Gleichspannung steigen bzw. die Wechselspannung fallen darf, bis die Trittgrenze erreicht ist, sei die relative Grenzgleichspannung u_T eingeführt als Verhältnis der Grenzgleichspannung U_{gT} zur Nenngleichspannung U_g

$$u_T = \frac{U_{gT}}{U_g}.\qquad(24)$$

Ferner sei für die relative Grenzwechselspannung e_T^* das Verhältnis des Grenzwertes $U_{g_0 T}$ der gesteuerten Wechselrichterspannung zum Nennwert U_{g_0} eingeführt oder

$$e_T^* = \frac{U_{g_0 T}}{U_{g_0}}.\qquad(25)$$

Für den Fall a) der Erhöhung der Gleichspannung erhält man für den Grenzstrom aus der Stromübergabebedingung Gl. (19) unmittelbar

$$\cos\beta = \cos\beta_0 - \frac{J_{gT}}{J_g}\cdot 2g \quad \text{oder} \quad i_T = \frac{\cos\beta_0 - \cos\beta}{2g}.\qquad(26)$$

Die zugehörige *Grenzgleichspannung* findet man aus den Spannungsgleichungen für Nennbetrieb

$$U_g = U_{g_0}[\cos\beta + (g+r)]$$

und für die Trittgrenze
$$U_{gT} = U_{g_0}[\cos\beta + i_T(g+r)]$$
zu
$$u_T = \frac{U_{gT}}{U_g} = \frac{\cos\beta + i_T(g+r)}{\cos\beta + g + r}.$$

Wenn man in dieser Beziehung $i_T = \dfrac{\cos\beta_0 - \cos\beta}{2g}$ einsetzt, so erhält man die bezogene Grenzgleichspannung durch die Winkel- und Spannungsabfälle allein ausgedrückt:

$$u_T = \frac{\cos\beta_0 \cdot (g+r) + \cos\beta(g-r)}{2g(\cos\beta + g + r)}. \tag{27}$$

Für den Fall b), der Senkung der Wechselspannung infolge eines Rückganges der Spannung des gespeisten Netzes bzw. der ihr proportionalen EMK U_{g_0} auf U_{g_0T}, geht die Stromübergabebedingung Gl. (19) unter Berücksichtigung, daß der absolute Wert des induktiven Gleichspannungsabfalles $g \cdot U_{g_0}$ nicht beeinflußt wird, über in die Beziehung

$$\cos\beta \cdot U_{g_0T} \leqq \cos\beta_0 U_{g_0T} - 2g \cdot U_{g_0}$$

oder für den Fall der Grenzleistung

$$\cos\beta\, U_{g_0T} = \cos\beta_0\, U_{g_0T} - \frac{J_{gT}}{J_g} \cdot 2g \cdot U_{g_0};$$

daraus ergibt sich

$$e_T^* \cdot (\cos\beta_0 - \cos\beta) = i_T^* \cdot 2g.$$

Das bedeutet, daß die Überlastbarkeit i_T^* bei herabgesetzter Wechselspannung — gegenüber dem Fall gleichbleibender Wechselspannung entsprechend i_T — verhältnisgleich mit der Spannungsabsenkung e_T^* abnimmt. Es wird

$$i_T^* = \frac{\cos\beta_0 - \cos\beta}{2g} \cdot e_T^* = i_T \cdot e_T^*. \tag{28}$$

Eine zweite Beziehung, die sowohl den Grenzstrom wie die Grenzwechselspannung enthält, gewinnt man aus den Spannungsgleichungen

für Nennbetrieb $\quad U_g = U_{g_0}[\cos\beta + (g+r)],$

für die Trittgrenze $\quad U_g = U_{g_0T} \cdot \cos\beta + U_{g_0}(g+r) \cdot i_T^*$

zu

$$e_T^* = 1 - (i_T^* - 1) \cdot \frac{(g+r)}{\cos\beta}. \tag{29}$$

Aus Gl. (28) und (29) kann man die Überlastbarkeit ermitteln mit

$$i_T^* = \frac{(\cos\beta_0 - \cos\beta)(\cos\beta + g + r)}{(g+r)\cos\beta_0 + (g-r)\cos\beta} \tag{30}$$

und die Grenzwechselspannung zu

$$e_T^* = \frac{2g(\cos\beta + g + r)}{(g+r)\cos\beta_0 + (g-r)\cos\beta}. \tag{31}$$

Ein Vergleich der Beziehungen (31) und (27) zeigt, daß für e_T^* der gleiche Ausdruck wie für $1/u_T = U_g/U_{gT}$ gilt, d. h. daß die Trittgrenze bei dem gleichen Verhältnis der Spannungsabweichung erreicht wird, unabhängig vom absoluten Betrag der Spannung. Es ist daher gleichgültig, ob bei gleichbleibender Wechselspannung die Gleichspannung erhöht wird oder bei konstanter Gleichspannung die Wechselspannung erniedrigt wird. Auch die dritte Möglichkeit, daß die Gleichspannung nur um einen Teilbetrag erhöht und gleichzeitig die Wechselspannung um einen ergänzenden Teilbetrag erniedrigt wird, ändert nichts an der Tatsache, daß in allen Fällen die Trittgrenze immer dann erreicht wird, wenn das für Nennstrom gültige Verhältnis der Gleichspannung U_g zur Wechselspannung U_{ph} um den aus Gl. (31) sich ergebenden Faktor

$$\left(\frac{U_g}{U_{ph}}\right)_T = \left(\frac{U_g}{U_{ph}}\right) \cdot \frac{\cos\beta_0 (g+r) + \cos\beta (g-r)}{2g(\cos\beta + g + r)} \tag{32}$$

geändert wird. Der Grenzstrom ist bei vorgegebenem Steuerwinkel β dagegen eindeutig von der absoluten Höhe der Spannung abhängig, die sich verhältnisgleich mit der Wechselspannung, der Höhe der Wendespannung und damit auch dem Höchstwert des innerhalb eines festgegebenen Zeitabschnittes kommutierenden Stromes ändert.

Wir haben nun die Beziehungen kennengelernt, nach denen sich in Abhängigkeit von der Belastung die Spannung des Gleich- und Wechselrichters ändert, und ebenso Beziehungen aufgestellt für die Überlastbarkeit des Wechselrichters und damit der Übertragung. Wir wollen nun diese Untersuchungen allgemeiner gestalten und die Forderung stellen, daß wir es mit einer widerstandsbehafteten Leitung zu tun haben, sowie anschließend hieran den allgemeinen Fall einer Übertragung behandeln, bei dem auch die Leerlaufübersetzungen der Transformatoren, der Gleichrichter- und der Wechselrichterstationen verschiedene Leerlaufspannungen besitzen.

2. Übertragung bei gleichen Transformator-Leerlaufspannungen unter Berücksichtigung des Leitungswiderstandes.

Wenn wir die einfachste Form einer Übertragung annehmen, wie sie in Abb. 6 dargestellt ist, mit einer Gleichrichter- und mit einer Wechselrichterstation, die durch eine Übertragungsleitung verbunden sind, so wird man in der Gleich- und Wechselrichterstation Stromrichtereinheiten gleicher Größe voraussetzen können und dementsprechend auch mit dem gleichen Nennstrom für die einzelnen aufgestellten Einheiten zu rechnen haben. Ist die Übertragung für wechselnde Energierichtung bestimmt, so wird man auch gleiche Leerlaufspannungen in den Transformatoren voraussetzen können, eine Forderung, die wir später allerdings fallen lassen werden. Wir werden dann sehen, daß

20 Grundsätzliches Verhalten einer Gleichstromübertragung mit Stromrichtern.

man die Leerlaufspannungen der Transformatoren verschieden einsetzen wird, um eine ausreichende Überlastbarkeit des Wechselrichters zu erzielen. Zweckmäßig wird man dafür die Gleich- und Wechselrichtertransformatoren, zumindest aber einen von beiden, mit Stufenschaltern zur Einstellung verschiedener Leerlaufspannungen versehen.

Zunächst soll aber eine gleiche Leerlaufspannung der Transformatoren in beiden Stationen zugrunde gelegt werden, wobei wir allerdings gleichzeitig den Ohmschen Widerstand der Übertragungsleitung, der leicht 10% und mehr betragen kann, berücksichtigen wollen. Lediglich

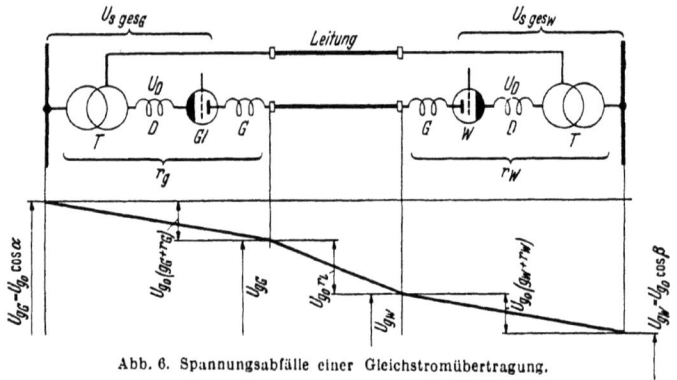

Abb. 6. Spannungsabfälle einer Gleichstromübertragung.

bei kurzen Versuchsstrecken bzw. beim Prüfbetrieb in Versuchs- und Kreisschaltungen wird man auf seine Berücksichtigung verzichten können. Gemäß der obigen Voraussetzung können wir schreiben

für den Gleichstrom $J_{gG} = J_{gW} = J_g$,
für die Sternspannung der Transformatoren $U_G = U_W = U_{\text{ph}}$,
für die vollausgesteuerte Leerlauf-Gleichspannung $U_{g_0G} = U_{g_0W} = U_{g_0}$,
für den Ohmschen Gleichspannungsabfall $r_G = r_W = r$,
für den induktiven Gleichspannungsabfall $g_G = g_W = g$.

Da wir den Leitungswiderstand R_L mit berücksichtigen wollen, ist nicht die Ausgangsspannung des Gleichrichters gleich der Eingangsspannung des Wechselrichters; vielmehr unterscheiden sich beide Spannungen um den Betrag des Spannungsabfalles in der Gleichstromleitung. Wir beziehen ihn auf Nennbetrieb und auf die Nenngleichspannung und können dann schreiben

$$r_L = \frac{J_g \cdot R_L}{U_g}.$$

Da die Gleichspannung längs der Leitung entsprechend dem örtlichen Verlauf des Spannungsabfalles verschieden ist, definieren wir als Nenngleichspannung diejenige, die am Wechselrichtereingang auftritt. Es

Übertragung bei gleichen Transformator-Leerlaufspannungen. 21

wird also $U_g = U_{gW}$. Die Gleichrichterausgangsspannung ist dann um den Spannungsabfall auf der Leitung größer als die Nennspannung der Leitung, d. h.

$$U_{gG} = U_g + J_g \cdot R_L.$$

Da wir bisher den relativen induktiven Gleichspannungsabfall g sowie den entsprechenden Ohmschen Gleichspannungsabfall r auf U_{g_0} bezogen haben, so wird der Einheitlichkeit wegen auch der Spannungsabfall der Leitung auf U_{g_0} bezogen

$$r'_L = r_L \cdot \frac{U_g}{U_{g_0}}.$$

Damit nimmt die Gl. (14) für die Übertragung bei Nennbetrieb die Form an

$$U_{g_0}[\cos\alpha - (g + r)] - U_{g_0} \cdot r'_L - U_{g_0}[\cos\beta + (g + r)] = 0. \quad (33)$$

Für die Steuerbedingung für Nennbetrieb folgt nunmehr an Stelle von Gl. (15)

$$\cos\alpha - \cos\beta = 2(g + r) + r'_L.$$

Obwohl diese Bedingung nichts anderes besagt, als daß die gesteuerten Gleichspannungen des Gleich- und Wechselrichters sich um den Betrag des doppelten Spannungsabfalles des Gleich- und Wechselrichters einschließlich den der Leitung unterscheiden müssen, damit der Nennstrom zustande kommt, ist es mit ihrer Hilfe möglich, für einen vorgegebenen Wert des Wechselrichter-Steuerwinkels β den für Nennbetrieb einzustellenden Steuerwinkel α des Gleichrichters anzugeben und umgekehrt. Die Bedingung gilt für alle möglichen Teilaussteuerungen. Der Höchstwert ist durch die Forderung begrenzt, daß nicht durch eine übertriebene Steigerung von $\cos\beta$ die Wechselrichtertrittgrenze überschritten werden darf. Ob bei irgendeiner Einstellung von α der Wechselrichter im Nennbetrieb noch unterhalb der Trittgrenze bleibt, darüber entscheidet stets die Stromübergabebedingung des Wechselrichters. Diese Stromübergabebedingung für gleichbleibende Wendespannungen ist die gleiche geblieben wie in Abschnitt 1, da sie vom Leitungswiderstand unabhängig ist. Wir erhalten daher wie früher für Nennbetrieb die Gl. (19) mit

$$\cos\beta \leq \cos\beta_0 - 2g$$

bzw. für eine gewünschte Überlastbarkeit i_T

$$\cos\beta \leq \cos\beta_0 - i_T \cdot 2g.$$

Wir unterscheiden zweckmäßig wieder die beiden Fälle a) und b) bei der Betrachtung der Überlastbarkeit, wobei

Fall a) die Überlastung durch Spannungserhöhung am Übertragungsanfang umfaßt. Sowohl der Grenzgleichstrom wie auch die Grenzgleichspannung am Wechselrichtereingang werden durch das, was sich vor dem Wechselrichter abspielt, in keiner Weise berührt, solange die Wendespannung des Wechselrichters konstant bleibt. Es gelten somit die gleichen Werte wie in Abschnitt I/1. Die Überlastbarkeit beträgt daher, wie früher in Gl. (26) ermittelt,

$$i_T = \frac{\cos\beta_0 - \cos\beta}{2g}.$$

Die Grenzwechselspannung am Eingang des Gleichrichters ist gegenüber derjenigen im Abschnitt I/1 einfach um den Betrag des Leitungsverlustes höher. Sie ergibt sich danach in der Schreibweise von E. ROLF zu

$$e_T = \frac{\cos\beta + i_T \cdot (2g + 2r + r'_L)}{\cos\alpha}$$

bzw. nach Eliminierung von i_T zu

$$e_T = \frac{(2g + 2r + r'_L)\cos\beta_0 - (2r + r'_L)\cos\beta}{2g\cos\alpha}. \tag{34}$$

Zum Spannungsabfall der beiden Stromrichter kommt noch der Ohmsche Spannungsabfall der Leitung hinzu. Für die Überlastbarkeit der auf Nennstrom eingeregelten Übertragung infolge einer Erhöhung der den Gleichrichter speisenden Wechselspannung erhält man

$$i_T = 1 + \frac{\cos\beta_0 - \cos\alpha + 2r + r'_L}{2g}. \tag{35}$$

Das bedeutet, daß die Überlastbarkeit entsprechend dem zusätzlichen Ohmschen Abfall r'_L gestiegen ist. Eine Erklärung findet dies dadurch, daß bei gegebener EMK des Gleichrichters die EMK des Wechselrichters noch kleiner als früher eingestellt werden muß, damit der Nennstrom der Übertragung erreicht wird.

Für den Fall der Spannungsabsenkung am Übertragungsende findet man, wie in Abschnitt I/1 bereits behandelt, infolge der Abnahme der Wendespannung die Überlastbarkeit nicht unmittelbar aus der Stromübergabebedingung, vielmehr muß man die zunächst noch unbekannte Grenzwechselspannung mit berücksichtigen. Man erhält die schon abgeleitete Beziehung Gl. (28) für die Trittgrenze

$$i_T^* = \frac{J_{gT^*}}{J_g} = \frac{\cos\beta_0 - \cos\beta}{2g} e_T^* = i_T \cdot e_T^*.$$

In dieser Beziehung ist e_T^* infolge der Berücksichtigung des Spannungsabfalles auf der Leitung dem Zahlenwert nach gegenüber früheren Werten verschieden. Es wird

$$\underbrace{U_{g_0} \cdot [\cos\alpha - i_T^*(g+r)]}_{U_{gGT}} - \underbrace{U_{g_0} i_T^* r'_L}_{J_{gT} R_L} - \underbrace{U_{g_0} T \cos\beta - U_{g_0} \cdot i_T^*(g+r)}_{U_{gWT}} = 0,$$

daraus erhalten wir ohne weiteres für e_T^* die Beziehung

$$e_T^* = \frac{\cos\alpha - i_T^*(2g + 2r + r_L')}{\cos\beta}. \qquad (36)$$

Lösen wir die beiden Beziehungen nach e_T^* oder i_T^* auf, so ergibt sich die Grenzwechselspannung am Wechselrichterausgang zu

$$e_T^* = \frac{2g \cdot \cos\alpha}{(2g + 2r + r_L')\cos\beta_0 - (2r + r_L')\cos\beta} = \frac{1}{e_T},$$

d. h e_T^* ist gleich dem Kehrwert der Grenzwechselspannung e_T für gleichbleibende Wendespannung entsprechend Gl. (34).

Das unter Berücksichtigung des Leitungsabfalles der Trittgrenze zugeordnete Verhältnis der Leerlauf-Wechselspannungen lautet somit

$$\left(\frac{U_a}{U_W}\right)_T = \frac{(2g + 2r + r_L')\cos\beta_0 - (2r + r_L')\cos\beta}{2g\cos\alpha} = e_T. \qquad (37)$$

Aus Gl. (36) und der Beziehung für e_T^* erhält man den Grenzgleichstrom mit

$$i_T^* = \frac{\cos\alpha\,(\cos\beta_0 - \cos\beta)}{(2g + 2r + r_L')\cos\beta_0 - (2r + r_L')\cos\beta} = i_T \cdot e_T^* = \frac{i_T}{e_T}. \qquad (38)$$

Wir haben damit sämtliche Beziehungen gewonnen, die zur Bestimmung einer Übertragung bei gleichen Übersetzungsverhältnissen der Gleich- und Wechselrichtertransformatoren erforderlich sind.

3. Übertragung bei ungleichen Transformator-Leerlaufspannungen.

Bei Großübertragungen wird man stets damit rechnen können, daß das speisende und das gespeiste Netz stark verschiedene Eigenschaften besitzen, also z. B. daß die Netzreaktanzen verschieden groß sind. Selbst bei gleicher Auslegung der Transformatoren in der Gleich- und Wechselrichterstation wird man, wenn die Netzreaktanzen nicht mehr gegenüber den Streureaktanzen zu vernachlässigen sind, zu verschiedenen Werten des induktiven Gleichspannungsabfalles g gelangen.

Stellt man die Leerlaufspannungen der Transformatoren verschieden ein, so erhält man den Vorteil, daß man die Wechselrichter für eine bestimmte Überlastbarkeit auslegen kann, ohne hierbei durch die Größe der Spannungsabfälle gebunden zu sein, so daß man auch in der Auslegung des Gleichrichters freiere Wahl hat und diesen nach Bedarf um seine Einstellung für den Nennbetrieb herum regelbar machen kann. Es sollen daher im folgenden die Beziehungen abgeleitet werden, die die in den vorhergehenden Abschnitten gemachten Einschränkungen fallen lassen. Wir werden also beliebige Einzelwerte des induktiven Gleichspannungsabfalles g_G im Gleichrichter und g_W im Wechselrichter sowie die entsprechenden Ohmschen Spannungsabfälle r_G und r_W zugrunde legen. Dabei werden die Werte g_G und r_G auf die Spannung U_{g_0G} des Gleichrichters, die Werte g_W und r_W auf die entsprechende Spannung U_{g_0W} des Wechselrichters und r_L auf die Nenngleichspannung am Ende der Leitung, also auf den Wechselrichtereingang, bezogen. Es soll nur noch für den Gleichstrom die Bedingung gelten:

$$J_{gG} = J_{gW} = J_g.$$

Um eine gewisse Regelmöglichkeit für den Gleichrichter zu besitzen, wird für diesen ein Winkel $\alpha_0 =$ dem Sicherheitswinkel β_0 des Wechselrichters gewählt. Man muß nun die obengenannten relativen Spannungsabfälle auf die gleiche Spannung beziehen. Wird bei der Berechnung von der Gleichrichterseite ausgegangen, so werden alle Spannungsabfälle auf die Gleichrichterspannung U_{g_0G} bezogen, im andern Fall auf die Wechselrichterspannung U_{g_0W}. Alle Größen, die auf die Gleichrichterseite bezogen sind, werden mit einem Strich gekennzeichnet, alle auf die Wechselrichterseite bezogenen mit zwei Strichen. Man erhält dann folgende Umrechnungen:

auf die Gleichrichterseite bezogen

$$g'_W = g_W \cdot \frac{U_{g_0W}}{U_{g_0G}}, \quad r'_W = r_W \cdot \frac{U_{g_0W}}{U_{g_0G}}, \quad r'_L = r_L \cdot \frac{U_{gW}}{U_{g_0G}}$$

(g_G und r_G sind auf U_{g_0G} bezogen),

auf die Wechselrichterseite bezogen

$$g''_G = g_G \cdot \frac{U_{g_0G}}{U_{g_0W}}, \quad r''_G = r_G \cdot \frac{U_{g_0G}}{U_{g_0W}}, \quad r''_L = r_L \cdot \frac{U_{gW}}{U_{g_0W}}$$

(g_W und r_W sind auf U_{g_0W} bezogen).

Die Summe der auf die Gleichrichterseite bezogenen Ohmschen Spannungsabfälle wird damit z. B. bezeichnet

$$r_G + r_L \cdot \frac{U_{gW}}{U_{g_0G}} + r_W \cdot \frac{U_{g_0W}}{U_{g_0G}} \quad \text{mit } \Sigma(r'),$$

entsprechend die induktiven Spannungsabfälle mit $\Sigma(g')$.

Die auf die Wechselrichterseite bezogene Spannungsgleichung für die gesamte Übertragung nimmt damit, wenn man noch die Aussteuerungswinkel $\cos\alpha$ und $\cos\beta$ genau wie die Spannungsabfälle umrechnet, die Form an:

$$\cos\beta' = \cos\beta \cdot \frac{U_{g_0W}}{U_{g_0G}}, \quad \cos\alpha'' = \cos\alpha \cdot \frac{U_{g_0G}}{U_{g_0W}},$$

$$\underbrace{U_{g_0W}[\cos\alpha'' - (g_{G''} + r_{G''})]}_{U_{g_0G}} - \underbrace{U_{g_0W} \cdot r_{L''}}_{U_L} - \underbrace{U_{g_0W}[\cos\beta + (g_W + r_W)]}_{U_{gW}} = 0.$$

Wie früher ergibt sich daraus die Steuerbedingung für Nennbetrieb

$$\cos\alpha'' - \cos\beta = g_{G''} + r_{G''} + r_{L''} + g_W + r_W$$

Übertragung bei ungleichen Transformator-Leerlaufspannungen.

oder
$$\cos\alpha'' - \cos\beta = \Sigma(g'' + r''). \qquad (39)$$

Die Stromübergabebedingung lautet
$$\cos\beta = \cos\beta_0 - i_T \cdot 2g_W. \qquad (40)$$

Beide Gleichungen auf die Gleichrichterseite bezogen gehen über in
$$\cos\alpha - \cos\beta' = \Sigma(g' + r') \quad \text{und} \quad \cos\beta' = \cos\beta'_0 - i_T \cdot 2g_{W'}. \quad (41)$$

Mit Hilfe dieser Beziehungen ist es möglich, für eine Übertragung mit beliebigen Konstanten die Leerlaufspannung der Transformatoren so zu wählen, daß eine bestimmte Überlastbarkeit des Wechselrichters und damit der Übertragung gewährleistet wird.

Für den Fall a) der Überlastung durch Spannungserhöhung erhalten wir die Überlastbarkeit i_T wieder nach Gl. (26). Die Grenzwechselspannung ergibt sich aus der Spannungsgleichung für die Trittgrenze, wobei alles auf die Wechselrichterseite bezogen wird, mit

$$e_T = \frac{U_{g_0WT}}{U_{g_0W}} \quad \text{bzw.} \quad U_{g_0WT} = e_T \cdot U_{g_0W}$$

und
$$\underbrace{e_T \cdot U_{g_0W} \cdot \cos\alpha'' - i_T \cdot U_{g_0W}(g_{G''} + r_{G''})}_{U_{gGT}}$$

$$- \underbrace{i_T \cdot U_{g_0W} \cdot r_{L''}}_{U_{LT}} - \underbrace{U_{g_0W} \cdot \cos\beta - i_T \cdot U_{g_0W}(g_W + r_W)}_{U_{gWT}} = 0.$$

Durch Zusammenfassung erhält man

$$e_T \cdot U_{g_0W} \cdot \cos\alpha'' - i_T \cdot U_{g_0W}(g_{G''} + r_{G''} + r_{L''} + g_W + r_W) - U_{g_0W} \cdot \cos\beta = 0$$

und daraus die Grenzwechselspannung mit

$$e_T = \frac{\cos\beta + i_T \cdot \Sigma(g'' + r'')}{\cos\alpha''}. \qquad (42)$$

Indem wir i_T ersetzen, ergibt sich eine Beziehung, in der die Grenzwechselspannung durch die Spannungsabfälle und Aussteuerungswinkel ausgedrückt ist mit

$$e_T = \frac{\cos\beta_0 \Sigma(g'' + r'') - \cos\beta[g_{G''} - g_W + \Sigma(r'')]}{2g_W \cos\alpha''}. \qquad (42\mathrm{a})$$

Für den Fall b) der Spannungssenkung am Übertragungsende folgt wieder entsprechend den Ausführungen auf S. 22 die Gleichung zwischen Grenzstrom und Grenzwechselspannung

$$i_T^* = \frac{\cos\beta_0 - \cos\beta}{2g_W} \cdot e_T^* = i_T \cdot e_T^*.$$

26 Grundsätzliches Verhalten einer Gleichstromübertragung mit Stromrichtern.

Die zweite Beziehung gewinnt man wieder aus der Spannungsgleichung für die Trittgrenze

$$\underbrace{U_{g_0G}[\cos\alpha - i_T^*(g_G + r_G)]}_{U_{gGT}} - \underbrace{i_T^* U_{gW} \cdot r_L}_{U_{LT}}$$

$$- \underbrace{e_T^* \cdot U_{g_0W} \cdot \cos\beta - i_T^* \cdot U_{g_0W}(g_W + r_W)}_{U_{gWT}} = 0.$$

Durch Umrechnung auf die Wechselrichterseite und Zusammenfassung ergibt sich

$$U_{g_0W}[\cos\alpha'' - i_T^*(g_{G''} + r_{G''} + r_{L''} + g_W + r_W)] - e_T^* \cdot U_{g_0W} \cdot \cos\beta = 0$$

und

$$e_T^* = \frac{\cos\alpha'' - i_T^* \Sigma(g'' + r'')}{\cos\beta}. \qquad (43)$$

Durch Auflösung der Gleichung für i_T^* und Gl. (43) nach e_T^* findet man die Grenzwechselspannung mit

$$e_T^* = \frac{2g_W \cdot \cos\alpha''}{\cos\beta_0 \Sigma(g'' + r'') - \cos\beta[g_{G''} - g_W + \Sigma(r'')]}. \qquad (43\text{a})$$

Auch in diesem Fall gilt wie früher für die Grenzwechselspannung bei Beachtung der Gl. (42a) $e_T^* = 1/e_T$ und für den Grenzgleichstrom $i_T^* = i_T/e_T$. Durch Auflösung der Beziehungen (42) und (43) nach i_T^* erhält man schließlich den Grenzgleichstrom mit

$$i_T^* = \frac{\cos\alpha''(\cos\beta_0 - \cos\beta)}{\cos\beta_0 \Sigma(g'' + r'') - \cos\beta[g_{G''} - g_W + \Sigma(r'')]}. \qquad (44)$$

4. Zahlenbeispiel für eine Übertragung von 100 MW bei 400 kV über 1000 km.

Um den Einfluß der einzelnen Betriebsgrößen in den aufgestellten Beziehungen für den Leistungsaustausch zwischen den beiden Kraftwerken *I* und *II* zahlenmäßig festzuhalten, sei ein einfaches Beispiel durchgerechnet:

Es soll eine Leistung von $N = 100$ MW über eine Entfernung $a = 1000$ km mit einer Übertragungsspannung von 400 kV übertragen werden. Wir benutzen hierzu eine Schaltung gemäß Abb. 7. Wie hieraus ersichtlich, handelt es sich um eine Übertragung mit geerdeter Mitte, also mit einer Spannung gegen Erde von 200 kV. Diese 200 kV werden durch die Reihenschaltung je zweier Transformatoren *I* und *II*, von denen einer in Stern-Stern und der andere in Stern-Dreieck geschaltet ist, erzielt. An jedem Transformator ist sekundär eine Brückenschaltung, bestehend aus sechs einanodigen Quecksilberdampf-Stromrichtern, angeschlossen. Je zwei davon sind in Reihe geschaltet; hierdurch ergibt sich an der Außenseite die gewünschte Übertragungs-

Zahlenbeispiel für eine Übertragung von 100 MW bei 400 kV über 1000 km. 27

spannung von 400 kV. Jeder Transformator ist für die Übertragung einer der Gleichstromleistung von 25 MW entsprechenden Typenleistung auszulegen. Dieses System arbeitet infolge der Stern-Dreieck-Schaltung der beiden zugehörigen Transformatoren mit zwölfphasiger Welligkeit. Um eine 24phasige Welligkeit zu erzielen, werden die beiden Übertragungshälften durch einen Schwenktransformator miteinander zu einer Einheit verbunden. Wir werden später sehen, daß mit Absicht eine Stromrichtergruppe für 100 MW gewählt wurde, da sie auf einfachste Weise einen für Großübertragungen ausreichenden Stromrichtersatz mit 24phasiger Rückwirkung ergibt und damit die Gewähr bietet, daß das Wechselstromnetz des Kraftwerkes I bzw. des Kraftwerkes II genügend oberwellenfrei bleibt. Die Übertragungsdistanz würde etwa der Entfernung Assuan—Kairo entsprechen. Die Übertragung soll durch Kabel erfolgen. Die einzelnen Bezeichnungen sind dem vereinfachten Übertragungsschema Abb. 8 zu entnehmen. Die Spannung U_{WG} des speisenden Drehstromnetzes sei gleich der Spannung des gespeisten

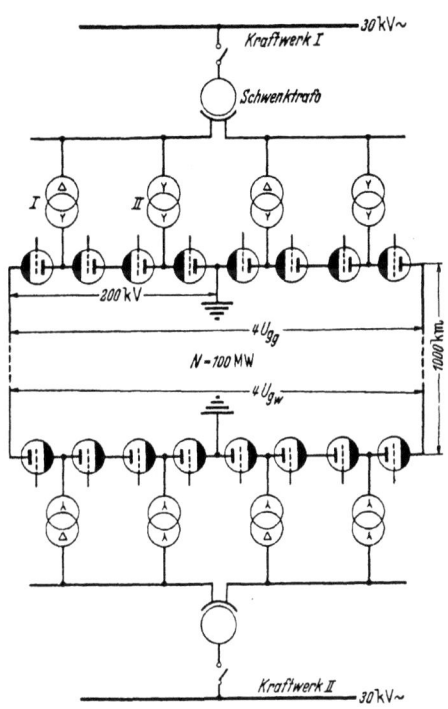

Abb. 7. Schaltung einer Gleichstromübertragung von 100 MW, 400 kV.

Drehstromnetzes $U_{WW} = 30$ kV gewählt. Für den sich aus der Übertragungsleistung und Spannung ergebenden Nennstrom von 250 A könnte nach der Tabelle auf S. 190 ein Kabelquerschnitt von 185 mm² gewählt werden. Mit Rücksicht auf den Leitungsverlust wollen wir ein Kabel mit 240 mm² zugrunde legen. Der relative Spannungsabfall auf der Kabelstrecke, bezogen auf eine Gleichspannung von 100 kV, ergibt sich nach Abschnitt VI/2 zu

$$r_L = 0{,}069.$$

Infolge der Spannungsänderung durch den Schwenktransformator, der das Spannungsdreieck um $\pm 7{,}5°$ sekundär dreht, um 24phasige Welligkeit zu erreichen, wird die Sekundärspannung

$$U'_{WG} = \frac{U_{WG}}{\cos 7{,}5°} = \frac{30\,000}{0{,}9914} = 30\,260 \text{ V} = U'_{WW}.$$

Es sei angenommen, daß dieser Wert bei allen Belastungen konstant gehalten wird. Die Phasenverschiebung wird gleich $\cos\beta$ gesetzt. Der durch Vernachlässigung der Überlappung entstehende geringe Fehler sei vernachlässigt. Für $\cos\beta$ seien vier Werte $0{,}9 - 0{,}8 - 0{,}7 - 0{,}6$ angenommen. Aus der Beziehung

$$J'_W = \frac{N}{\sqrt{3}\, U'_{WW} \cos\beta}$$

folgt

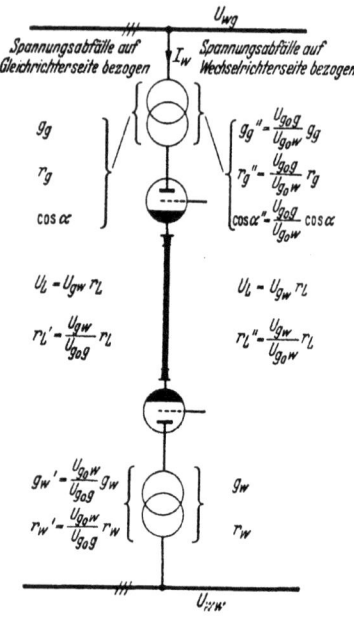

Abb. 8. Ersatzschaltung der Übertragung nach Abb. 7.

$\cos\beta$	J'_W
0,9	530 A
0,8	596 A
0,7	681 A
0,6	794 A

Aus diesen Angaben kann man die Werte für den Gleichstrom berechnen. Für die Drehstrombrückenschaltung wird unter Berücksichtigung der Beziehung auf S. 10 zwischen U_{g_0} und U_{ph}:

$$J'_W = J_g \cdot \sqrt{2}\, \frac{U_{g_0 W}}{2{,}34 \cdot U'_{WW}}.$$

Nimmt man für $U_{g_0 W}$ 100 000 V an, so erhält man die entsprechenden Werte für den Gleichstrom

$$J_g = J'_W \cdot \frac{2{,}34 \cdot U'_{WW}}{\sqrt{2} \cdot U_{g_0 W}} = J'_W \cdot \frac{2{,}34 \cdot 30\,260}{\sqrt{2} \cdot 100\,000} = J'_W \cdot 0{,}501.$$

J'_W	J_g
530 A	266 A
596 A	298 A
681 A	341 A
794 A	397 A

Mit diesen Werten kann man entsprechend Gl. (17) die Gleichspannung ermitteln aus

$$U_{gW} = U_{g_0 W}\left[\cos\beta + (g+r)\frac{J_g}{J_{gn}}\right],$$

wobei g und r für Nennstrom gelten. Nach der obigen Tabelle wollen wir für die weitere Untersuchung $J_{gn} = 350$ A festsetzen. Für die

Zahlenbeispiel für eine Übertragung von 100 MW bei 400 kV über 1000 km.

Brückenschaltung wird nach S. 12 $g = 0{,}5\, u_s = 0{,}5 \cdot 0{,}08 = 0{,}04$. Den Ohmschen Abfall findet man zu

$$r = \frac{1}{U_{g_0}} \cdot \frac{V_K}{J_{gn}} = \frac{1}{100000} \cdot \frac{125 \cdot 10^3}{350} = 0{,}0036.$$

Die Kupferverluste werden mit 125 kW bei Vollaststrom angenommen. Für U_{gW} folgt daraus

$\cos\beta = 0{,}9 \qquad U_{gW} = 93\,300$ V
$\cos\beta = 0{,}8 \qquad U_{gW} = 83\,700$ V
$\cos\beta = 0{,}7 \qquad U_{gW} = 74\,200$ V
$\cos\beta = 0{,}6 \qquad U_{gW} = 64\,900$ V

Mit Hilfe des relativen Gleichspannungsabfalles kann man die Ausgangsspannung U_{gG} des Gleichrichters bestimmen. Es ist

$$U_{gG} = U_{gW}\left(1 + r_L \cdot \frac{U_n}{U_{gW}}\right),$$

r_L wurde für eine Gleichspannung $U_n = \dfrac{400\,000}{4} = 100\,000$ V bestimmt. Da jedoch die Spannung jetzt eine andere ist, muß r_L im Verhältnis U_n/U_{gW} umgerechnet werden, und man erhält für

$\cos\beta = 0{,}9 \qquad U_{gG} = 100\,200$ V
$\cos\beta = 0{,}8 \qquad U_{gG} = 90\,600$ V
$\cos\beta = 0{,}7 \qquad U_{gG} = 81\,100$ V
$\cos\beta = 0{,}6 \qquad U_{gG} = 71\,800$ V

Die Leerlaufspannung des Gleichrichters U_{g_0} läßt sich leicht aus der Beziehung bestimmen:

$$U_{gG} = U_{g_0G}\left[\cos\alpha - (g+r)\frac{J_g}{J_{gn}}\right].$$

Betreiben wir den Gleichrichter mit der für das primär speisende Netz günstigsten Aussteuerung $\cos\alpha = 1{,}0$, so wird

$$U_{gG} = U_{g_0G}\left[1 - (0{,}04 + 0{,}0036)\frac{J_g}{350}\right]$$

oder für

$\cos\beta$	U_{g_0G}
0,9	104 800 V
0,8	94 200 V
0,7	84 800 V
0,6	75 600 V

Um entscheiden zu können, welche Leerlaufübersetzungsverhältnisse man den Stromrichtertransformatoren zweckmäßig zuordnet, um eine gewünschte Überlastungsfähigkeit des Wechselrichters zu erhalten, benutzen wir die Beziehungen Gl. (42) für Fall a) einer Spannungserhöhung am Übertragungsanfang

$$i_T = \frac{e_T \cdot \cos\alpha'' - \cos\beta}{\Sigma(g'' + r'')}.$$

30 Grundsätzliches Verhalten einer Gleichstromübertragung mit Stromrichtern.

Die vorstehende Gleichung gibt für sich allein lediglich an, in welchem Verhältnis i_T der übertragene Gleichstrom bei einer Spannungserhöhung e_T am Gleichrichter ansteigt. Wir setzen $e_T = 1,1$ und für den Fall b) einer Spannungsabsenkung $e_T^* = 0,9$ am Übertragungsende. Dann ist nach Gl. (43) entsprechend dem oben Gesagten:

$$i_T^* = \frac{\cos \alpha'' - e_T^* \cdot \cos \beta}{\Sigma(g'' + r'')}.$$

Zunächst müssen wir $\Sigma(g'' + r'')$ berechnen und erhalten z. B. für $\cos \beta = 0,9$

$$(g_G + r_G) \frac{J_g}{J_{gn}} \cdot \frac{U_{g_0 G}}{U_{g_0 W}} = (0,04 + 0,0036) \cdot \frac{266}{350} \cdot \frac{104800}{100000} = 0,0347$$

und

$$r_{L''} = \frac{U_{gW}}{U_{g_0 W}} r_L \frac{U_n}{U_{gW}} = 0,069 \cdot \frac{100000}{100000} = 0,0690$$

$$g_W + r_W = (0,04 + 0,0036) \cdot \frac{266}{350} = \underline{0,0331}$$

schließlich wird $\qquad\qquad\qquad\qquad\qquad\qquad\qquad\qquad 0{,}1368$

$$\cos \alpha'' = \cos \alpha \cdot \frac{U_{g_0 G}}{U_{g_0 W}} = 1 \cdot \frac{104800}{100000} = 1,048.$$

Mit diesen Zahlen erhalten wir

$$i_T = \frac{1,1 \cdot 1,048 - 0,9}{0,1368} = 1,79,$$

$$i_T^* = \frac{1,048 - 0,9 \cdot 0,9}{0,1368} = 1,74.$$

Ähnlich sind für die übrigen Steuerwinkel β des Wechselrichters bei

$\cos \beta$	i_T	i_T^*
0,9	1,79	1,74
0,8	1,68	1,57
0,7	1,58	1,48
0,6	1,49	1,39

Wir müssen nun noch den Sicherheitswinkel β_0 daraufhin kontrollieren, ob die oben ermittelten Werte für i_T bzw. i_T^* auch tatsächlich eingehalten werden können. Dazu benutzen wir die Gl. (26) und (28). Aus diesen erhält man

$$\cos \beta_0 = \cos \beta + 2 i_T \cdot g_W, \qquad \cos \beta_0^* = \cos \beta + \frac{2 i_T \cdot g_W}{e_T^*}.$$

Es wird unter Berücksichtigung der dazugehörigen Stromstärken

$$\cos \beta_0 = 0,9 + 2 \cdot 1,79 \cdot 0,04 \cdot \frac{266}{350} = 1,009,$$

$$\cos \beta_0^* = 0,9 + 2 \cdot 1,74 \cdot \frac{0,04}{0,9} \cdot \frac{266}{350} = 1,017$$

Zahlenbeispiel für eine Übertragung von 100 MW bei 400 kV über 1000 km. 31

oder bei

$\cos\beta$	$\cos\beta_0$	$\cos\beta_0^*$
0,9	1,009	1,017
0,8	0,914	0,919
0,7	0,823	0,828
0,6	0,735	0,740

Wenn man einen Sicherheitswinkel von $10°$ oder $\cos\beta_0 = 0,984$ annimmt, so darf $\cos\beta$ den Wert 0,865 nicht überschreiten, wie man dem Diagramm Abb. 9 entnehmen kann. Für $\cos\beta = 0,9$ wird nach der obigen Tabelle $\cos\beta_0 > 1,0$. Die Stromwendung des Wechselrichters ist dann bei Spannungsgleichheit der aufeinanderfolgenden Phasenspannungen noch nicht beendet. Die Durchrechnung des Beispiels läßt erkennen, daß bei der Gleichstromübertragung dem Steuerwinkel β und dem Sicherheitswinkel β_0 eine entscheidende Rolle für die Betriebsführung zukommt. Ihre Beeinflussung bildet den Angriffspunkt für die selbsttätige Regelung der Übertragung. Gleichzeitig erkennt man, daß die Überlastungsfähigkeit der Übertragung außer von der Einstellung dieser Winkel von den Gleichspannungsabfällen abhängt. Normale Projektierungsverhältnisse vorausgesetzt, läßt sich die Überlastung einer Gleichstromleitung leichter bei höheren Werten halten als bei einer

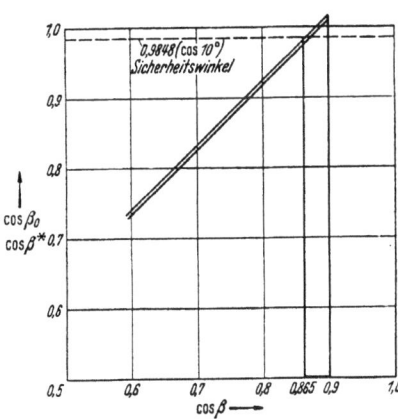

Abb. 9. Sicherheitswinkel und Aussteuerung des Wechselrichters.

Drehstromübertragung, sofern wir uns zunächst auf die Betrachtung der statischen Verhältnisse beschränken. Wir haben gesehen, daß die verschiedentlich geäußerte Ansicht, wonach bei der Gleichstromübertragung das Stabilitätsproblem entfällt, in dieser Fassung nicht richtig ist. Die Betriebsfähigkeit der Gleichstromübertragung bei Laststößen hängt vielmehr von dem Nichtüberschreiten des Sicherheitswinkels β_0 ab, ähnlich wie bei der Drehstromübertragung die dynamische Stabilität vom Überschwingen der Generatoren abhängt. Bei der Gleichstromübertragung trägt indessen die Länge der Leitung nicht zur Verschlechterung der Stabilitätsverhältnisse bei.

Um die Auslegung der Transformatoren vornehmen zu können, müssen noch die in den Netzen auftretenden Spannungsschwankungen bekannt sein. Es soll angenommen werden, daß die Spannungsschwankung in jedem Netz $\pm 5\%$ beträgt und so langsam verläuft, daß sie von dem auf konstante Leistung eingestellten Regler ausgeregelt werden kann. Man versieht nun die Wechselrichtertransformatoren mit Anzapfungen, deren Spannungsabgriffe prozentual ebenso groß sind wie die Spannungsschwankungen, wobei noch ein Sicherheitszuschlag von 20% angenommen werden soll. Die Lastschalter werden damit für $\pm 6\%$ Spannungsregelung auszulegen sein. Die Wahl der Stufenzahl wird sich nach vorhandenen Modellen richten. Wichtig ist die Größe einer Stufe: Beträgt sie z. B. 2,5%, dann sind in diesem Bereich die Spannungsschwankungen durch den Regler mit Hilfe der Gittersteuerung auszuregeln.

Nehmen wir wie früher im Falle a) an, daß die Spannung im speisenden Drehstromnetz steigt und damit auch die Gleichrichterspannung, so wird der Regler den Winkel β verkleinern, womit sich der Wechselrichter mehr der Trittgrenze nähert.

Wird die Anlage entsprechend dem Ergebnis aus Abb. 9 mit $\cos \beta = 0{,}865$ betrieben, so findet man durch Interpolation am Wechselrichter eine Gleichspannung von 89 900 V. Bei einer Spannungssteigerung um 2,5% steigt dieser Wert auf 91 200 V.

Bei $U_{gW} = 89\,900$ V beträgt der Gleichstrom 287 A, und bei einer Spannungssteigerung auf 91 200 V wird er bei konstanter Leistung auf 280 A fallen. Unsere Spannungsgleichung lautet dann

$$91\,200 = 100\,000 \left[\cos \beta + (0{,}04 + 0{,}0036) \cdot \frac{280}{350} \right].$$

Man findet $\cos \beta = 0{,}877$ und zu diesem Wert aus Abb. 9 $\cos \beta_0 = 0{,}996$ entsprechend $\beta_0 = 5°$. Falls man diesen verhältnismäßig geringen Wert nicht mehr zulassen will, muß man den anfänglich eingeführten Sicherheitswinkel von 10° erhöhen.

Im Fall b) bei gesunkener Spannung im gespeisten Drehstromnetz fällt die Spannung U_{g_0W} am Wechselrichter, und der Regler muß den Winkel β verkleinern. Um β_0 zu finden, schreiben wir die Spannungsgleichung an mit

$$89\,900 = (100\,000 - 2000) \left[\cos \beta + (0{,}04 + 0{,}0036) \frac{287}{350} \right].$$

Hierin ist der Spannungsabfall mit 2% eingesetzt. Es wird

$\cos \beta = 0{,}722$ und dementsprechend $\cos \beta_0^* = 0{,}991$, $\beta_0 = 7{,}5°$.

Würde man auch hier 2,5% Spannungsabfall zulassen, dann würde $\cos \beta_0 > 1{,}0$, also ein Betrieb nicht möglich sein.

Auf Grund dieser Ergebnisse können wir die Transformatoren wie folgt auslegen:

Wechselrichtertransformatoren:

Spannung auf der Drehstromseite . . . . 30 000 V

Spannung auf der Gefäßseite . . . . . $\frac{100\,000}{2{,}34} \cdot \sqrt{3} = 74\,000$ V

Für die Lastschalter werden bei $\pm 5\%$ Spannungsänderung und 2% zulässiger Spannungsschwankung mit Berücksichtigung der Sicherheit 7 Stufen vorgesehen, nämlich 74000 $\pm 2\%$, $\pm 4\%$, $\pm 6\%$.

Zusätzlich kann noch ein Umsteller für $\pm 5\%$ Spannungsänderung vorgesehen werden. Für die Drehstrombrückenschaltung ergibt sich die Typenleistung des Transformators aus der Gleichstromleistung und dem Faktor 1,05 zu $25 \cdot 1{,}05 = 25{,}25$ MVA.

Gleichrichtertransformatoren:

Spannung auf der Drehstromseite . . . . 30000 V
Spannung auf der Gefäßseite

$$\left[\frac{104\,800 - 94\,200}{2{,}34} \cdot \frac{0{,}865 - 0{,}8}{0{,}9 - 0{,}8} + 94\,000\right] \frac{\sqrt{3}}{2{,}34} = 74\,800 \text{ V}$$

Hierfür wird ein Umsteller für $\pm 5\%$ Spannungsänderung vorgesehen. Die Typenleistung erhält man aus der Gleichstromleistung, vermehrt um den Kabelverlust und den Verlust des Wechselrichtertransformators, sowie dem Ausnutzungsfaktor für die Brückenschaltung (1,05) zu

$$\left[25 + \frac{J_g \cdot r_L \cdot U_{gW}}{10^6} + 0{,}25\right] \cdot 1{,}05$$
$$= \left[25 + \frac{287 \cdot 0{,}069 \cdot 92\,000}{10^6} + 0{,}25\right] 1{,}05 = 28{,}4 \text{ MVA}.$$

Für die Eisen- und Kupferverluste des Wechselrichtertransformators wurden 0,25 MVA eingesetzt. Selbstverständlich könnte man diese Rechnung auch für andere Aussteuerungswinkel des Gleichrichters durchführen, um die auftretenden Verhältnisse zu überprüfen. Wir wollen hier davon absehen, da diese Zusammenhänge bei der Betrachtung der Regelverhältnisse noch genauer untersucht werden.

5. Trittgrenze des Wechselrichters bei symmetrischer und unsymmetrischer Spannungsabsenkung im gespeisten Netz.

Im Abschnitt I/1, S. 17, wurde gezeigt, daß für die Trittgrenze des Wechselrichters die Größe der Wendespannungsfläche maßgebend ist. Im Fall a) also bei gleichbleibender Spannung des gespeisten Wechselstromnetzes und einer Erhöhung der dem Wechselrichter zugeführten Gleichspannung U_g behält die Wendespannung ihre Größe, während sie im Fall b) bei konstanter Gleichspannung und sinkender Wechselspannung des gespeisten Netzes abnimmt und damit die Überlastbarkeit des Wechselrichters sinkt. Dabei wurde angenommen, daß die Änderungen so schnell vor sich gehen, daß sie eine Zündwinkeländerung beim Wechselrichter durch Eingreifen der Gittersteuerung nicht bewirken können. Auf der anderen Seite taucht damit zwangsläufig die Frage auf, wie man den Steuerwinkel β ändern muß, damit stets die gleiche Sicherheit (β_0 = const) eingehalten wird. Wir wollen wegen der besonderen Wichtigkeit der Stabilität des Wechselrichterbetriebes diese Verhältnisse noch etwas eingehender betrachten, indem wir nicht nur eine symmetrische, sondern auch eine unsymmetrische Spannungsabsenkung im gespeisten Netz berücksichtigen. Solche Spannungsabsenkungen können in Drehstromnetzen als Spannungswischer auftreten, wie bei intermittierenden Erdschlüssen usw. Danach wird man sich bei der Wahl der Größe des Sicherheitswinkels β_0 richten müssen, um einen stabilen Betrieb auch in diesen Fällen möglichst zu gewährleisten. Ähnlich wie in Abb. 4 ist in Abb. 10 für die Wechselrichterseite der Stromwendevorgang festgehalten mit dem Zusatz, daß die Spannung der übergebenden Phase u_2 gegenüber den anderen nicht betroffenen Phasen auf den Wert u_2' abgesenkt wird. Es soll aber in einer etwas erweiterten Betrachtungsweise auch der Vorgang bei symmetrischer Spannungabsenkung des gespeisten Drehstromnetzes nach V. SVOBODA mit erfaßt werden. Die Stromwendespannung $u_W = u_3 - u_2$ ist für die Brückenschaltung die verkettete Spannung

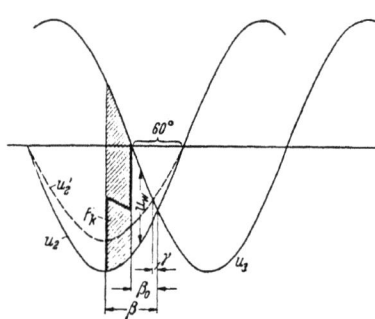

Abb. 10. Kommutierung des Wechselrichters bei unsymmetrischer Spannungsabsenkung im gespeisten Netz.

$$U_W = \sqrt{3} \cdot \sqrt{2} \cdot U_{\text{ph}} \cdot \sin \omega t,$$

also gleich der Differenz der beiden an der Stromwendung beteiligten Phasenspannungen. Hierfür wird ein magnetisches Feld benötigt, das der in Abb. 10 schraffierten Fläche entspricht, die von dem Zündwinkel β und von dem Sicherheitswinkel β_0 begrenzt wird, oder

$$F_K = -\int_{\beta}^{\beta_0} u_W \, dt = \frac{\sqrt{6}\, U_{\text{ph}}}{\omega} (\cos \beta_0 - \cos \beta) = U_{g_0} \cdot 2g. \quad (45)$$

Das Minuszeichen wurde mit Rücksicht darauf eingeführt, daß die negative Halbwelle der Wechselspannung beim Wechselrichter kommutiert. Das magnetische Feld erhält man zu

$$F_k = J_g \cdot 2 \cdot L = U_{g_0} \cdot 2g. \quad (46)$$

Aus den Beziehungen (45) und (46) erhalten wir die Hilfsgröße Φ_K, die der Stromwendefläche proportional ist, zu

$$\Phi_K = \cos \beta_0 - \cos \beta = \frac{2 J_g \cdot X_{\text{ges}}}{\sqrt{6}\, U_{\text{ph}}} = \frac{6}{\pi} \cdot \frac{J_g \cdot X_{\text{ges}}}{U_{g_0}}. \quad (47)$$

Für die Leerlaufgleichspannung U_{g_0} wurde in dieser Gleichung unter Berücksichtigung der Brückenschaltung die Beziehung eingeführt:

$$U_{g_0} = \frac{3 \cdot \sqrt{6}}{\pi} \cdot U_{\mathrm{ph}}.$$

Mit der Beziehung (47) kann man leicht den für einen gegebenen Sicherheitswinkel β_0 einzustellenden Steuerwinkel β des Wechselrichters ermitteln. So läßt sich für den Nenngleichstrom J_g der zugehörige Winkel β_n ermitteln aus

$$\cos\beta_n = \cos\beta_0 - \frac{6}{\pi} \cdot \frac{J_g \cdot X_{\mathrm{ges}}}{U_{g_0}} = \cos\beta_0 - \Phi_K. \tag{48}$$

Soll der Sicherheitswinkel β_0 auch für einen um $(100\,a)\%$ größeren Strom $(1+a) \cdot J_g$ eingehalten werden, so muß der Wechselrichter mit einem Zündwinkel $\beta_a > \beta_n$ betrieben werden. Der neue Zündwinkel bestimmt sich aus

$$\cos\beta_a = \cos\beta_0 - (1+a)\,\Phi_K \tag{49}$$

oder

$$\cos\beta_a = (1+a)\cos\beta_n - a\cos\beta_0. \tag{49a}$$

Wird der Zündwinkel nicht geregelt ($\beta_n = $ const), wie dies bei sehr schnellen Änderungen vorausgesetzt werden kann, so wird sich der Sicherheitswinkel vermindern. Der neue Sicherheitswinkel β_0' wird aus der Beziehung erhalten:

$$\cos\beta_0' = \cos\beta_n + (1+a) \cdot \Phi_K. \tag{50}$$

Geht man bis an die äußerste Grenze $\beta_0' = 0°$, also an die Trittgrenze, heran, so entspricht dies einer höchsten Stromzunahme von

$$a_{\max} = 1 - \frac{1-\cos\beta_n}{\Phi_K}. \tag{51}$$

In Wirklichkeit wird man an diese Grenze nicht herangehen können, da noch die Entionisierungszeit der Gefäße zu berücksichtigen ist, ebenso ein etwaiger Oberwellengehalt im Netz.

Wie schon früher erörtert, nimmt bei einer symmetrischen Absenkung der Spannung des gespeisten Netzes entsprechend unserem Fall b) nach Gl. (47) die Kommutierungsfläche Φ_K zu. Um wieder die gleiche Trittsicherheit zu erzielen, muß daher bei einer Spannungsabsenkung

$$(100\,\varepsilon)\% \quad \text{auf} \quad (1-\varepsilon)\cdot U_g$$

der Zündwinkel wie im Fall einer Stromerhöhung auf β_ε vergrößert werden. Aus Gl. (49) folgt

$$\cos\beta_\varepsilon = \cos\beta_0 - \frac{\Phi_K}{1-\varepsilon} \tag{52}$$

oder

$$\cos\beta_\varepsilon = \frac{1}{1-\varepsilon}\cos\beta_n - \frac{\varepsilon}{1-\varepsilon}\cos\beta_0. \tag{52a}$$

Wird hingegen der Zündwinkel β_n konstant gehalten, also nicht ausgeregelt, so verschlechtert sich die Trittsicherheit — wie schon früher behandelt —, die durch den verminderten Sicherheitswinkel $\beta_{0\epsilon}$ gegeben ist:

$$\cos\beta_{0\epsilon} = \cos\beta_n + \frac{\Phi_K}{1-\epsilon}. \qquad (53)$$

Für $\beta_{0\epsilon} = 0$ erhalten wir

$$\epsilon_{max} = \frac{1-\cos\beta_0}{1-\cos\beta_n}. \qquad (54)$$

Man wird auch hier nicht völlig bis an die Trittgrenze herangehen können.

Man kann die bei symmetrischer Spannungsabsenkung auf $(1-\epsilon)U_{g_0}$ zulässige Grenzgleichspannung e_T^* auch der früher abgeleiteten Beziehung (43a) entnehmen, wenn man in ihr $\cos\alpha''$ aus Gl. (39) einsetzt, und erhält

$$e_T^* = \frac{2g_W\cos\beta + 2g_W\Sigma(g+r)''}{2g_W\cos\beta + \Sigma(g+r)''(1-\epsilon)(\cos\beta_0 - \cos\beta)}$$

und für

$$i_T^* = e_T^* \frac{(1-\epsilon)(\cos\beta_0 - \cos\beta)}{2g_W}.$$

Gefährlicher als eine symmetrische Absenkung der Spannung ist aber die unsymmetrische. In Abb. 10 ist die Spannung der Phase u_2 auf u_2' abgesenkt. Man sieht, daß infolge der Vorverlegung des Schnittpunktes der Phasenspannungen um den Winkel γ der Sicherheitswinkel entsprechend verkleinert wird. Sinkt die Spannung einer Phase von $(100\,\epsilon'\%)$ auf $(1-\epsilon')\cdot U_g$, so erhält man die veränderte Wendespannung dieser Phase nach Abb. 10 als Differenz von $u_{2'}$ und u_3 zu

$$u_{W'} = (1-\epsilon')\cdot\sqrt{2}\cdot U_{ph}\cdot\sin(\delta+30) - \sqrt{2}\cdot U_{ph}\cdot\sin(\delta+150).$$

Verwendet man die Hilfsgrößen

$$A\cdot\cos\gamma = 1 - \frac{\epsilon}{2}$$

und

$$A\sin\gamma = \frac{1}{\sqrt{3}}\frac{\epsilon}{2}, \qquad (55)$$

so kann man die Differenz der Winkelfunktionen zusammenfassen. Die Integration der obigen Gleichung für $u_{W'}$ ergibt dann

$$\cos(\beta_0 - \gamma) - \cos(\beta - \gamma) = \frac{\Phi_K}{A}, \qquad (56)$$

worin Φ_K den gleichen Wert wie in Gl. (47) besitzt. Die Größe A gibt an, auf welchen Wert die Stromwendespannung gesunken ist, während γ für die Änderung des Schnittpunktes der Phasenspannungen maßgebend ist. Beide Werte können Abb. 11 entnommen werden, wo sie

Trittgrenze des Wechselrichters im gespeisten Netz.

in Abhängigkeit von ε' aufgetragen sind,

$$A = \sqrt{1 - \varepsilon' + \frac{\varepsilon'^2}{3}} \quad \text{und} \quad \operatorname{tg}\gamma = \frac{\varepsilon'}{\sqrt{3}\,(\varepsilon - \varepsilon')}. \tag{57}$$

Ist die einphasige Spannungsabsenkung ε' bekannt, so kann man die beiden hier interessierenden Fälle untersuchen, nämlich die Ermittlung von β_ε bei konstantem β_0 und die von $\beta_{0\varepsilon}$ bei festgehaltenem β_n durchführen.

Bei der Bestimmung der theoretisch höchsten Spannungsabsenkung $\varepsilon'_{\max}$ für $\beta_0 = \gamma_{\max}$ ist zu beachten, daß $\gamma_{\max}$ selbst abhängig von $\varepsilon'_{\max}$ ist. Man erhält aus Gl. (56), wenn man $\beta_0 = \gamma_{\max}$ setzt,

$$\Phi_K = A_{\max}[1 - \cos(\beta_n - \gamma_{\max})] \tag{58}$$

und mit Beziehung (55)

$$\sin(\gamma_{\max} + \mu) = \frac{1}{M}, \tag{59}$$

worin die Hilfsgrößen aus

$$\begin{aligned} M \sin\mu &= \Phi_K + \cos\beta_n, \\ M \cos\mu &= \sqrt{3}\,\Phi_K + \sin\beta_n \end{aligned} \tag{60}$$

zu ermitteln sind. Mit dem so ermittelten Wert von $\gamma_{\max}$ erhält man mit Gl. (57) die theoretisch höchstzulässige

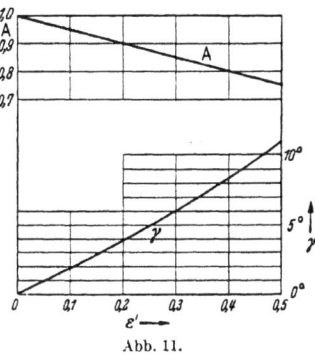

Abb. 11.

Spannungsabsenkung bei Vernachlässigung der Entionisierungszeit des Ventils zu

$$\varepsilon'_{\max} = \frac{2\sqrt{3}\sin\gamma_{\max}}{\cos\gamma_{\max} + \sqrt{3}\sin\gamma_{\max}}. \tag{61}$$

Man kann mit diesen Beziehungen den Einfluß einphasiger Spannungsabsenkungen ermitteln und wird feststellen, daß sie gefährlicher als symmetrische Spannungsabsenkungen sind, daß man also bei Netzen, in denen solche Störungen auftreten, den Sicherheitswinkel des Wechselrichters vergrößern muß. Indessen läßt sich das Ausmaß hierfür ohne genaue Kenntnis der Eigenart des vorliegenden Netzes schwer abschätzen. Man wird sich daher damit begnügen, gegen Auftreten einphasiger Störungen eine gewisse Reserve hierfür einzurechnen.

Selbstverständlich bedeutet eine Vergrößerung von β_0 einen größeren Blindleistungsaufwand für den Wechselrichter. Bei zweiphasigen Spannungsabsenkungen gelten sinngemäß die gleichen Überlegungen. Die Stromwendung zwischen den beiden abgesenkten Phasen erfolgt nach den Gesetzen der symmetrischen Spannungsabsenkung. Für die Stromwendung von einer Phase mit voller Spannung auf eine mit abgesenkter ergeben sich die günstigsten Verhältnisse, weil durch Rückverschiebung des Phasenschnittpunktes der Sicherheitswinkel noch vergrößert wird.

II. Regelung der Übertragung bei langsam verlaufenden Änderungen der Betriebsgrößen.

Im vorhergehenden Abschnitt wurde gezeigt, wie sich mit Änderung der Belastung die Spannungsabfälle entlang der Leitung ändern und wie vom Verhältnis der Eingangsspannung des Wechselrichters zur Spannung des gespeisten Netzes seine Überlastungsfähigkeit abhängt. Außerdem wurde festgestellt, daß es mit Rücksicht auf einen stabilen Betrieb notwendig ist, einen bestimmten Wert des Sicherheitswinkels in der Aussteuerung des Wechselrichters einzuhalten, damit der Wechselrichter bei den unvermeidlich auftretenden Überlastungen nicht außer Tritt fällt. Da bei Gleichstromübertragungen ein Kompensations- und Stabilitätsproblem der Leitung wie bei Drehstromanlagen nicht auftritt, werden sie auch andere Betriebseigenschaften als diese besitzen. Es ist daher notwendig, sich über die zweckmäßigste Art der Regelung ein Bild zu verschaffen. Die Durchbildung der Regelung wird nicht zuletzt davon abhängen, welche Aufgaben die Betriebsführung der Gleichstromübertragung zuweist.

Bezogen auf das gespeiste Netz wird gefordert werden müssen, daß
a) die *Frequenz* in diesem Netz konstant gehalten wird wegen der notwendigen Drehzahlkonstanz der angeschlossenen Verbraucher und
b) daß eine *konstante Spannung* eingehalten wird, um eine bestimmte Überlastungsfähigkeit der motorischen Verbraucher zu gewährleisten und für ein einwandfreies Arbeiten der übrigen Ohmschen Verbraucher aufkommen zu können.

Als die wichtigsten Energiequellen des sekundären Netzes, die für die erforderliche Wirk- und Blindleistung aufzukommen haben, werden die Generatoren in dem sekundären Kraftwerk und die das sekundäre Netz speisenden Wechselrichter zu betrachten sein. Darüber hinaus wird man damit rechnen müssen, daß zur Betriebsführung des Netzes Blindleistungsmaschinen, Kondensatoren und Netzkupplungsumformer vorhanden sind, diese z. B. zum Versorgen von einphasigen Bahnnetzen aus den Netzen der allgemeinen Landesversorgung. Das Zusammenwirken dieser Energiequellen wird maßgebend sein für die Anforderungen an die Regelung des sekundären Netzes, wobei zu beachten ist, daß es sich um Energiequellen sehr verschiedener Leistungsfähigkeit handeln wird, die in ihrem Regelverhalten durchaus nicht einheitliche Merkmale aufweisen. Man kann sie einteilen in:

1. Energiequellen, die sowohl Wirk- als auch Blindleistung in beiden Energierichtungen übertragen können. Hierzu gehören Netzkupplungsumformer, wie sie zur Bahnstromversorgung Anwendung gefunden haben, ebenso Umrichter.

2. Energiequellen, die Wirkleistung abgeben können, deren Blindleistung jedoch in beiden Richtungen übertragbar ist. Dazu gehören die auf das Netz arbeitenden, von Kraftmaschinen angetriebenen Generatoren.

3. Energiequellen, die lediglich Wirkleistung abgeben können, jedoch keine Blindleistung. Hierunter fällt die Gleichstrom-Höchstspannungsübertragung mit Stromrichtern. Grundsätzlich ist auch hier eine Übertragung nach beiden Richtungen möglich. Man wird jedoch im allgemeinen eine solche Übertragung so einsetzen, daß die anfallende Energie als Überschußenergie nur von der Gleichrichterseite der Höchstspannungsübertragung aus nach einer Richtung übertragen werden soll.

4. Energiequellen, die lediglich Blindleistung abgeben können. Hierunter fallen Kondensatorbatterien und umlaufende Blindleistungsmaschinen.

Unter Blindleistung soll dabei immer induktive Blindleistung verstanden werden, wie sie von einem Kondensator an das Netz abgegeben wird.

1. Frequenz- und Spannungshaltung.

a) Frequenzhaltung.

Eine Abweichung von der Sollfrequenz hat ihre Ursache in einer Differenz der vom Netz benötigten Wirklast und der Wirkleistungslieferung aller auf das Netz arbeitenden Energiequellen. Bei den Kraftwerksgeneratoren wird die Wirkleistung durch die Abgabeleistung der antreibenden Kraftmaschinen bestimmt. Diese wird durch die Drehzahlregler der Kraftmaschinen beeinflußt.

Beim Wechselrichter ist die Wirkleistung durch den Aussteuerungsgrad und das jeweils herrschende Verhältnis zwischen der Spannung der Gleichstromseite und im gespeisten Drehstromnetz festgelegt. Die Regelung kann durch Veränderung des Aussteuerungsgrades des Wechselrichters, durch Veränderung der zugeführten Gleichspannung oder auch durch Änderung der dem Wechselrichter zugeführten Spannung mit Hilfe des Regeltransformators erfolgen.

Bei Netzkupplungsumformern ist die Schlupffrequenz des antreibenden Asynchronmotors ein Maß für die übertragene Wirkleistung. Die Größe des Schlupfes wird durch die dem Läufer des Asynchronmotors zugeführte Spannung beeinflußt.

Es tritt nun die Frage auf, wie sich die einzelnen Energiequellen in ihrer Wirklastlieferung verhalten, wenn die Forderung b) nach Spannungskonstanz nicht eingehalten wird. Solche Spannungsschwankungen können auf zwei Ursachen zurückgeführt werden, nämlich auf das Bestehen einer Differenz zwischen der im Augenblick erzeugten und der vom Netz verbrauchten Blindleistung und auf die in bestimmten Netzteilen auftretenden Spannungsabfälle infolge der Änderung der durchfließenden Wirk- und Blindströme. Man wird nämlich in verzweigten Netzen mit einer Zusammenarbeit der Wechselrichter der Höchstspannungsübertragung und der Generatoren des Drehstromhochspannungsnetzes zu rechnen haben, die in erheblichen Entfernungen voneinander aufgestellt sein können. Hinsichtlich der Spannungsschwankungen verhalten sich die einzelnen Energiequellen des gespeisten Netzes verschieden.

Generatoren und Netzkupplungsumformer sind in dieser Beziehung unabhängig von Schwankungen im gespeisten Netz, da ihre Leistungsabgabe nur von der Drehzahl der Kraftmaschinen bzw. vom Schlupfverhältnis zwischen beiden Netzen abhängt.

Beim Wechselrichter ist, wie wir schon gesehen haben, das Spannungsverhältnis zwischen der Gleich- und Wechselstromseite ein Maß für die übertragene Wirkleistung.

Da die Spannungsabsenkungen im gespeisten Drehstromnetz sehr schnell verlaufen können, wird man an die Regelgeschwindigkeit der Gleichstrom-Hochspannungsübertragung hohe Anforderungen stellen müssen, um zu verhindern, daß größere Spannungsabsenkungen im Wechselstromnetz oder ein schneller Anstieg auf der Gleichstromseite zu so starken Laständerungen führen, daß die Trittgrenze des Wechselrichters überschritten wird. Bei Blindlaständerungen der Netzgeneratoren handelt es sich um die Änderung von Luftstreufeldern, die ohne merkliche zeitliche Verzögerung auftreten. Bei Belastungsänderungen tritt dabei auch eine Phasenverschiebung der Klemmenspannung der Generatoren ein. Man braucht diese jedoch hier nicht zu berücksichtigen, denn beim Wechselrichter verschiebt sich die Steuerung synchron mit, so daß dadurch keine Änderung der Aussteuerung erfolgen kann.

b) Spannungshaltung.

Bei den Generatoren des Netzes und Umformern wird im Parallelbetrieb die abgegebene Blindleistung durch die Regelung der Erregung der Generatoren mit Hilfe von Spannungsreglern erzielt. Bei den Umrichtern wird die Blindleistungsabgabe durch eine Regelung der ausgesteuerten Spannung beeinflußt.

Beim Wechselrichter im Einzelbetrieb wird die abgegebene Wechselspannung durch Änderung des Aussteuerungsgrades beeinflußt. Im Parallelbetrieb jedoch läßt sich eine Spannungsbeeinflussung des Netzes auf unmittelbarem Wege nicht erreichen, sie ist nur dann möglich, wenn die Spannungsänderungen durch Wirkströme in den Netzleitungen entstehen. Bei Spannungsabfällen, die durch Blindströme hervorgerufen werden, ist nur eine indirekte Spannungsregelung durch den Wechselrichter möglich, da er selbst Blindleistungen nicht übertragen kann.

Nehmen wir an, daß der Blindleistungsbedarf des Netzes steigt, so könnte man dem damit begegnen, daß man den Wechselrichter höher aussteuert, also weniger Wirkleistung abgibt. Durch den dabei auftretenden besseren Verschiebungsfaktor wird in der Tat weniger Blindleistung verbraucht. Diese Spannungsregelung ist jedoch mit einer Wirklaständerung verknüpft, so daß bei gleichbleibendem Wirkverbrauch des Netzes auch die Kraftmaschinenregler der Generatoren angestoßen werden, die auf eine höhere Wirkleistungsabgabe hinarbeiten. Bei diesem Regelverfahren würde auf dem Umweg über eine Wirkleistungsregelung die Blindlast beeinflußt; die Regelung muß als unruhig bezeichnet werden, da sie die Kraftmaschinenregler anstößt und zu Änderungen der Netzfrequenz Anlaß gibt. Eine derartige Regelung wird man betriebsmäßig als unvollkommen zu vermeiden trachten.

Grundsätzlich besteht die Möglichkeit, die Spannungsregelung im gespeisten Netz durch Beeinflussung der Höchstspannungsübertragung vorzunehmen, ohne die übertragene Wirkleistung zu beeinflussen. Man muß dann die durch die Aussteuerungsänderung bedingte Wirkleistungsverschiebung am Wechselrichter durch Änderung der zugeführten Gleichspannung ausgleichen. Dies bedeutet, daß jedem Regeleingriff am Wechselrichter auch ein Regelvorgang auf der Gleichrichterseite folgen muß. Will man z. B. mehr Blindleistung an das gespeiste Netz liefern, so muß die Aussteuerung des Wechselrichters vergrößert und in einem entsprechenden Maße auch die Aussteuerung der Gleichrichter erhöht werden. Durch Verbesserung des Leistungsfaktors des Wechselrichters steht dann bei konstanter Wirkleistung mehr Blindleistung für das gespeiste Netz zur Verfügung. Die Anwendung dieses Regelverfahrens wird durch die Trittgrenze und die Überlastungsbedingung des Wechselrichters begrenzt, da bei gleichbleibender Wirkleistung größere Änderungen der Aussteuerung die Überlastbarkeit stark herabsetzen.

Diese Art der Regelung setzt eine Verbindung der Regeleinrichtungen auf der Wechsel- und Gleichrichterseite der Übertragung voraus, die praktisch trägheitslos arbeiten muß. Bei sehr langen Übertragungen werden die Laufzeiten der Impulse von der Wechselrichterseite auf die Gleichrichterseite hin nicht mehr vernachlässigbare Werte erreichen. Man wird nach Möglichkeit versuchen, ohne eine solche Kupplung auszukommen und die Wechsel- und Gleichrichterseiten möglichst unabhängig voneinander zu regeln. Andernfalls kann man daran denken, die verschiedene Laufgeschwindigkeit elektrischer Impulse in Kabeln und Freileitungen auszunutzen. Diese Geschwindigkeit ist bei Freileitungen ungefähr doppelt so hoch wie bei Kabeln. Bei einer Kabelübertragung kann man mit Impulsübertragungsleitungen in Freiluft erreichen, daß die Steuerimpulse schneller als die Lastschwankungen auf die Gleichrichterseite rückwirken und daß dort die jeweils erforderliche Regelung rechtzeitig vorbereitet bzw. eingeleitet wird.

Zusammenfassend erscheint es zweckmäßig, die Spannungsregelung im Netz lediglich den Generatoren und Umformern zu überlassen, also denjenigen Einheiten, die auch Blindleistung abgeben können. Die Regelung der Gleichstromübertragung selbst wird man nur den Wirkleistungsverhältnissen anpassen. Als Regler sind möglichst trägheitslos arbeitende Apparate zu verwenden, um augenblickliche Spannungsänderungen soweit als möglich zu erfassen und die geforderte Stabilität des Wechselrichters bei allen Betriebszuständen und Störungen sicherzustellen.

2. Belastungsart der Übertragung.

Im vorhergehenden Abschnitt wurden einige allgemeingültige Forderungen an die Regelung der Übertragung gestellt, dabei wurde jedoch nichts darüber gesagt, welchen Gesetzmäßigkeiten der Leistungsfluß unterworfen werden soll und an welchen Stellen die Regelung zweckmäßigerweise angreift. Grundsätzlich kann sowohl auf der Wechsel- wie auch auf der Gleichrichterseite oder auf beiden gleichzeitig der Regeleingriff erfolgen. Erstrebenswert wird eine Regelung auf der Wechsel-

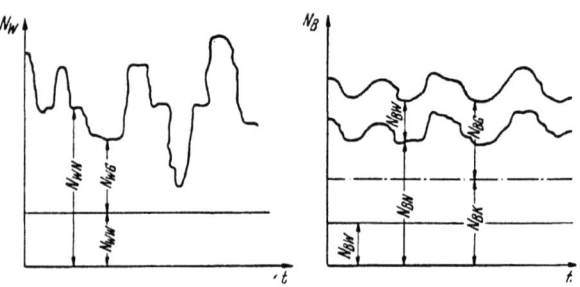

Abb. 12. Regelung der Gleichstromübertragung bei konstanter Grundlast.

N_{WN} Wirkleistung des gespeisten Netzes,
N_{WW} Wirkleistung des Wechselrichters,
N_{WG} Wirkleistung der Generatoren,

N_{BN} Blindleistung des gespeisten Netzes,
N_{BW} Blindleistungsbedarf der Wechselrichter,
N_{BG} Blindleistung der Generatoren.

richterseite sein, um die Impulsübertragung auf die Gleichrichterseite zu vermeiden; unter bestimmten Verhältnissen wird man diese jedoch nicht umgehen können.

Für die Gesetzmäßigkeit der Energieübertragung bestehen im wesentlichen die folgenden drei Möglichkeiten, die kurz besprochen werden sollen:

a) Die Gleichstromübertragung wird mit konstanter Grundlast gefahren, und die Lastspitzen werden vor allem von den Netzgeneratoren

Belastungsart der Übertragung. 43

gedeckt. Die Grundlast des Wechselrichters kann im Laufe des Tages nach einem besonderen Fahrplan eingestellt werden.

Der Wechselrichter wird mit einem Wirkleistungsregler ausgerüstet, der die Wirkleistung N_{WW} gemäß Abb. 12 auf einem bestimmten einstellbaren Wert konstant hält. Bei diesem Regelverfahren schwankt die vom Wechselrichter benötigte Blindlast nur wenig, so daß ein wesentlicher Anteil der vom gespeisten Netz aufzubringenden Blindleistung ziemlich konstant ist.

Ist die Aussteuerung des Wechselrichters so tief gewählt, daß bei den vorhandenen Spannungsschwankungen eine ausreichende Überlastungsfähigkeit besteht, so sind keine zusätzlichen Einrichtungen an der Regelung erforderlich. Man wird sich dabei mit einem verhältnismäßig schlechten $\cos \varphi$ auf der Wechselrichterseite begnügen müssen.

Bei größeren Änderungen der Spannung des gespeisten sekundären Drehstromnetzes kann man eine schnell wirkende Kompoundierungseinrichtung vorsehen, die bei größeren Absenkungen der Wechselspannung den Sollwert der Übertragungsleistung herabsetzt, um eine ausreichende Sicherheit gegenüber der Trittgrenze herzustellen. Dies ist notwendig, da bei gleichbleibender Aussteuerung und kleiner werdender Wechselspannung die Wendespannungsfläche verringert wird. Eine Schwankung der Spannung auf dem Gleichstromkabel ist unter der Voraussetzung ausreichender Regelgeschwindigkeit ohne Bedeutung, da eine ansteigende Gleichspannung keine Erhöhung der übertragenen Leistung im Gefolge hat. Diese Regelung hat den Vorteil, daß die Übertragung gut ausgenutzt werden kann und ein Höchstwert der zur Verfügung stehenden Fernenergie übertragen wird. Die Generatoren mit ihren Kraftmaschinenreglern übernehmen die Aufrechterhaltung der Netzfrequenz. Die Generatorenleistung muß daher mindestens den im Netz schwankenden Anteil des Wirkleistungsbedarfes N_{WG} decken können. Die Schwungmassen der im Betrieb befindlichen Einheiten können um so kleiner sein, je schneller die Regelung des Wechselrichters arbeitet.

Außer der schwankenden Wirkleistung muß von den Generatoren, Umformern und gegebenenfalls Blindleistungsmaschinen auch der schwankende Blindleistungsbedarf gedeckt werden, soweit er nicht durch Zu- und Abschaltung von Kondensatoren bewältigt wird. Die Blindleistungsverhältnisse sind in der Abb. 12 rechts dargestellt, wobei der Gesamtbedarf aus dem Blindleistungsbedarf des Netzes N_{BN} und dem Blindleistungsbedarf des Wechselrichters N_{BW} besteht. Man kann diese Blindleistung, wie in der Skizze angedeutet, in ihrem konstanten Anteil K durch Kondensatoren decken, in ihrem schwankenden Anteil zweckmäßig durch die Netzgeneratoren N_{BG}.

Da die Spannung des gespeisten Netzes annähernd konstant bleiben wird, kann man an Stelle eines Wirkleistungsreglers auch einen Wirkstromregler vorsehen. Auch eine Regelung in Abhängigkeit vom übertragenen Gleichstrom läßt sich leicht verwirklichen. Dabei wird jedoch nicht der Wirkstrom, sondern der Gesamtstrom auf der Drehstromseite konstant gehalten.

b) Die Gleichstromübertragung wird zur Spitzendeckung herangezogen, während die umlaufenden Maschinen des gespeisten Netzes die Grundlast fahren. Die Frequenzregelung im Netz muß in diesem Fall durch die Gleichstromübertragung erfolgen.

Der Wechselrichter muß deshalb mit einem Frequenzregler ausgerüstet werden, der bei Wirkleistungsschwankungen eine gleich-

44 Regelung der Übertragung bei Änderungen der Betriebsgrößen.

bleibende Netzfrequenz erzwingt. Da der Wechselrichter zur Spitzendeckung dient, werden erheblich größere Schwankungen der von ihm benötigten Blindleistung auftreten. In Abb. 13 sind diese Verhältnisse wieder angedeutet, wobei der gleiche Wirk- und Blindlastbedarf des Netzes wie in Abb. 12 zugrunde gelegt ist.

Um den Einfluß von Spannungsschwankungen auf die übertragene Wirkleistung des Wechselrichters auszuschalten, muß der Frequenzregler schnell arbeiten, ob-

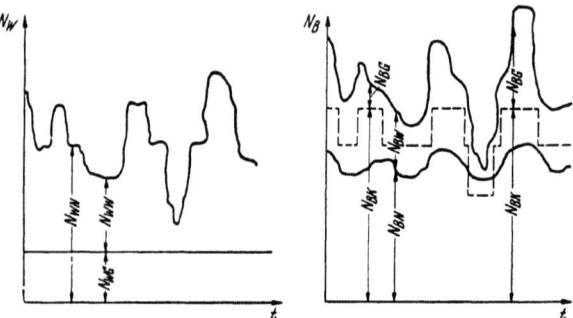

Abb. 13. Regelung der Gleichstromübertragung zur Spitzendeckung.

wohl die Frequenzschwankungen selbst wegen der zwangsläufig hiermit verbundenen Geschwindigkeitsänderungen der Generatorläufer nur langsam verlaufen.

Die Gefahr des Überschreitens der Trittgrenze ist hier größer als nach dem Regelverfahren a). Außer der Spannung des gespeisten Netzes ist hier mit Rücksicht hierauf auch das Verhältnis von Gleich- und Wechselspannung in den Frequenzregler einzuführen.

Die Generatoren werden mit konstanter Wirkleistung beaufschlagt, so daß ihre Kraftmaschinen, abgesehen von einem Schnellschluß, ohne Regelung sein können. Aus dem Verlauf der Blindleistung in Abb. 13 erkennt man, daß z. B. die Kondensatoren N_{BK} den Hauptteil übernehmen können, wenn sie in wenigen Stufen schaltbar sind. Andernfalls muß ein größerer Teil den Generatoren N_{BG} zugewiesen werden. Man wird soweit als möglich anstreben, die Generatoren wegen ihrer guten Regelfähigkeit zur Blindleistungslieferung heranzuziehen; auch können sie eine erwünschte Wirkleistungsreserve darstellen. Selbstverständlich wird die Fernübertragung, wenn sie zur Spitzendeckung eingesetzt wird, verhältnismäßig schlecht ausgenutzt, im übrigen erfordert sie eine verwickeltere Regelung gegenüber dem Fall a).

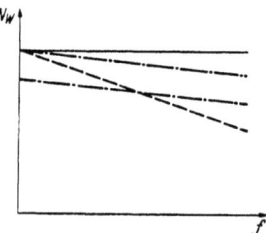

Abb. 14. Regelung in Abhängigkeit von der Netzfrequenz.

c) Die Energieübertragung soll nach einer vorgeschriebenen Kennlinie in Abhängigkeit von einer Hilfsgröße, z. B. der Frequenz, erfolgen. In Abb. 14 ist in einem Diagramm die Abhängigkeit der Leistung von der Frequenz dargestellt. Bei ansteigender Tendenz der Netzfrequenz wird eine Entlastung der Gleichstromübertragung erreicht, bei fallender eine Belastung bis zu einem bestimmten Höchstwert.

Der Wechselrichter erhält einen Wirkleistungsregler, dessen Sollwert in Abhängigkeit von den geringen zulässigen Schwankungen der Netzfrequenz selbsttätig beeinflußt wird. Dabei ist der Einfluß der Frequenz so einstellbar, daß eine Neigungsänderung und eine Parallelverschiebung der Kennlinie in Abb. 14 erreichbar ist. Ähnliche Verhältnisse gelten für Netzkupplungsumformer. Die Regeleinrichtung muß hinsichtlich der Frequenzschwankungen empfindlich sein. Steigt z. B. die Frequenz auf 51 Perioden/s, so wird die übertragene Gleichstromleistung durch

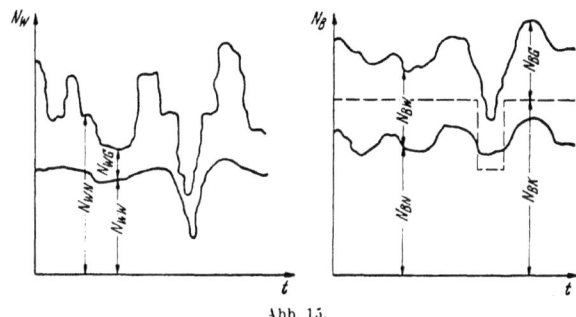

Abb. 15.
Regelung der Gleichstromübertragung in Abhängigkeit von der Frequenz des gespeisten Netzes.

die Regelung selbsttätig auf Null gebracht. An die Regelgeschwindigkeit des Frequenzgliedes werden hier keine besonderen Anforderungen gestellt, dagegen muß das Wirkleistungsglied weitgehend von Spannungsschwankungen unabhängig gemacht werden.

Die Netzkennlinien sind in Abb. 15 unter den gleichen Voraussetzungen wie vorher festgehalten. Man erkennt, daß z. B. eine Schaltung von Kondensatoreinheiten, um den Blindleistungsschwankungen nachzukommen, nur bei starken Frequenzänderungen notwendig ist. Macht man den Einfluß der Frequenz auf den Sollwert der Wirkleistung stetig einstellbar, so geht diese Regelung im Grenzfall für den Frequenzeinfluß Null in das Regelverfahren nach a) über.

3. Regelung auf der Wechselrichterseite.

Es soll nun der Einfluß der einzelnen Betriebsgrößen auf die Regelung ermittelt werden, wobei nicht wie in Abschnitt I mit bezogenen, sondern mit Rücksicht auf die schwankenden Bezugswerte nach E. JANETSCHKE mit absoluten Größen gerechnet werden soll. Dabei werden wir für eine gewünschte Überlastbarkeit die zulässigen Spannungsschwankungen bzw. den unmittelbar durch die Regelung erfaßbaren Steuerwinkel β des Wechselrichters einführen und seine zugehörigen Grenzwerte bestimmen.

Es sei zunächst angenommen, daß die Spannung des speisenden Netzes und der Aussteuerungswinkel α des Gleichrichters konstant

46 Regelung der Übertragung bei Änderungen der Betriebsgrößen.

bleibt. An Hand eines Beispiels werden die Kennlinien für die einzelnen Regelungsarten aufgestellt.

Für das Beispiel sei angenommen, daß der Gleichrichter auf $\cos\alpha = 0{,}9$ ausgesteuert ist, um Spannungsschwankungen im speisenden Netz durch die Gleichrichteraussteuerung noch ausgleichen zu können, wobei $\varepsilon_g \cdot \cos\alpha = \text{const}$ bleibt. ε_g ist ein Faktor, der die Spannungsschwankungen im speisenden Netz ausdrückt und bei Nennspannung $= 1{,}0$ ist, und ε_W der entsprechende Faktor für die Spannungsschwankungen im gespeisten Netz. Für das Beispiel nehmen wir wieder eine Übertragung an mit einer Übertragungsleistung von 100 MVA, einer Übertragungsspannung von 400 kV und einem Nenngleichstrom $J_{gn} = 250$ A. Der induktive Gesamtabfall auf jeder Seite betrage 10%, und der Ohmsche Abfall auf der Leitung sei ebenfalls 10%. Die Schaltung sei wieder entsprechend Abb. 7 angenommen mit vier in Reihe geschalteten Brückenschaltungen, wobei insgesamt eine Schaltung mit 24phasiger Welligkeit erzielt wird.

Für jeden der vier einzelnen Transformatoren auf der Gleichrichterseite gilt unter Zugrundelegung einer Vollastspannung von $4 \times 110\text{ kV} = 440\text{ kV}$ auf der Gleichstromseite:

Typenleistung: $\quad \dfrac{110 \cdot 250}{0{,}96} = 30\text{ MVA}.$

Sekundäre Phasenspannung:

$$U_\text{ph} = \frac{110}{2{,}34} = 47\text{ kV bei Vollast}.$$

Spannungsabfall bei Vollast: $g = 5\%$.

Sekundäre Phasenspannung bei Leerlauf: $47 \cdot 1{,}05 = 49{,}5$ kV.

Sekundärer Phasenstrom des Transformators:

$$J_\text{sek} = \frac{J_{gn} \cdot \sqrt{2}}{\sqrt{3}} = 204\text{ A}.$$

Gesamtreaktanz einer Seite:

$$X_\text{ges} = \frac{4950}{204} = 24\,\Omega.$$

Der Streuwiderstand eines jeden Transformators beträgt:

$$g = X_\text{ges} \cdot \frac{p}{\pi} = 23\,\Omega.$$

Für die Reihenschaltung der vier Transformatoren ist also auf jeder Seite der Übertragung mit $g_\text{ges} = 4 \cdot 23 = 92\,\Omega$ zu rechnen.

Die Leerlaufspannung auf der Gleichrichterseite beträgt:

$$U_{g_0} = 49{,}5 \cdot 2{,}34 \cdot 4 = 460\text{ kV},$$

der induktive Spannungsabfall $g_\text{ges} \cdot J_{gn} = 5750$ V und der Ohmsche Widerstand der Leitung $R = 160\,\Omega$.

a) Konstante Aussteuerung des Wechselrichters (Abb. 16).

Wir gehen hier von der Spannungsgleichung der Übertragung aus, die wir diesmal mit Rücksicht auf Einführung der absoluten Größen in der Form schreiben:

$$\varepsilon_g \cdot U_{g_0} \cos\alpha - J_g \cdot g - J_g \cdot R - \varepsilon_W \cdot U_{g_0} \cos\beta - J_g \cdot g = 0. \quad (62)$$

Daraus folgt
$$\varepsilon_W = \frac{\varepsilon_g \cdot U_{g_0} \cos\alpha - J_g(2g+R)}{U_{g_0} \cos\beta} \quad (63)$$

und für den jeweiligen Belastungsstrom

$$J_g = \frac{U_{g_0} \cdot (\varepsilon_g \cos\alpha - \varepsilon_W \cos\beta)}{2g + R}. \quad (64)$$

Für den Belastungsstrom an der Trittgrenze J_{gT} erhält man

$$J_{gT} = \frac{(1-\cos\beta)\,\varepsilon_W U_{W_0}}{2g}. \quad (65)$$

Die Überlastbarkeit sei wie früher definiert zu

$$i_T = \frac{J_{gT}}{J_g}$$

und bezogen auf den Nennstrom i_{TN} ähnlich Gl. (23)

$$i_{TN} = \frac{J_{gT}}{J_{gn}}.$$

Für den Ausgangspunkt, der bei den verschiedenen Regelverfahren beibehalten wird, gilt

$J_g = J_{gn} = 250\text{ A}$,
$\varepsilon_g \cdot \cos\alpha = 0{,}9$,
$\varepsilon_W = 1{,}0$,
$\cos\beta = 0{,}713$ [ermittelt aus Gl. (62)],
$i_T = i_{TN} = 2{,}83$ [aus Gl. (65)].

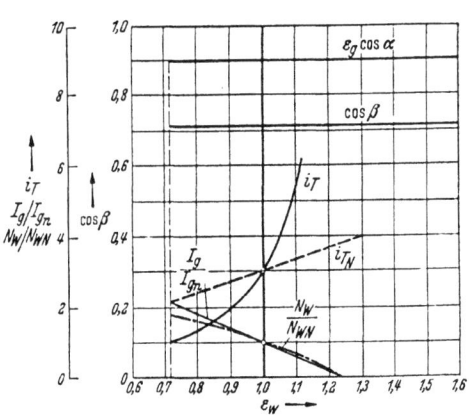

Abb. 16. Regelkennlinien für konstante Aussteuerung des Wechselrichters ($\varepsilon_g \cos\alpha = k$).

Wünschenswert ist noch die Kenntnis des Betriebspunktes, bei dem die Überlastbarkeit i_T auf einen vorgegebenen Grenzwert i_{Tg} abgesunken ist. Dieser Wert ermittelt sich aus den obigen Beziehungen bzw. aus der Gleichung

$$\varepsilon_W = \frac{\varepsilon_g \cos\alpha\, i_{Tg}\, 2g}{2g \cdot i_{Tg} \cos\beta + (1-\cos\beta)(2g+R)}. \quad (66)$$

Dabei sei wie auch im folgenden $U_{g_0} = U_{W_0}$ gesetzt; damit wird z. B. für $i_T = 1,0 : \varepsilon_W = 0,715$.

Bei diesem Regelverfahren steigt der Strom bei fallender Spannung, und zwar so, daß die übertragene Leistung zunimmt. Dabei wächst nicht nur die Wirkleistung, sondern auch die vom Wechselrichter aufgenommene Blindleistung, so daß dadurch die Verhältnisse im gespeisten Netz verschlechtert werden, da steigender Blindleistungsbedarf eine weitere Spannungsabsenkung zur Folge hat. Das Verfahren ist für den praktischen Betrieb nicht geeignet. Die Überlastungsfähigkeit erreicht bei 70% der Nennspannung den Wert 1,0.

b) Regelung bei konstanter Überlastungsfähigkeit des Wechselrichters ($i_T =$ const) (Abb. 17).

Aus Gl. (65) folgt mit $J_{gT} = J_g \cdot i_T$

$$1 - \cos\beta = \frac{2g \cdot J_g \cdot i_T}{\varepsilon_W U_{W_0}}$$

und durch Verbindung mit Gl. (62) erhält man

$$J_g = \frac{\varepsilon_W \cdot U_{W_0} - \varepsilon_g \cdot U_{g_0} \cos\alpha}{2g \cdot (i_T - 1) - R} \tag{67}$$

und

$$\cos\beta = 1 - \frac{i_T(\varepsilon_W - \varepsilon_g \cos\alpha)}{\varepsilon_W\left(i_T - \dfrac{R}{2g} - 1\right)}. \tag{68}$$

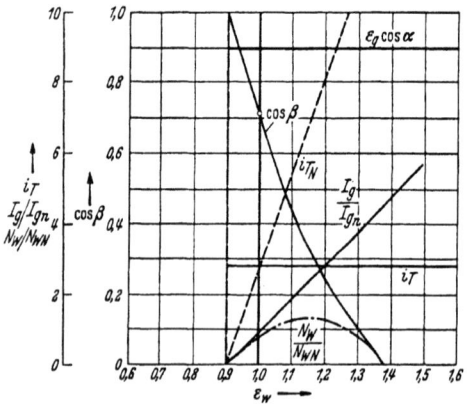

Abb. 17. Regelkennlinien für konstante Überlastungsfähigkeit des Wechselrichters ($\varepsilon_g \cos\alpha = k$).

Es gilt für $\cos\beta = 1,0$

$$\varepsilon_W = \varepsilon_g \cos\alpha \ldots J_g = 0, \tag{69}$$

für $\cos\beta = 0$

$$\varepsilon_W = \frac{i_T \cdot \varepsilon_g \cos\alpha}{\dfrac{R}{2g} + 1}, \tag{70}$$

$$\frac{J_g}{J_{gn}} = \frac{\varepsilon_g \cdot U_{g_0} \cos\alpha}{J_{gn} \cdot (R + 2g)}. \tag{71}$$

Für das vorliegende Beispiel wird für

$\cos\beta = 1, \quad \varepsilon_W = 0,9,$

$\dfrac{J_g}{J_{gn}} = 0:$

$\cos\beta = 0,$

$\varepsilon_W = 1,37, \quad \dfrac{J_g}{J_{gn}} = 4,8.$

Man sieht aus Abb. 17, daß bei fallender Spannung der Strom unter gleichzeitigem starkem Anstieg von $\cos\beta$ schnell zurückgeht. Bei einem Spannungsanstieg von nur 10% erreicht der Strom bereits etwa das

Zweifache seines Nennwertes. Bei $\varepsilon_W = 0{,}9$ ist $\cos\beta = 1{,}0$ und $i_{TN} = 0$. Es müßte also hier, um die Spannungsschwankungen zu beherrschen, der Gleichrichter immer tiefer ausgesteuert werden oder man müßte die Übersetzung des Gleichrichtertransformators so wählen, daß er eine geringere Leerlaufspannung als der Wechselrichter besitzt. Das Regelverfahren weist eine große Empfindlichkeit hinsichtlich Stromänderungen und Überlastungsfähigkeit auf, so daß es für praktische Verhältnisse ungeeignet erscheint.

c) Konstanter Gleichstrom ($J_g = J_{gn} = $ const) (Abb. 18).

Unter dieser Voraussetzung gilt für den Steuerwinkel:

$$\cos\beta = \frac{\varepsilon_g \cdot U_{g_0} \cdot \cos\alpha - J_g(2g + R)}{\varepsilon_W \cdot U_{W_0}}, \qquad (72)$$

für die Überlastungsfähigkeit:

$$i_T = \frac{(1 - \cos\beta) \cdot \varepsilon_W U_{W_0}}{J_g \cdot 2g};$$

für den Grenzwert: $i_T = i_{TG}$ wird

$$\varepsilon_W = \frac{2g \cdot i_{T_g} \cdot J_g + \varepsilon_g U_{g_0} \cos\alpha - J_g \cdot (2g + R)}{U_{W_0}}. \qquad (73)$$

Es wird für dieses Beispiel für $i_T = 1{,}0$, $\varepsilon_W = 0{,}815$ und für $i_T = 1{,}5$, $\varepsilon_W = 0{,}86$. Die Forderung $J_g = $ const ist bei $\varepsilon_g \cos\alpha = $ const mit der Bedingung einer konstanten Wirkleistung $N_W = $ const identisch. Wie man Abb. 18 entnehmen kann, nimmt mit sinkender Spannung die Wechselrichteraussteuerung langsam zu und die Überlastungsfähigkeit ab. Dieses Regelverfahren erscheint geeignet, soweit die Schwankungen im gespeisten Netz bei den gegebenen Leistungsdaten sich in mäßigen Grenzen halten, zumal es technisch auch leicht ausführbar ist. Der Spannungsabfall auf der Leitung wirkt dabei im

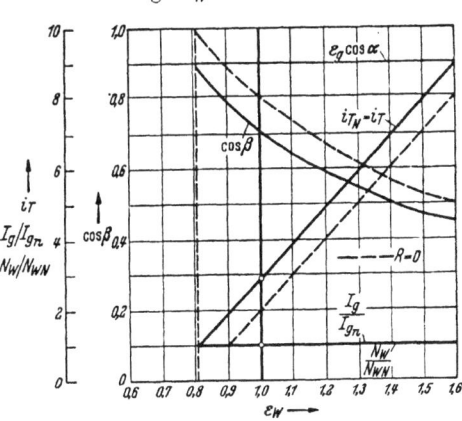

Abb. 18. Regelkennlinien für konstanten Gleichstrom des Wechselrichters ($\varepsilon_g \cos\alpha = k$).

günstigen Sinn, wie man aus den vergleichsweise gestrichelt eingezeichneten Verhältnissen für $R = 0$ entnehmen kann. Man wird dieses Regelverfahren nur unter genauer Berücksichtigung der Übertragungsleistung

50 Regelung der Übertragung bei Änderungen der Betriebsgrößen.

nach Überprüfung der im gespeisten Netz möglichen Spannungsabsenkungen anwenden können.

d) Konstante Wirkleistung des Wechselrichters ($N_W = \text{const}$).

Da der Scheinstrom im gespeisten Netz und der Gleichstrom J_g stets verhältnisgleich sein müssen, kann man für die obige Bedingung schreiben
$$J_g \cdot \cos\beta \cdot \varepsilon_W = k.$$

Dabei ist $\cos\beta$ gleich $\cos\varphi$ gesetzt, wobei die Überlappung vernachlässigt ist. Setzt man in die Spannungsgleichung (62) den aus der obenstehenden Definition gewonnenen Ausdruck für $\cos\beta = \dfrac{k}{J_g \varepsilon_W}$ ein, so folgt
$$\varepsilon_g \cdot U_{g_0} \cdot \cos\alpha - J_g(2g + R) = U_{W_0} \cdot \frac{k}{J_g}.$$

Wie man sieht, fällt der Ausdruck ε_W heraus, d. h. J_g muß konstant bleiben. Daraus folgt, daß auch $\varepsilon_W \cdot \cos\beta = \text{const}$ sein muß.

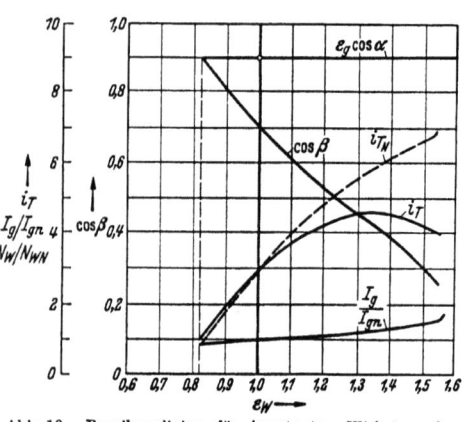

Abb. 19. Regelkennlinien für konstanten Wirkstrom des Wechselrichters ($\varepsilon_g \cos\alpha = k$).

Man kann also bei gleichbleibender Spannung und Aussteuerung im gespeisten Netz die Regelung auf konstante Wirkleistung durch Regelung auf konstanten Gleichstrom ersetzen. Da bei gleichbleibendem Strom sich auch die Abfälle in der Leitung nicht ändern, ist für diese Verhältnisse die dem Wechselrichter zugeführte Gleichspannung ebenfalls konstant.

e) Konstanter Wirkstrom des Wechselrichters ($J_W = \text{const}$) (Abb. 19).

Entsprechend dem Ansatz im vorigen Abschnitt gilt $J_g \cdot \cos\beta = k$. Aus der Spannungsgleichung erhält man
$$\varepsilon_W = \frac{\varepsilon_g \cdot U_{g_0} \cdot \cos\alpha - J_g(2g+R)}{k U_{W_0}} \cdot J_g \tag{74}$$
und
$$\frac{J_g}{J_{gn}} = \frac{\varepsilon_g \cdot U_{g_0} \cdot \cos\alpha \pm \sqrt{(\varepsilon_g U_{g_0} \cos\alpha)^2 - 4 \cdot \varepsilon_W \cdot k \cdot U_{W_0} \cdot (2g+R)}}{2(2g+R) \cdot J_{gn}}. \tag{75}$$

Mit dieser Beziehung erhält man
$$\cos\beta = \frac{k}{J_g} \quad \text{und} \quad i_T = \frac{(1 - \cos\beta) \cdot \varepsilon_W \cdot U_{W_0}}{2g \cdot J_g}.$$

4. Regelung auf der Gleichrichterseite.

Es soll nun für einige Fälle untersucht werden, wie sich die Regelung verhält, wenn die Aussteuerung $\cos\beta$ auf der Wechselrichterseite konstant bleibt und die Aussteuerung auf der Gleichrichterseite verändert wird.

a) Konstanter Gleichstrom (J_{gn} = const) (Abb. 20).

Hierfür wird

$$\varepsilon_g \cdot \cos\chi = \frac{\varepsilon_W \cdot U_{W_0} \cdot \cos\beta + J_{gn}(2g+R)}{U_{g_0}},$$

$$i_T = \frac{(1-\cos\beta)\,\varepsilon_W \cdot U_{W_0}}{2g \cdot J_g}.$$

Da die Kennlinien einen flachen Verlauf aufweisen, sind kritische Grenzwerte im Bereich der Regelung nicht vorhanden, daher kann von ihrer Berechnung abgesehen werden. Wie man sieht, ist eine Änderung der Gleichrichteraussteuerung bei schwankender Spannung im Empfängernetz nur in einem geringeren Ausmaß notwendig als bei der Aussteuerung des Wechselrichters bei dem früher betrachteten Regelverfahren. Die Überlastungsfähigkeit sinkt von ihrem Anfangswert $i_T = 2{,}85$ bei fallender Spannung nur langsam. Sie beträgt bei 70% der Spannung immer noch $i_T = 2{,}0$. Der gestrichelt eingetragene Kennlinienverlauf gilt für die widerstandslose Leitung bei gleicher Überlastungsfähigkeit des Wechselrichters. Um eine zu tiefe Aussteuerung des Gleichrichters zu vermeiden, wird man die Spannung des Gleichrichtertransformators um einige Prozent tiefer einstellen.

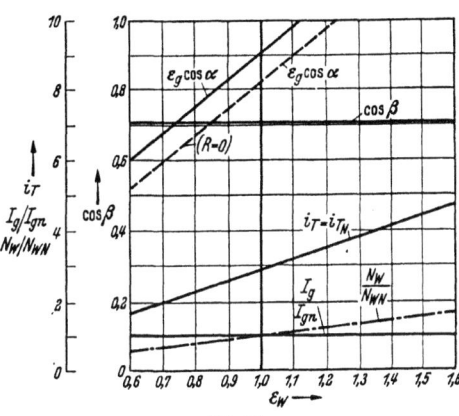

Abb. 20.
Regelkennlinien für konstanten Gleichstrom ($\cos\beta = k$).

b) Konstante Wirkleistung des Wechselrichters (N_W = const) (Abb. 21).

Hierfür gilt der Ansatz $J_g\varepsilon_W\cos\beta = k$. Da wir β = const angenommen haben, wird auch $J_g\varepsilon_W$ = const. Bei diesem Regelverfahren wird also nicht nur die Wirkleistung, sondern auch die Scheinleistung im gespeisten Netz annähernd gleich bleiben. Aus den Grundgleichungen kann man wieder ermitteln

$$\varepsilon_g \cdot \cos\alpha = \frac{\varepsilon_W \cdot U_{W_0} \cdot \cos\beta + \dfrac{k}{\varepsilon_W}(2g+R)}{U_{g_0}}, \tag{76}$$

$$J_g = \frac{U_{W_0} \cdot \varepsilon_g \cos\alpha \pm \sqrt{(U_{g_0}\varepsilon_g \cos\alpha)^2 - 4k\,U_{W_0}\cos\beta\,(2g+R)}}{2(2g+R)}. \tag{77}$$

Für den Grenzwert $i_T = i_{TG}$ erhält man:

$$\varepsilon_g \cos\alpha = \cos\beta\sqrt{\frac{k \cdot i_{T_g} \cdot 2g}{(1-\cos\beta)\,U_{g_0}}} + (2g+R)\sqrt{\frac{k(1-\cos\beta)}{2g\,i_{T_g}\,U_{g_0}}}. \tag{78}$$

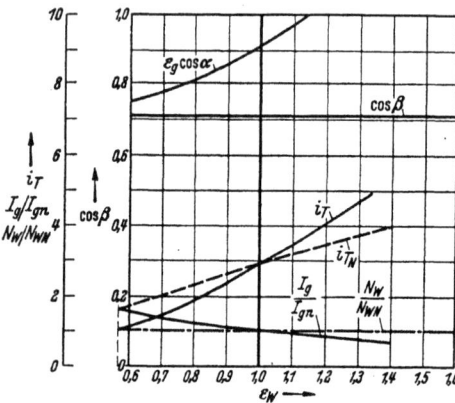

Abb. 21. Regelkennlinien für konstante Wirkleistung des Wechselrichters ($\cos\beta = k$).

Für das betrachtete Beispiel wird für
$i_T = 1{,}0$, $\varepsilon_g \cos\alpha = 0{,}737$,
$\varepsilon_W = 0{,}57$: $i_T = 1{,}5$,
$\varepsilon_g \cos\alpha = 0{,}77$, $\varepsilon_W = 0{,}71$.

Man sieht aus dem Diagramm, daß $\cos\alpha$ mit fallender Spannung sich noch weniger ändert und daß der Strom dabei umgekehrt proportional der fallenden Spannung steigt. Die Überlastungsfähigkeit des Wechselrichters geht dabei stärker zurück und erreicht bei $\varepsilon_W = 0{,}57$ bereits den Wert 1,0. Das Regelverfahren bietet gegenüber dem vorhergehenden keine Vorteile.

c) Konstante Überlastungsfähigkeit des Wechselrichters ($i_T = $ const) (Abb. 22).

Aus der Grundgleichung erhalten wir

$$J_g = \frac{\varepsilon_W\,U_{W_0} \cdot (1-\cos\beta)}{2\,i_T \cdot g}, \tag{79}$$

$$\varepsilon_g \cdot \cos\alpha = \varepsilon_W \cdot \frac{\cos\beta \cdot 2g \cdot i_T + (1-\cos\beta) \cdot (2g+R)}{2\,i_T \cdot g}. \tag{80}$$

Der Strom nimmt hier proportional mit der Spannung im Drehstromnetz ab, ebenso sinkt auch der Wert von $\cos\alpha$ auf der Gleichrichterseite. Die Stromänderungen erfolgen erheblich sanfter als bei der Regelung auf der Wechselrichterseite, da infolge des konstanten Wertes von β die Wendespannungsfläche nur proportional mit der Spannung sinkt, während sie früher zusätzlich mit der Verkleinerung von β verringert wurde.

Wir sehen, daß die Regelung auf der Gleichrichterseite bei Betrachtung langsam veränderlicher Vorgänge auf die Spannungsschwankungen im gespeisten Netz in geringerem Maße reagiert als die auf der Wechselrichterseite. Man wird also bei größeren Spannungsschwankungen mit Vorteil die Regelung auf der Gleichrichterseite ansetzen, während bei geringer Schwankung der Netzspannung die Regelung auch auf der Wechselrichterseite angreifen kann.

Unabhängig davon, an welcher Seite man die Regelung angreifen läßt, erscheint mit Rücksicht auf den Verlauf der Kennlinien für den Gleichstrom und für die Überlastungsfähigkeit die Regelung bei konstantem Gleichstrom besonders vorteilhaft. Dieses Regelverfahren ist bei gleichbleibenden Verhältnissen auf der Gleichrichterseite mit einem Betrieb mit konstanter Wirkleistung identisch. Man muß nur dabei berücksichtigen, daß die abgeleiteten Kennlinien erst gelten, nachdem die Regelung des Gleichrichters angesprochen hat. Infolge der notwendigen Laufzeit der Impulse bei langen Übertragungen wird dies erst

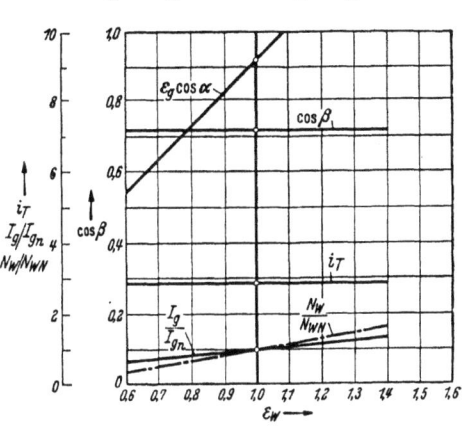

Abb. 22. Regelkennlinien für konstante Überlastungsfähigkeit des Wechselrichters ($\cos\beta = k$).

nach einigen Halbwellen der Fall sein. Zuvor gelten die Kennlinien für $\cos\beta = $ const und $\varepsilon_g \cdot \cos\alpha = $ const nach Abb. 16. Diese Abbildung läßt auch erkennen, daß trotz der tiefen Aussteuerung $\cos\beta = 0{,}71$ bei Nennbetrieb und der hierdurch bedingten großen Blindleistungsaufnahme des Wechselrichters, die die Größe der übertragenen Wirkleistung praktisch erreicht, nur Spannungsabsenkungen bis auf etwa 75 bis 80% bei einer Überlastungsfähigkeit von 10 bis 30% zugemutet werden dürfen. Wir wollen der Vollständigkeit halber noch den Fall betrachten, wie sich die Übertragung bei einer Spannungsabsenkung im gespeisten Netz entsprechend $\varepsilon_W = 0{,}8$ verhält für den Fall, daß keine Regelung vorhanden ist bzw. die Regelung im Wechselrichter allein oder im Gleichrichter allein angreift entsprechend den Kennlinien nach Abb. 23. Dabei ist der Anfangs-$\cos\beta$ für volle Spannung so gewählt, daß nach der Spannungsabsenkung auf 80% die Trittgrenze gerade erreicht wird. Ohne Regelung sinkt die Überlastbarkeit i_T nach der Spannungsabsenkung auf den Wert 1,0. Vergleicht man die Werte,

z. B. für Nennlast, so folgt für den Betriebs-$\cos\varphi$ am Wechselrichter ohne Regelung 0,76, bei Regelung am Wechselrichter 0,7, bei Regelung am Gleichrichter 0,85.

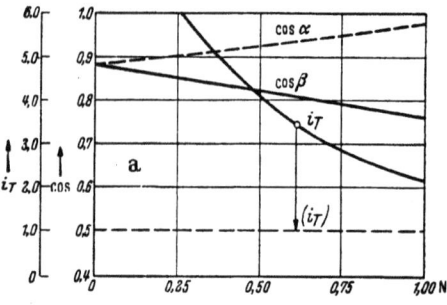

Man sieht, daß der Blindverbrauch bei der Regelung gleichstromseitig am kleinsten wird.

Es erscheint noch von Interesse, zu untersuchen, ob nicht durch ein Regelverfahren, das sowohl auf der Gleich- als auch auf der Wechselrichterseite angreift, noch günstigere Verhältnisse erreicht werden können. Zuvor soll für die Brückenschaltung noch eine genauere Darlegung der Regelverhältnisse für konstanten Strom und Blindstrom erfolgen, die im Bedarfsfalle auch auf andere Regelverhältnisse übertragen werden kann.

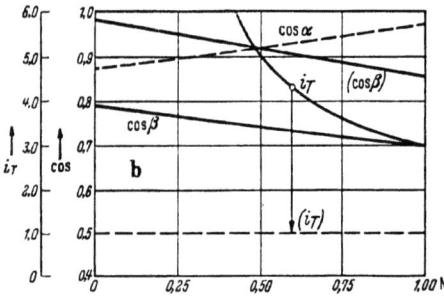

5. Regelung auf der Gleichrichterseite bei konstantem Strom bzw. Blindstrom.

Wir haben gesehen, daß bei einer statischen Betrachtung die Regelung der Gleichrichter mit Hilfe der Gittersteuerung günstige Verhältnisse ergibt. Es tritt dabei die Frage auf, ob eine Regelung auf konstanten Strom J_g bzw. konstanten Blindstrom $J_g \sin\alpha$ die zweckmäßigere ist. Es soll nun an Hand eines Beispiels unter Zugrundelegung der Brückenschaltung mit vier in Reihe geschalteten Gruppen nach Abb. 7 dieser Fall näher untersucht werden.

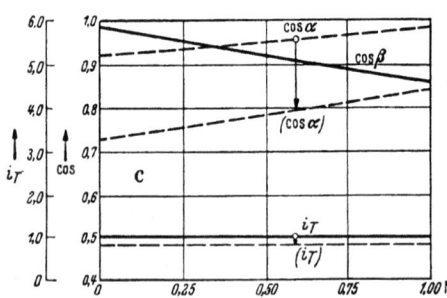

Abb. 23. Regelkennlinien für eine höchste Spannungsabsenkung der Drehstromspannung am Wechselrichter auf 80%.
a) Ohne selbsttätige Regelung, b) selbsttätige Regelung des Wechselrichters, c) selbsttätige Regelung des Gleichrichters, (i_T) = Überlastbarkeit bei 80% der Nennspannung.

Regelung auf der Gleichrichterseite bei konstantem Strom bzw. Blindstrom. 55

Nach dem gleichen von P. SCHNECKE angewandten Verfahren lassen sich auch alle übrigen oben erwähnten Regelungen genauer erfassen.

Man kann für die dreiphasige Brückenschaltung die Spannungsgleichung in der Form schreiben:

$$U_{g_0} \cos\alpha - \frac{J_g \cdot X_g}{\pi/3} - J_g R = U_{W_0} \cos\beta + \frac{J_g X_W}{\pi/3},$$

worin X_g bzw. X_W den induktiven Widerstand einer Phase des Gleich- bzw. Wechselrichtertransformators und des speisenden bzw. gespeisten Netzes bezogen auf die Stromrichterseite des Transformators bedeuten. Daraus erhält man

$$U_g \cos\alpha - U_{W_0} \cos\beta = J_g \left(R + \frac{X_g}{\pi/3} + \frac{X_W}{\pi/3} \right) = J_g \cdot S,$$

worin der Klammerausdruck gleich S gesetzt ist. Für den Sicherheitswinkel β_0 erhält man ähnlich Gl. (28) unter Berücksichtigung der vier in Reihe geschalteten Gruppen

$$\cos\beta_0 - \cos\beta = \frac{2 X_W \cdot J_g}{\frac{U_{W_0}}{4} \cdot \frac{\pi}{3}} = 7{,}640 \frac{X_W \cdot J_g}{U_{W_0}}.$$

Die Wirkleistung N_{gW} auf der Gleichrichterseite bzw. auf der Wechselrichterseite N_{WW} wird

$$N_{gW} = 3 U_\sim J_\sim \cos\alpha = 3 \frac{U_{g_0}}{2{,}34} \cdot J_g \cdot \sqrt{\frac{2}{3}} \cdot \cos\alpha = 1{,}047 U_{g_0} J_g \cos\alpha$$

bzw.
$$N_{WW} = 1{,}047 U_{W_0} \cdot J_g \cos\beta,$$

wenn $J_\sim$ den Wechselstrom eines Stromrichtertransformators auf der Stromrichterseite, und zwar $J_\sim = J_g \cdot \sqrt{\frac{2}{3}}$ bezeichnet. Die entsprechenden Blindleistungen ergeben sich dann zu

$$N_{Bg} = 1{,}047 U_{g_0} \cdot J_g \cdot \sin\alpha \quad \text{bzw.} \quad N_{BW} = 1{,}047 U_{W_0} \cdot J_g \cdot \sin\beta.$$

Für die zahlenmäßige Auswertung nehmen wir wieder unser Beispiel mit $U_{g_0} = 440000$ V an mit einem Spannungsabfall im Kabel bei $J_g = 250$ A von 40000 V, d. h. $R = 160\,\Omega$. Die Streuung des Stromrichtertransformators nehmen wir diesmal mit 6% einschließlich Berücksichtigung des Drehstromnetzes an, um einen günstigeren Spannungsbereich für U_{g_0} zu erhalten, womit für einen Transformator wird:

$$U_{\text{ph}} = \frac{440000}{4} \cdot \frac{1}{2{,}34} = 47000 \text{ V},$$

die Leistung eines Transformators $N = 30$ MVA und

$$X = \frac{3\varepsilon \cdot U_{\text{ph}}^2}{N} = \frac{0{,}06 \cdot 3 \cdot 47^2 \cdot 10^6}{30 \cdot 10^6} = 13{,}24\,\Omega \quad \text{und} \quad \frac{X}{\pi/3} = 12{,}66\,\Omega,$$

$$S = 160 + 4 \cdot 12{,}66 + 4 \cdot 12{,}66 = 261{,}28\,\Omega.$$

Der Einfachheit halber soll mit dem abgerundeten Wert von $S = 250\,\Omega$ gerechnet werden. Zunächst wollen wir den *Blindstrom* $J_g \sin\alpha$ konstant halten. Für $J_g = 250$ A, $\cos\alpha = 0{,}95$ findet man

$$J_g \cdot \sin\alpha = 78 = k_i.$$

Man kann nun unter Annahme verschiedener Aussteuerungen des Gleichrichters die zugehörigen Ströme ermitteln und daraus unter Anwendung der Spannungsgleichung

$$U_{W_e} = \frac{U_{g_e} \cdot \cos\alpha - J_g \cdot S}{\cos\beta} \qquad (81)$$

berechnen.

Für den Sicherheitswinkel wird $\cos\beta_0 = 7{,}640 \cdot \dfrac{X_W \cdot J_g}{U_{W_e}} + \cos\beta$.

Für das Beispiel wurde $k_i = 7{,}640 \cdot X_W = 7{,}640 \cdot 13{,}24$ gleich 100 gesetzt. Die geringe dadurch entstehende Ungenauigkeit ist zu vernach-

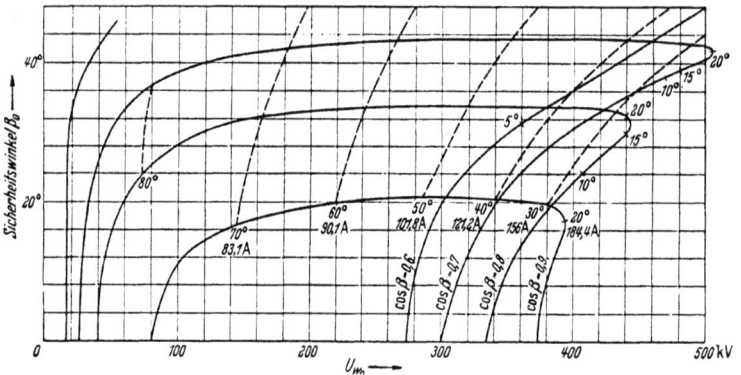

Abb. 24. Abhängigkeit des Sicherheitswinkels von der Spannung des Wechselrichters für Regelung auf $J_g \cdot \sin\alpha = k$.

lässigen. Ändert man X_W, so kann man für die zahlenmäßige Durchrechnung dieses willkürlich gewählten Beispiels annehmen, daß bei X_g oder R eine solche Änderung eintritt, daß der Zahlenwert von S gleich groß bleibt. Man erhält zusammengehörige Werte von U_{W_e} und β_0, die im Diagramm Abb. 24 eingetragen sind. Die auf den vier entstehenden Kurven zugehörigen Werte für den Gleichstrom mit dem dazugehörigen Steuerwinkel α sind vermerkt. Die Kennlinien bestehen aus einem horizontalen Teil, bei dem starke Änderungen der Wechselspannung nur geringe Schwankungen des Sicherheitswinkels hervorrufen. Auf diesem Teil der Kennlinie liegt der Arbeitsbereich der Übertragung. Auf dem schnell abfallenden Teil, soll die Übertragung nicht arbeiten. Der Umkehrpunkt, d. h. der Punkt, in dem die beiden charakteristischen Kurventeile zusammenstoßen, soll bei einer mög-

Regelung auf der Gleichrichterseite bei konstantem Strom bzw. Blindstrom. 57

lichst hohen Spannung U_{W_0} liegen. Die Kurven werden um so günstiger, je größer β bzw. je kleiner $\cos\beta$ ist; es wurde deshalb untersucht, wie

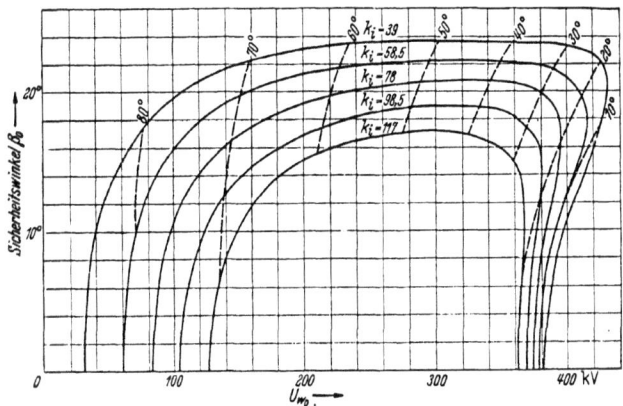

Abb. 25. Abhängigkeit des Sicherheitswinkels von der Spannung des Wechselrichters für verschiedene Blindströme $k_i = J_g \sin\alpha$.

weit die Kurven ihre Lage verändern, wenn einer der angenommenen Werte verändert wird. Es sind dies: $J_g \cdot \sin\alpha = k_i$, U_{g_0}, X_W und S. In Abb. 25 sind die Kurven für $k_i = 39$ bis 117 dargestellt und, wie

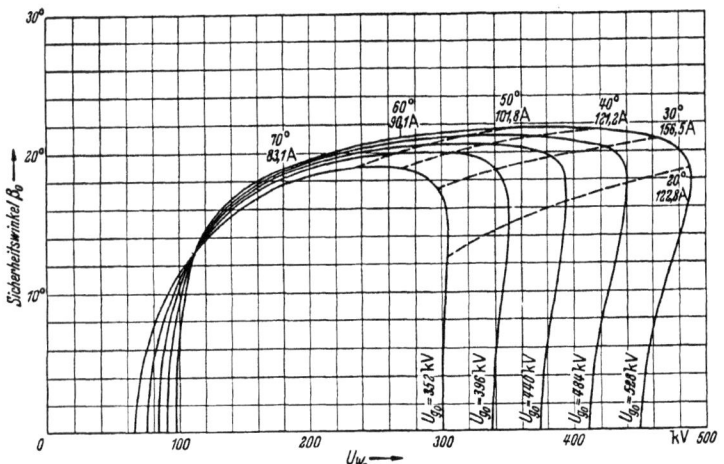

Abb. 26. Abhängigkeit des Sicherheitswinkels von der Spannung des Wechselrichters für verschiedene Spannungen des Gleichrichters.

zu erwarten, ist bei kleinem k_i der beherrschbare Spannungsbereich am größten, aber man erkennt, daß auch bei $k_i = 117$ die Spannung

58 Regelung der Übertragung bei Änderungen der Betriebsgrößen.

noch in erheblichen Grenzen schwanken kann. In Abb. 26 sind die Zusammenhänge für verschiedene Werte von U_{g_0} dargestellt. Ein An-

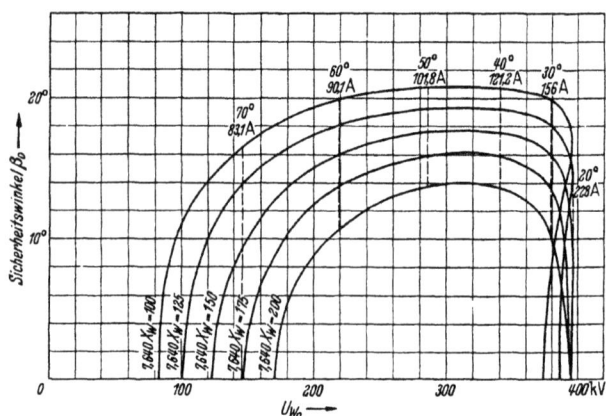

Abb. 27. Abhängigkeit des Sicherheitswinkels von der Leerlaufspannung des Wechselrichters für verschiedene Werte von X_W.

steigen der Wechselspannung auf der Gleichrichterseite bewirkt, daß die Grenzen, in denen sich U_{W_0} bewegen kann, wachsen. Die untere Grenze zeigt für verschiedene Werte von U_{g_0} nur geringe Unterschiede,

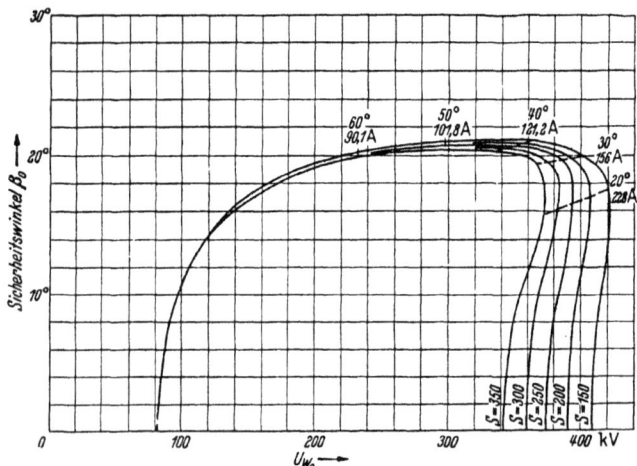

Abb. 28. Abhängigkeit des Sicherheitswinkels von der Spannung des Wechselrichters für verschiedene Werte von S.

die obere steigt erheblich. In Abb. 27 wurde X_W von 100 bis 200 verändert. Werte unter 100 wurden nicht berücksichtigt, da die Streuung

Regelung auf der Gleichrichterseite bei konstantem Strom bzw. Blindstrom. 59

mit 6% bei $X_W = 100$ ohnehin einen sehr kleinen Wert besitzt. Eine kleine Streuung ist günstig, da sie den Bereich von U_{W_0} vergrößert. Abb. 28 zeigt schließlich noch die Zusammenhänge für verschiedene Werte von S. Das Ergebnis hat eine gewisse Ähnlichkeit mit dem Verlauf der Kurven von Abb. 27. Eine Verkleinerung von S, das auch X_W als Summand enthält, bringt eine Vergrößerung des Spannungsbereiches von U_{W_0}. Man kann zusammenfassend feststellen, daß mit wachsendem X_W und S der Bereich, innerhalb dessen sich U_{W_0} bewegen kann, kleiner wird; das gleiche tritt ein, wenn $J_g \sin \alpha$ wächst und U_{W_0} sinkt.

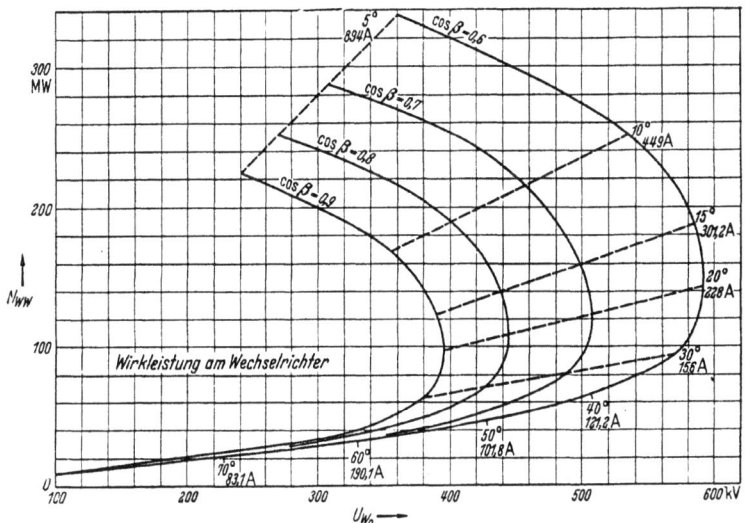

Abb. 29. Abhängigkeit der Wirkleistung des Wechselrichters von seiner Spannung bei verschiedenen Aussteuerungen $\cos \beta$ des Wechselrichters.

Die Leistungskennlinie für die Wirk- und die Blindleistung besteht ebenfalls aus zwei Zweigen. Auf dem einen steigt die Leistung bei abfallender Spannung, bei dem andern fällt sie ab. Arbeitsmäßig kommt nur der Teil in Frage, bei dem mit sinkender Spannung auch die Wirk- und Blindleistung sinkt. In Abb. 29 ist die Wirkleistung am Wechselrichter bei verschiedenen Aussteuerungen $\cos \beta$ in Abhängigkeit von U_{W_0} aufgetragen. Die Kurven verlaufen nicht ganz bis zum Nullpunkt hin, da entsprechend Abb. 24 schon vorher der Sicherheitswinkel Null wird.

Abb. 30 zeigt den Verlauf der Blindleistung am Wechselrichter für verschiedene Aussteuerungen $\cos \beta$. Für die Übertragung muß man außer der Blindleistung des Wechselrichters auch die des Gleichrichters berücksichtigen. Für den Wechselrichter kann man sie Abb. 30 entnehmen,

60 Regelung der Übertragung bei Änderungen der Betriebsgrößen.

und am Gleichrichter ergibt sie sich unter Berücksichtigung der konstanten Wechselspannung zu

$$N_{Bg} = 1{,}047 \cdot U_{g_0} \cdot J_g \sin \alpha$$

oder mit den zu Abb. 24 gehörigen Zahlen

$$N_{Bg} = \frac{1{,}047 \cdot 440\,000 \cdot 78}{10^6} \cong 36 \text{ MVA}.$$

Die Umkehrpunkte der entsprechenden Kurven in den Abb. 24, 29 und 30 liegen bei den gleichen Spannungen.

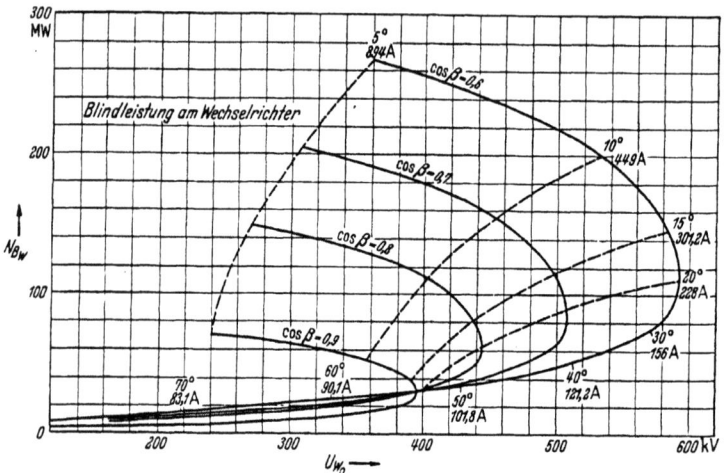

Abb. 30. Abhängigkeit der Blindleistung des Wechselrichters von der Spannung des Wechselrichters bei verschiedenen Aussteuerungen $\cos \beta$.

Für eine Regelung auf *konstanten Strom* des Gleichrichters sind die Kennlinien in den Abb. 31 bis 37 festgehalten. Bei der Aufstellung der Kurven bei Abb. 31 wurde in der gleichen Weise vorgegangen wie bei Abb. 24. U_{W_0} wurde wieder aus Gl. (81) ermittelt, und für α wurden von 0 bis 90° um je 10° steigende Werte angenommen. Aus der Gleichung

$$\cos \beta_0 = 7{,}640 \frac{X_W \cdot J_g}{U_{W_0}} + \cos \beta$$

findet man wiederum den Sicherheitswinkel β_0.

7,640 · X_W wurde wieder gleich 100 gesetzt. Wie die vier in Abb. 31 gezeichneten Kennlinien zeigen, haben sie im Gegensatz zu denjenigen in Abb. 24 keine Umkehrpunkte. Sie fallen in den oberen Ästen diesen gegenüber schneller ab. Die Schnittpunkte mit der Abszisse $\beta_0 = 0°$ und die Spannungsbereiche, in denen gearbeitet wird, sind in der folgenden Tabelle enthalten:

Regelung auf der Gleichrichterseite bei konstantem Strom bzw. Blindstrom. 61

	$\cos \beta = 0{,}6$	$\cos \beta = 0{,}7$	$\cos \beta = 0{,}8$	$\cos \beta = 0{,}9$
$J_b = $ const	18 000	27 000	39 000	81 000
$J_g = $ const	65 000	83 000	125 000	250 000
$J_b = $ const	$U_{W_0} = 575 000$ $\alpha = 20°$—$85°$	481 000 $20°$—$85°$	405 000 $20°$—$80°$	314 500 $20°$—$75°$
$J_g = $ const	$U_{W_0} = 566 500$ $\alpha = 0°$—$75°$	455 700 $0°$—$70°$	347 000 $0°$—$65°$	169 000 $0°$—$45°$

U_{W_0} ist dabei als Spannungsdifferenz zu verstehen. Unter gleichen Verhältnissen ergaben sich bei einer Regelung bei konstantem Blindstrom kleinere Werte, bis zu denen die Spannung absinken, und größere

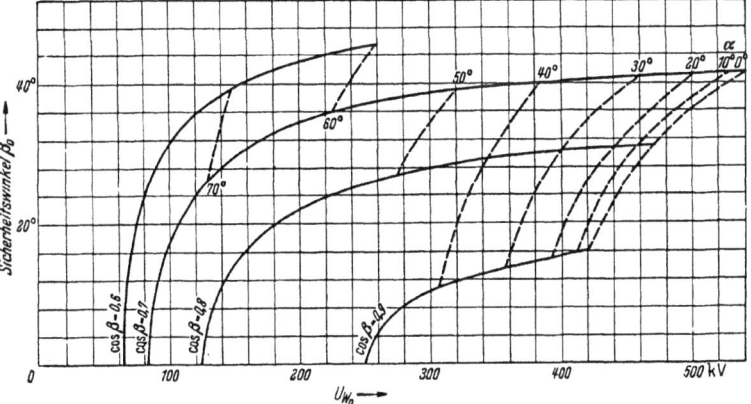

Abb. 31. Abhängigkeit des Sicherheitswinkels von der Spannung des Wechselrichters für Regelung bei konstantem Strom $J_g = k$.

Spannungsdifferenzen, zwischen denen sich die Spannung bewegen darf, ohne den Wechselrichter außer Tritt zu bringen. Bei Abfall der Spannung sinkt der Strom, während er bei einer Regelung bei konstantem Strom gleichbleibt. Der Regelbereich, den der Regler bestreichen muß, um den gesamten Spannungsbereich zu beherrschen, ist in der obigen Tabelle auf 5° abgerundet angeführt. Er ist bei einer Regelung auf konstanten Blindstrom nur um wenige Grade kleiner als bei einer Regelung auf konstanten Strom.

Für die Berechnung von Abb. 31 wurden wie für Abb. 24 die gleichen Konstanten angenommen, abgesehen von den Werten $J_g \sin \alpha = 78$ und $J_g = 250$ A. Es wurde also $U_{W_0} = 440$ kV, $S = 250 \, \Omega$ und $7{,}640 \cdot X_W = 100$ gesetzt. In den Abb. 32 bis 34 wurden diese Werte abgewandelt, wobei von der Kennlinie für $\cos \beta = 0{,}9$ nach Abb. 31 ausgegangen wurde.

Wie man aus Abb. 32 erkennt, fallen die Kurven für U_{g_0} zusammen, lediglich die Anfangspunkte liegen verschieden. Eine Erhöhung der Spannung bringt eine Vergrößerung des Bereiches für U_{W_0}, ähnlich wie in Abb. 27. Wie man aus Abb. 33 entnehmen kann, wird der Be-

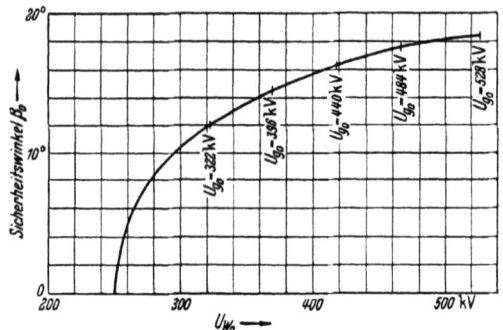

Abb. 32. Abhängigkeit des Sicherheitswinkels von der Spannung des Wechselrichters für verschiedene Spannungen U_{g_0} des Gleichrichters.

reich, um den U_{W_0} schwanken kann, mit steigendem X_W kleiner. Bei einer Regelung auf konstanten Blindstrom sind, wie wir gesehen haben, die Werte 175 und 200 möglich, da sie beträchtliche Änderungen von U_{W_0} zulassen, dagegen bei einer Regelung auf konstanten Strom sind diese Werte nicht mehr zulässig. Schließlich ist noch aus Abb. 34 zu entnehmen, daß eine Vergrößerung von S den zulässigen Spannungsbereich herabsetzt.

Die Abhängigkeit des Sicherheitswinkels von der Spannung des Wechselrichters bei verschiedenen gleichgehaltenen Strömen zeigt Abb. 35, der man entnehmen kann, daß eine Vergrößerung des Stromes um 50% bereits zu einem Spannungsbereich für U_{W_0} führt, der einen Betrieb nicht mehr zuläßt. Ein Vergleich mit einer Regelung auf konstanten Blindstrom ergibt, daß eine Vergrößerung des Wertes $J_g \cdot \sin \alpha$ auch dort zu einer Verkleinerung des Bereiches von U_{W_0} führt. Allerdings läßt sich in diesem Falle noch ein Betrieb erreichen.

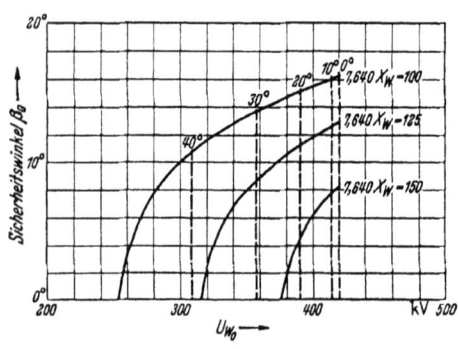

Abb. 33.
Abhängigkeit des Sicherheitswinkels von der Spannung des Wechselrichters für verschiedene Werte von X_W.

Regelung auf der Gleichrichterseite bei konstantem Strom bzw. Blindstrom. 63

In Abb. 36 sind die Wirkleistungen in Abhängigkeit von U_{W_0} ermittelt worden mit der Beziehung $N_{WW} = 1{,}047 \cdot J_g \cdot \cos\beta \cdot U_{W_0}$. Da gemäß der Voraussetzung J_g und $\cos\beta$ konstant sind, wird diese Beziehung durch Gerade dargestellt, die jedoch mit Rücksicht auf die Trittgrenze (Abbildung 31) nicht bis zum Nullpunkt hin verlaufen. Die entsprechenden Kennlinien für eine Regelung auf konstanten Blindstrom zeigt die Abb. 29. Die Leistung fällt darin zunächst schneller und nach dem Nullpunkt zu langsamer; wenn jedoch der Regler in das Gebiet mit steigendem Strom gelangt, dann wächst die Leistung mit

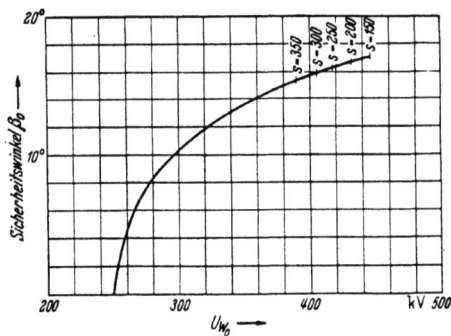

Abb. 34. Abhängigkeit des Sicherheitswinkels von der Spannung des Wechselrichters für verschiedene Werte von S.

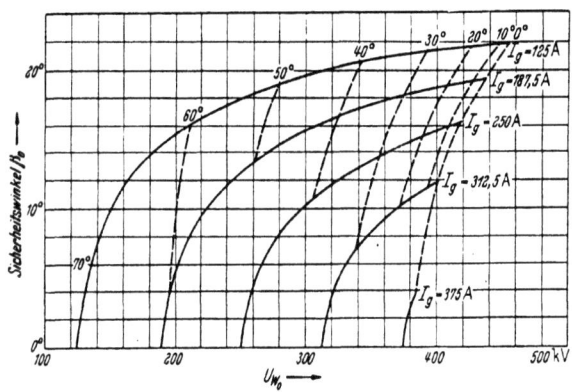

Abb. 35. Abhängigkeit des Sicherheitswinkels von der Spannung des Wechselrichters für verschiedene Ströme J_g.

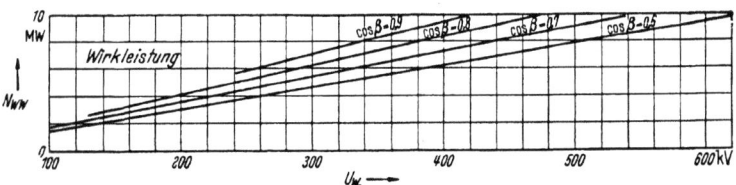

Abb. 36. Abhängigkeit der Wirkleistung des Wechselrichters von der Spannung des Wechselrichters für verschiedene Aussteuerungen $\cos\beta$.

sinkender Spannung, was bei einer Regelung auf konstanten Strom naturgemäß niemals eintreten kann.

Die Blindleistungen am Gleichrichter sind in Abb. 37 dargestellt nach der Beziehung

$$N_{Bg} = 1{,}047 \cdot U_{g_0} \cdot J_g \cdot \sin\alpha = 1{,}047 \cdot \frac{440\,000}{10^6} \cdot 250 \cdot \sin\alpha = 115{,}1 \sin\alpha \text{ MVA};$$

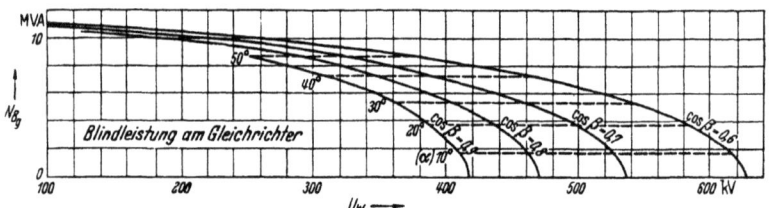

Abb. 37. Abhängigkeit der Blindleistung des Gleichrichters von der Spannung des Wechselrichters für verschiedene Aussteuerungen $\cos\beta$.

die zu α gehörigen Spannungen können Abb. 31 entnommen werden. Wenn die Wechselspannung fällt, steigt hiernach die Blindleistung am Gleichrichter stark an. Bei normalem Betrieb wird man mit einer verhältnismäßig geringen Blindleistung zu rechnen haben, während bei der Regelung auf konstanten Blindstrom am Gleichrichter auch im normalen Betrieb eine bestimmte Blindleistung auftritt, die sich allerdings bei Spannungsänderungen am Wechselrichter nicht ändert. Die Blindleistung am Wechselrichter ist in Abb. 38 für verschiedene Aus-

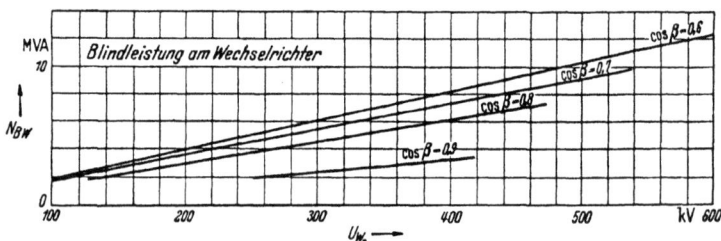

Abb. 38. Abhängigkeit der Blindleistung von der Spannung des Wechselrichters für verschiedene Aussteuerungen $\cos\beta$.

steuerungswinkel des Wechselrichters festgehalten. Da J_g und $\sin\beta$ konstant sind, erhält man Gerade, die nach dem Nullpunkt hin verlaufen. Bei den entsprechenden Kennlinien nach Abb. 29 findet man für konstanten Blindstrom am Gleichrichter ebenfalls abfallende Kennlinien, doch besteht hier die Gefahr eines starken Anstiegs der Blindleistung.

Für $Uw_0 = 400$ kV kann man die Werte der folgenden Tabelle ermitteln:

Regelung auf der Gleichrichterseite bei konstantem Strom bzw. Blindstrom. 65

400 kV	$\cos \beta = 0{,}6$	$\cos \beta = 0{,}7$	$\cos \beta = 0{,}8$	$\cos \beta = 0{,}9$	
$J_b = $ const	40	44	54	—	$\Big\} N_W$
$J_g = $ const	62	73	83	94	
$J_b = $ const	36	36	36	—	$\Big\} N_{Bg}$
$J_g = $ const	93	72	55	31	
$J_b = $ const	32	32	32	32	$\Big\} N_{BW}$
$J_g = $ const	82	74	62	34	
$J_b = $ const	68	68	68	—	$\Big\} N_{B\,ges}$
$J_g = $ const	175	146	117	65	
$J_b = $ const	1,70	1,54	1,26	—	$\Big\} \dfrac{N_{B\,ges}}{N_W}$
$J_g = $ const	2,82	2,00	1,41	0,69	

Ähnlich lassen sich die Werte für 350 und 300 kV bestimmen. Es ist in den beiden folgenden Tabellen hierfür nur das Verhältnis $\dfrac{N_{B\,ges}}{N_W}$ angeführt.

350 kV	$\cos \beta = 0{,}6$	$\cos \beta = 0{,}7$	$\cos \beta = 0{,}8$	$\cos \beta = 0{,}9$	
$J_b = $ const	1,88	1,71	1,51	1,13	$\Big\} \dfrac{N_{B\,ges}}{N_W}$
$J_g = $ const	2,28	2,26	2,34	3,00	

300 kV	$\cos \beta = 0{,}6$	$\cos \beta = 0{,}7$	$\cos \beta = 0{,}8$	$\cos \beta = 0{,}9$	
$J_b = $ const	2,15	1,90	1,74	1,39	$\Big\} \dfrac{N_{B\,ges}}{N_W}$
$J_g = $ const	2,53	2,61	2,83	4,00	

Wie man aus den drei Tabellen ersieht, ist der Blindleistungsaufwand im Verhältnis zur übertragenen Wirkleistung bei der Regelung auf konstanten Strom stets größer als bei einer Regelung auf konstanten Blindstrom. Die Blindleistung ist, abgesehen von dem Fall 400 kV und $\cos \beta = 0{,}9$, immer größer als die übertragene Wirkleistung. Bei dieser Berechnung wurde die Magnetisierungsleistung der Stromrichtertransformatoren vernachlässigt. Für die Beurteilung der Regelung ist der gesamte Blindleistungsaufwand für die Gleich- und Wechselrichterseiten maßgebend. Praktisch wird man dabei jedoch berücksichtigen müssen, daß die Generatoren auf der Gleichrichterseite für $\cos \varphi = 0{,}8$ ausgelegt sein werden, so daß man für die Gleichrichter bei der üblichen Bemessung der Kraftwerke die Blindleistung ohne Mehrkosten erhält. Immerhin sieht man, daß der Blindleistungsaufwand für den Wechselrichter bei tieferen Aussteuerungen eine erhebliche Rolle spielt. Man wird bei der Gleichstromübertragung alles versuchen, um den Aufwand hierfür zu drücken. Der nächstliegende Weg dazu ist der, zu versuchen, mit einem möglichst kleinen Sicherheitswinkel β_0 auszukommen, indem man seine Aufrechterhaltung einer möglichst sicheren Kontrolle unterwirft, beispielsweise durch Anwendung eines zweiten

Reglers. Einen anderen Weg bietet die Anwendung einer Zwangskommutierung unter Zuhilfenahme von Löscheinrichtungen für die Anodenströme. Dieser Weg bedeutet einen größeren zusätzlichen Aufwand für den Wechselrichter. Eine solche Kommutierung der Anlage verspricht aber unter Umständen den Vorteil einer restlosen Beseitigung des Blindleistungsverbrauchs des Wechselrichters. Bei Wechselrichtern mit künstlicher Kommutierung verlieren die obigen Gleichungen ihre Gültigkeit.

Wie man aus der vorstehenden Untersuchung ersieht, lassen beide Regelungsarten einen großen Spannungsbereich zu, in dem sich die Wechselspannung am Wechselrichter bewegen kann. Beiden Regelungen ist gemeinsam, daß mit sinkender Wechselspannung die Leistung fällt. Der Blindleistungsaufwand für beide Regelungen ist verhältnismäßig hoch. Die Regelung auf konstanten Blindstrom läßt größere Bereiche für die Spannungsabsenkung am Wechselrichter zu, ihr Blindleistungsbedarf ist geringer. Sie weist Spannungsbereiche auf, in denen man infolge dynamischer Vorgänge mit Kipperscheinungen rechnen muß, bei denen Strom und Leistung stark ansteigen, selbst wenn die Spannung am Wechselrichter nur wenig sinkt. Dieser Nachteil tritt bei einer Regelung auf konstanten Strom nicht auf.

6. Regelung auf der Gleichrichterseite und Kompoundierung der Wechselrichter.

Die Regelung auf konstanten Strom soll voraussetzungsgemäß auf der Gleichrichterseite erfolgen, während die Kompoundierung auf der Wechselrichterseite angreift. Diese ist nur von den Abweichungen der Spannung im gespeisten Netz von ihrem Normalwert abhängig. Ohne auf Einzelheiten der auf die Gittersteuerung des Wechselrichters einwirkenden Kompoundierungseinrichtung einzugehen, ist das Grundsätzliche in der Schaltung und dem zugehörigen Diagramm in Abb. 39 dargestellt. Aus der Schaltung ist ersichtlich, daß der Drehregler, der auf die Gittersteuerung einwirkt, von drei Spannungskomponenten a, b, c beeinflußt wird. Dabei ist angenommen, daß der Drehregler einen fest eingestellten Wert (β = const) besitzt. Die Resultierende der drei eingeführten Spannungskomponenten arbeitet praktisch trägheitslos den Spannungsschwankungen im gespeisten Netz entgegen. Dabei ändert sich die Spannung c verhältnisgleich den Spannungsschwankungen im gespeisten Netz, während die Spannungen a und b, die infolge der entsprechend gewählten Schaltung der sie erzeugenden Transformatoren aufeinander senkrecht stehen, durch ein vorgesetztes Spannungsgleichhaltegerät davon unabhängig gemacht sind. Die Zusammenarbeit dieser drei Spannungen ist aus dem skizzierten Diagramm ersichtlich. Jede Spannungsänderung im Netz wird durch eine trägheitslose Verschiebung des Aussteuerungswinkels β beantwortet.

Regelung auf der Gleichrichterseite und Kompoundierung der Wechselrichter. 67

Der Grad der Kompoundierung kann je nach der Größe und gegenseitigen Lage der drei Komponenten a bis c verschieden gewählt werden.

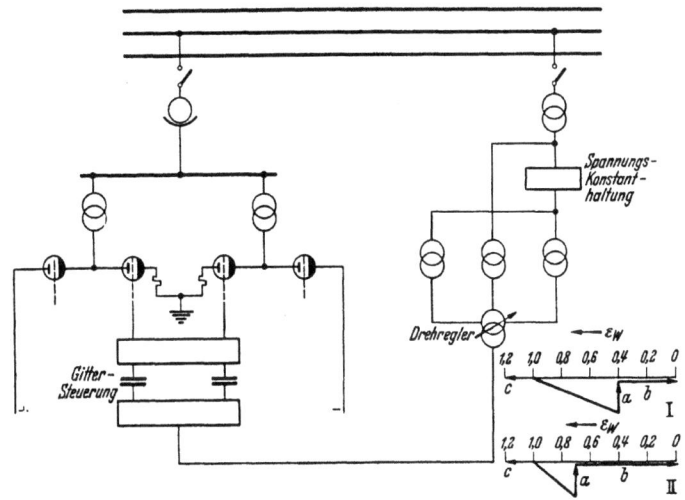

Abb. 39. Grundschaltung für Stromkonstanthaltung auf der Gleichrichterseite und Kompoundierung des Wechselrichters.

In Abb. 40 ist der Verlauf des $\cos \beta$ für zwei verschiedene Kompoundierungsgrade I und II eingetragen, wobei die Lage der zugehörigen Vektoren aus dem Diagramm hervorgeht. Für konstantes β und den

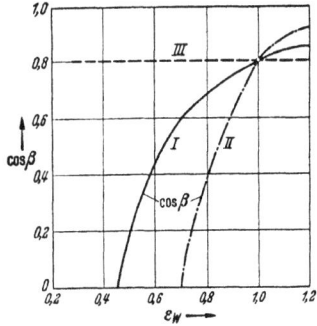

Abb. 40. Verlauf der Wechselrichteraussteuerung für zwei verschiedene Kompoundierungsgrade.

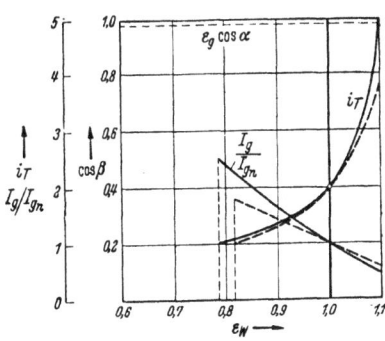

Abb. 41. Verlauf des Stromes und der Überlastbarkeit vor Ansprechen des Reglers auf der Gleichstromseite für Kompoundierungsgrad I.

Kompoundierungsgrad I ist der Verlauf des Stromes und der Überlastungsfähigkeit aus Abb. 41 ersichtlich; dabei ist an Stelle $\cos \beta = 0{,}71$ bei $J_{gn} = 250$ A nunmehr $\cos \beta = 0{,}8$ angenommen, um die für den

5*

Wechselrichter erforderliche Blindleistung möglichst gering zu halten. Dies bedingt, daß bei $U_{g_0} = U_{W_0}$, $\varepsilon_g \cos \alpha = 0{,}987$ wird. Der zuletzt genannte Wert wird zunächst als konstant angenommen, da man voraussetzen kann, daß die Regelung am Gleichrichter zunächst noch nicht angesprochen hat. Bleibt $\cos \beta = 0{,}8$ zunächst konstant (in Abb. 41 gestrichelt), so erkennt man, daß bei einer Spannungsabsenkung auf 84% die Trittgrenze erreicht wird, wobei der Strom auf das 1,7fache steigt. Bei wirksamer Kompoundierung entsprechend Kurve I wird die Trittgrenze erst bei 78% der Spannung erreicht, allerdings steigt der Strom bereits auf das 2,4fache. Für größere Spannungsabsenkungen muß man die steilere Kompoundierungscharakteristik entsprechend Kurve II in Abb. 40 wählen. Für diesen Fall (Abb. 42) wird bei 71% der Spannung im gespeisten Netz $\cos \beta = 0$. Die Überlastbarkeit wird über dem 1,3fachen gehalten. Der Strom steigt noch wesentlich stärker, und zwar auf den 5fachen Nennwert an. Sinkt die Spannung noch weiter, so nimmt unter 70% bei konstantem Wert von $\cos \beta = 0$ die Überlastungsfähigkeit langsam bei gleichbleibendem Strom

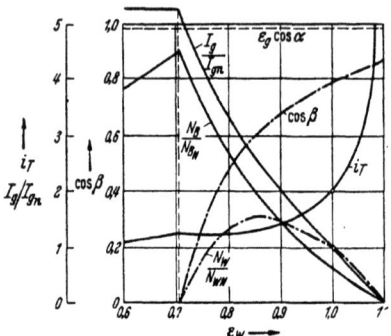

Abb. 42. Verlauf des Stromes und der Überlastbarkeit vor Ansprechen des Reglers auf der Gleichstromseite für Kompoundierungsgrad II.

ab und erreicht erst bei 50% der Spannung die Trittgrenze. Auch der Verlauf von Wirk- und Blindleistung, bezogen auf ihre Nennwerte, ist dieser Abbildung zu entnehmen.

Bei Beurteilung dieser Diagramme ist zu bedenken, daß beim Wechselrichter der Wert $\beta = 90°$ nicht erreicht werden kann und schon gar nicht, wenn große Überströme kommutiert werden sollen. Der notwendige Sicherheitswinkel wird also eine frühere Begrenzung der Aussteuerung verlangen. Man kann diese dadurch erreichen, daß man einen zweiten zusätzlichen Steuerimpuls auf die Gitter gibt, dessen Phasenlage annähernd konstant bleibt oder auch stromabhängig ist und der den ausreichenden Mindestabstand von der Trittgrenze erzwingt. Weiterhin ist zu beachten, daß der theoretisch ermittelte Stromanstieg in der betrachteten kurzen Zeit vor Ansprechen der Gleichrichterregelung nur auftreten kann, soweit es die Induktivitäten in der Übertragung gestatten. Nach Ansprechen der Gleichrichterregelung ergeben sich die in Abb. 43 eingetragenen Kennlinien, wenn die Spannungsabsenkung im gespeisten Netz noch weiter andauert. Man erkennt, daß entsprechend dem Absinken von $\cos \beta$ auch $\varepsilon_g \cos \alpha$ zurückgeht, wobei die

Überlastungsfähigkeit bei gleichbleibendem Strom stark ansteigt. Bei $\cos\beta = 0$ und $\varepsilon_W = 0{,}71$ wird $\varepsilon_g \cdot \cos\alpha = 0{,}19$. Diese Aussteuerung ist notwendig, damit die induktiven und Ohmschen Spannungsabfälle in der Übertragung gedeckt werden. Bei über den Nennwert steigender Spannung erreicht $\varepsilon_g \cos\alpha$ schnell den Wert 1. Der Strom muß also bei einem noch weiteren Spannungsanstieg zurückgehen, wobei die Überlastungsfähigkeit schnell größer wird. Den Knick in dieser Kennlinie kann man vermeiden, wenn man U_{G_0} größer als U_W wählt. Die Verhältnisse wurden hier deshalb so gewählt, um den früheren Betrachtungen gegenüber vergleichbare Werte zu erhalten. Diese Betrachtung zeigt, daß durch die Kompoundierung ein zu starkes Zurückgehen der Überlastungsfähigkeit verhindert werden kann, daß aber kleine Wirkleistungsstöße und erhebliche Blindleistungsstöße auf das gespeiste Netz fallen, solange die Regelung auf der Gleichrichterseite nicht zur Wirksamkeit kommt. Durch die dämpfenden Einflüsse entlang der Leitung werden diese Verhältnisse gemildert.

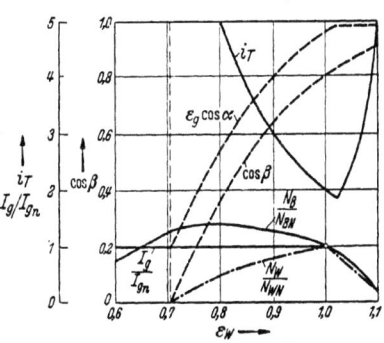

Abb. 43. Verlauf des Stromes, der Überlastbarkeit und der Wirk- und Blindleistung nach Ansprechen des Reglers auf der Gleichrichterseite für Kompoundierungsgrad II.

Bei Betrachtung der statischen Verhältnisse läßt sich zusammenfassend feststellen, daß man die Blindleistungs- und Spannungsregelung den Netzgeneratoren und Umformern allein überlassen und die Regelung der Hochspannungsübertragung möglichst nur den Wirklastverhältnissen anpassen wird. *Die Regelung ist so durchzuführen, daß der Einfluß der Spannungsschwankungen in den Drehstromnetzen auf die übertragene Leistung ausgeschaltet wird.* Bei Netzen mit starken Spannungsschwankungen wird man die Regelung auf der Gleichrichterseite angreifen lassen. Treten diese plötzlich auf, so wird man mit tiefer Aussteuerung des Wechselrichters arbeiten müssen ($\cos\varphi = 0{,}6$ bis $0{,}7$), um ein Überschreiten der Trittgrenze zu vermeiden. Durch eine Kompoundierung der Wechselrichter läßt sich noch eine ausreichende Überlastungsfähigkeit bei schnellen Spannungsabsenkungen bis auf 50 bis 60% erreichen. Dabei treten kurzzeitige Wirk- und größere Blindleistungsstöße im gespeisten Netz auf. Bei Spannungsschwankungen geringerer Größe im gespeisten Netz erscheint eine Regelung auf der Wechselrichterseite allein durchführbar. In besonderen Fällen wird man sich mit einer Impulsübertragungsleitung bei gleichzeitigem Einfluß auf die Gittersteuerung der Gleich- und Wechselrichter selbst schwierigsten Verhältnissen anpassen können.

III. Über die Stabilität eines Drehstromnetzes, das durch einen Wechselrichter gespeist wird.

Die Gleichstromübertragung mit Stromrichtern hat ein takthaltendes Netz, d. h. ein Netz mit selbständiger EMK, zur Voraussetzung, die in richtiger Folge die Stromübernahme von Anode zu Anode des Wechselrichters bewirkt. Im allgemeinen wird der Wechselrichter auf ein Endkraftwerk arbeiten, dessen Generatoren einen Teil, und zwar meist den stark veränderlichen Teil der Wirkleistung und allein oder im Zusammenarbeiten mit Blindleistungsmaschinen die Verbraucherblindleistung einschließlich der des Wechselrichters liefern. Für die Frequenzhaltung werden dann die empfindlichen und schnell wirkenden Turbinenregler des Endkraftwerkes sorgen, für die Spannungshaltung die Spannungsregler der Generatoren und Blindleistungsmaschinen, genau so wie bei einer Wechselstromübertragung.

Wir haben im Abschnitt II die verschiedenen Regelungsarten der Gleichstromübertragung behandelt und gezeigt, daß vorwiegend mit einem Wirklaststoß im Drehstromnetz eine Spannungsänderung mit einer Frequenzänderung eintritt, während ein Blindlaststoß vor allem die Frequenz beeinflußt. Man wird die größten Frequenzänderungen zu erwarten haben, wenn im gespeisten Netz leerlaufende Blindleistungsmaschinen die Takthaltung übernehmen, ein Betriebsfall, der wohl nur ausnahmsweise auftreten wird, da man aus Gründen der Sicherheit der gesamten Energieversorgung stets mit Endkraftwerken wird rechnen können, deren Leistungsfähigkeit einen erheblichen Prozentsatz der Gleichstromleistung beträgt. Eine kurze Betrachtung des Betriebsfalles, bei dem ein Wechselrichter nur auf Blindleistungsmaschinen arbeitet, kann als Grenzfall zu einer Abschätzung des dynamischen Verhaltens der Übertragung herangezogen werden.

1. Takthaltung durch Synchronmaschinen.

Es sei zunächst der einfachste Fall betrachtet, bei dem ein Wechselrichter auf eine Synchronmaschine arbeitet, die durch einen Gleichstrommotor hochgefahren und belastet werden kann. Die Gittersteuerung des Wechselrichters wird vom Drehstromnetz, also von der Klemmenspannung der Synchronmaschine aus erregt (Eigensteuerung). Die Synchronmaschine sei so erregt, daß ihre Phasenspannung U_{ph} beträgt, und durch den Drehregler der Gittersteuerung sei am Wechselrichter der Zündwinkel β eingestellt, so daß $U_g = c \cdot U_{\mathrm{ph}} \cos\beta = U_{g_0} \cos\beta$ wird, wobei wieder U_{g_0} die Leerlaufgleichspannung bedeutet. Belastet man das Wechselstromnetz, so sinken gleichzeitig Drehzahl und Klemmenspannung. Setzen wir zunächst konstantes Feld in der Ma-

Takthaltung durch Synchronmaschinen. 71

schine voraus, so wird nach Erreichen eines stationären Zustandes die Drehzahl bzw. Frequenz und Spannung sich gegenüber Leerlauf vermindert haben. Bei gleichbleibendem Zündwinkel des Wechselrichters und zunächst unverändertem Feld der Synchronmaschine muß U_{ph} sinken, damit überhaupt ein Gleichstrom fließen kann, was bedeutet, daß die Drehzahl und damit die Frequenz ebenfalls sinkt. Es wird $Ug = U'_{ph} (\cos\beta + g)$. Die Bestimmung der sich einstellenden Drehzahl ist deshalb nicht ganz einfach, weil sich der Fluß in der Maschine infolge der Abnahme der Drehzahl und der durch den Laststrom bedingten Ankerrückwirkung ändert. Für eine überschlägliche Betrachtung, wie sie von H. JORDAN durchgeführt wurde, nehmen wir konstanten Fluß in der Maschine an, womit für den Leerlaufsfall gilt:

$$U_g = U_{g_0} \cos\beta \tag{82}$$

und für den Übergang von Leerlauf auf Belastung

$$U_g = U_{g_0} \frac{n}{n_0} \cos\beta + \frac{J_{gn}}{J_{ge}} g\, U_{g_0} \tag{83}$$

und schließlich für den stationären Endzustand

$$U_g = U_{g_0} \frac{n_e}{n_0} \cos\beta + 1{,}0\, U_{g_0} \cdot g. \tag{84}$$

Darin bedeuten: U_{g_0}, n_0 die Leerlaufwerte, n_e die Enddrehzahl und J_{ge} den Endwert des Gleichstroms, n die augenblickliche Drehzahl mit dem zugehörigen Gleichstrom J_{gn}. Nach Gl. (82) und (84) erhält man

$$\frac{n_e}{n_0} = 1 - \frac{g}{\cos\beta} \tag{85}$$

und nach (82) und (83)

$$\frac{J_{gn}}{J_{ge}} = \frac{\cos\beta}{g}\left(1 - \frac{n}{n_0}\right) = \frac{\cos\beta}{g} \cdot \sigma, \tag{86}$$

wenn $\frac{n_0 - n}{n_0} = \sigma$ den der Drehzahl n entsprechenden und σ_e den der Enddrehzahl entsprechenden Schlupf bedeutet. Ersetzt man in der Beziehung (86) $\frac{\cos\beta}{g}$ durch die Beziehung (85), so erhält man für die Ströme in Abhängigkeit vom Schlupf

$$J_{gn} = J_{ge} \frac{\sigma}{\sigma_e} \tag{87}$$

Für konstante Gleichspannung wird die auf die Synchronmaschine übertragene Leistung N_e dann dem gleichen Gesetz wie J_{gn} folgen; d. h. es wird

$$N_z = N_e \cdot \frac{\sigma}{\sigma_e}. \tag{88}$$

Bezeichnet man das vom Synchronmotor abgegebene Drehmoment mit M, so wird $N_e = M \omega_e$, wenn ω_e die zugehörige Winkelgeschwindigkeit $\frac{\pi n_e}{30}$ bezeichnet. Dabei wurde der Einfluß einer gegebenenfalls in den Wechselrichterkreis geschalteten Glättungsdrossel vernachlässigt, da die an ihr auftretende Spannung im Vergleich zur Gleichspannung nur gering ist. Die obige Beziehung läßt erkennen, daß sich bei Wechselrichterspeisung die Synchronmaschine wie eine Asynchronmaschine verhält, konstantes Feld und Eigensteuerung des Wechselrichters vorausgesetzt.

Während des Übergangszustandes der Maschine nach einer Laständerung treten Trägheitswirkungen auf, die verzögernd wirken. Die Differenz zwischen dem als konstant angegebenen Lastmoment M und dem elektrischen Moment M_e, das sich ermittelt zu

$$M_e = N_e \frac{\sigma}{\sigma_e} \cdot \frac{1}{\omega_n} = M \frac{n_e}{n} \frac{n_0 - n}{n_0 - n_e},$$

mit dem Trägheitsmoment J der Maschine wird:

$$M - M_e = -J \frac{d\omega_n}{dt} = M \left(1 - \frac{\frac{n}{n_0} - 1}{\frac{n_0}{n_e} - 1}\right)$$

und nach Umformung

$$-J \frac{d\omega_n}{dt} = \frac{M}{\sigma_e} \frac{\omega_n - \omega_e}{\omega_n} \tag{89}$$

oder nach Trennung der Veränderlichen

$$-\frac{\omega_n d\omega_n}{\omega_n - \omega_e} = \frac{M}{J} \frac{dt}{\sigma_e}. \tag{90}$$

Würde man die Synchronmaschine bei konstantem Moment M und nicht vorhandenem Gegenmoment M_e von ω_0 in der Zeit T_a bis zum Stillstand abbremsen, so wird $T_a = \frac{J}{M} \omega_0$. Setzt man T_a in Gl. (90) ein, so ergibt sich

$$-\frac{\omega_n d\omega_n}{\omega_n - \omega_e} = \frac{\omega_0}{T_a \cdot \sigma_e} dt. \tag{91}$$

Die Integration ergibt

$$[\omega_n + \omega_e \ln(\omega_n - \omega_e)]_{\omega_0}^{\omega_n} = \omega_0 \frac{t}{T_a \cdot \sigma_e}, \tag{92}$$

wobei t die Zeit bedeutet, in der die Drehzahl n_0 auf n absinkt. Ersetzt man in der obigen Gleichung die Winkelgeschwindigkeiten durch die Drehzahlen, so wird schließlich

$$\frac{t}{T_a} = \left[1 - \frac{n}{n_0} - \frac{n_e}{n_0} \ln \frac{n - n_e}{n_0 - n_e}\right] \sigma_e. \tag{93}$$

Setzt man z. B. $n_0 = 1000$ U/min, $n_e = 900$ U/min, also $\sigma_e = 0{,}1$, so erhält man aus Gl. (93) die in Abb. 44 aufgetragene Kurve als $f(n) = f(t/T_a)$. Wie ersichtlich, fällt die Drehzahl zunächst schnell ab, während sich der Endwert theoretisch nach unendlich langer Zeit einstellt.

Für die Bremszeit von Turbogeneratoren kann man $T_a = 5$ bis 10 s setzen, für Wasserkraftgeneratoren mit besonders großem Schwungmoment ergeben sich noch etwas größere Werte. Man kann allgemein feststellen, daß die ersten Zweidrittel des Drehzahlabfalles etwa in 0,5 bis 1,0 s durchlaufen werden, da sich die Größe des Luftspaltfeldes in der kurzen Zeit nur unwesentlich ändern wird.

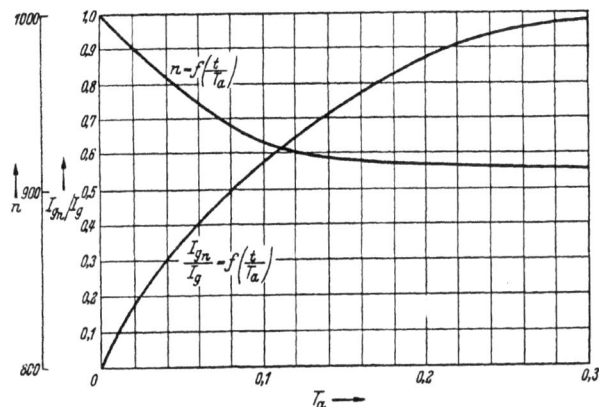

Abb. 44. Drehzahl und Gleichstrom in Abhängigkeit von der Zeit bei gleichbleibendem Fluß Φ der Synchronmaschine.

Für eine genauere Ermittlung der sich ändernden Größen kann man folgenden Weg benutzen. Durch Umbildung der Spannungsgleichung für den Wechselrichter

$$U_g = U_{g_0}\left(\cos\beta + \frac{J_{gn} X_{ges}}{U_{ph}} \cdot b\right),$$

in der b eine von der Schaltung abhängige Konstante ist, erhält man

$$U_g = C\Phi n + BJ_{gn}. \tag{94}$$

Berücksichtigt man, daß die vom Gleichstromnetz gelieferte Leistung $U_g J_{gn}$ gleich sein muß der verlangten Leistung $M\omega_n$, vermindert um die durch die Verzögerung des Polrades frei werdende $J\omega_n \cdot \frac{d\omega_n}{dt}$, so wird

$$U_g J_{gn} = -J \cdot \pi^2 \frac{n \, dn}{dt} + M \cdot \pi \cdot n. \tag{95}$$

Die Änderung des Hauptflusses der Synchronmaschine mit dem freien Erregerstrom J_f erhalten wir aus dem Induktionsgesetz mit

$$-\frac{\omega \, d\Phi}{dt} = J_f \cdot R_e. \tag{96}$$

Schließlich erhält man durch Berücksichtigung des Einflusses des Dauererregerstromes J_e, J_f und J_g auf den Fluß

$$\Phi = f(J_e + J_f - aJ_{gn}). \tag{97}$$

74 Stabilität eines Drehstromnetzes, das durch einen Wechselrichter gespeist wird.

Der Anteil $-aJ_{gn}$ rührt davon her, daß die Blindkomponente des Ständerstromes feldschwächend wirkt. Der Faktor a ist streng genommen keine Konstante wegen des mit J_g veränderlichen Überlappungswinkels u, da bei konstantem β der Phasenverschiebungswinkel der Grundwelle veränderlich ist. Dafür ist in der obigen Gleichung der Einfluß des Wirkstromes, der ebenfalls, wenn auch weniger feldschwächend wirkt, vernachlässigt, so daß sich beide Vernachlässigungen teilweise aufheben. Benutzt man Verhältniswerte und legt eine geradlinige magnetische Charakteristik zugrunde, so kann man schreiben

und
$$1 = \frac{\Phi n}{\Phi_0 n_0} + p \frac{\Phi_e n_e}{\Phi_0 n_0} \frac{J_{gn}}{J_{ge}} \tag{98}$$

ferner
$$\frac{J_{gn}}{J_{ge}} = \frac{n}{n_e}\left(1 - \frac{T_a}{n_0}\frac{dn}{dt}\right), \tag{99}$$

$$\frac{T_e}{\Phi_0}\frac{d\Phi}{dt} + \frac{\Phi}{\Phi_0} = 1 - a'\frac{J_{gn}}{J_{ge}}. \tag{100}$$

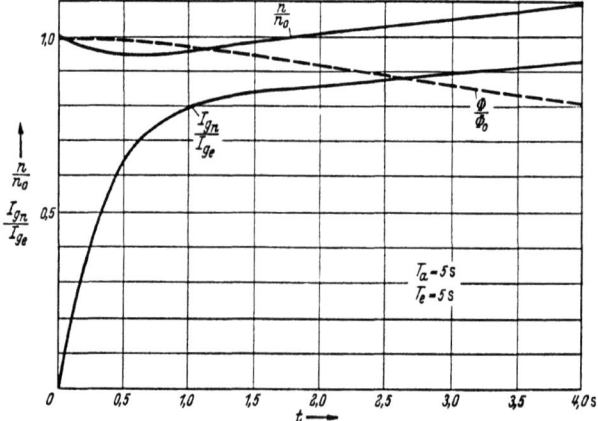

Abb. 45. Ausgleichsvorgang bei plötzlicher Belastung der Synchronmaschine.

Diese Beziehung ist durch Vereinigung der Gl. (96) und (97) entstanden. Außer den beiden Zeitkonstanten T_a und T_e sind nur noch p und a' frei wählbar, da sich bei angenommenem p und a' die Verhältnisse Φ_e/Φ_0 und n_e/n_0 für $t = \infty$ aus der obigen Beziehung errechnen lassen. Für $t = \infty$ wird aber $\Phi = \Phi_e$ bzw. $n = n_e$, $\frac{J_{gn}}{J_{ge}} = 1$ und $\frac{d\Phi}{dt} = 0$, so daß man aus Gl. (98) erhält:

$$1 = \frac{\Phi_e n_e}{\Phi_0 n_0} + p \frac{\Phi_e n_e}{\Phi_0 n_0}. \tag{101}$$

Der erste Ausdruck der rechten Seite entspricht der ausgesteuerten Spannung, der zweite stellt den Spannungsabfall des Endstromes dar, also $p \cdot J_{ge}$, und liegt etwa zwischen 0,05 und 0,20. Tür $t = \infty$ erhält man aus Gl. (100)

$$\frac{\Phi_e}{\Phi_0} = 1 - a', \qquad (101\text{a})$$

so daß a' angibt, wie groß die feldschwächende Wirkung des Ständerstromes ist. Je nachdem man eine harte oder weiche Maschine wählt, wird a' den Wert von etwa 0,2 bis 0,6 annehmen. Aus den Beziehungen (101) und (101a) lassen sich Φ_e/Φ_0 und n_e/n_0 ermitteln. Auf graphischem Wege kann man, ausgehend von $t = 0$, alle drei Funktionen schrittweise ermitteln. In Abbildung 45 sind für $a' = 0,4$, $p = 0,1$, $T_a = T_e = 5$ s, n, Φ und J_{gn} über der Zeit dargestellt, wobei $\Phi_e/\Phi_0 = 0,6$ und $n_e/n_0 = 1,515$ werden. Man sieht, daß nach einem anfänglich sehr schnellen Drehzahlabfall sich die Maschine wieder langsam beschleunigt bis zum Endwert $n_e/n_0 = 1,515$. Der Fluß hingegen ändert sich anfangs nur wenig. Im Gegensatz hierzu steigt der Gleichstrom für $T_e = 1,0$ s nach Abb. 46 fast geradlinig an, so daß man nach etwa 0,8 s mit einer Durchzündung des Wechselrichters wird rechnen müssen. Ähnlich liegen die Verhältnisse, wenn man z. B. bei Leerlauf in der Blindleistungsmaschine eine plötzliche Erhöhung der Gleichspannung um $\Delta U_g = 10\%$ vornimmt. Es ergeben sich dann die aus Abb. 47 ersichtlichen Zusammenhänge. Für $t = 0$ bewirkt die Spannungserhöhung einen Ständerstrom $J_{gn} = 100\%$; in der Synchronmaschine entsteht ein Endstrom, der gleich dem Nennstrom der Maschine sein soll. Für Saugdrosselschaltung des Wechselrichtertransformators erhält man dann eine relative Streuspannung von Maschine und Transformator von $u_s = 20\%$, da hierfür $g = 0,5\, u_s$, also $= 10\%$ oder gleich der gewählten Spannungserhöhung wird. Für Abb. 47 gilt $T_e = 5$ s, $T_a = 5$ s und $a' = 0,5$. Für die Bestimmung von a' wurde angenommen, daß der Nennstrom der Syn-

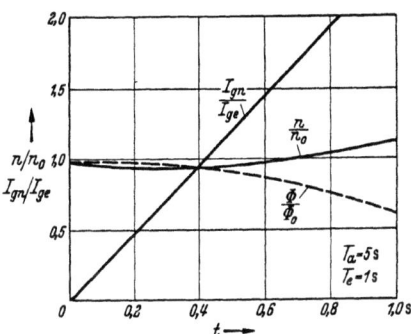

Abb. 46. Ausgleichsvorgang bei plötzlicher Belastung der Synchronmaschine.

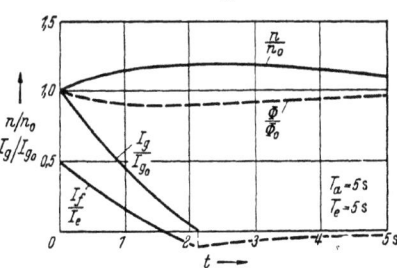

Abb. 47. Ausgleichsvorgang bei plötzlicher Erhöhung der Gleichspannung um 10%.

chronmaschine gleich dem Leerlauferregerstrom ist und mit der Klemmenspannung einen Winkel von 30° el. bildet. Der Blindstrom beträgt dann 50% des Ständerstromes. Diese Verhältnisse treten etwa bei einem Zündwinkel $\beta = 40°$ auf, der mit Rücksicht auf die Überlastungsfähigkeit gewählt ist. Man erkennt aus Abb. 47, daß nach etwa 2 s der Gleichstrom auf Null gesunken und die Drehzahl um 20% gestiegen ist. Von $t = 2,1$ s an sind dann der Fluß, der um etwa 9% abgesunken ist, und der freie Erregerstrom J_f sich selbst überlassen. Sie gehorchen nunmehr beide den bekannten Exponentialgesetzen. Der Gleichstrom bleibt so lange Null, bis durch die Reibungs- und Eisenverluste die Drehzahl der Maschine auf etwa $1,1\,n_0$ abgefallen ist.

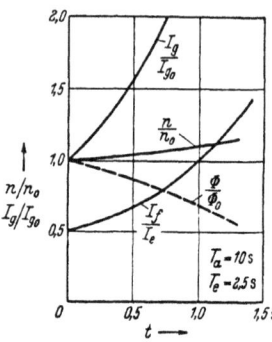

Abb. 48. Ausgleichsvorgang bei plötzlicher Erhöhung der Gleichspannung um 10%.

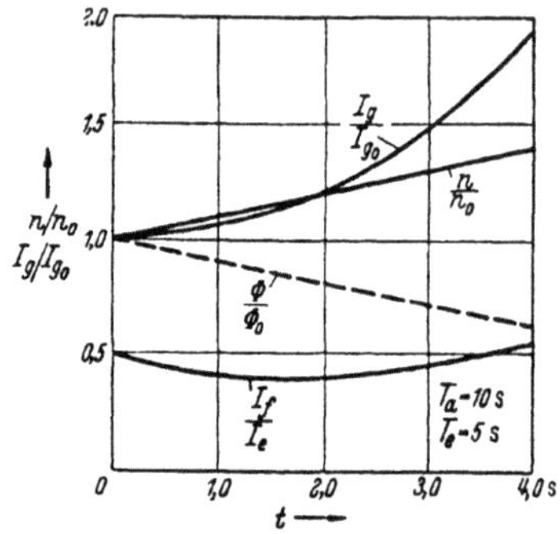

Abb. 49. Ausgleichsvorgang bei plötzlicher Erhöhung der Gleichspannung um 10%.

Erheblich abweichende Verhältnisse ergeben sich, wenn man $T_a = 10$ s und $T_e = 2,5$ s wählt. Es würde sich dann um eine mittlere Maschine mit hohem Trägheitsmoment handeln. Wie man der Abb. 48, die für diese Verhältnisse entworfen ist, entnehmen kann, nimmt der Fluß von Anfang an schneller ab, als die Drehzahl zunimmt. Als Folge hiervon steigt der Gleichstrom dauernd an und erreicht nach einer Sekunde den etwa 2,6fachen Nennwert; dabei dürfte eine Durchzündung des Wechselrichters eintreten. Ein ähnliches Verhalten zeigt eine Maschine mit $T_a = 10$ s und $T_e = 5$ s nach Abb. 49; der Strom steigt hier langsamer und erreicht erst nach etwa 4 s den doppelten Anfangswert.

Aus den bisherigen Überlegungen folgt, daß Maschinen mit großer elektrischer und kleiner mechanischer Zeitkonstante stabil arbeiten. Eine Grundbedingung für stabiles Arbeiten ist also $\frac{d\Phi_0}{dt} < \frac{dn_0}{dt}$. Aus dieser Ungleichheit folgt, daß $a'T_a < T_e$ sein muß. Dies trifft sowohl für Vorgänge, die sich bei plötzlichen Belastungsänderungen abspielen, wie auch bei schnellen Gleichspannungsänderungen zu. *Es empfiehlt sich daher, für takthaltende Maschinen harte Turbogeneratoren (a' klein)* mit großem Luftspalt und viel Erregerkupfer (T_e groß) zu verwenden. Hat man bei Versuchen im Prüffeld nur kleine Maschinen zur Verfügung, so wird T_a verhältnismäßig unverändert bleiben, dagegen nimmt die Zeitkonstante des Hauptfeldes mit kleiner werdender Maschinenleistung ab und beträgt bei Generatoren von etwa 100 kW 0,1 bis 0,5 s. Es dürfte dann nicht leicht sein, falls rasch wirkende Regeleinrichtungen nicht zur Verfügung stehen, solche Maschinen für Modellversuche über Wechselrichter stabil zu betreiben.

2. Belastung des Wechselrichters durch synchrone und Ohmsche Verbraucher. Takthaltung durch Synchronmaschine.

Bevor wir diesen Betriebsfall näher behandeln, soll die Bedeutung der Blindleistungsveränderungen auf der Wechselrichterseite hinsichtlich der Beanspruchung der takthaltenden Maschinen und der Wechselrichter selbst etwas näher betrachtet werden, da die Größe der zugelassenen Blindleistung entscheidend ist für die erreichbare Trittgrenze der Übertragung.

Es werde angenommen, daß das Verbrauchernetz einen Leistungsfaktor von 0,8 besitzt und daß die gesamte Wirkleistung, die gleich 100% gesetzt wird, durch die Gleichstromübertragung gedeckt wird. Auf der Wechselrichterseite muß dann die Blindleistung für die Verbraucher und den Wechselrichter von den Maschinen aufgebracht werden. In dem von E. ROLF entworfenen Diagramm Abb. 50 ergibt sich der Verbraucherstrom J_N als Summe des Wirkstromes von 100% und 75% Blindstrom zu 125% des Wirkstromes. Hinzu kommt noch der Blindleistungsverbrauch des Wechselrichters. Der Vektor des Wechselrichterstromes, der

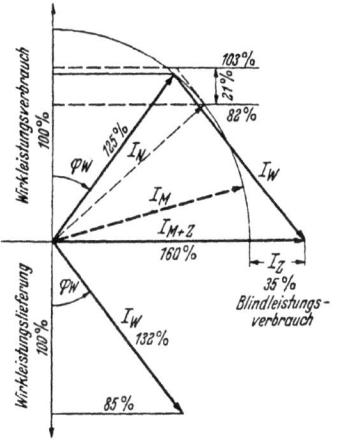

Abb. 50. Wirk- und Blindleistung auf der Wechselrichterseite.

im unteren Quadranten dargestellt und auf den Verschiebungsfaktor von 0,76 bezogen ist, ergibt mit 100% Wirkstrom und 85% Blindstrom einen Gesamtstrom J_W von 132%. In bezug auf die vorhandene Netzmaschine ergibt die Summe des Verbraucherstromes und Wechselrichterstromes den resultierenden Wirkstrom Null, da die gesamte Wirkleistung unmittelbar vom Wechselrichter an die Verbraucher geht, wobei die Maschinen mit einem resultierenden Blindstrom von 160% des Nennwirkstromes beansprucht werden. Geben die Netzmaschinen aber nur einen Betrag von 125% des Nennstromes

78 Stabilität eines Drehstromnetzes, das durch einen Wechselrichter gespeist wird.

thermisch her, so folgt, daß noch wesentlich mehr als die im Diagramm eingetragene Differenz J_z an zusätzlichen Blindströmen von 35% anderwärts durch weitere Blindstromerzeuger aufgebracht werden muß. Eine Wirkstromentlastung des vorhandenen Netzes durch die Gleichstromübertragung ohne zusätzlichen Aufwand kommt also bei dem hierfür praktisch erreichbaren zugrunde gelegten Wechselrichterverschiebungsfaktor von 0,76 nicht mehr in Frage, geschweige darüber hinaus noch eine Steigerung der Gesamtwirkleistung. Selbst wenn die Gleichstromübertragung nur einen Teilbetrag der Wirkleistung liefert, kann in dem hinsichtlich der Wirkleistungssteigerung günstigsten Falle, falls die Generatoren nur zur Lieferung des vollen Nennstromes bei $\cos \varphi = 0{,}66$ ausreichen, nur die nicht nennenswerte Steigerung der Gesamtwirkleistung von 100% auf 103%, wie in dem Diagramm punktiert angedeutet, erreicht werden. 82% hiervon werden durch die Netzgeneratoren, 21% von der Gleichstromübertragung übernommen.

Den Einfluß des Verschiebungsfaktors des Wechselrichters auf die Gesamtwirkleistung und auf die Aufteilung der Blindleistung auf Wechselrichter und Maschinen kann man unter der Voraussetzung einer 100prozentigen thermischen Ausnützung der Generatoren der Abb. 51 entnehmen, der voraussetzungsgemäß ein Netzstromvektor von gleichbleibender Länge zugrunde liegt. Dabei wurde einmal der Fall betrachtet, daß die Netzmaschinen nur zur Blindleistungserzeugung herangezogen werden und der Gesamtwirkstrom durch die Gleichstromübertragung gedeckt wird; ferner wurde untersucht, welche Höchstwerte der Gesamtwirkleistung sich ohne thermische Überlastung der Netzgeneratoren bei den verschiedenen Wechselrichterverschiebungsfaktoren ergeben, wenn die Gleichstromübertragung nur einen Teil der Wirkleistung liefert.

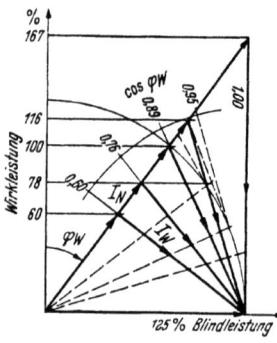

Abb. 51.
Einfluß des Verschiebungsfaktors auf die Wirk- und Blindleistungsverteilung der Wechselrichterseite.

Für den ersten Fall einer reinen Blindleistungserzeugung durch die Maschinen sind im Diagramm durch die stark ausgezogenen Vektoren einige kennzeichnende Fälle dargestellt. Danach läßt z. B. ein Wechselrichterverschiebungsfaktor von 0,6 nur eine Wirkleistungslieferung von 60% zu. Eine Wirkleistungsübertragung von 100% dagegen wäre bei $\cos \varphi = 0{,}89$ möglich und erst bei $\cos \varphi = 1{,}0$ eine Wirkleistungssteigerung bis auf 167%. Die aus dem Diagramm entnehmbaren Werte sind in Kurvenform in Abb. 52 aufgetragen. Bei einem Netzleistungsfaktor von 0,8 kann hiernach also unterhalb eines Verschiebungsfaktors des

Belastung des Wechselrichters durch synchrone und Ohmsche Verbraucher. 79

Wechselrichters von 0,89 die volle Wirkleistung nicht mehr erzielt werden. Für die gleichen Verschiebungsfaktoren sind auch die im zweiten Fall einer nur teilweisen Deckung der Wirkleistung durch die Gleichstromübertragung erreichbaren Verhältnisse punktiert im Diagramm 51 eingetragen. Daraus erhält man die Kennlinien der Abb. 53 für die Anteile des Blindleistungsbedarfes der Verbraucher und des Wechselrichters. Sie zeigen, daß innerhalb des normalerweise in Frage kommenden Bereiches von $\cos\varphi = 0{,}7$ bis $0{,}8$ praktisch keine Steigerung der gesamten Wirkleistung, sondern lediglich eine teilweise Entlastung der

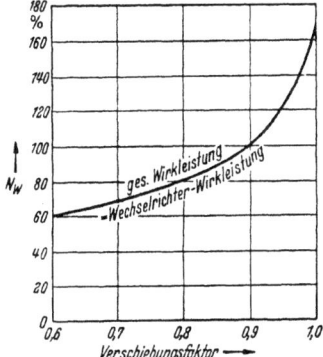

Abb. 52. Abhängigkeit der Wirkleistung vom Verschiebungsfaktor bei ausschließlicher Deckung des Wirkleistungsbedarfs durch die Gleichstromübertragung.

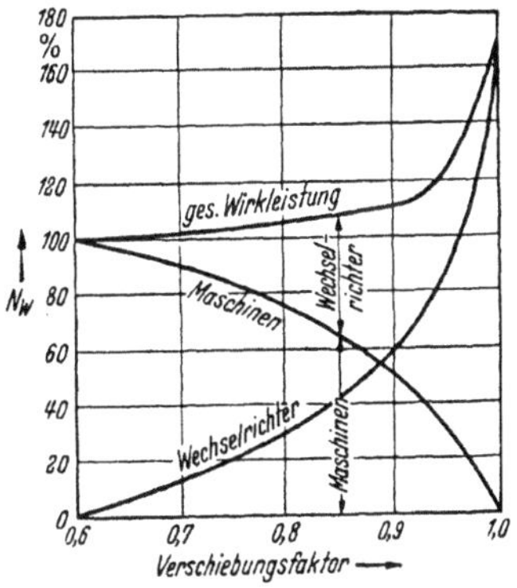

Abb. 53. Abhängigkeit der Wirkleistung vom Verschiebungsfaktor bei nur teilweiser Deckung des Wirkleistungsbedarfs durch die Gleichstromübertragung.

Netzgeneratoren von der Wirkkomponente durch Zuschalten der Gleichstromübertragung erreichbar ist, wenn nicht zusätzliche Blindstromerzeuger den Fehlbedarf decken. Die Ausführungen sollen feststellen, daß eine ausreichende Blindstromerzeugung auf der Wechselrichterseite für den einwandfreien Betrieb der Übertragung ausschlaggebend ist.

Um den Einfluß von Belastungsänderungen sowohl hinsichtlich Wirk- als auch Blindlaständerungen im gespeisten Netz näher zu erfassen, sei noch der Fall betrachtet, daß das gespeiste Netz aus Ohmschen Verbrauchern und Asynchronmotoren besteht, wobei als takthaltende Maschine wieder eine übererregte leerlaufende Synchronmaschine vorhanden sei. Im stationären Zustand sollen die Verbraucher mit $\cos\varphi = 0{,}8$ arbeiten, ähnlich dem Diagramm Abb. 50. Hierbei sei noch angenommen, daß $\cos\beta = 0{,}71$ ist, wofür sich ein Leistungsfaktor der Grundwelle des Wechselrichterstromes von $\cos\varphi_W = 0{,}76$ ergibt.

Aus dem Diagramm kann man entnehmen, daß der von der Synchronmaschine zu liefernde Blindstrom $J_{BM} = 1{,}285\,J_N$ ist. Die Scheinleistung der Blindleistungsmaschine beträgt daher

$$N_m = \frac{1{,}285}{0{,}8} = 1{,}6\,N_W.$$

Es soll nun der Fall betrachtet werden, daß bei konstanter Gleichspannung U_g im Drehstromnetz eine Blindleistungsschwankung auftritt.

Man kann sich das Drehstromnetz vorübergehend durch eine veränderliche Drosselspule und einen Ohmschen Widerstand dargestellt denken. Wird zur Zeit $t = 0$ die Drosselspule bei unverändertem Ohmschen Widerstand abgeschaltet, so kann sich infolge der Wirkung der Glättungsdrossel der Gleichstrom nicht sprunghaft ändern. Es gilt daher im Augenblick der Abschaltung der Drossel noch unser unverändertes Vektordiagramm, wobei der Blindstromverbrauch der Drossel 60% des gesamten Netzstromes J_N beträgt. Der Blindstrom der Synchronmaschine geht daher von $1{,}285 \cdot J_N$ auf den Wert $0{,}685\,J_N$ zurück. Infolgedessen erhöht sich die Klemmenspannung der Maschine durch den verringerten Spannungsabfall. Hat dieser ursprünglich $a\%$ der Klemmenspannung U_s beim Strom J_{BM} betragen, so wird er jetzt nur noch

$$a \cdot \frac{0{,}685}{1{,}285} = 0{,}533 \cdot a\%,$$

und die Klemmenspannung geht auf den neuen Wert

$$U_{s'} = U_s(1 + (1 - 0{,}533)a)$$

herauf.

Für $a = 10\%$ wird z. B. $U_{s'} = 1{,}0466\,U_s$. Die sehr schnell auftretende Spannungserhöhung hat zur Folge, daß der vom Wechselrichter aufgenommene Gleichstrom zurückgeht, da bei konstantem Steuerwinkel β nunmehr die ausgesteuerte Gleichspannung wächst, während die zugeführte Spannung U_g sich nicht geändert hat. Die vom Wechselrichter übertragene Wirkleistung nimmt ab, während die vom Netz verlangte Leistung infolge der Spannungserhöhung gewachsen ist. Die Fehlleistung kann nur aus der Massenverzögerung der Synchronmaschine gewonnen werden.

Für den Zeitpunkt $t = 0$ kann man den Gleichstrom J_g' annähernd wie folgt berechnen. Vor der Abschaltung der Drossel gilt die Beziehung

$$U_g = c \cdot U_s + B \cdot J_g.$$

Unmittelbar nach Abschaltung der Drossel wird

$$U_g = C \cdot U_{s'} + B J_{g'}.$$

Aus beiden Beziehungen folgt

$$\frac{J_{g'}}{J_g} = 1 - \frac{c(U_{s'} - U_s)}{B J_g}.$$

Setzt man $\frac{c U_s}{B J_g} = 10$, rechnet man also mit 10% Spannungsabfall, so wird

$$\frac{J_{g'}}{J_g} = 1 - 0{,}466 = 0{,}533,$$

d. h. daß der Gleichstrom unter den getroffenen Voraussetzungen auf rund die Hälfte seines ursprünglichen Wertes zurückgeht. Diese beträchtliche Gleichstromabsenkung wird in Wirklichkeit nicht auftreten, da durch die Trägheit des Streufeldes der Synchronmaschine die Spannungserhöhung auf den Wert $U_{s'}$ nicht in der Zeit Null vor sich gehen kann.

Infolge Rückgangs des Gleichstromes vermindert sich auch der vom Wechselrichter verlangte Blindstrom im gleichen Verhältnis. Da der Erregerstrom der Synchronmaschine nicht geändert wird, steigt ihr Hauptfeld nach Maßgabe von T_e langsam an, denn der Ankerstrom ist wesentlich kleiner geworden wegen der verminderten Blindstromabgabe, die durch das Abschalten der Drossel verursacht wurde, und durch das Zurückgehen des Blindstromes, den der Wechselrichter verlangt. Es tritt nach einigen Sekunden ein stationärer Zustand ein, da die Kraftflußvergrößerung infolge der Sättigung der Synchronmaschine auf jeden Fall bald eine obere Grenze erreicht. Die Drehzahl ist um einige Prozent gefallen und damit die Frequenz, der Fluß ist um den entsprechenden Prozentsatz gestiegen, so daß die alte Klemmenspannung U_s sich wieder eingestellt hat und Gleichstrom und Übertragungsleistung ihre ursprünglichen Werte wieder angenommen haben.

Wird vom Netz plötzlich mehr Blindleistung verlangt, so stellt sich nicht ein Beharrungszustand ein wie im Fall einer Blindleistungsverminderung. Die Klemmenspannung U_s sinkt als Folge des vergrößerten Streuspannungsabfalles, hierdurch steigt der Gleichstrom, und dies bedingt einen vermehrten Blindstrombezug von der Synchronmaschine. Die erhöhte Leistungszufuhr, die von den Ohmschen Verbrauchern nicht aufgenommen werden kann, dient zur Beschleunigung der Synchronmaschine.

Ist $T_e > a' \cdot T_a$, so nimmt das Hauptfeld langsamer ab, als die Drehzahl zunimmt. Die ursprünglich vorhandene Spannung U_s und damit der Beharrungszustand werden also bei höherer Drehzahl und vermindertem Fluß nach einigen Sekunden wieder erreicht. Ist jedoch $T_e < a' T_a$, so nimmt der Fluß schneller ab, als die Drehzahl steigen kann. Die Frequenz und der Gleichstrom erhöhen sich dauernd, ohne daß die Klemmenspannung ihren alten Wert erreichen kann, bis schließlich eine Durchzündung des Wechselrichters eintritt.

82 Stabilität eines Drehstromnetzes, das durch einen Wechselrichter gespeist wird.

Es ist somit gleichgültig, ob durch einen Schaltvorgang im Gleichstromnetz dessen Spannung U_g um einen gewissen Betrag erhöht wird oder ob die Wechselspannung U_s um einen gleichen Betrag absinkt. Die Folge ist immer eine Störung der Wirkleistungsbilanz, die mit Drehzahländerungen verbunden ist.

Nehmen wir an, daß die beim Zu- und Abschalten von Blindleistungsverbrauchern auftretenden Änderungen der Wechselspannung durch den Streuspannungsabfall sehr schnell erfolgen, so lassen sich wie im Abschnitt a) wieder vier Gleichungen aufstellen, von denen drei mit den Beziehungen (94), (96), (97) identisch sind. Sie enthalten nur andere Konstanten, da der Spannungsabfall durch den Blindstrom des Netzes und dessen feldschwächende Wirkung berücksichtigt werden muß. In der Leistungsgleichung (95) wird das Glied $M \pi n$ durch die im Ohmschen Widerstand verbrauchte Leistung U_s^2/R ersetzt.

Wir wollen noch kurz die Vorgänge betrachten, die bei einer Änderung der Wirkleistung auftreten, und schalten zunächst die Ohmsche Belastung ab. Zuerst behält die Spannung U_s zur Zeit $t = 0$ ihren Wert bei. Der Wechselrichter überträgt die gleiche Leistung wie vorher, also muß eine Drehzahlerhöhung und eine Spannungssteigerung der Synchronmaschine auftreten. Der Gleichstrom geht zurück und vermindert auch die feldschwächende Wirkung seiner Blindkomponente. Die Spannung steigt wegen der allmählichen Erhöhung der Drehzahl und Vergrößerung des Hauptflusses. Der Gleichstrom wird ähnlich wie in Abb. 47 nach wenigen Sekunden den Wert 0 erreichen und bleibt auf diesem Wert, bis durch Wirkung der Reibungs- und Eisenverluste der Synchronmaschine deren Drehzahl so weit abgefallen ist, daß gerade die Verluste des Drehstromnetzes gedeckt werden können. Es besteht keine Möglichkeit, durch äußere Eingriffe in die Steuerung diesen Drehzahlanstieg rückgängig zu machen, da man Energie zurückliefern müßte. Der Ausfall einer größeren Zahl von Wirkleistungsverbrauchern ist daher immer mit Frequenzsteigerungen verbunden.

Werden dagegen Ohmsche Verbraucher zugeschaltet, so muß die geforderte Leistung im ersten Augenblick durch Massenverzögerung der Synchronmaschine bewältigt werden. Spannung und Drehzahl sinken, und der Gleichstrom steigt so lange, bis schließlich die gesamte verlangte Leistung vom Wechselrichter allein übernommen werden kann. Infolge der vergrößerten Ankerrückwirkung, die vom Blindstrom des Wechselrichters herrührt, sinkt die Spannung noch weiter, so daß die Drehzahl steigt. Der Beharrungszustand wird bei einer Drehzahl erreicht, die höher liegt als die Ausgangsdrehzahl.

In den Abb. 54a bis d sind die vier wichtigsten Größen für die eben behandelten vier Belastungsänderungen in Abhängigkeit von der Zeit dargestellt. Sie geben den charakteristischen Verlauf der Betriebs-

Belastung des Wechselrichters durch synchrone und Ohmsche Verbraucher. 83

größen. Selbstverständlich wird man für bestimmte Projekte jeden Fall für sich einer genauen Durchrechnung unterziehen müssen.

Man erkennt, daß Änderungen im Blindleistungsbedarf stets zu Drehzahl- und Flußänderungen führen, wobei sich nach einigen Sekunden die ursprüngliche Spannung eingeregelt hat und die verlangte Leistung wieder übertragen wird. Demgegenüber weist ein durch Turbogeneratoren oder Wasserkraftmaschinen gespeistes Netz den Unter-

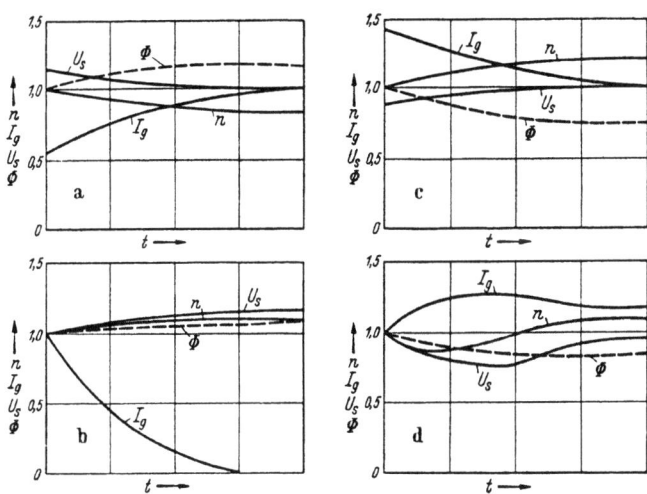

Abb. 54a bis d.
a) Blindleistungsverkleinerung im Drehstromnetz. b) Wirkleistungsverkleinerung im Drehstromnetz. c) Blindleistungsvergrößerung im Drehstromnetz. d) Wirkleistungsvergrößerung im Drehstromnetz.

schied auf, daß Frequenzänderungen, wenn auch nur vorübergehend, nicht eintreten können.

Bei Wirkleistungsschwankungen hat sich nach Erreichen des neuen Beharrungszustandes die alte Spannung nicht wieder eingestellt. Das ist auch nicht möglich, da der neue Gleichstrom nur übertragen werden kann, wenn ein anderer Zündwinkel β eingestellt wird oder die Drehstromspannung sich geändert hat.

Die Regelung ist indessen nicht so einfach, wie oben geschildert, denn wie aus den Abb. 54a bis c hervorgeht, treten Spannungsänderungen auf, die nicht nur auf Änderungen der Wirkleistungen zurückgehen. Bei einer Blindleistungsvergrößerung (Abb. 54c) sinkt die Spannung. Der Spannungsregler versucht dahin zu wirken, daß durch Vergrößerung von β mehr Leistung übertragen wird, da er die Ursache der Spannungsabsenkung nicht kennt. Die vergrößerte Leistung wird aber, da es sich um eine Blindleistungsschwankung handelt, nicht gebraucht, ja es müßte im

6*

Gegenteil der Steuerwinkel verkleinert werden. Trotz des Eingreifens des Spannungsreglers tritt damit ein Leistungsstoß auf, der die Drehzahl aller Maschinen des Netzes erhöht, da der Frequenzregler infolge der Trägheit des Feldes nicht so schnell wie der Gittersteuersatz eingreifen kann. Kurze Zeit nach Zuschalten der Blindleistung ist infolge der Drehzahlerhöhung und der Flußverstärkung die ursprüngliche Spannung wieder erreicht, aber die Frequenz noch zu hoch. Der Frequenzregler wird daher den Fluß weiter verstärken, wodurch auch die Spannung im Netz weiter steigt. Nunmehr greift der Spannungsregler ein, vermindert den Winkel β und damit die Leistungszufuhr. Nach einigen Schwankungen wird der Endzustand erreicht. Wird im Netz viel Wirkleistung verbraucht, so stellt sich nach der Störung das Gleichgewicht sehr schnell wieder ein. Schwieriger wird der Regelvorgang, wenn z. B. nachts nur sehr wenig Wirkleistung im Verhältnis zur Blindleistung gebraucht wird. Dann fällt die bremsende Wirkung durch die Verbraucher fort, und die einmal eingeleitete Drehzahlerhöhung geht nur langsam wieder zurück.

Wie ersichtlich, lassen sich durch Wechselrichter gespeiste Drehstromnetze, die nur mit takthaltenden leerlaufenden Synchronmaschinen ausgerüstet sind, unter bestimmten Voraussetzungen stabil betreiben, wenn auch Frequenzschwankungen sich nicht völlig werden vermeiden lassen. Besitzt das gespeiste Netz dagegen von Turbinen angetriebene Generatoren, so werden durch die Dampfturbinenregler größere Frequenzschwankungen fast völlig unterbunden. Eine Frequenzkonstanthaltung innerhalb der Grenze von $\pm 0,5\%$ dürfte leicht erreichbar sein. So bedingt beispielsweise der Ausfall einer 80000 kW-Turbine des Kraftwerkes Klingenberg im Bewagnetz eine Frequenzschwankung von 50 Perioden auf etwa 49,85 Perioden, die wenige Minuten nach der Abschaltung bereits wieder ausgeregelt ist. Die in einem solchen Netz tatsächlich auftretenden Spannungs- und Frequenzschwankungen werden somit wesentlich geringer sein, als man nach dem Verlauf der Kurven in den Abb. 54a bis d annehmen möchte. Bei richtiger Einstellung der beiden Hauptregler und gegenseitiger Übereinstimmung der Regelgeschwindigkeiten wird man ein durch Wechselrichter gespeistes Drehstromnetz ohne Überschreitung zulässiger Frequenz- und Spannungsänderungen betreiben können.

IV. Schaltung der Gleich- und Wechselrichter.

Die Sicherheit der Gleichstromübertragung wird bestimmt durch das Betriebsverhalten der eingesetzten Stromrichtergefäße als wichtigster Entwicklungsglieder innerhalb der Übertragung. Dementsprechend wird sich die Wahl der Schaltung weitgehend nach den Beanspruchungen der Gefäße zu richten haben. Dabei ist zu berücksichtigen, daß die

Gleichstromübertragung ein Wechselstromnetz versorgt, das hinsichtlich Kurvenform von Strom und Spannung weitgehende Einhaltung der Sinusform fordert. Dies bedeutet, daß man auf der Wechselrichterseite an eine Mindestphasenzahl gebunden ist mit Rücksicht auf die durch die Stromrichterschaltung gegebene niedrigste Oberwelle. Man wird auf der Wechselrichterseite kaum eine Schaltung wählen, die eine geringere als 24phasige Rückwirkung aufweist, also keine Oberwelle unter der 23. und 25. Harmonischen enthält. Die verbleibenden Oberwellen werden durch die Induktivitäten des Netzes gegebenenfalls in Verbindung mit wenigen zusätzlichen Oberwellenresonanzkreisen weiter geglättet, so daß sich Störungen durch unreine Kurvenformen im gespeisten Netz weitgehend werden ausschalten lassen. Die Gleichrichter selbst können gegebenenfalls 12phasig betrieben werden. Da man aber aus Gründen der Einheitlichkeit und Austauschbarkeit auf der Gleich- und Wechselrichterseite die gleichen Elemente benutzen wird, dürfte man auch auf der Gleichrichterseite die gleiche Schaltung wie auf der Wechselrichterseite wählen. Unter diesen Voraussetzungen gelangt man zu dem Ergebnis, daß sich eine Gleich- bzw. Wechselrichtergruppe aus mindestens 24 einanodigen Gefäßen zusammensetzen wird.

Man wird ferner fordern, daß die zu einer Stromrichtergruppe zugehörigen Transformatoren noch bahntransportfähig sind. Strebt man Stromrichtereinheiten von etwa 100 bis 200 MW an, so zeichnen sich hierdurch schon die wesentlichen Gesichtspunkte für die Auswahl der Schaltung ab. Selbstverständlich wird man anstreben, Transformatoren einfachster Schaltung, wie sie etwa der Drehstromübertragung entsprechen, zu wählen. Hinsichtlich der Größe und Bahntransportfähigkeit lassen sich mit einphasigen Einheiten oder Drehstromtransformatoren bei Wahl von Brückenschaltungen alle Wünsche innerhalb der oben verlangten Grenze erfüllen. Dabei ergeben die Brückenschaltungen, wie wir noch sehen werden, die einfachsten Transformatoren mit einer Ausnutzung, die der bei der Drehstromübertragung eingesetzter Transformatoren praktisch gleichkommt.

Stromrichtereinheiten noch größerer Leistung wird man aus Gründen der Reservehaltung kaum anstreben.

Bevor die einzelnen Schaltungen näher behandelt werden, wird es zweckmäßig sein, zunächst einige grundsätzliche Feststellungen über die die Beanspruchung der Stromrichtergefäße kennzeichnenden Betriebsgrößen zu treffen.

1. Die Beanspruchung der Stromrichtergefäße.

In Abb. 55 ist der zeitliche Verlauf des Anodenstroms und der zwischen Anode und Kathode eines Gefäßes auftretenden Spannung dargestellt. Der Verlauf der Spannung ergibt sich als Differenz der jeweiligen Momentanwerte der Anodenspannungen und ist für $\alpha = 30°$ Zündverzögerung festgehalten.

Bei Teilaussteuerung wächst bei negativ beaufschlagtem Steuergitter die positive Sperrspannung über den Betrag der Zündspannung hinaus, und erst bei positivem Gitterimpuls erfolgt die Freigabe der Entladungsstrecke um $\alpha°$ el. verzögert. Wie ersichtlich, kann ferner die negative Sprungspannung U_{sp} je nach der Schaltung und Aussteuerung beträchtliche Werte erreichen und zu scharfen Beanspruchungen der Entladungsstrecke führen. Die für die Spannungsbeanspruchung kennzeichnenden Werte sind:

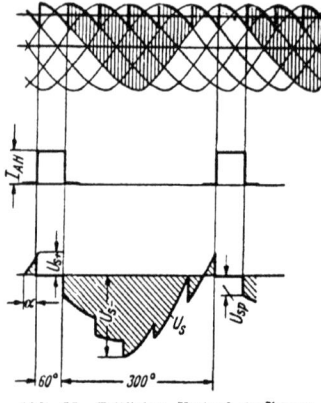

Abb. 55. Zeitlicher Verlauf der Spannung zwischen Anode und Kathode eines sechsphasigen Gleichrichters.

a) die Sprungspannung U_{sp} als diejenige Spannung, auf die die negative Sperrspannung am Beginn der Sperrzeit plötzlich steigt;

b) der negative Höchstwert der Sperrspannung U_s-;

c) der positive Höchstwert der Sperrspannung U_s+.

Die Strombeanspruchung des Gefäßes wird durch den Mittelwert J_{Am} des Anodenstromes, durch seinen Höchstwert i_{AH} sowie durch die Stromänderung $\left(\dfrac{di_A}{dt}\right)$ am Ende der Brennzeit bestimmt, da durch diesen Wert die Trägerdichte am Beginn der Sperrzeit wesentlich mitbestimmt wird. Unmittelbar zu Beginn der Sperrdauer der Anode setzt die Entionisierung der Entladungsstrecke ein, d. h. die Abwanderung der noch verbliebenen Ionen zu den Wänden und Elektroden sowie ihre Rückbildung zu neutralen Atomen. Diese Entionisierung soll so schnell und wirksam wie möglich vor sich gehen, um die Sperrspannungsfestigkeit der Entladungsbahn zu sichern und schädliche Rückzündungen, bei denen bekanntlich die Anode zur Kathode wird, zu vermeiden, da diese Erscheinungen Kurzschlüsse zur Folge haben.

Für die wichtigsten Schaltungen, die für die Gleichstromübertragung in Betracht zu ziehen sind, soll der Strom- und Spannungsverlauf im Netz, im Transformator und in dem Stromrichtergefäß sowie in der Gleichstromlast bestimmt werden für $\alpha = 0°$ und $\alpha = 30°$. Weiter soll die Abhängigkeit der verschiedenen in den Gefäßen auftretenden Spannungen von der Aussteuerung ermittelt werden.

Einphasige Schaltungen, die für die Übertragung kaum in Frage kommen, lassen das Wesentliche besonders klar erkennen. Sie seien deshalb kurz vorangestellt. Dabei wird von derselben Phasenspannung, bei Sternpunktschaltungen also von der Spannung zwischen Sternpunkt und Transformatorklemme, bei Brückenschaltungen von der Spannung zwischen den Transformatorklemmen, ausgegangen. Das Übersetzungsverhältnis des Transformators sei mit 1:1 angenommen, im Gleichstromkreis liege eine unendlich große Drossel, dagegen sei die Induktivität im Transformator und Netz vernachlässigt, so daß keine Überlappung auftritt. Abb. 56 zeigt nach einer Darstellung von V. Svoboda die Verhältnisse für die *einphasige Sternpunktschaltung*. Der Gleichstrom J_g ist entsprechend den getroffenen Annahmen vollkommen geglättet. Die Anode führt einen Strom von der Höhe des Gleichstroms, während der Brenndauer von 180° el. Sein Effektivwert bestimmt sich zu

$$J_A = \frac{J_g}{\sqrt{p}} = \frac{J_g}{\sqrt{2}},$$

wenn p die Phasenzahl der Stromrichterschaltung bedeutet. Im Stromrichtertransformator setzen sich die Ströme der beiden Gefäße zusammen, so daß auf der Primärseite und folglich auch im Netz derselbe Strom, dessen Effektivwert $J_1 = \sqrt{2} \cdot J_A = J_g$ ist, fließt. Da wir die Transformatorübersetzung 1:1 vorausgesetzt haben, ist die angelegte Netzspannung U_1 gleich der Phasenspannung im Transformator U_2. Die Gleichspannung besitzt die Größe $U_{gm} = \frac{2\sqrt{2}}{\pi} U_2 \cos \alpha$. Während der Brenndauer des Gefäßes liegt nur die Brennspannung an ihm, die wegen ihrer Kleinheit gegenüber der erzeugten Gleichspannung vernachlässigt werden kann. Erlischt das linke Gefäß und zündet das andere, so liegt an dem gelöschten Gefäß die Differenz der Spannungen, die einerseits an der Anode, andererseits an der Kathode dieses Gefäßes auftreten, also der doppelte Betrag der Phasenspannung U_2. Im Verlauf dieser Spannung U_A, der das Gefäß standhalten muß, erkennt man im ausgesteuerten Zustande die bereits oben definierten Werte. Die Sprungspannung U_{sp} ändert sich, wie man sieht, mit dem Sinus des Aussteuerungswinkels bzw.

$$U_{sp} = 2\sqrt{2} \cdot U_2 \cdot \sin \alpha$$

und steigt bis zu dem maximalen Wert gleich dem doppelten Scheitelwert der Phasenspannung für die ausgesteuerte Gleichspannung Null, um dann im Wechselrichterbetrieb wieder abzufallen. Da in den Hochspannungsanlagen immer mit einer nicht zu vernachlässigenden Kapazität zu rechnen ist, werden durch diese Sprungspannung störende Schwingungen angestoßen, die die Spannungsbeanspruchung des Gefäßes erheblich steigern können, falls nicht Mittel zu ihrer Unterdrückung vorgesehen sind. Die negative Sperrspannung U_s- bleibt im Gleichrichter-

88 Schaltung der Gleich- und Wechselrichter.

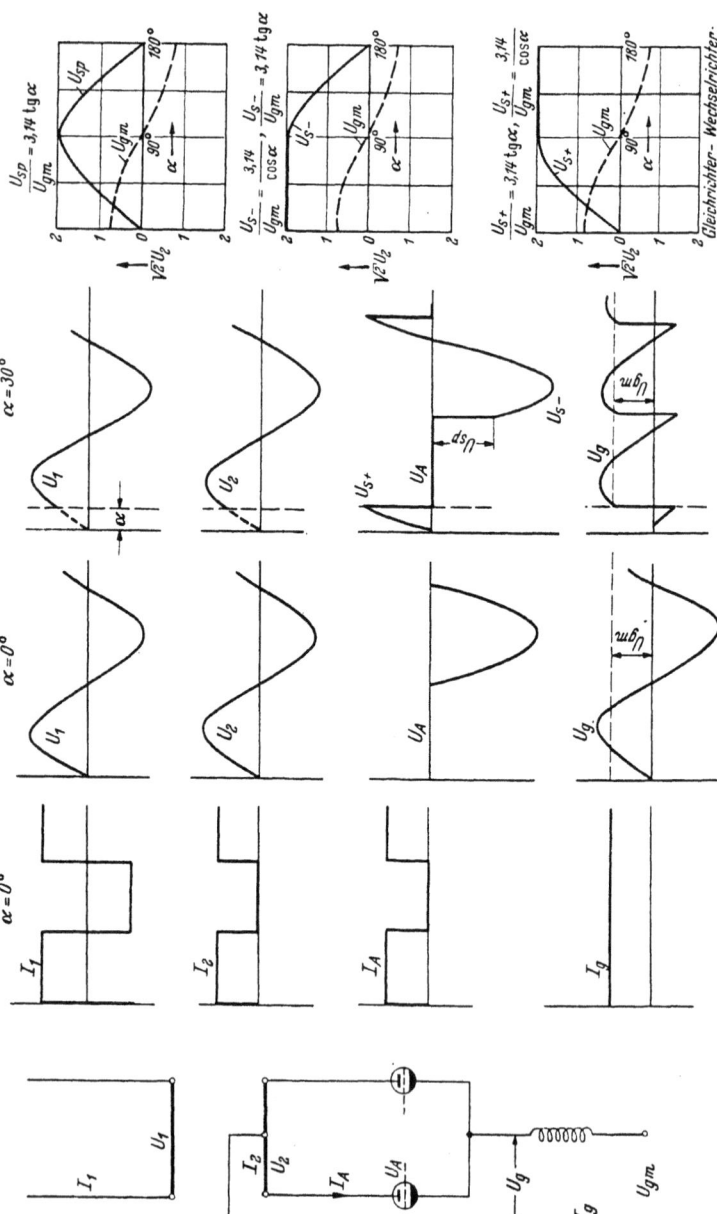

Abb. 56. Strom- und Spannungsverlauf für die einphasige Sternpunktschaltung mit Glättungsdrossel.

betrieb für α = 0 bis 90° konstant, im Wechselrichterbereich ist dies dagegen für die positive Sperrspannung U_{s+}, also im Bereich von 90 bis 180° der Fall. Für den restlichen Bereich folgt ein Abfall für die negative Sperrspannung und ein Anstieg für die positive nach der oben bereits angegebenen Sinusbeziehung. Bezogen auf den mittleren Gleichspannungswert U_{gm} erhält man für den sinusförmigen Teil $\frac{U_s}{U_{gm}} = 3{,}14 \cdot tg\,\alpha$ und für den konstanten Teil $\frac{U_s}{U_{gm}} = \frac{3{,}14}{\cos \alpha}$.

Für die einphasige Brückenschaltung ergibt sich als Sperrspannung derselbe Verlauf wie bei der Sternpunktschaltung, nur daß sich die Werte auf die Hälfte ermäßigen. Dies liegt daran, daß zur Erzielung der Gleichspannung stets dieselbe Phasenspannung, aber in deren beiden Halbwellen, verwendet wird, wodurch die Spannung zwischen Anode und Kathode gleich der Phasenspannung wird. Die Sprungspannung wird damit $U_{sp} = \sqrt{2}\,U_2 \sin \alpha$.

Da der ideale Fall einer unendlich großen Glättungsdrossel nie erfüllt wird, soll noch der andere Grenzfall einer verschwindend kleinen Glättungsdrossel betrachtet werden. Der tatsächliche Verlauf wird dann zwischen diesen beiden Grenzwerten liegen. In den Abb. 57 und 58 sind die sich ergebenden Verhältnisse eingetragen. Der Gleichstrom wird der Gleichspannung proportional und daher ebenfalls durch Sinuskurven dargestellt. Ein bemerkenswerter Unterschied gegenüber dem Betrieb mit unendlich großer Glättungsdrossel zeigt sich bereits bei kleiner Aussteuerung des Gleichrichters. Während die Gleichspannung zeitlich negative Werte annimmt, ist dies dem Strom wegen der Ventilwirkung der Gefäße nicht möglich, und man bekommt einen lückenhaften Stromverlauf. In der Stromlücke ist aber die Spannungsverteilung nur durch die Kapazitäten zwischen Anode und Kathode bestimmt. Macht man über die Kapazitäten keine Annahme, so ergibt sich, daß die Sprungspannung kleiner wird als bei den Schaltungen mit unendlicher Glättungsdrossel. Ist die Kapazität aller Gefäße gleich groß, so entfällt genau die Hälfte der auftretenden Spannung auf jedes Gefäß, und für diesen Fall sind die beiden zuletzt erwähnten Bilder gezeichnet. Der Höchstwert der positiven und negativen Sperrspannung wird durch die Änderung der Glättungsdrossel nicht beeinflußt. Daraus geht hervor, daß für den Betrieb mit einer endlichen Glättungsdrossel die Sprungspannung kleiner wird.

Von den *dreiphasigen Schaltungen* soll nur die Sternpunktschaltung, Abb. 59, und die dreiphasige Brückenschaltung, Abb. 60, herausgegriffen werden. Bei vollkommen geglättetem Gleichstrom erhält man für den Anodenstrom ein Rechteck von der Höhe des Gleichstromes. Die Brenndauer des Gefäßes beträgt 120° el., und der Effektivwert des Anodenstromes ergibt sich zu $J_A = \dfrac{J_g}{\sqrt{3}}$.

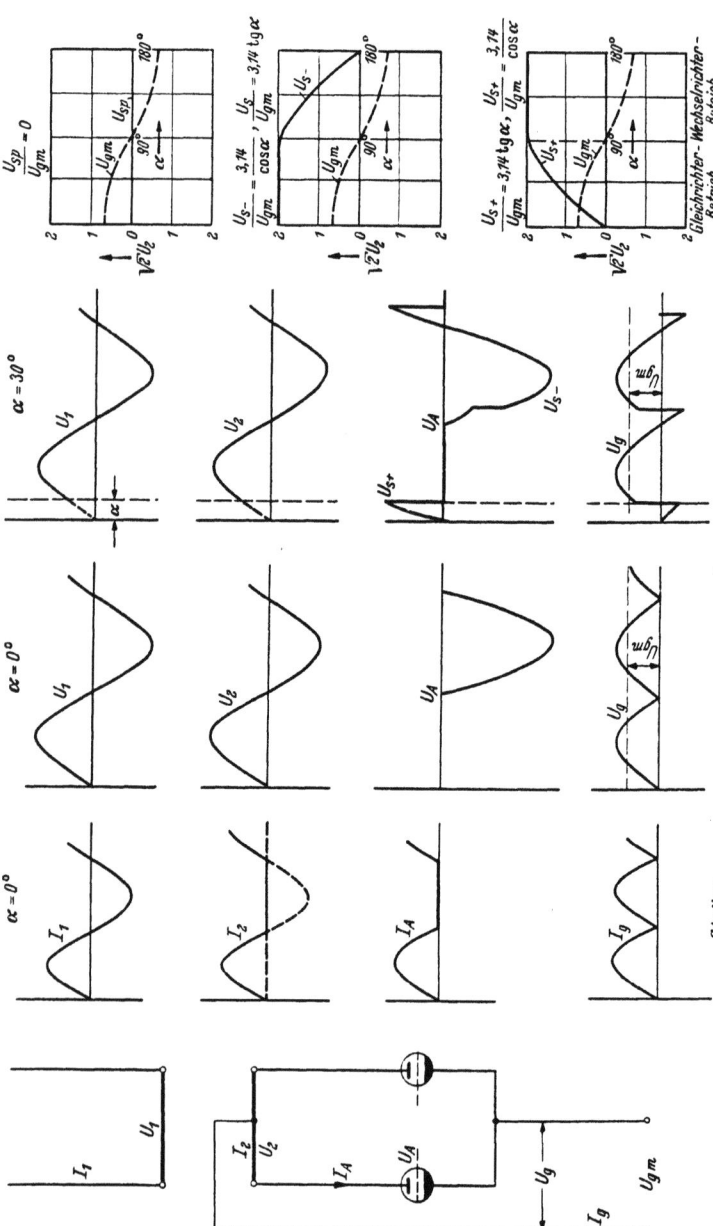

Abb. 57. Strom- und Spannungsverlauf für die einphasige Sternpunktschaltung ohne Glättungsdrossel.

Die Beanspruchung der Stromrichtergefäße.

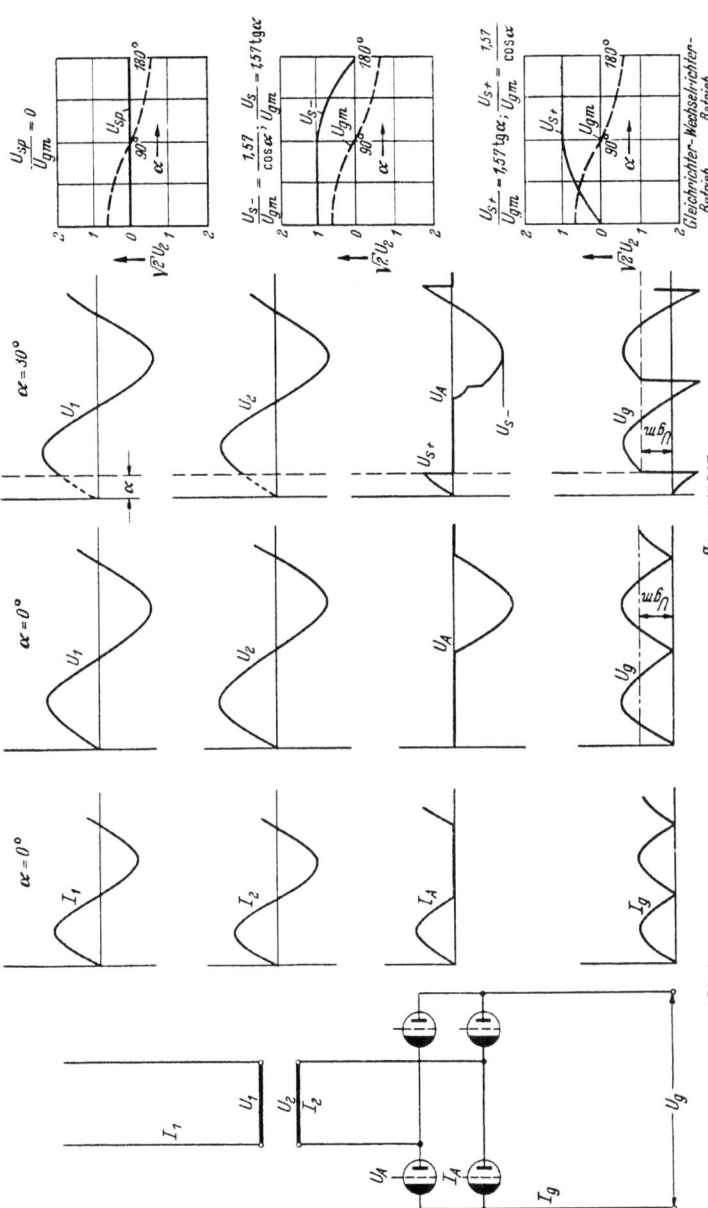

Abb. 58. Strom- und Spannungsverlauf für die einphasige Brückenschaltung ohne Glättungsdrossel.

92 Schaltung der Gleich- und Wechselrichter.

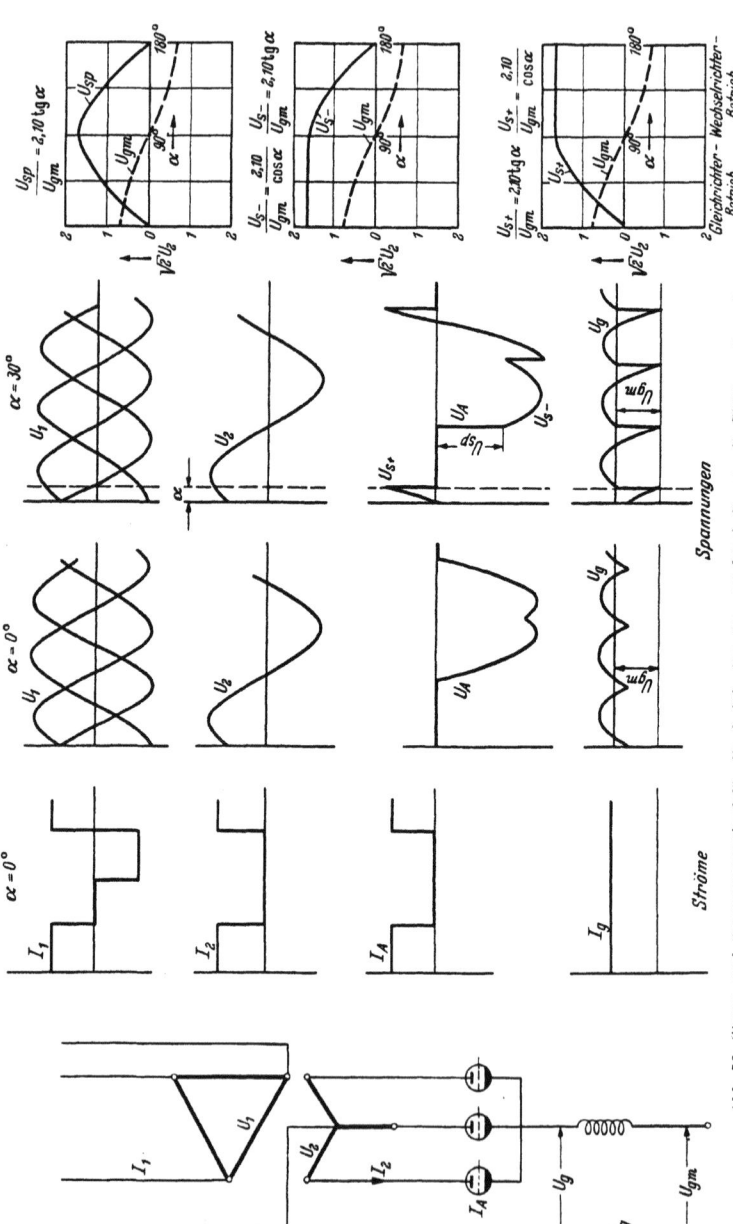

Abb. 59. Strom- und Spannungsverlauf für die dreiphasige Sternpunktschaltung mit Glättungsdrossel.

Die Beanspruchung der Stromrichtergefäße. 93

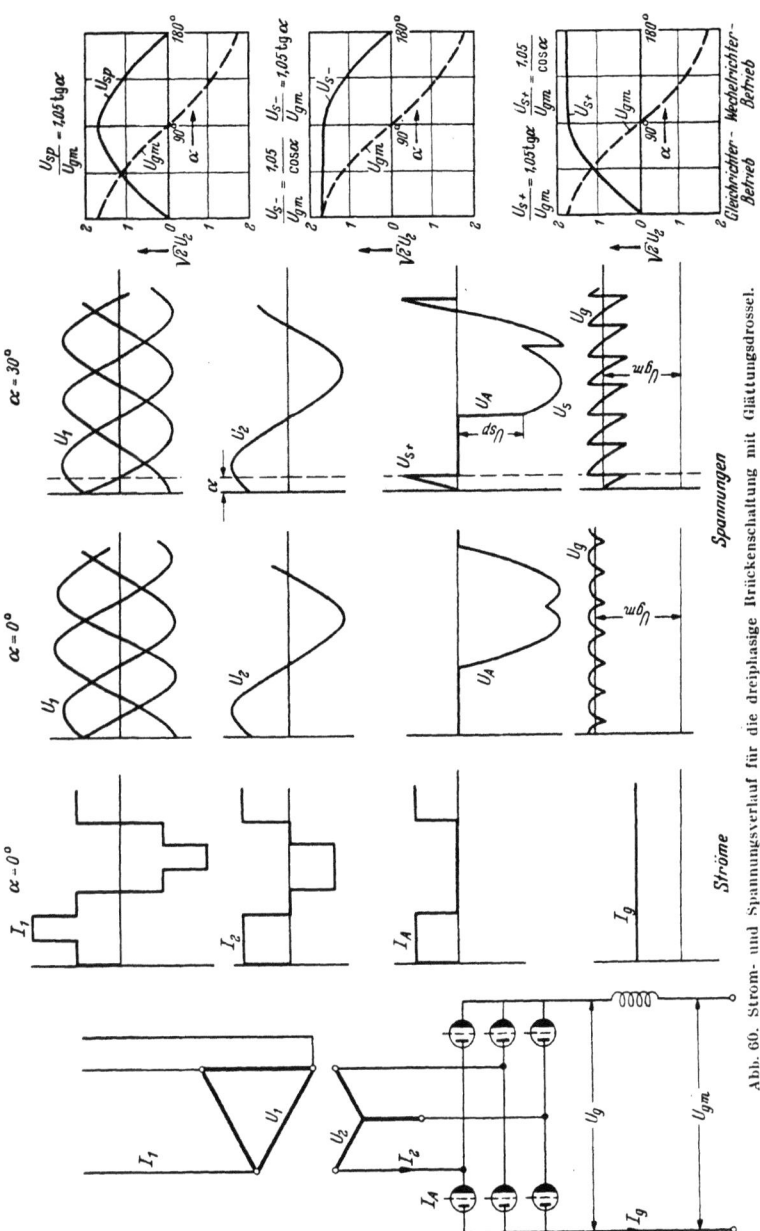

Abb. 60. Strom- und Spannungsverlauf für die dreiphasige Brückenschaltung mit Glättungsdrossel.

Bei der Sternpunktschaltung entspricht der sekundäre Transformatorstrom in Verlauf und Größe dem Anodenstrom. Der Primärstrom im Transformator bestimmt sich aus der Überlagerung des sekundären Transformatorstromes mit einem Gleichstrom in der Dreieckwicklung, der infolge der Restamperewindungen entsteht.

Bei der Brückenschaltung wird jede sekundäre Phasenwicklung von dem Anodenstrom in beiden Richtungen durchflossen. Die Restamperewindungen je Schenkel sind Null, so daß der Strom auf der Primärseite, also in der Dreieckwicklung, gleich dem Strom auf der Sekundärseite wird. Die erzeugte Gleichspannung hat bei der Sternpunktschaltung bei dreiphasiger Welligkeit den Wert

$$U_{gm} = \frac{3 \cdot \sqrt{3}}{2\pi} \sqrt{2}\, U_2 \cos \alpha = 1{,}17\, U_2 \cos \alpha. \tag{102}$$

Bei der Brückenschaltung erreicht die Gleichspannung den doppelten Wert, jedoch bei einer sechsphasigen Welligkeit, also

$$U_{gm} = \frac{3 \cdot \sqrt{3}}{\pi} \sqrt{2}\, U_2 \cos \alpha = 2{,}34\, U_2 \cos \alpha. \tag{103}$$

Die Spannung zwischen Anode und Kathode hat in beiden Schaltungen denselben Verlauf. Während der Sperrphase des Gefäßes herrscht aber eine verkettete Spannung im Gefäß, so daß der Höchstwert der Sperrspannung dem $\sqrt{3}$fachen des Scheitelwertes der Phasenspannung entspricht. Die Sprungspannung folgt wieder der Sinusbeziehung

$$U_{sp} = \sqrt{3} \cdot \sqrt{2} \cdot U_2 \cdot \sin \alpha = 2{,}34\, U_2 \sin \alpha. \tag{104}$$

Für die Sternpunktschaltung erhält man die Sperrspannung im geraden Teil zu

$$\frac{U_s}{U_{gm}} = \frac{2{,}10}{\cos \alpha} \tag{105}$$

und für den sinusförmigen Teil zu

$$\frac{U_s}{U_{gm}} = 2{,}10 \cdot tg\, \alpha. \tag{106}$$

Für die Brückenschaltung ergeben sich wegen der doppelt so großen Gleichspannung die halben Werte.

Sofern man aus Gründen der notwendigen Gefäßzahl über die bisher übliche strommäßige Beanspruchung der Anoden nicht hinausgehen muß, ist mit Rücksicht auf die Sperrspannungsbeanspruchung die Brückenschaltung für Höchstspannungsstromrichter besonders vorteilhaft.

Für die dreiphasigen Schaltungen bei Vernachlässignng der Glättungsdrossel ändert sich nur der Bereich, in dem der Gleichstrom lückt. Während bei den einphasigen Schaltungen das Lücken bereits bei

$\alpha = 0°$ beginnt, tritt es bei der dreiphasigen Sternpunktschaltung erst bei $\alpha = 30°$ und bei der Brückenschaltung bei $\alpha = 60°$ auf. Bei gleicher Ausführung der Gefäße, d. h. gleicher Kapazität, teilt sich die Spannung gleichmäßig auf die Gefäße auf.

Schließlich sind in den Abb. 61 und 62 noch für die *Drehstrom-Sternpunkt-Reihenschaltung* und die *Drehstrom-Brücken-Reihenschaltung* die gleichen Strom- und Spannungskennlinien aufgetragen. Die Brenndauer jedes Gefäßes beträgt jetzt 180°, wie stets bei einphasigen Schaltungen. Bei der Sternpunktreihenschaltung erkennt man, daß die Gleichspannung wegen der Hintereinanderschaltung der Gruppen in jedem Augenblick von allen drei Phasenspannungen gebildet wird. Ihr Wert

$$U_{gm} = \frac{6 \cdot \sqrt{2}}{\pi} U_2 \cos \alpha = 2{,}7 \, U_2 \cos \alpha \qquad (107)$$

ist um etwa 15% höher als der Wert, der bei der dreiphasigen Brückenschaltung erhalten wird. Die Sperrspannungswerte sind gleich denen der einphasigen Sternpunktschaltung. Da aber die Gleichspannung gegenüber der einphasigen Grundschaltung größer geworden ist, ist auch das Verhältnis der Sperrspannungen zur Gleichspannung günstiger geworden. Für den geradlinigen Teil erhält man

$$\frac{U_s}{U_{gm}} = \frac{1{,}05}{\cos \alpha}, \qquad (108)$$

für den gekrümmten Teil

$$\frac{U_s}{U_{gm}} = 1{,}05 \cdot \operatorname{tg} \alpha . \qquad (109)$$

Der Höchstwert der Sperrspannung wird um 5% größer als die erzeugte Leerlaufgleichspannung. Bei der Brückenschaltung nach Abb. 62 erhält man die gleiche Gleichspannung

$$U_{gm} = 2{,}70 \, U_2 \cos \alpha \qquad (110)$$

bei ebenfalls sechsphasiger Welligkeit, aber die Sperrspannung geht gegenüber der Sperrspannung bei der Sternpunktschaltung auf den halben Wert zurück. Daher erhält man für den geraden Teil

$$\frac{U_s}{U_{gm}} = \frac{0{,}525}{\cos \alpha} \qquad (111)$$

und für den gekrümmten Teil

$$\frac{U_s}{U_{gm}} = 0{,}525 \cdot \operatorname{tg} \alpha . \qquad (112)$$

Für die soeben behandelten Schaltungen erhalten wir die maximale Sperrspannung $U_{s\,max}$ bzw. die Sprungspannung U_{sp} im Verhältnis zur effektiven Phasenspannung U_2 bzw. den Mittelwert der ungesteuerten

96 Schaltung der Gleich- und Wechselrichter.

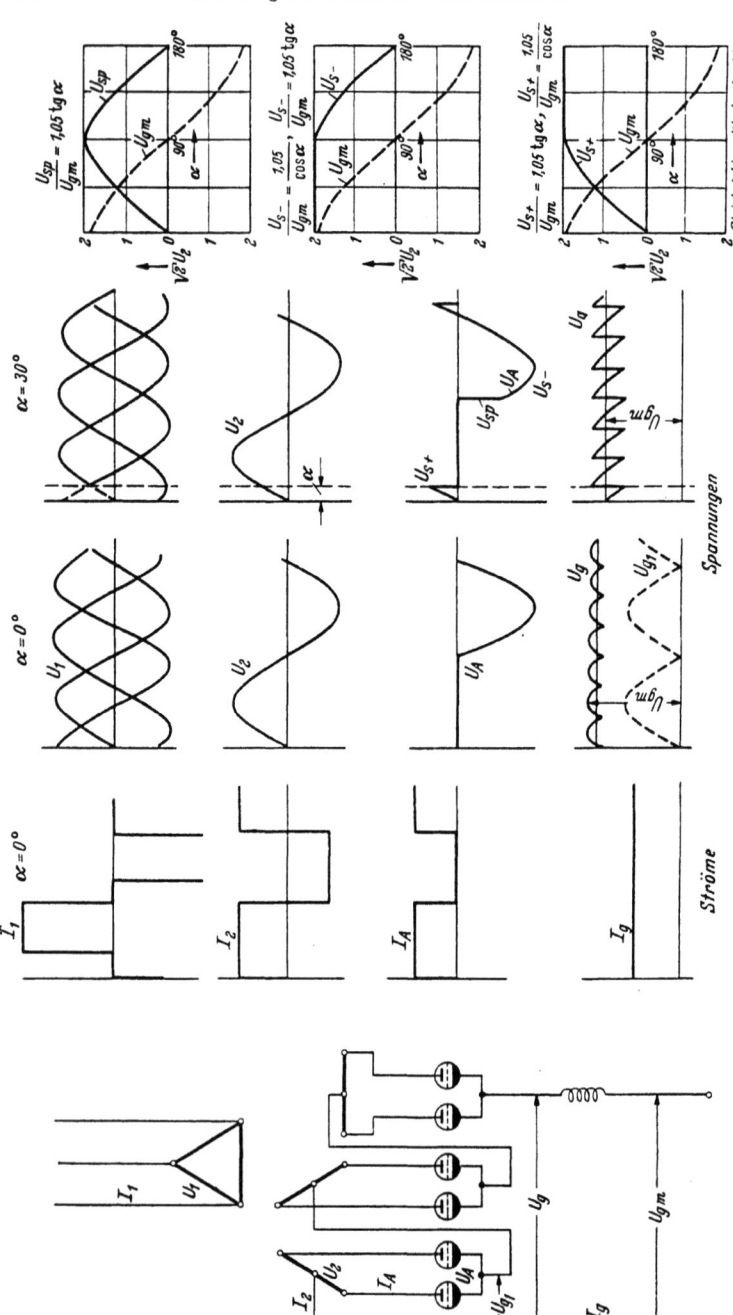

Abb. 61. Strom- und Spannungsverlauf für die Drehstrom-Sternpunktreihenschaltung mit Glättungsdrossel.

Die Beanspruchung der Stromrichtergefäße. 97

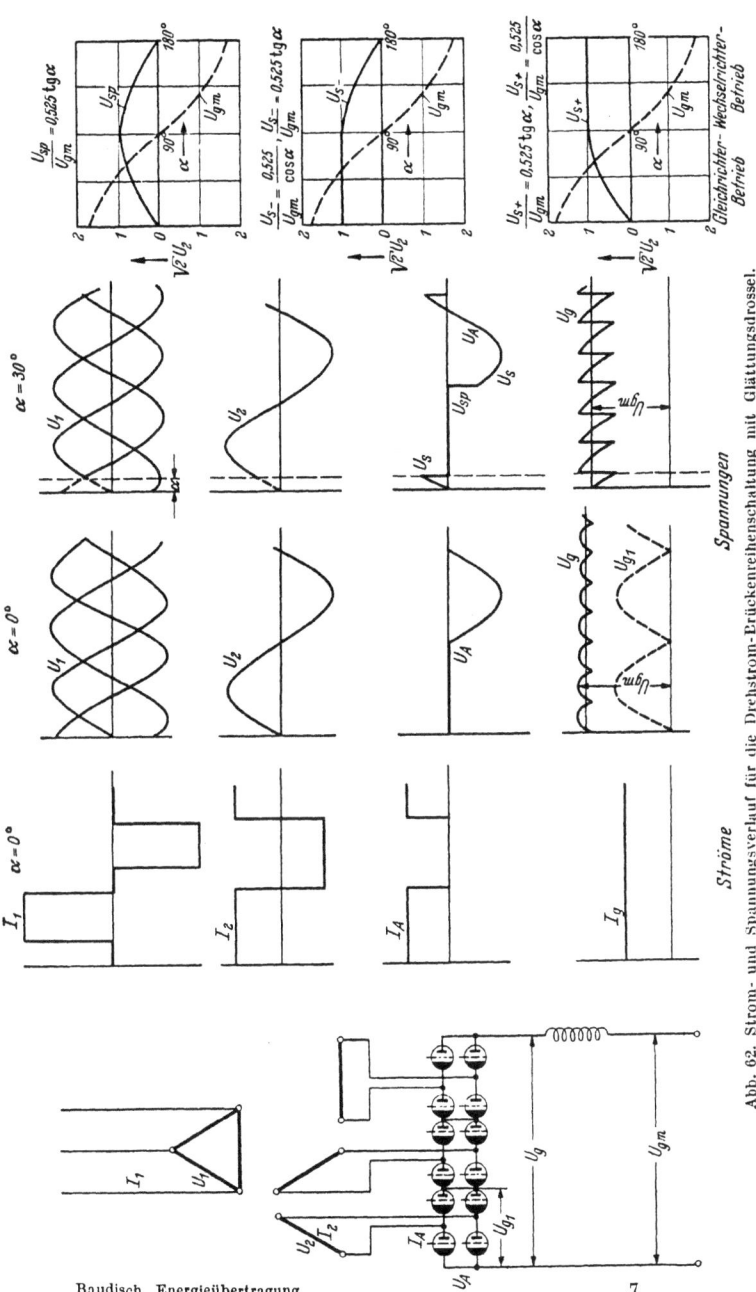

Abb. 62. Strom- und Spannungsverlauf für die Drehstrom-Brückenreihenschaltung mit Glättungsdrossel.

Schaltung der Gleich- und Wechselrichter.

Gleichspannung U_{gm} bei starker Glättung aus der Tabelle mit Hilfe der Faktoren

$$f_W = \frac{U_{s\,max}}{U_2} \qquad \text{bzw.} \qquad f_G = \frac{U_{s\,max}}{U_{gm}},$$

$$\frac{U_{sp}}{U_2} = f_W \sin \alpha \qquad \text{bzw.} \qquad \frac{U_{sp}}{U_{gm}} = f_G \operatorname{tg} \alpha.$$

Gleichrichter	Wechselrichter	Gleichrichter	Wechselrichter
$\dfrac{U_s^-}{U_2} = f_W,$	$f_W \sin \alpha$	$\dfrac{U_s^-}{U_{gm}} = \dfrac{f_G}{\cos \alpha},$	$f_G \cdot \operatorname{tg} \alpha.$
$\dfrac{U_s^+}{U_2} = f_W \sin \alpha,$	f_W	$\dfrac{U_s^+}{U_m} = f_G \operatorname{tg} \alpha,$	$\dfrac{f_G}{\cos \alpha}.$

Schaltungen	Abb.	$\dfrac{U_{gm_0}}{U_2}$	f_W	f_G
Einphasige Sternpunkt-Schaltungen	56	0,9	2,82	3,14
Einphasige Brücken- ,,	58	0,9	1,41	1,57
Dreiphasige Sternpunkt- ,,	59	1,17	2,45	2,10
Dreiphasige Brücken- ,,	60	2,34	2,45	1,05
Dreiphasige Sternpunktreihen- ,,	61	1,35	1,41	1,05
Dreiphasige Brückenreihen- ,,	62	2,70	1,41	0,525

Das günstigste Verhältnis der Sperrspannung zur erzeugten Gleichspannung tritt somit bei der Brückenschaltung auf. Die Tabelle läßt ferner erkennen, daß die Sternpunktreihenschaltung und die dreiphasige Brückenschaltung hinsichtlich der Sperrspannung gleichwertig sind.

Der Vorgang der Stromübergabe ist stark von der Transformatorimpedanz abhängig. Nimmt man eine rein induktive Belastung an, so besteht zwischen dem Höchstwert des Anodenstromes i_{AH} und dem Kommutierungsstrom $i = J_V \cdot \sqrt{2} \cdot \cos \omega \cdot t$, der dem Kurzschlußstrom zweier Transformatorphasen entspricht, nach Abb. 63 die Beziehung

$$i_{AH} = J_V \cdot \sqrt{2} \cdot [\cos \alpha - \cos(\alpha + u)], \tag{113}$$

und für ungesteuerten Betrieb mit $\alpha = 0$, $u = u_0$ wird

$$i_{AH} = J_V \cdot \sqrt{2}\,[1 - \cos u_0]. \tag{114}$$

Die Stromänderung am Ende des Überlappungsvorganges erhält man damit zu

$$\left(\frac{di_A}{dt}\right)_{\alpha + u} = J_V \cdot \sqrt{2} \cdot \omega \, (\sin \alpha + u) \tag{115}$$

und für ungesteuerten Betrieb mit

$$\left(\frac{di_A}{dt}\right)_{u_0} = J_V \cdot \sqrt{2} \cdot \omega \sin u_0 . \tag{116}$$

Aus (113) erhält man den Überlappungswinkel

$$u = \arccos\left(\cos \alpha - \frac{i_{AH}}{J_V \cdot \sqrt{2}}\right) - \alpha \tag{117}$$

Die Beanspruchung der Stromrichtergefäße. 99

bzw. wieder für ungesteuerten Betrieb

$$u_0 = \arccos\left(1 - \frac{i_{AH}}{J_v \cdot \sqrt{2}}\right). \tag{118}$$

Für verschiedene Teilaussteuerungen ergibt sich aus Gl. (117) und i_A = const bei rein induktivem Gleichstromkreis

$$u = \arccos(\alpha + \cos u_0 - 1) - \alpha. \tag{119}$$

Diese Beziehung ist in Abb. 64 ausgewertet.

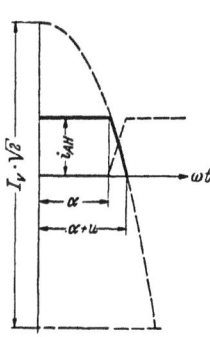

Abb. 63.
Stromübergabe zwischen zwei Anoden.

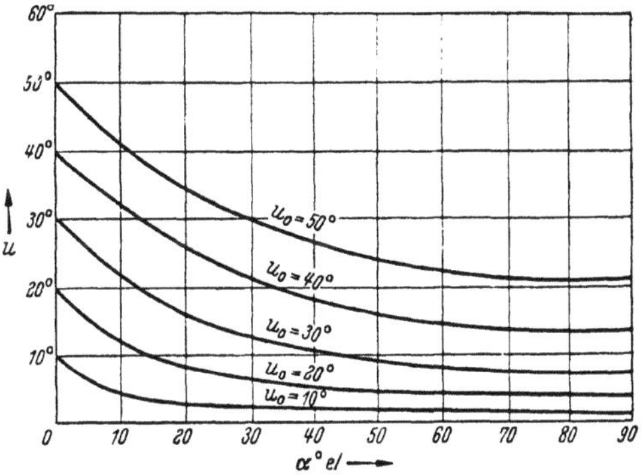

Abb. 64. Überlappung bei Teilaussteuerung für konstanten Anodenstrom und rein induktiven Gleichstromkreis.

Es ist noch wichtig festzustellen, um wieviel schneller die Stromänderung bei Teilaussteuerung gegenüber ungesteuertem Betrieb erfolgt oder

$$\frac{\left(\frac{d i_A}{d t}\right)_{\alpha+u}}{\left(\frac{d i_A}{d t}\right)_{u_0}} = \frac{\sin \alpha + u}{\sin u_0} = \frac{\sin \arccos(\cos \alpha + \cos u_0 - 1)}{\sin u_0}. \tag{120}$$

Diese Gleichung ist in Abb. 65 dargestellt, aus der man entnehmen kann, daß für ungesteuerten Betrieb und $u_0 \geqq 30°$ die Stromänderung höchstens auf den doppelten Wert gegenüber derjenigen bei ungesteuertem Betrieb ansteigt. Für geringe Werte von u_0 werden die Änderungen um so größer, je geringer die Anfangsüberlappung u_0 ist. *Daraus ist ersichtlich, daß zur Vermeidung einer hohen Restionisation eine große Überlappung, d. h. hohe Transformatorkurzschlußspannung erwünscht ist. Man wird eine ausreichende Überlappung gegebenenfalls durch zusätzliche, den Anoden vorgeschaltete Drosseln herbeiführen.*

Bei gleichbleibender Ohmscher Belastung nimmt der Gleichstrom J_g proportional der herabgesteuerten Gleichspannung U_g ab oder

$$J_g = \frac{U_g}{R} = \frac{U_{g_0}}{R}\cos\alpha = \begin{cases} 2 i_{AH} & \text{für Saugdrosselschaltung,} \\ i_{AH} & \text{für alle anderen Schaltungen.} \end{cases}$$

7*

Für diesen Fall ist die Überlappung gegeben durch

$$u = \arccos\left[\cos\lambda - \frac{i_{AH}}{J_V \cdot \sqrt{2}}\right] - \lambda = \arccos\left[\cos\alpha\left(1 - \frac{U_{g_0}}{RJ_V \cdot \sqrt{2}}\right)\right] - \alpha \quad (121)$$

bzw. für ungesteuerten Betrieb durch

$$u_0 = \arccos\left[1 - \frac{U_{g_0}}{RJ_V \cdot \sqrt{2}}\right], \quad (122)$$

und damit wird

$$u = \arccos[\cos\alpha \cos u_0] - \alpha. \quad (123)$$

Für die Stromänderung erhält man sinngemäß

$$\frac{(di_A/dt)_u}{(di_A/dt)_{u_0}} = \frac{\sin \arccos(\cos\alpha \cdot \cos u_0)}{\sin u_0}. \quad (124)$$

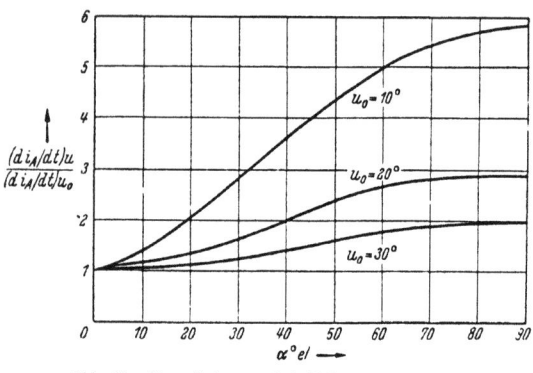

Abb. 65. Stromänderung bei Teilaussteuerung gegenüber ungesteuertem Betrieb.

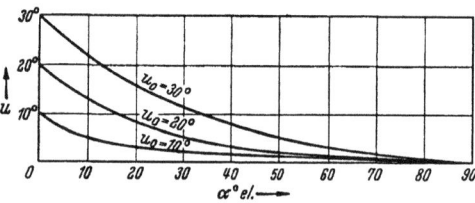

Abb. 66. Überlappung bei Teilaussteuerung für Ohmsche Last und große Glättungsdrossel.

Man sieht aus Abb. 66, in der die Gl. (123) dargestellt ist, wie mit steigender Aussteuerung die Überlappungsdauer zurückgeht und die Gefäßbeanspruchung steigt. Wie auch sonst, wird man bei der Gleichstromübertragung anstreben, im Dauerbetrieb mit einer möglichst kleinen Aussteuerung zu fahren. Wir haben damit schon wertvolle Anhaltspunkte für die Wahl der Schaltung, soweit die Gefäße betroffen werden, gewonnen. Diese Wahl wird noch durch das zweite maßgebende Element, den Transformator, mit stark beinflußt.

2. Die Stromrichtertransformatoren.

Für die Gleichstromübertragung sind grundsätzlich drei Leiteranordnungen anwendbar, die in Abb. 67 dargestellt sind, und zwar wird gemäß Abb. 67a ein Leiter gegen Erde isoliert und diese selbst als Rückleiter benutzt, während in Abb. 67b beide Leiter isoliert sind. In Abb. 67c ist schließlich eine Schaltung mit geerdeter Mitte wiedergegeben, bei der die Außenleiter mit halber Betriebsspannung gegen Erde liegen. Die erste Schaltung führt zur billigsten Leitung, allerdings lassen sich die Auswirkungen des Erdstromes, der als Gleichstrom elektrolytische Zerstörungen in den unter der Erde angeordneten Röhrensystemen und Verteilungsanlagen hervorrufen kann, ohne ausreichende praktische Erfahrungen nicht voll übersehen. Außerdem kann die Frage der Erder selbst kritisch werden. Die zweite Schaltung läßt sich ohne weiteres elektrisch übersehen. Die dritte Schaltung mit geerdeter Mitte hat halbe Isolationsbeanspruchung im Dauerbetrieb als Vorteil für sich, und da bei symmetrischer Belastung kein Erdstrom auftritt, fallen die für die Schaltung 47a hinsichtlich der Erdströme erwähnten Schwierigkeiten fort. Außerdem ist es möglich, falls die Erdungsverhältnisse es gestatten, bei Ausfall eines Außenleiters die Anlage vorübergehend mit halber Spannung weiter zu betreiben. Die Schaltung mit geerdeter Mitte beansprucht daher bei der Systemwahl besondere Beachtung, wenigstens solange die Erdungsfrage bei der Schaltung a eine ausreichende praktische Klärung nicht gefunden hat. Wir werden daher die Schaltung mit geerdeter Mitte als die zur Zeit aussichtsreichste eingehender behandeln.

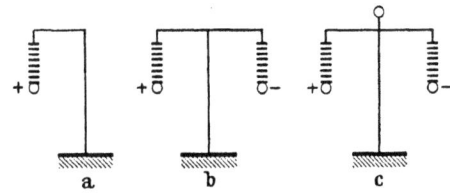

Abb. 67. Grundsätzliche Anordnung von Freileitungen zur Gleichstromübertragung.

Da vorwiegend sechsphasige Grundschaltungen — und unter diesen die Brückenschaltung — im Vordergrund des Interesses stehen, sollen die übrigen, insbesondere die Sternpunktschaltungen, nur insofern behandelt werden, als sie die besondere Stellung der Brückenschaltung erkennen lassen.

Um eine vergleichende Übersicht zu gewinnen, sind in den nachstehenden Tafeln a und b Beispiele für sechs-, zwölf- und vierundzwanzigphasige Schaltungen, wie sie für das Gleichstromübertragungssystem in Frage kommen, mit den hauptsächlichsten Kennwerten einander gegenübergestellt. Wie schon erwähnt, hat man, je nachdem man mehr- oder einanodige Gefäße einsetzt, die Wahl zwischen Sternpunkt- und Brückenschaltungen. Mehranodige Gefäße mit gemeinsamer Kathode verlangen Transformatorenausführungen, deren sekundäre Wicklungen voll belastbaren Sternpunkt besitzen, wie z. B. die Schaltungen 1, 3, 4 der Tafel a. Bei Einanodengefäßen hingegen wird als Grundschaltung die ein- oder dreiphasige Brückenschaltung gemäß Schaltung 2 benutzt, die keinen belastbaren Sternpunkt erfordert. Von der dreiphasigen Brückenschaltung ausgehend lassen sich leicht die mehrphasigen Schaltungen ableiten, wovon die Schaltungen 8, 9 und 10 Beispiele geben, die in Tafel b dargestellt sind.

Wie ein Vergleich zwischen den Sternpunkt- und Brückenschaltungen aufweist, besitzen die Brückenschaltungen den Vorteil, bei gleicher

Tafel a.

6phasige Welligkeit

	Schaltungen	Transformator					Ventile					Bemerkungen
		Zahl der prim. Wicklungen	Zahl der sek. Wicklungen	Sekundäre Phasenzahl	Typenleistung b. 1 Pr.-Wickl.	Sek. Phasenspg. bei Leerlauf	Zahl d. Ventile oder Anoden	Stromstärke der Einzelventile oder Anoden		Stromführungsdauer d. Anod.	$U_{sp\,max}$	Ventil-Aufwand	
								Effektivwert	Scheitelwert				
1	Sternschaltung	1	1	6	$1{,}55 \times N_g$	$\dfrac{U_{g_0}}{1{,}35}$	6	$0{,}408 \times J_g$	J_g	$60°$	$2{,}10 \times U_{g_0}$	$5{,}15\,N_g$	
2	Brückenschaltung	1	1	3	$1{,}05 \times N_g$	$\dfrac{U_{g_0}}{2{,}34}$	6	$0{,}578 \times J_g$	J_g	$120°$	$1{,}05 \times U_{g_0}$	$3{,}64 \times N_g$	
3	Saugdrosselschaltung	1 oder 2	2	6	$1{,}26 \times N_g$	$\dfrac{U_{g_0}}{1{,}17}$	6	$0{,}289 \times J_{g_0}$	$\dfrac{J_g}{2}$	$120°$	$2{,}10 \times U_{g_0}$	$3{,}64 \times N_g$	1 Dreiphasen-Saugdrossel für $2f$
4	2phasige Mittelpunktsschaltung Saugdrosselschaltung	1	3	6	$1{,}34 \times N_g$	$\dfrac{U_{g_0}}{0{,}9}$	6	$0{,}236 \times J_g$	$\dfrac{J_g}{3}$	$180°$	$3{,}15 \times U_{g_0}$	$4{,}46 \times N_g$	1 Dreiphasen-Saugdrossel für $2f$
5	2phasige Mittelpunktsschaltung Reihenschaltung	1	3	6	$1{,}34 \times N_g$	$\dfrac{U_{g_0}}{2{,}7}$	6	$0{,}707 \times J_g$	J_g	$180°$	$1{,}05 \times U_{g_0}$	$4{,}46 \times N_g$	

Tafel b.

	12phasige Welligkeit Schaltungen	Transformator					Ventile					Bemerkungen
		Zahl der prim. Wicklungen	Zahl der sek. Wicklungen	Sekundäre Phasenzahl	Typenleistung b. 1 Pr.-Wickl.	Sek. Phasensp. bei Leerlauf	Zahl d. Ventile oder Anoden	Stromstärke der Einzelventile oder Anoden		Stromführungsdauer d. Anod.	U_{sp} max	Ventil-Aufwand	
								Effektivwert	Scheitelwert				
6	3phasige Sternpunktschaltung / Saugdrosselschaltung	2	4	12	$1{,}26 \times N_g$	$\dfrac{U_{g_0}}{1{,}17}$	12	$0{,}145 \times J_g$	$\dfrac{J_g}{4}$	120°	$2{,}10 \times U_{g_0}$	$3{,}64 \times N_g$	Nur mit 2 Trafos ausführbar; 2 Saugdrosseln für 2 t; 1 Saugdrossel für 6 t
7	3phasige Sternpunktschaltung / Reihenschaltung	2	4	12	$1{,}26 \times N_g$	$\dfrac{U_{g_0}}{2{,}34}$	12	$0{,}289 \times J_g$	$\dfrac{J_g}{2}$	120°	$1{,}05 \times U_{g_0}$	$3{,}64 \times N_g$	Nur mit 2 Trafos ausführbar; 2 Saugdrosseln für 3 t; Reihenschaltung von 4 dreiphasigen Gruppen möglich, dann keine Saugdrossel
8	3phasige Brückenschaltung / Saugdrosselschaltung	1 oder 2	2	6	$1{,}03 \times N_g$	$\dfrac{U_{g_0}}{2{,}34}$	12	$0{,}289 \times J_g$	$\dfrac{J_g}{2}$	120°	$1{,}05 \times U_{g_0}$	$3{,}64 \times N_g$	1 Saugdrossel für 6 t
9	3phasige Brückenschaltung / Reihenschaltung	1 oder 2	2	6	$1{,}03 \times N_g$	$\dfrac{U_{g_0}}{4{,}68}$	12	$0{,}578 \times I_g$	J_g	120°	$0{,}53 \times U_{g_0}$	$3{,}64 \times N_g$	
	24phasige Welligkeit												
10	3phasige Brückenschaltung / Polygonschaltung	2 oder 4	2	12	$1{,}03 \times N_g$	$\dfrac{U_{g_0}}{4{,}68}$	24	$0{,}289 \times I_g$	$\dfrac{J_g}{2}$	120°	$0{,}53 \times U_{g_0}$	$3{,}64 \times N_g$	2 Mischwicklungen für ±7,5° Verschiebung; 4 Saugdrosseln halber Saugdrosselleistung für 6 t

Ventil- bzw. Anodenzahl mit einer sekundären Transformatorwicklung halber Phasenzahl die gleiche Welligkeit zu erreichen wie die Saugdrosselschaltung. Vor allem bei den wichtigen Transformatoren für die Gleichstrom-Hochspannungsübertragung führt dies aber zu dem besonderen Vorteil, daß für sechsphasig rückwirkende Schaltungen gewöhnliche Drehstromtransformatoren wie bei der Drehstromübertragung benutzt werden können. Wie aus den Tafeln ferner zu entnehmen ist, beträgt die Typenleistung dieser Transformatoren nur das 1,05-fache der Gleichstromleistung N_g, d. h. daß diese Stromrichtertransformatoren auch hinsichtlich Ausnutzung den Transformatoren einer Drehstromübertragung kaum unterlegen sind. Für die sechsphasige Saugdrosselschaltung gelangt man zu einer Transformatortypenleistung 1,26 N_g. Die bessere Ausnutzung der Transformatoren der Brückenschaltung rührt daher, daß jede Sekundärphase des Transformators

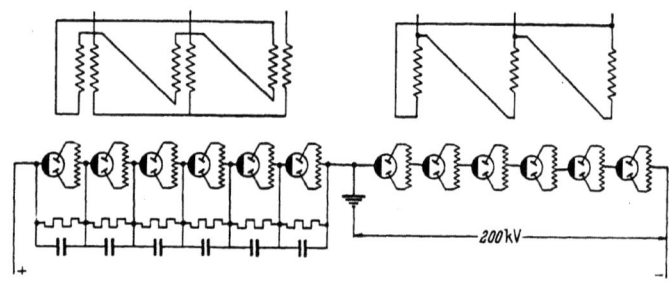

Abb. 68. Zweiphasige Mittelpunktreihenschaltung.

in jeder Periode zweimal Strom führt. Bei Schaltungen für noch höhere Welligkeit ändert sich an diesem Verhältnis nur wenig. Für Saugdrosselschaltungen liegen die Typenleistungen sogar noch etwas höher als 1,26 N_g. Bei der vierundzwanzigphasigen Polygonschaltung (10), wie sie von E. ROLF vorgeschlagen wurde, die sich auf der Brückenschaltung aufbaut, erhält man eine Typenleistung von nur 1,03 N_g. Wir sehen auch hier wieder, daß für Einanodengefäße die Brückenschaltung besondere Vorteile besitzt.

Eine gewisse Aufmerksamkeit erfordert noch die von der zweiphasigen Mittelpunktschaltung ausgehende Reihenschaltung mit sechsphasiger Rückwirkung gemäß Schaltung 5 der Tafel a. Diese Schaltung wurde von BBC mit Rücksicht auf die Entwicklung der mehrphasigen BBC-Stromrichter für Höchstspannungsanlagen vorgeschlagen unter der Voraussetzung, daß eine Reihenschaltung mehrerer Gefäße die gewünschte Übertragungsspannung ergibt. Die Schaltung ist in Abb. 68 wiedergegeben für eine Stromrichtergruppe von 400 kV Außenleiterspannung. Sie ist der Einschränkung unterworfen, daß die Zahl der Stromrichterstufen durch drei teilbar sein muß. Jede Hälfte einer Stromrichtergruppe besitzt einen Transformator in Stern- bzw. Dreieckschaltung; bei primärer Sternschaltung ist eine Dreieckausgleichswicklung vorzusehen, um die durch drei teilbaren Oberwellen aufzunehmen. Die Reihenschaltung von sechs in Zweiphasenmittelpunktschaltung betriebenen Gefäßen für eine Betriebsspannung von 33 kV ergibt eine Außenleiterspannung gegen Erde von 200 kV. Die beiden Hälften einer Gruppe wirken zwölfphasig auf das Drehstromnetz zurück. Durch Vorschaltung eines Schwenktransformators für eine Phasendrehung von $\pm 7^{1}/_{2}°$ läßt sich eine vierundzwanzigphasige Rückwirkung auf das Drehstromnetz erzielen. Damit in jedem Fall eine gleichmäßige Spannungsverteilung über alle Stromrichter sichergestellt ist, sind Ohmsche Widerstände und Kapazitäten zu den Gefäßen parallel geschaltet.

Vergleicht man die Strom- und Spannungsverhältnisse eines sechsphasigen Stromrichters gemäß Abb. 55 mit dem eines zweiphasigen in Mittelpunktschaltung nach Abb. 69 unter Vernachlässigung der Überlappung, so ergibt sich für den zweiphasigen Betrieb eine um 33% geringere Gleichspannung als in der sechsphasigen Schaltung. Daher müssen, um eine bestimmte gewünschte Gleichspannung zu erzielen, mehr Zweiphaseneinheiten in Reihe geschaltet werden. Bei gleicher maximaler Sperrspannung der Gefäße zeigt sich ein wesentlicher Unterschied in der Dauer der Sperrspannung, und zwar dahingehend, daß

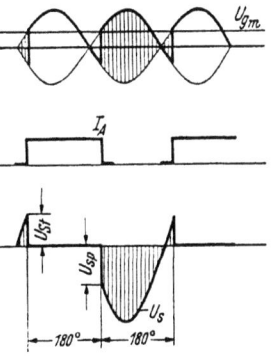

Abb. 69. Strom- und Spannungsverlauf bei der zweiphasigen Mittelpunktschaltung.

sie in der zweiphasigen Schaltung wesentlich kürzer ist. Bei Sechsphasenbetrieb führt jede Anode während 60° den Belastungsstrom, beim zweiphasigen Betrieb aber während 180°. Die Ausnutzung des Gefäßes in bezug auf Belastungsstrom ist also bei zweiphasigem Betrieb dreimal besser als bei sechsphasigem Betrieb. Dagegen ist die Ausnutzung des Gefäßes in bezug auf Spannung im Zweiphasenbetrieb um rund 30% schlechter. Die unmittelbar nach Erlöschen der Anode auftretende Sprungspannung ist bei der Zweiphasenschaltung bei gleicher Phasenspannung doppelt so groß wie in der Sechsphasenschaltung, während die Änderung des Anodenstroms unmittelbar vor dem Erlöschen der Anode als Folge der doppelt so großen Streureaktanz gleich schnell erfolgt wie in der Sechsphasenschaltung. Auch der Verlauf der Spannung Anode-Kathode ist, wie ein Vergleich der Abb. 55 und 69 zeigt, beim zweiphasigen Betrieb ruhiger. Immerhin führt diese Schaltung zu einem Transformatoraufwand von $1{,}34\,N_g$ gegenüber der Brückenschaltung von nur $1{,}05\,N_g$. Sie läßt sich also nur rechtfertigen mit Rücksicht auf die Entwicklung der Stromrichtergefäße selbst, wenn man die Entwicklung von mehrphasigen Gefäßen ausgehend betrieben. Setzt man auf Grund der bereits vorliegenden Versuchsunterlagen die Schaffung betriebssicherer Einanodengefäße voraus, so drängen alle Überlegungen zur Wahl der Brückenschaltung als der günstigsten Schaltung für die Gleichstrom-Höchstspannungsübertragung. Wir werden uns daher künftighin ausschließlich mit dieser Grundschaltung befassen.

Auch für den Aufwand an Ventilen lassen sich für die verschiedenen Schaltungen Vergleichswerte ermitteln. So ist in der Tabelle als Maßzahl für den Ventilaufwand das Produkt aus Anodenzahl (bei Einanodengefäßen Gefäßzahl), dem effektiven Anodenstrom und der Sperrspannung eingetragen. Es zeigt sich, daß der Ventilaufwand für Schaltungen mit gleicher Anodenstromdauer gleich hoch ist und z. B. für Schaltungen mit einer Stromführungsdauer von 120° stets $3,64\,N_g$ beträgt, gleichgültig, ob als Grundschaltung die dreiphasige Stern- oder Brückenschaltung verwandt und ob eine Reihen- oder Parallelschaltung der Grundelemente vorgesehen wird. Bei gleicher Stromführungsdauer ist der Ventilaufwand nur von der Gleichstromleistung abhängig. Die Wahl der Schaltung bedeutet hinsichtlich der Gefäße in erster Linie eine Entscheidung darüber, ob die Ventile mit kleiner Spannung und großem Strom oder mit umgekehrt liegenden Betriebsdaten beaufschlagt werden, bzw. eine Entscheidung über die oben bereits erörterte Typenleistung der Transformatoren selbst.

Bei Stromrichteranlagen der hier in Frage kommenden Leistung reicht, wie erwähnt, eine sechsphasige Welligkeit nicht mehr aus. Man wird mindestens eine zwölf- bis vierundzwanzigphasige Rückwirkung anstreben müssen. Die sechsphasige Welligkeit wird erhalten durch Benutzung der Brückenschaltung an einer dreiphasigen Sekundärwicklung gemäß Schaltung 2 der Tabelle oder durch Verwendung von zwei gegeneinander um 60° versetzten Dreiphasensystemen gemäß Schaltung 3, die bei Schaltungen mit 120° Stromführungsdauer entweder über eine Saugdrossel für die dreifache Frequenz parallel geschaltet oder ohne Zusatzeinrichtungen gemäß Schaltung 5 in Reihe geschaltet werden.

Schaltungen mit höherphasiger Welligkeit bildet man aus diesen Grundschaltungen durch geeignete Phasendrehung. Die Zwölfphasenschaltung verlangt eine Versetzung der beiden Sechsphasensysteme um 30°. Die Vierundzwanzigphasenschaltung entsteht durch Versetzung von zwei Zwölfphasenschaltungen um 15° gegeneinander oder, anders ausgedrückt, durch eine Versetzung von vier Sechsphasenschaltungen um je 15°. Allgemein erhält man eine Schaltung mit p-phasiger Welligkeit durch Versetzung von $\pi p/n$ sechsphasigen Grundschaltungen für n-phasige Welligkeit um einen Winkel von je $2\,\pi/p°$ gegeneinander.

Die Hilfsmittel, die zur gegenseitigen Versetzung der Grundschaltung zur Verfügung stehen, sind vielfältig. Sie sind einander insofern nicht gleichwertig, als sie zu verhältnismäßig verwickelten Transformatorschaltungen führen können und auch eine verschiedene Typenleistung der Transformatoren bedingen. Bei denjenigen Schaltungen, die mehrere getrennte Sekundärwicklungen benutzen, ist von Bedeutung, ob diesen Sekundärwicklungen nur eine einzige Primärwicklung zugeordnet ist oder ob mehrere getrennte Transformatoren zu einer Gesamtschaltung mit höherphasiger Welligkeit vereinigt sind. Sehr häufig angewendet wird die Stern-Dreieck-Schaltung, wie sie z. B. in den Schaltungen 2, 6, 7, 8 und 9 der Tafel angedeutet ist. Sie ergibt einfache Verhältnisse. Man kann auch Phasenkombinationen anwenden wie in Schaltung 10, im allgemeinen führen diese aber zu einem verhältnismäßig verwickelten Aufbau der Transformatoren; oder man kann schließlich die Phasenmischung in getrennten Schwenk- oder Quertransformatoren vornehmen, die dem Stromrichter-Haupttransformator vorgeschaltet werden. Sie sind nur verwendbar, wenn mehrere getrennte Transformatoren zu einer Vielphasenschaltung vereinigt werden. Sie können z. B. zwei Sechsphasensysteme zu einem Zwölfphasensystem vereinen. Für die bei Gleichstrom-Hochspannungsübertragung wohl meist in Frage kommende Vierundzwanzigphasenschaltung mit geerdeter Mitte werden sie so eingesetzt werden, daß sie die Hälfte jeder Stromrichtergruppe, die zwölfphasig rückwirkt, zusammen zu einer Vierundzwanzigphasenschaltung vereinigen. Hierfür sind zwei Schwenktransformatoren für eine Drehung der zwölfphasig rückwirkenden Gruppenhälfte mit $\pm 7{,}5°$ notwendig. Die Typenleistung N_q jeder der beiden Quertransformatoren ermittelt sich zu $N_q = N_1 \cdot \mathrm{tg}\, 7{,}5° = 0{,}13\, N_1$. Das bedeutet, daß die Leistung jedes Schwenktransformators 13% der Primärleistung des zugehörigen Haupttransformators beträgt. Die Verwendung dieser Quertransformatoren zur Phasendrehung führt zu einfachen und übersichtlichen Grundschaltungen und ebenso zu verhältnismäßig einfachen Vorsatztransformatoren. Die Quertransformatoren können mit getrennten Erreger- und Zusatzwicklungen ausgeführt werden oder auch in Querschaltung als Polygonschaltungen. Die Wicklungen der Haupttransformatoren werden einfach und können erforderlichenfalls mit Lastschaltern zur Spannungsregelung oder mit Stern-Dreieck-Schaltung bzw. mit Reihenparallelschaltung versehen werden.

Nach diesen Feststellungen über die Transformatoren gelangt man für eine zu erwartende Entwicklung der Einanodengefäße und unter Zugrundelegung der Brückenschaltung zu einem Aufbau einer Stromrichtergruppe für 200 MW, 400 kV Außenleiterspannung in stufenweiser Entwicklung, wie er in Abb. 70 dargestellt ist. Bei einer sehr vorsichtigen Auslegung der Anlage wird man nach Abb. 70a Stromrichter-Haupttransformatoren von 30 MVA in Stern-Dreieck-Schaltung wählen, die eine zwölfphasige Rückwirkung ergeben. Für jede Gruppenhälfte sind vier Transformatoren von 30 MVA vorgesehen, so daß die Ventile jeder Brückenschaltung für eine Gleichspannung von 50 kV und 250 A bemessen sind. Für die Gesamtschaltung sind 48 Gefäße erforderlich. Wie in Abb. 70a gestrichelt angedeutet, können die beiden zwölfphasig rückwirkenden Hälften durch einen Vorsatzquertransformator zu einer vierundzwanzigphasig rückwirkenden Gruppe vereinigt werden. Vor jeder Gruppenhälfte ist noch ein Regeltransformator angedeutet. Hinsichtlich Größe der Transformatoren und Beanspruchung der Ventile dürfte sich bei dem heutigen Stand der Entwicklung diese Schaltung ohne weiteres verwirklichen lassen. Hinsichtlich ihres Aufwandes kann sie jedoch nicht befriedigen, da im Vergleich zu einer Drehstromanlage

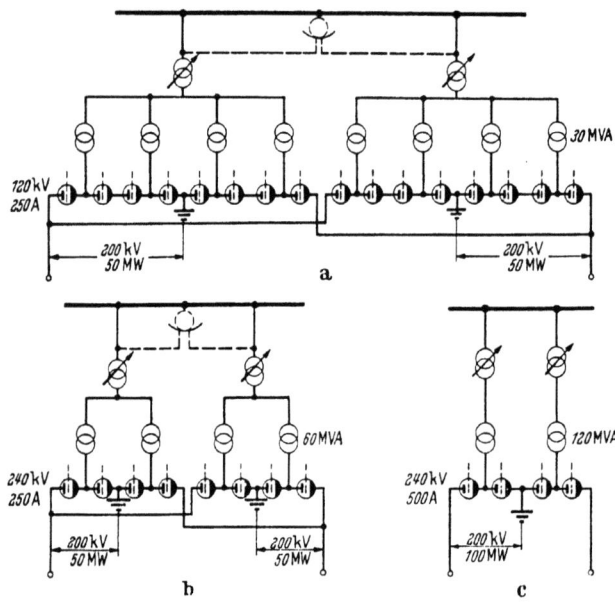

Abb. 70. Entwicklungsstufen für eine Stromrichtergruppe in Brückenschaltung.

zuviel Transformatoren notwendig sind. Die Schaltung 70b legt Gefäße doppelter Spannungsbeanspruchung bei gleichem Strom zugrunde. Wir sehen demgemäß je Übertragungshälfte nur je einen Transformator von 60 MVA in Stern- und Dreieckschaltung angedeutet und nur noch zwölf einanodige Gefäße. Man kann erwarten, daß auch diese wesentlich einfachere Schaltung nach einer gewissen Entwicklungszeit der Gefäße zu der geforderten hohen Betriebssicherheit führen und auch bezüglich der Transformatoren in technischer Hinsicht keine Schwierigkeiten machen dürfte. Die Beanspruchung der Anode bei den hohen Spannungen müßte ein entsprechend langer Dauerbetrieb noch unter Beweis stellen.

Da die Entwicklung der Einanodengefäße in Niederspannungsanlagen bewiesen hat, daß man die mittlere Strombeanspruchung der

Anoden gegenüber mehranodigen Gefäßen steigern kann, so bleibt es nicht unwahrscheinlich, daß man in der Endstufe der Entwicklung schließlich zu Gefäßen für 500 A und in Brückenschaltung zu einer Gleichspannung von 200 kV gelangen wird. Damit würde sich die Schaltung 70c ergeben mit zwei Stromrichter-Haupttransformatoren von je 120 MVA, wovon der eine primär in Stern, der andere in Dreieck geschaltet ist, mit insgesamt nur zwölf Gefäßen je 500 A. Eine solche Gruppe wirkt zwölfphasig zurück und dürfte den zur Zeit absehbaren Mindestaufwand für eine Stromrichtergruppe dieser Leistungsfähigkeit darstellen. Vorerst wird man aber mit einem Aufwand etwa nach Schaltung 85b rechnen müssen.

Bei diesen Schaltungen setzt man stillschweigend voraus, daß die Gefäße bei allen Betriebsverhältnissen rückzündungsfrei arbeiten. Wie wir noch im Abschnitt V sehen werden, ist dieses Ziel noch nicht erreicht worden, man kann aber durch Reihenschaltung von Gefäßen die Rückzündungssicherheit der Reihenschaltung erheblich erhöhen. Damit bietet sich der Technik hier wie auch auf anderen Gebieten, z. B. beim Bau von Hochspannungskondensatoranlagen, die Gelegenheit, mit wenigen normalen Bauelementen verschiedensten Spannungsverhältnissen gerecht zu werden.

3. Die Spannungsbeanspruchung innerhalb der Brückenschaltung.

Für die Projektierung bzw. Isolationsbemessung der Stromrichterstationen ist noch die Kenntnis der Spannungen gegen Erde erforderlich. Diese Frage soll für die Brücken- und Brückenreihenschaltung behandelt werden, wobei sich zeigt, daß innerhalb der Anlage keine einheitliche Spannung vorhanden ist mit Ausnahme der Außenpunkte, die entweder Erdpotential annehmen, wenn sie geerdet sind, oder die Höhe der Gleichspannung aufweisen, wenn es sich um die Ausgangsklemme handelt. Dabei muß unterschieden werden, ob der Plus- bzw. Minuspol der Anlage geerdet wird. Die Spannungen gegen Erde ändern sich mit der Aussteuerung der Stromrichter. Für den Gleichrichter sind in Abb. 71 die Spannungen für $\alpha = 0°$ und $\alpha = 30°$ gezeichnet, für den Wechselrichter in Abb. 72 für $\beta = 30°$, womit etwa der Normalbetriebsbereich der Stromrichter erfaßt wird. Der Einfachheit halber wird angenommen, daß die Kommutierung augenblicklich, d. h. ohne Überlappung, erfolgt.

In Abb. 71 sind links die Schaltung und die dazugehörigen Spannungsbeanspruchungen für geerdeten Minuspol der Brückenschaltung gezeichnet. Die Anoden der Stromrichter x, y, z sind miteinander verbunden und an Erde gelegt, so daß sie Erdpotential besitzen.

Betrachten wir die Kathode des Gefäßes x, also die Stelle A, so erhält man als Verlauf der Spannung gegen Erde den Linienzug u_A. Solange das Gefäß x brennt, ist die Kathode über den Lichtbogen mit der Anode verbunden und besitzt demnach Erdpotential, wenn man den

Brennspannungsabfall vernachlässigt. Im Zeitpunkt 1 erlischt der Lichtbogen im Stromrichter x, und das Gefäß y übernimmt die Stromführung. Das sich nun einstellende Potential der Kathode des Gefäßes x gegen Erde ergibt sich aus der zwischen Kathode x, Transformatorphase U und V, Gefäß y herrschenden Spannung und ist gleich der Spannungsdifferenz zwischen der Phase U und V. Der Scheitelwert der

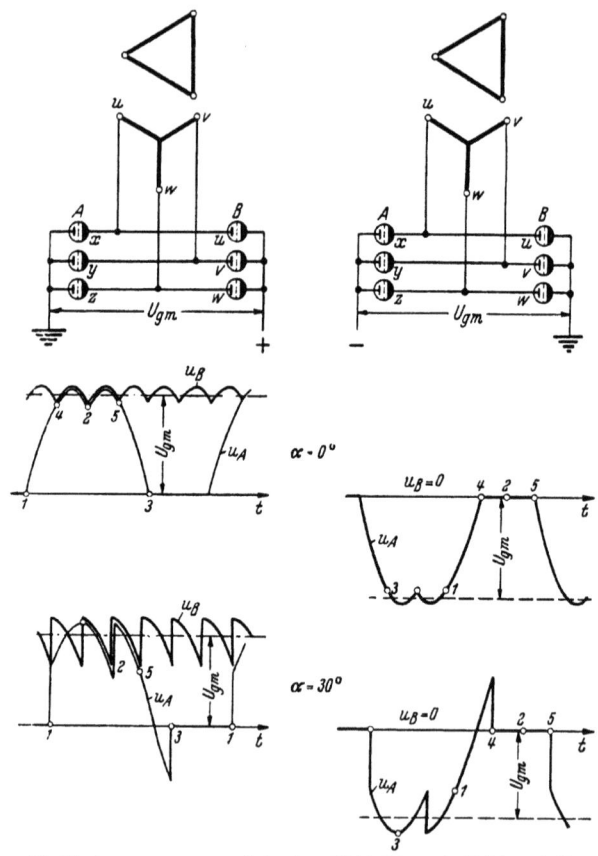

Abb. 71. Spannungen gegen Erde eines Gleichrichters in Brückenschaltung.

Spannung Kathode-Anode wird damit $U_{\mathrm{ph}} \cdot \sqrt{2} \cdot \sqrt{3} = 2{,}45\, U_{\mathrm{ph}}$, also gleich dem Höchstwert der verketteten Spannung. Im Zeitpunkt 2 erlischt das Gefäß y, und z übernimmt die Stromführung. Die Spannung der Kathode x gegen Erde ergibt sich hier als Differenz der Phasenspannungen W und U. Im Zeitpunkt 3 wird wieder der Stromrichter x leitend, so daß die gesuchte Spannung Null beträgt. Im Zeitpunkt 1

Die Spannungsbeanspruchung innerhalb der Brückenschaltung. 111

erlischt dieses Gefäß, und das Spiel beginnt von neuem. Die in dieser und den folgenden Figuren bezeichneten Zeitpunkte bedeuten folgendes:

Zeitpunkt 1: Verlöschen des betrachteten Gefäßes,
Zeitpunkt 2: Verlöschen des folgenden Gefäßes,
Zeitpunkt 3: Zünden des untersuchten Gefäßes,
Zeitpunkt 4 und 5: Zünden und Verlöschen des in der Gegenphase liegenden Stromrichters.

Für die Kathode der Gefäße y und z erhält man den gleichen Spannungsverlauf, der lediglich um 120° gegen die jeweils vorhergehende Phase zeitlich verschoben ist. Die Spannung u_A gibt gleichzeitig das

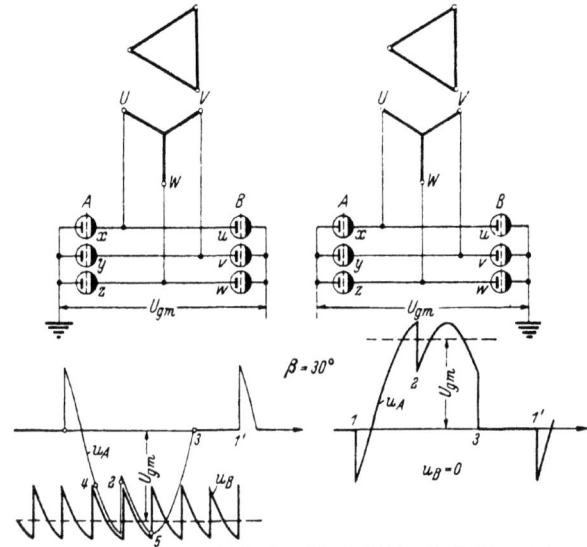

Abb. 72. Spannungen gegen Erde eines Wechselrichters in Brückenschaltung.

Potential gegen Erde aller mit der Kathode des Gefäßes verbundenen Teile an, wie der Verbindungsleitungen der Gefäße x und u, der Verbindungsleitung zum Transformator bzw. der Transformatorklemme U.

Die Kathoden der Gefäße u, v, w sind leitend miteinander verbunden und ergeben den Pluspol der Anlage, d. h. sie weisen als Spannung gegen Erde die Gleichspannung U_{gm} auf. Die geglättete Gleichspannung hatten wir zu $U_{gm} = 2{,}34\ U_\mathrm{ph}$ ermittelt.

Auf der rechten Seite der Abb. 71 sind die Spannungen des Minuspols gegen Erde dargestellt. In diesem Fall besitzen die Anoden der Gefäße x, y, z die Gleichspannung U_{gm}, die jedoch negativ ist. Über der Spannung der Kathode A des Gefäßes x, also in den Zeitpunkten 3 und 1, herrscht die Gleichspannung. Im Zeitpunkt 1 erlischt das Gefäß, und y zündet. Dieser Stromrichter erlischt wieder im Zeitpunkt 2, und das Gefäß z beginnt Strom zu führen. Man erkennt, daß zwischen den Zeitpunkten 4 und 5, in denen das Gegengefäß u brennt, die Kathode x und damit auch die mit ihr verbundenen Teile der Anlage Erdpotential besitzen.

Für den Wechselrichterbetrieb sind die entsprechenden Verhältnisse in Abb. 72 dargestellt, wobei zu berücksichtigen ist, daß der Wechselrichter Leistung vom Gleichstromnetz aufnimmt und daher wegen der Ventilwirkung der Stromrichtergefäße die Spannungen gegen Erde entgegengesetzt zum Spannungsverlauf beim Gleichrichterbetrieb liegen.

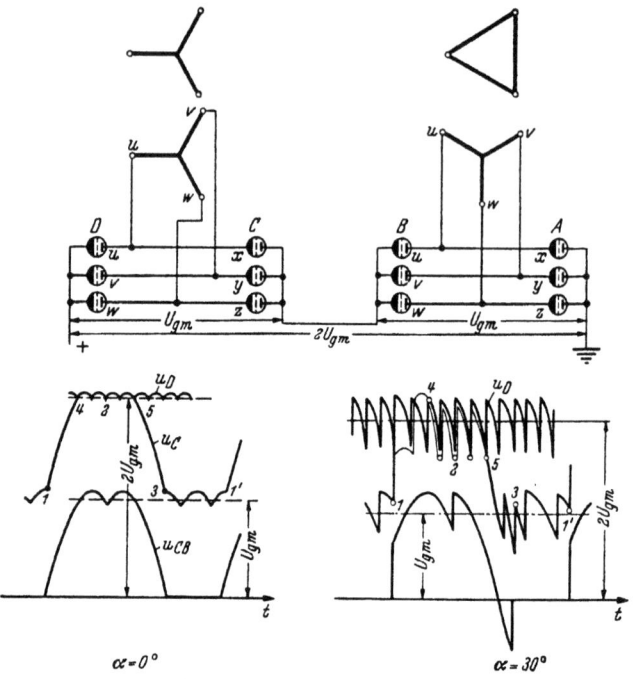

Abb. 73. Spannungen gegen Erde eines Gleichrichters in Brückenreihenschaltung bei geerdetem Minuspol.

Für den Gleichrichterbetrieb von zwei in Reihe liegenden Brückenschaltungen sind die Spannungsbeanspruchungen bei Erdung des negativen Pols und bei Erdung des positiven Pols aus Abb. 73 und 74 zu ersehen. Die eine Gruppe ist gegenüber der anderen um 30° verdreht, um eine geringere Welligkeit der Gleichspannung zu erreichen. Für die geerdete Gruppe gelten die gleichen Spannungen, wie sie in Abb. 71 dargestellt sind. Es ist somit nur erforderlich, die Spannungen für die in Reihe geschaltete zweite Gruppe zu bestimmen.

Da die Anoden der Gefäße x, y, z im Punkt B der ersten Gruppe angeschlossen sind, besitzen sie deren Gleichspannungspotential. Diese

Die Spannungsbeanspruchung innerhalb der Brückenschaltung. 113

Spannung ist in Abb. 73 nicht mit eingezeichnet, aber als Spannung u_B Abb. 71 zu entnehmen. Zwischen Kathode und Anode des Stromrichters herrscht die Spannung u_{CB}. Sie überlagert sich der Spannung u_B und ergibt die gesuchte Spannung u_C. Brennt das Gefäß x, so herrscht im Punkt C die sechsphasige Gleichspannung der ersten Gruppe. Führt das in Gegenphase liegende Gefäß u Strom, so liegt dieser Punkt an der Außenspannung, die zwölfphasig ist.

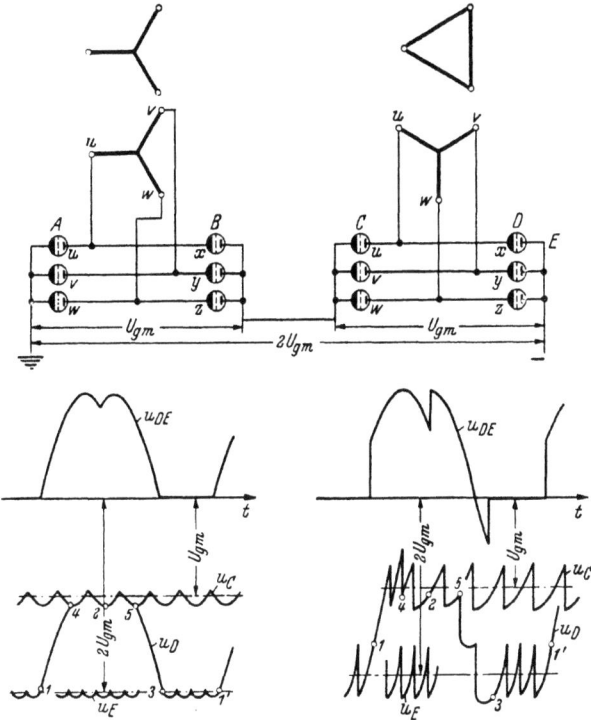

Abb. 74. Spannungen gegen Erde eines Gleichrichters in Brückenreihenschaltung bei geerdetem Pluspol.

Für den anderen geerdeten Pol zeigt Abb. 74 die Spannungen gegen Erde. Hier ist das Potential der Kathode x, also für Punkt D der Schaltung, zu bestimmen. Die Spannung der dazugehörigen Anode liegt an der zwölfphasigen Gleichspannung. Die gesuchte Spannung ergibt sich auch hier durch Addition der zwölfphasigen Gleichspannung und der Spannung zwischen Kathode — Anode u_{DE}.

Für den Wechselrichter erhält man die Spannungsbeanspruchungen sinngemäß; sie sind den Abb. 75 und 76 für $\beta = 30°$ zu entnehmen.

Baudisch, Energieübertragung. 8

114 Schaltung der Gleich- und Wechselrichter.

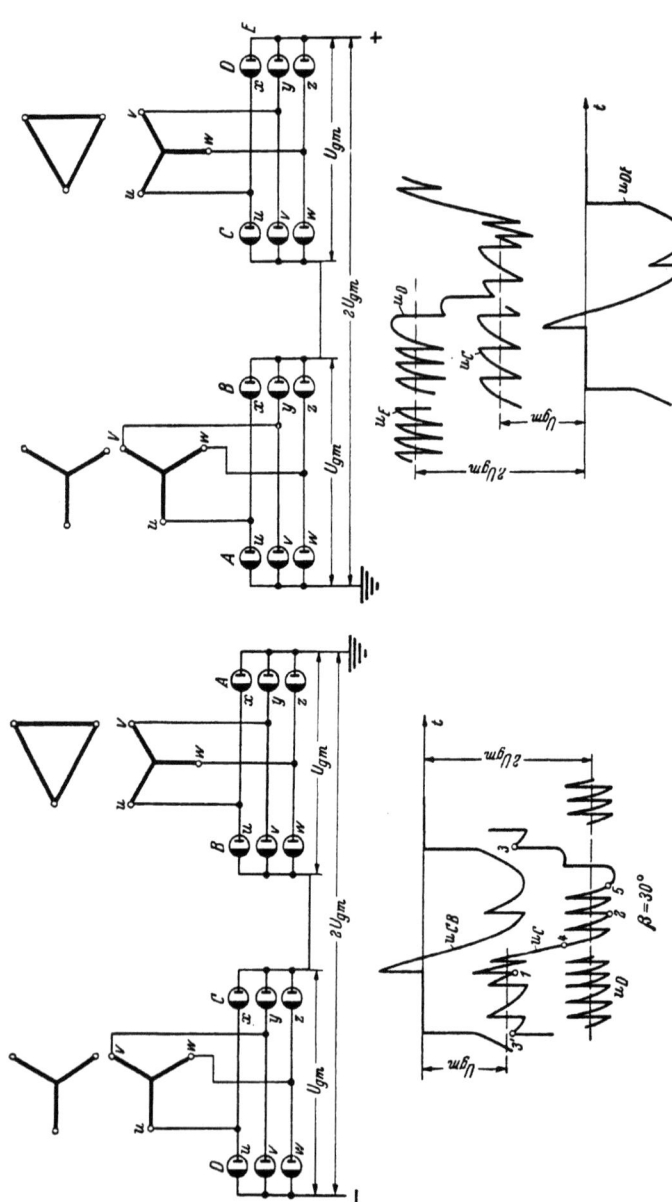

Abb. 75. Spannungen gegen Erde eines Wechselrichters in Brückenreihenschaltung bei geerdetem Pluspol.

Abb. 76. Spannungen gegen Erde eines Wechselrichters in Brückenreihenschaltung bei geerdetem Minuspol.

Die Spannungsbeanspruchung innerhalb der Brückenschaltung. 115

Schließlich stellt Abb. 77 noch die Sternspannungen gegen Erde dar. Dadurch, daß ein Gleichstrompol der Anlage geerdet ist, besitzen die Transformatorsternpunkte ebenfalls ein bestimmtes Potential gegen Erde. Der Sternpunkt des Transformators I wird zyklisch über die

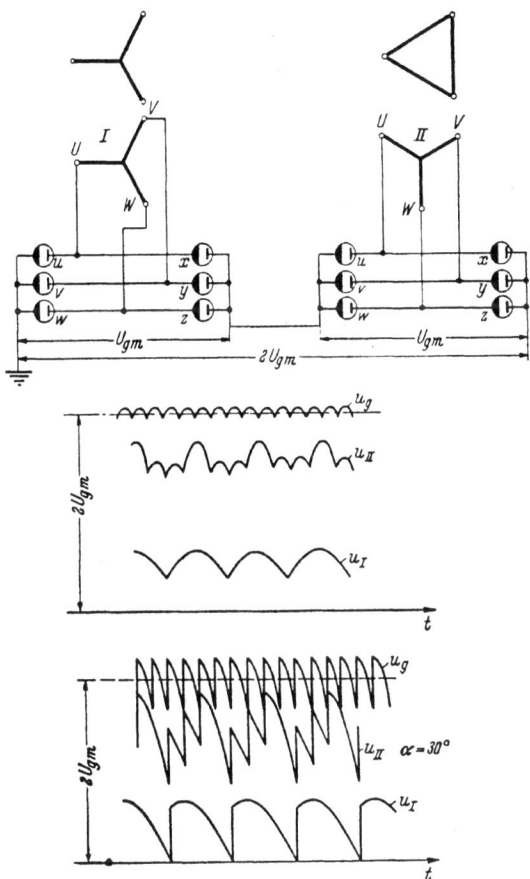

Abb. 77. Sternpunktspannungen gegen Erde bei einer Brückenreihenschaltung.

Phasen UVW an Erde gelegt und nimmt eine Gleichspannung u_I von dreiphasiger Welligkeit gegenüber Erde an. Durch Überlagern der Phasenspannungen und der von der ersten Gruppe erzeugten Gleichspannung mit sechsphasiger Welligkeit erhält man die Spannung u_{II} der nicht geerdeten Gruppe.

8*

Man kann somit feststellen, daß bei einer Reihenbrückenschaltung schichtweise gleichartige Spannungen auftreten, die von den anderen Schichtspannungen verschieden sind. Man erkennt, daß mit steigender Aussteuerung größer werdende Spannungssprünge auftreten, die die Isolation der Anlagenteile zusätzlich beanspruchen. Die größten auftretenden Spannungen sind dem Scheitelwert der Wechselspannung gleich, der für die erzeugte Gleichspannung maßgebend ist. Daher wäre es sinnvoll, die einzelnen Anlagenteile für die Summe der an ihnen liegenden Wechselspannungen zu isolieren, d. h. im Falle einer 2 × 200 kV-Anlage die inneren an Erde liegenden Gruppen für 90 kV und die äußeren Gruppen für 2 × 90 = 180 kV. Konstruktive Erwägungen können vom Standpunkt der Einheitlichkeit der Aufbauelemente allerdings dafür sprechen, die Isolation der einzelnen Aufbauelemente gleichmäßig zu wählen und somit von der schichtweisen Isolation Abstand zu nehmen und die volle Spannung zwischen Leiter und Erde der Isolationsbeanspruchung zugrunde zu legen.

Die Übergänge erfolgen gegenüber den gezeichneten Strom- und Spannungsdiagrammen verschliffen. Immerhin können die Spannungssprünge infolge der Anwesenheit von Induktivitäten und Kapazitäten mehr oder weniger gedämpfte Schwingungen anregen. Obwohl man versuchen wird, diese Schwingungen durch Dämpfungsglieder weitgehend einzuschränken, ist mit einem gewissen Überschwingen der Spannung und einer entsprechend höheren Isolationsbeanspruchung der Anlagenteile zu rechnen.

4. Die Brückenschaltung.

Es soll nunmehr die Brückenschaltung noch etwas eingehender behandelt werden, da sich die weiter zu beschreibenden Versuche auf diese Schaltung stützen. In Abb. 78 sind für verschiedene Belastungen und Aussteuerungen die Betriebszustände in der einfachen Drehstrom-Brückenschaltung festgehalten. Bei Zusammenarbeit von zwei Brückenschaltungen wird ein Transformator primär in $\triangle$, der andere in $\curlywedge$ geschaltet, um die gewünschte zwölfphasige Welligkeit der abgegebenen Gleichspannung zu erreichen. Diese kombinierte Schaltung läßt sich ebenfalls leicht übersehen.

Wir haben nach TH. WASSERRAB zwei Arbeitsbereiche zu unterscheiden, einen, bei dem die Überlappung $u \leqq 60°$ el. ist, und einen mit größerer Überlappung.

Für Leerlauf und ungesteuerten Betrieb stellt Abb. 78a den Verlauf der Leerlaufgleichspannung $U_{g m_0}$ dar. Ihre Größe ergibt sich zu

$$U_{g m_0} = U_{\text{ph}} \cdot \sqrt{2} \cdot \frac{2}{2\pi/3} \int_{30}^{150} \sin \varphi \, d\varphi = \frac{3\sqrt{6}}{\pi} U_{\text{ph}} = 2{,}34 \, U_{\text{ph}}, \quad (125)$$

Die Brückenschaltung.

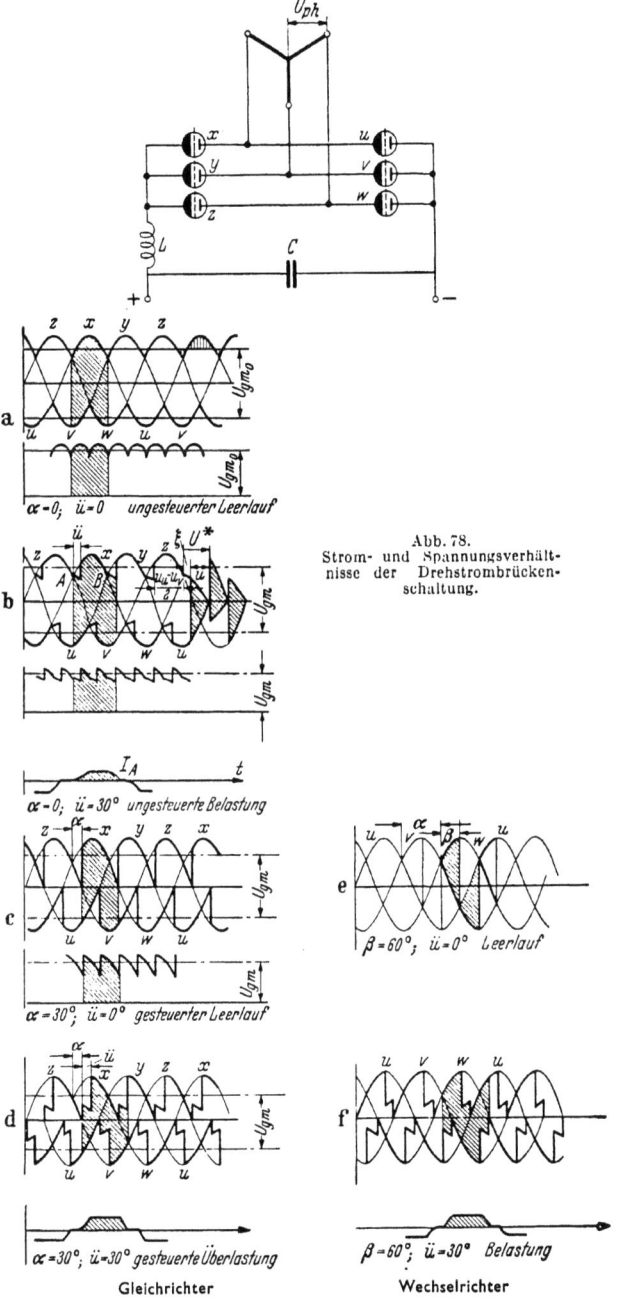

Abb. 78.
Strom- und Spannungsverhältnisse der Drehstrombrückenschaltung.

wenn U_{ph} wieder die effektive sekundäre Transformatorspannung bedeutet. Wird der Gleichrichter belastet, so erfolgt der Stromübergang von Anode zu Anode nicht plötzlich, sondern während der Überlappungszeit u gemäß Abb. 78b [siehe Gl. (5)]. Die Form des Stromübergangs wird bekanntlich durch die Wirk- und Blindwiderstände im Anodenkreis bestimmt. Wir berücksichtigen der Einfachheit halber nur die induktiven Widerstände, wie sie den Streuinduktivitäten des Gleichrichtertransformators entsprechen. Wie schon früher erläutert, ist während der Überlappung nur der Mittelwert aus beiden Phasenspannungen als Beitrag zur Gleichspannung wirksam. Der infolge der Kommutierung entstehende Spannungsabfall bestimmt sich zu

$$g = U_{\text{ph}} \cdot \frac{\sqrt{3}}{\sqrt{2}} \cdot \frac{2}{2\pi/3} \int_0^u \sin\varphi\, d\varphi = 1{,}17\, U_{\text{ph}}\, (1 - \cos u)$$
$$= 0{,}5\, U_{gm_0} (1 - \cos u)\, .$$
(126)

Man erhält daraus die Gleichspannung bei Belastung, indem man den Spannungsabfall von der Leerlaufspannung abzieht, oder die Beziehungen

$$U_{gm} = U_{gm_0} - g = U_{\text{ph}} \cdot 1{,}17\, [2 - (1 - \cos u)]$$
$$= U_{\text{ph}} \cdot 1{,}17\, (1 + \cos u)$$
$$= 0{,}5\, U_{gm_0}\, (1 + \cos u)$$
(127)

oder, wie in Gl. (12) mit Hilfe des Ohmschen und des induktiven Widerstandes ausgedrückt, die prozentuale Spannungsänderung ε. Wie man aus Abb. 78b für $\alpha = 0$ und $u = 30°$ entnehmen kann, werden im Punkt A die Phasen x und z, im Punkt B die Phasen x und y kurzgeschlossen. Es tritt jeweils ein zweipoliger Kurzschluß auf.

Da man sich die Brückenschaltung aus zwei in Reihe geschalteten Dreiphasengleichrichtern entstanden denken kann, deren Transformatorsterne 180° Phasenverschiebung aufweisen, so kann jedes Ventil nur eine Brenndauer $\leq 180°$ erreichen. Eine größere Überlappung als 60° ist deshalb in der Dreiphasen-Brückenschaltung nicht möglich. Bis $u = 60°$ gelten alle unsere bisherigen Betrachtungen, die den ordnungsgemäßen Betrieb der Gleichstromübertragung erfassen. Bei Überlastungen und Kurzschlüssen können sich jedoch Überlappungen $u \geq 60°$ ergeben; deshalb sollen kurz die sich dann ergebenden Betriebsverhältnisse festgehalten werden, obwohl diese Störungsfälle im allgemeinen durch Eingreifen der Sicherheitsmaßnahmen, wie durch Sperrung der Gitter usw., nur auf kürzeste Zeiten beschränkt werden.

Man erhält nach Abb. 78b rechts eine fiktive rechnerische Überlappung $u^* > 60°$. Sie kommt dadurch zustande, daß ein Stromrichtergefäß so lange nicht zünden kann, als das an der gleichen Phase angeschlossene Gefäß seine Brenndauer nicht beendet hat, wodurch sich die Zündverzögerung ζ ergibt, d. h. $u^* = u + \zeta$. Die Gleichspannung ermittelt sich hierfür mit

$$\begin{aligned} U_{gmu^*} &= U_\mathrm{ph} \cdot \sqrt{2} \cdot \frac{3}{\pi} \cdot \frac{3}{2} \cdot \int_{u^*-60}^{u^*} \cos\varphi \, d\varphi \\ &= 2{,}025 \, U_\mathrm{ph} \sin(120 - u^*) \\ &= 0{,}866 \, U_{gm_0} \sin(60 - \zeta). \end{aligned} \tag{128}$$

Diese Beziehung gilt im Bereich $120° > u^* > 60°$ für Gleichrichterbetrieb. Im Kurzschlußfall des ungesteuerten Gleichrichters erhält man den Höchstwert von $\zeta = 60°$.

Wird schließlich die Überlappung 120°, d. h. reicht sie nach Abb. 78b von A nach B, so kann die Phase y in B zünden, und es brennen auf der positiven Seite alle drei Ventile x, y, z, d. h. der Transformator ist dreiphasig kurzgeschlossen, und die Gleichspannung wird Null.

Für den Gleichrichter mit Teilaussteuerung erhält man für Leerlauf die bekannte Beziehung

$$U_{gm} = 2{,}34 \, U_\mathrm{ph} \cos\alpha = U_{gm_0} \cos\alpha, \tag{127}$$

für $\alpha = 30$, $u = 0$ ist dies in Abb. 78c dargestellt.

Für den ersten Arbeitsbereich $u \leqq 60°$ wird

$$U_{gm\alpha\bar{u}} = U_{gm_0} - g_{x\bar{u}},$$

wobei zu setzen ist

$$\begin{aligned} g_{x\bar{u}} &= U_\mathrm{ph} \cdot \sqrt{2} \cdot \frac{\sqrt{3}}{2} \cdot \frac{2}{2\pi/3} \cdot \int_{\alpha}^{\alpha+u} \sin\varphi \, d\varphi \\ &= 1{,}17 \, U_\mathrm{ph} \cdot [\cos\alpha - \cos(\alpha + u)] \\ &= 0{,}5 \, U_{gm_0} [\cos\alpha - \cos(\alpha + u)] \end{aligned} \tag{128}$$

bzw. die mittlere Gleichspannung wird

$$\begin{aligned} U_{jm\alpha\bar{u}} &= U_{gm_0} \cdot \tfrac{1}{2} \cdot [\cos\alpha + \cos(\alpha + \bar{u})] \\ &= 1{,}17 \, U_\mathrm{ph} \cdot [\cos\alpha + \cos(\alpha + u)] \\ &= 0{,}5 \, U_{gm_0} \cdot [\cos\alpha + \cos(\alpha + u)] \end{aligned} \tag{129}$$

und im zweiten Arbeitsbereich

$$\begin{aligned} U_{gm\alpha u^*} &= 2{,}025 \, U_\mathrm{ph} \sin(120 - \alpha - u^*) \\ &= 0{,}866 \, U_{gm_0} \cdot \sin(60 - \alpha - \zeta). \end{aligned} \tag{130}$$

Für α (bzw. $\beta = 180 - \alpha$) $\geqq 90°$ geht der Gleichrichter in den *Wechselrichterbetrieb* über. Die Abb. 78e und f stellen zwei Betriebszustände dar. Bei gleichbleibender Stromrichtung kehrt sich die Spannung auf der Gleichstromseite um. Die Gl. (129) zwischen Transformatorwechselspannung und dem Mittelwert der Gleichspannung gilt auch für diesen Betriebsbereich, da für $\alpha \geqq 90°$ $\cos\alpha$ negativ wird. Im Gegensatz zum Gleichrichterbetrieb steigt der Absolutwert der Gleichspannung mit zunehmender Überlappung. Denn für eine größere Belastung ist eine größere treibende Gleichspannung erforderlich. Bei Überlappungen, die größer als 60° sind, treten bei Wechselrichterbetrieb dreipolige Kurzschlüsse auf. Die Spannung sinkt ab, während sie für die Aufrechterhaltung eines stabilen Betriebes ansteigen müßte. Das Verhalten des Wechselrichters wird instabil und hat ein Durchzünden einzelner Ventile zur Folge.

Bei einem *Kurzschluß im Gleichstromkreis*, Abb. 79, wird bei großer Glättungsdrossel der Kurzschlußstrom J_K als reiner Gleichstrom fließen. Die Kommutierung wird nur zwischen zwei Phasen erfolgen, aus Gründen, die für den Betrieb des zweiten Arbeitsbereiches erörtert wurden. Damit erhält man den Kurzschlußstrom

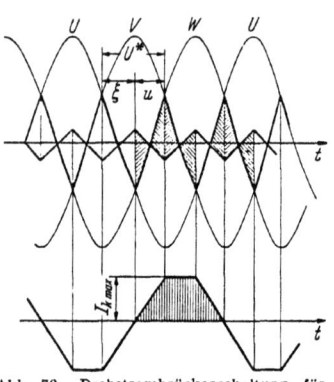

Abb. 79. Drehstrombrückenschaltung für Gleichrichterbetrieb im Kurzschluß bei wirksamer Glättungsdrossel.

$$J_K = \frac{U_{\mathrm{ph}} \cdot \sqrt{2} \cdot \sqrt{3}}{2\omega L}. \tag{131}$$

In Abb. 79 ist mit wechselnder Schraffur angedeutet, wie Gleich- und Wechselrichterbetrieb aufeinanderfolgen.

Bei vollständigem Kurzschluß des Gleichstromkreises sind alle drei Transformatorphasen kurzgeschlossen, und der Kurzschlußstrom im Gleichstromkreis tritt als welliger Gleichstrom auf mit einem Höchstwert von

$$J_{K\,\mathrm{max}} = \frac{U_{\mathrm{ph}} \cdot \sqrt{2}}{\omega L}. \tag{132}$$

Von Interesse ist noch die Ermittlung des effektiven Anodenstroms J_A. Er setzt sich nach Abb. 80 aus einem ansteigenden Teil i_I, einem gleichbleibenden i_II und einem abfallenden Teil i_III zusammen. i_I ist durch den Kurzschlußstrom zweier Transformatorphasen gegeben und wird bestimmt durch das Verhältnis der bei einer bestimmten Aussteuerung wirksamen verketteten Transformatorspannung $U_{\mathrm{ph}} \cdot \sqrt{3}$ zu den effektiven Widerständen im Anodenkreis $2\omega L$ oder:

$$J_v = \frac{U_{\mathrm{ph}} \cdot \sqrt{3}}{2\omega L}.$$

Nach Ablauf der Überlappungszeit ist der Anodenstrom auf den Wert des konstanten Gleichstromes J_g angestiegen. Für den ersten Arbeitsbereich, Abb. 80a, erhält man

$$J_{gm} = J_K \cdot [\cos\alpha - \cos(\alpha + u)]. \qquad (133)$$

Wünscht man den Verlauf des Anodenstromes in Abhängigkeit von J_{gm} zu erhalten, so ergibt sich für die drei Abschnitte

$$i_{\mathrm{I}} = J_{gm} \frac{\cos\alpha - \cos(\alpha + \omega t)}{\cos\alpha - \cos(\alpha + u)}. \qquad (134)$$

Für i_{II} erhält man den gleichen Ausdruck wie oben für J_{gm}, und für i_{III} wird:

$$\begin{aligned} i_{\mathrm{III}} &= J_{gm} - i_{\mathrm{I}} \\ &= J_{gm}\left[1 - \frac{\cos\alpha - \cos(\alpha + \omega t)}{\cos\alpha - \cos(\alpha + u)}\right]. \end{aligned} \qquad (135)$$

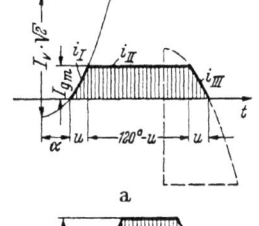

Daraus kann man den effektiven Wert des Stromes einer Transformatorphase J_A aus i_{I} bis i_{III} zu

$$J_A = 0{,}816 \cdot J_{gm} \qquad (136)$$

ermitteln.

Für den zweiten Arbeitsbereich ($u=60°$) kann man nach Abb. 80b schreiben:

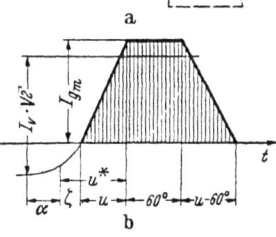

Abb. 80. Verlauf des Stromes in einer Sekundärphase des Transformators beim gesteuerten Gleichrichter.

$$\begin{aligned} J_{gm} &= J_v \cdot \sqrt{2} \cdot [\cos(\alpha + \zeta) - \cos(\alpha + \zeta + 60°)] \\ &= J_K \cos(60° - \alpha - \zeta). \end{aligned} \qquad (137)$$

Für $(\alpha + \zeta) = 60°$ ergibt sich der Kurzschlußstrom bei großer Glättungsdrossel im Gleichstromkreis mit

$$J_K = J_v \cdot \sqrt{2}.$$

Mit den Beziehungen (125) und (136) kann man die schon mehrfach angeführte Typenleistung N_T des Transformators in der Brückenschaltung bestimmen. Es wird:

$$N_T = 3\,U_{\mathrm{ph}} \cdot J_A = 3 \cdot \frac{U_{gm}}{2{,}34} \cdot 0{,}816\, J_{gm} = 1{,}05\, N_g, \qquad (138)$$

d. h. die Typenleistung ermittelt sich zu 105% der Gleichstromleistung.

In einem Stromspannungsdiagramm nach MÜLLER-LÜBECK lassen sich die beschriebenen Arbeitsbereiche des Stromrichters in der Brückenschaltung zusammenfassen. Als Ordinate wird die Leerlaufgerade U_{gm}/U_{gm_0} und als Abszisse die Kurzschlußgerade J_{gm}/J_K benutzt.

Das Diagramm Abb. 81 setzt sich aus den Geraden für gleichbleibenden Aussteuerungswinkel α, den Kurven für konstante Überlappung u und den Geraden für $(α + u) =$ konst zusammen. Es ist ersichtlich, daß nur für $α \leqq 60°$ der Höchstwert des Kurzschlußstromes auftreten kann. Darüber hinaus sinkt er, bis er für $α = 90°$ verschwindet, da dann völlige Sperrung des Stromrichters eintritt. Für den Wechselrichterbereich muß ein bestimmter Sicherheitswinkel zwischen dem Ende der Brenndauer und der Wiederkehr der positiven Anodenspannung eingehalten werden, um eine so weitgehende Entionisierung der Gasentladungsstrecke zu ermöglichen, daß der Stromrichter seine Steuerfähigkeit wiedergewinnt. Dieser Sicherheitswinkel, der der Freiwerdezeit des Gefäßes entspricht, ist im Diagramm mit 30° el. angenommen. Im Wechselrichterbereich gewinnt man damit die gestrichelt eingetragene Wechselrichtertrittgrenze. Wird diese bei Überlastung des Stromrichters überschritten, so zünden die Gefäße durch. Für den normalen Betrieb wird ein Bereich bis etwa $0{,}2 \, \frac{J_{gm}}{J_K}$ parallel zur Leerlaufgeraden bestrichen werden.

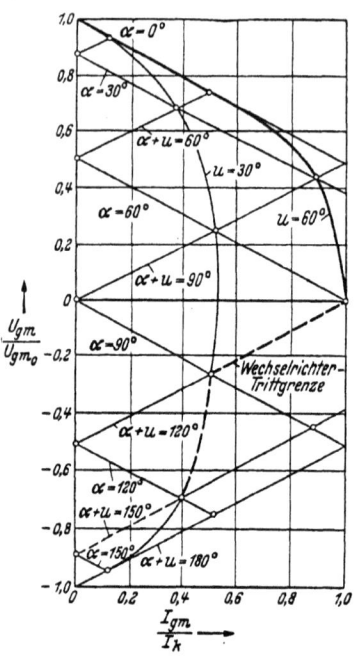

Abb. 81.
Betriebsdiagramm der Drehstrombrückenschaltung mit großer Glättungsdrossel.

Werden, wie bei der Brückenreihenschaltung, die Primärseiten der Transformatoren parallel geschaltet, so kann sich die Wirksamkeit der gemeinsam vorgeschalteten Netzinduktivität, je nachdem Stern-Stern- oder Stern-Dreieck-Schaltung der Primärwicklung vorliegt, ändern. Bei der Stern-Stern-Schaltung erfolgt die Kommutierung gleichphasig, bei der Stern-Dreieck-Schaltung für $u \geqq 30°$. Von der Ermittlung des sich dann ergebenden relativen Spannungsabfalles soll hier Abstand genommen werden.

V. Stromrichter.

1. Die Ausgangsbasis für die Entwicklung von Quecksilberdampf-Höchstspannungsstromrichtern.

Die Verwirklichung der Übertragung großer Energiebeträge mit Gleichstrom hoher Spannung über so große Entfernungen, daß sie die wirtschaftliche Leistungsfähigkeit der Drehstromübertragung übersteigen, setzt eine hohe Betriebssicherheit der Hochspannungsstromrichter voraus. Der Durchbildung dieser Hochspannungsstromrichter für hohe Spannungen und große Leistungen mußte daher eine eingehende physikalisch-technische Entwicklungsarbeit gewidmet werden. Um die Schwierigkeit dieses Vorhabens darzustellen, sei der Stand der Stromrichtertechnik am Ausgangspunkt dieser systematischen Entwicklungsarbeit, den man etwa in die Jahre 1935/1936 legen kann, kurz erfaßt. Wie schon erwähnt, handelte es sich darum, mit einer beschränkten Anzahl von Gefäßen, ganz gleich, ob man sich dabei auf mehranodige oder einanodige Ausführungen stützen wollte, Stromrichtergruppen von mindestens 100 MW bei Spannungen von 200 bis 400 kV zu schaffen. Umlaufende Maschinen konnte man wegen der beschränkten Spannung, für die sie sich bauen lassen, und damit wegen der erforderlichen Reihenschaltung, des hohen Aufwandes und des zu erwartenden mäßigen Wirkungsgrades vorweg aus dem Kreis der Betrachtung ausscheiden.

Immerhin war die Entwicklung der Quecksilberdampf-Stromrichter für Hochstromanlagen in Form der damals eingesetzten mehranodigen Gefäße so weit gediehen, daß man mit dem größten noch bahntransportfähigen Gefäß mit 24 Anoden einen Strom von 8000 A bei einer Gleichspannung von etwa 850 V, also Leistungen von 6000 bis 7000 kW betriebssicher beherrschen konnte. Diese Gefäße wurden mit Pumpen zur Vakuumhaltung versehen und durch sorgfältig durchgebildete Kühlsysteme im Kathoden- und Anodenkreis so gekühlt, daß Quecksilberkondensation auf den Anoden, die Anlaß zu Rückzündungen geben kann, vermieden wurde. Mit der Strombelastung der Anode ging man auf einen Gleichstrommittelwert von etwa 350 bis 450 A. Mit diesen mehranodigen Gefäßen entstanden für die elektrochemische Industrie räumlich konzentrierte Stromrichteranlagen der Größenordnung bis zu 200 MW, so daß man vor der Tatsache stand, die Leistung eines mittleren Großkraftwerkes mit der vom chemischen Dauerbetrieb geforderten hohen Betriebssicherheit gleichrichten zu können. Zweifelhaft blieb, ob es überhaupt mit Quecksilberdampf-Stromrichtern möglich sein dürfte, Einheiten für Spannungen von 100 kV und mehr in einer Stufe zu erreichen. Sich diesem Ziel mit mehranodigen Gefäßen zu nähern, schien nicht besonders aussichtsreich, zumal die jahrzehntelange Entwicklung, auf die die mehranodigen Gefäße zurückblicken konnten, auch die Schwierigkeiten für die Durchbildung von Großgefäßen für Höchstspannungen erkennen ließen.

So ist es nicht gelungen, mit bahntransportfähigen Gefäßen die in der Literatur verschiedentlich erwähnte Gefäßleistung entsprechend etwa 16000 A bei 1000 V mit der geforderten Betriebssicherheit zu erreichen. Die steigenden Lichtbogenabfälle, die Beherrschung der Dampfströmungen innerhalb des Gefäßes und nicht zuletzt die Vorgänge, die der um den Kathodenfleck als Fußpunkt mit Netzfrequenz rotierende, von Anode zu Anode wandernde Bogen hervorrief, begrenzten eine weitere Leistungssteigerung. Man mußte mit einer verhältnismäßig starken Ionisierung der verlöschenden Anode innerhalb des gemeinsamen Gefäßes durch den Bogen der Übernahmeanoden rechnen. Eine eindeutige Dampfströmung zwischen Anode und Kathode innerhalb jeder Ventilstrecke ist nicht zu erzielen, schon gar nicht bei stark wechselnder Belastung. Der gemeinsam im Gefäß umlaufende Bogen beeinträchtigte auch die Steuerfähigkeit der Gefäße. Wie wir im Abschnitt IV feststellten, erfordert je nach der angestrebten Entwicklungsstufe eine 100 MW-Hochspannungs-Stromrichtergruppe Anodenströme von 250 oder 500A je Ventil. Die Entwicklung der Mehranodengefäße ließ zwar bei der geschilderten Sachlage die berechtigte Hoffnung zu, wenigstens hinsichtlich Strombelastbarkeit der Anoden dieses Ziel erreichen zu können; weit offener aber lagen die Verhältnisse hinsichtlich der erreichbaren Spannung.

Ihre Hauptanwendung haben Quecksilberdampf-Hochspannungsstromrichter zur Stromversorgung von Rundfunksendern für Spannungen von 12 bis 18 kV gefunden. Auch hier handelte es sich um mehranodige Gefäße, die mit Pumpen zur Vakuumhaltung betrieben wurden, wobei später, etwa um den oben angegebenen Zeitpunkt herum, zum pumpenlosen Betrieb übergegangen werden konnte. Die Leistungen betrugen etwa 1000 bis 2000 kW. Für Prüffeldzwecke wurden vereinzelt Hochspannungsstromrichter für Gleichspannungen bis etwa 30 kV aufgestellt. Diese Stromrichter waren für sehr scharfe Steuerbedingungen ausgelegt, um bei Überschlägen von Senderöhren durch selbsttätiges Heruntersteuern und Wiederhochfahren die Störung zum Verschwinden zu bringen bzw. auf Bruchteile von Sekunden zu begrenzen.

Um bei den verhältnismäßig hohen, auf die Gasentladungsstrecke wirkenden Spannungen Rückzündungen zu vermeiden, waren besondere Maßnahmen hinsichtlich Durchbildung des Anodenraumes erforderlich; ebenso waren besondere konstruktive Gesichtspunkte zu beachten, damit bei den hohen Feldstärken die Aufbaumaterialien, vor allem die Graphite für die Anoden und Steuergitter, und die isolierenden Porzellaneinbauten den Dauerbeanspruchungen standhielten. Auch die so-

Entwicklung von Quecksilberdampf-Höchstspannungsstromrichtern. 125

genannten Spritzentladungen, die sich als Folge der durch Zerstäubung von der Dampfströmung zur Anode mitgerissenen isolierenden Staubteilchen dort einstellen können, erforderten besondere Beachtung. Veranlassung hierzu gab die Beobachtung, daß Rückzündungen bei Hochspannungsstromrichtern vorwiegend im Scheitelwert der Sperrspannung, bei Hochstromgefäßen dagegen zu Beginn der Sperrperiode auftraten. Durch Einbau von geeigneten, maulkorbartig die Anode umgebenden und im Potential besonders festgelegten Gittern — außer dem im Anodenraum angeordneten Steuergitter — und besonderen Entionisierungseinbauten konnte diesen Schwierigkeiten begegnet werden, so daß die Gefäße den an sie gestellten Forderungen gut entsprachen.

Abb. 82. BBC-Stromrichter der Übertragung Wettingen — Zürich für 50 kV, 10 A.

BBC hat, offenbar von der Entwicklung der mehranodigen Sendegleichrichter ausgehend, 1935 ein Versuchsgefäß für 60 kV und 20 A gebaut, das mit sechs Anoden ausgerüstet war; ferner 1939 für die mit 500 kW betriebene Gleichstrom-Versuchsübertragung Wettingen—Zürich anläßlich der Landesausstellung Zürich sechsanodige Gefäße für 50 kV und 10 A. Dieses Gefäß zeigt Abb. 82. Da sich Gefäße mit derartigen Beanspruchungen nicht mit einiger Sicherheit vorausbestimmen lassen, sind langwierige und kostspielige Versuche erforderlich, um das Verhalten der Aufbaumaterialien im Dauerbetrieb festzustellen und gegebenenfalls erforderliche Änderungen vornehmen zu können. Auf Grund solcher Versuche gelang es BBC, mit einem sechsanodigen Stromrichter, der mit je drei parallel geschalteten Anoden zweiphasig betrieben werden konnte, 9000 kW oder 30 kV bei 300 A zu erzielen. Der Schritt, etwa 100 kV in einer Gefäßstufe zu bewältigen, ist jedoch offenbar bisher mit mehranodigen Gefäßen nicht gelungen. Dies scheint auch der Grund für die von BBC vorgeschlagene Schaltung nach Abb. 68 zu sein, bei der sechs zweiphasige Stromrichter dieser Type in Reihenschaltung zur Bildung einer Stromrichterhalbgruppe für eine Gleichspannung von 200 kV gegen Erde in Aussicht genommen wurden.

Die Fortschritte, die in der Vakuumtechnologie erarbeitet wurden, ermöglichten um 1935 herum die Einführung pumpenlos betriebener sechsanodiger luftgekühlter Kleineisenstromrichter für Stromstärken bis etwa 1000 A, die sehr erfolgreich verlief. Damit war aber die Grundlage gegeben, die Stromrichter technisch weitgehend auf den schon lange geplanten Bau von Aufbauelementen umzustellen und auf einanodige Gefäße überzugehen. Hiermit wurde der Anschluß an die in der Schwachstromtechnik übliche Bauweise der Entladungsröhren gefunden. Nun konnte man daran denken, die Einzelfabrikation der großen Mehranodengefäße unter weitgehender Typenbeschränkung auf eine größere Mengenfertigung von Einanodengefäßen umzustellen. So haben die SSW schließlich 1941 aus 24 pumpenlos betriebenen Einanodengefäßen Stromrichtereinheiten von 10000 A bei 850 V für die Zwecke der elektrochemischen Industrie und für Bahnbetriebe geschaffen und sind dabei mit der Anodenbeanspruchung über die bei Mehranodengefäßen üblichen Werte hinausgegangen, ohne daß damit eine Grenze nach oben gekennzeichnet sei. Prüffeldversuche ergaben, daß Einanodengefäße selbst bei Anodenströmen von 600 A einwandfreie Ergebnisse aufwiesen, so daß zu erwarten stand, daß mit dieser Gefäßbauform höhere Anodenbelastungen bewältigt werden konnten als mit mehranodigen Gefäßen. Um zu hoch ausgenutzten Gefäßen mit einem Mindestbauaufwand zu gelangen, wurde die Wasserkühlung beibehalten. Das auftretende Problem der Wasserstoffdiffusion, wonach bei nicht brennendem Lichtbogen Wasserstoff in das Innere des Gefäßes eindringt, wurde nach längeren Versuchen bewältigt, so daß solche Gefäße jahrelang ihr Vakuum einwandfrei hielten. Diese Entwicklung ließ klar den Vorzug der Einanodenbauart erkennen. Die einheitliche Dampfströmung zwischen Kathode und Anode bei örtlich feststehendem Bogen gab übersichtlichere Dampfströmungsverhältnisse, die Steuer- und Löschfähigkeit der Gefäße mit Hilfe der Steuergitter war infolge der wirksamen Entionisierung während der Sperrzeit ausgezeichnet. Diese Vorteile, nicht zuletzt aber auch die leichte Austauschbarkeit und die geringe erforderliche Reservehaltung, ließen die Einanodengefäße den mehranodigen gegenüber als überlegen erscheinen.

Auch für mittlere Spannungen ist es schließlich gelungen, für Gleichspannungen von 10 kV mit 24 pumpenlos betriebenen Einanodengefäßen mit 1000 A, also für eine Leistung von 10000 kW, eine Stromrichtergruppe zusammenzustellen, die sehr scharfen Steuerbedingungen standhalten konnte. Abb. 83 zeigt eine Gruppe von sechs Gefäßen für 10 kV und 250 A auf dem Prüfstand. Es handelt sich hier um Gefäße normaler Bauart, wie sie für Niederspannung bis 850 V und 500 A ausgelegt waren und bei denen der hohen Spannung wegen lediglich die Anodeneinbauten ähnlich wie bei Sendegleichrichtern ausgestaltet wurden. Sie zeigten, daß zur Erzielung sehr hoher Spannungen auf den bisher gebräuchlichen Wegen erhebliche Schwierigkeiten zu überwinden waren. Die Überlegungen, die die SSW zur Durchbildung der Einanodengefäße für die üblichen industriellen Anwendungsgebiete veranlaßten, mußten in verstärktem Maße für die Entwicklung von Höchstspannungsstromrichtern zutreffen. Es wurden deshalb in zielbewußter Entwicklungsarbeit die Arbeiten auf dem Gebiete der Höchstspannungsstromrichter von vornherein auf die Durchbildung von Einanodengefäßen abgestellt. Indessen konnte man auch hier nicht erwarten, daß für die Zwecke der Gleichstromübertragung die Reihenschaltung vieler Gefäße für Spannungen von etwa 20 bis 30 kV zu einem über-

Abb. 83. Sechs Einanodenstromrichter der SSW für 10 kV, 250 A auf dem Prüfstand.

zeugenden Erfolg führen konnte. Man mußte zu erreichen versuchen, Gefäße für 100 bis 200 kV Sperrspannung herzustellen. Die Grundlagen hierfür wurden von M. STEENBECK zunächst mit Glasgefäßen mit Glühkathoden entwickelt. Mit diesen Quecksilberdampf-Versuchsgefäßen wurden Sperrspannungen von mehreren 100 kV erreicht. Damit war bewiesen, daß einem Bau von Quecksilberdampf-Stromrichtern für Spannungen von mehreren 100 kV keine unüberwindlichen Schwierigkeiten entgegenstanden.

Auch bei Glühkathodenröhren mit Quecksilberdampffüllung (Stromtore) für Ströme von mehreren Ampere war es ohne besondere Kunstgriffe nicht möglich, mit den Sperrspannungen wesentlich über 30 kV hinauszugehen. Wegen der eindeutigen Dampfdruckverhältnisse wurden Glühkathodenröhren zum Ausgangspunkt der Entwicklung der Großgefäße mit Quecksilberkathoden gewählt. Es war bekannt, daß man die Sperrspannung der Glühkathodenstromtore dadurch steigern konnte, daß man die Entladungsstrecke durch geeignete Zwischenelektroden unterteilt. Um eine gleichmäßige Spannungsverteilung entlang der Entladungsstrecke zu erhalten, werden die Zwischenelektroden an kapazitive Spannungsteiler gelegt, und zwar so, daß das Spannungsgefälle möglichst konstant ist. Man erzielt in der Entladungsbahn selbst gewissermaßen eine innere Reihenschaltung von Stromrichtern, deren Feldbeanspruchung nicht über die der üblichen und bewährten Konstruktionen der Sendegleichrichter hinausgeht. Mit Hilfe dieser kapazitiv gesteuerten Entladungsstrecke lassen sich je nach der Zahl der Zwischenelektroden Sperrspannungen von mehreren 100 kV beherrschen. So hat u. a. auch PHILIPS Stromtore bis zu Spannungen von über 400 kV entwickelt.

Einen Schnitt durch ein Glühkathodenstromtor zeigt Abb. 84. K stellt die Oxydkathode dar, A die Hohlanode aus Graphit, während mit 1 bis 6 die aus Eisen gefertigten Zwischenelektroden bezeichnet sind. Versuche ergaben, daß die Sperrspannungsfestigkeit etwa proportional mit der Zahl der Einsätze zunimmt, ferner daß man zweckmäßig die unterste Elektrode als Steuergitter ausbilden kann und dabei bis zu den höchsten Spannungen eine gute Steuerfähigkeit der Gefäße erhält. Die Brennspannung steigt erwartungsgemäß etwas mit der Zahl der Zwischenelektroden an und liegt zwischen 30 und 40 V.

Die Rolle der kapazitiv gesteuerten und besonders geformten Zwischenelektroden läßt sich dahin beschreiben, daß sie in der Sperrphase den Aufbau einer Rückzündungsbogenentladung stören. Sie verhindern infolge ihrer negativen Aufladung, daß positive Ionen zur Anode wandern und dort eine Glimmentladung als Vorstufe einer Bogenentladung einleiten, die zu einer Rückzündung führt. Die SSW haben mit diesen kapazitiv gesteuerten Glühkathodenstromtoren 1938/1939 eine Modellübertragung von 300 kW für Versuchszwecke unter Verwendung der Brückenschaltung gebaut, die für eine Gleichspannung von 75 kV und 4 A bemessen war. Ihre Aufgabe war es, die für die geplanten Großversuche nötigen Unterlagen zu liefern. Wir wollen indessen nicht bei der in mancher Hinsicht interessanten Stromtorentwicklung verweilen, da Glühkathoden wegen ihrer begrenzten Lebensdauer und geringen Überlastbarkeit für unsere Zwecke nicht in Frage kommen konnten. Es mußten Stromrichter angestrebt werden, deren Lebensdauer der der Maschinen annähernd entspricht, und hierfür kam nur die sich stets selbst erneuernde Quecksilberkathode in Frage. Es galt

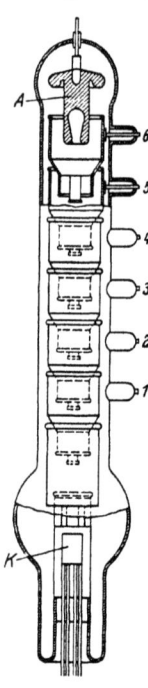

Abb. 84. Schnitt durch ein Glühkathodenstromtor mit kapazitiv gesteuerten Zwischenelektroden.

2. Einanodige Quecksilberdampf-Höchstspannungsstromrichter.

also festzustellen, ob sich auch mit Quecksilberkathoden ähnliche Ergebnisse, vor allem hinsichtlich der Sperrfestigkeit der Gefäße, erzielen lassen würden wie mit Glühkathoden.

Obwohl für die Übertragung der Baugrundsätze der kapazitiv gesteuerten Glühkathodenstromtore auf Gefäße mit Quecksilberkathoden eine Reihe von Wegen offenstanden, wurde eine Gefäßbauform gewählt, die im Laufe der Weiterentwicklung mit Rücksicht auf die steigenden Anforderungen an die Gefäße hinsichtlich Leistung und Spannung nur verhältnismäßig geringen Änderungen im Grundaufbau unterworfen werden mußte. Die bewährten baulichen Grundsätze und Konstruktionselemente aus dem Niederspannungsgebiet wurden beim Entwurf weitgehend verwendet. Die in erster Linie von M. BOSCH und E. v. AUFSCHNAITER durchgebildeten Gefäße haben im Laufe der Entwicklung den Erwartungen gut entsprochen und die Verwendbarkeit der Höchstspannungs-Einanodengefäße so weit abgeklärt, daß eine Gleichstromübertragung damit ausführbar erscheint.

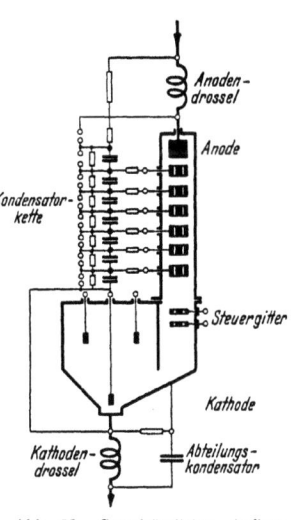

Abb. 85. Grundsätzlicher Aufbau eines einanodigen Höchstspannungsstromrichters.

Die grundsätzliche Gefäßbauform zeigt schematisch Abb. 85. Verwendet wurde ein geschweißtes Eisengefäß mit exzentrisch angeordnetem Anodenaufbau. Die Kathode wurde aus den bewährten Bauelementen der Kleineisenstromrichter zusammengestellt. Über dem Quecksilberspiegel ist eine Zündanode angeordnet, gegen die mit Hilfe einer Spritzspule und mit Hilfe eines Magnetkernes ein Quecksilberstrahl geschleudert wird. Es handelt sich um eine Anwendung der bekannten Spritzzündung. Zur Aufrechterhaltung des Kathodenflecks sind zwei Erregeranoden vorgesehen, die in einer besonderen Schaltung mit Wechselstrom betrieben werden. Während bei kleineren Versuchsgefäßen Luftkühlung vorgesehen wurde, sind bei den Gefäßen für große Ströme Kessel und Kathode sowie der Anodenraum mit einer Isolierflüssigkeit gekühlt. Verwendet wurde hierfür Transformatorenöl, doch ist ein Übergang auf nicht brennbare Flüssigkeiten, wie Clophen, ohne weiteres möglich. Die Kühlung erfolgt so, daß die Kesseltemperatur etwa 15 bis 20° C beträgt und der Anodenraum zwecks Vermeidung von Quecksilberkondensation wärmer, d. h. auf einer Temperatur von 50 bis 60° C, gehalten wird. Über der Kathode ist im Kesselinnern ein Kühler angeordnet, der ebenfalls von der Kühlflüssigkeit durchströmt wird und eine wirksame Niederschlagung des überschüssigen Quecksilberdampfes bewirkt. Die exzentrische Anordnung von Kathode und Anode vermeidet das Mitreißen von Quecksilberteilchen in den Anodenraum.

Das Anodenrohr ist aus zylindrischen Porzellanteilen zusammengesetzt. Wie ersichtlich, sind zunächst zwei Steuergitter vorgesehen, die an der dem Kessel zugewandten Seite liegen. Die Gitter wurden parallel geschaltet, um eine sichere Steuerung zu erreichen. Spätere Versuche zeigten, daß ein Steuergitter genügt. Über dem Steuergitter ist eine Reihe von Zwischenelektroden angeordnet, die aus bestem Anodengraphit hergestellt sind, und schließlich ist im Anodenkopf die ebenfalls aus Graphit bestehende Anode zu erkennen. Die Zwischenelektroden sind kapazitiv gesteuert. Jede Zwischenelektrode ist über einen strombegrenzenden Widerstand an den kapazitiven Spannungsteiler gelegt, dessen Kondensatoren als Porzellankondensatoren gebaut und in einem Hartpapierzylinder befestigt sind, der ähnlich wie die Anoden auf dem Deckel des Gefäßes angeordnet ist. Schließlich ist noch eine Anodendrossel angedeutet, die als Luftdrossel ausgeführt wird und zur Unterdrückung von Schaltschwingungen und gleichzeitig durch Vergrößerung der Überlappungsdauer zur Verminderung der Restionisation dient, wie auf S. 99 bereits erläutert wurde. Die Gefäße sind mit den üblichen Pumpen zur Vakuumhaltung versehen, da man bei dem Versuchscharakter zunächst mit Änderungen rechnen mußte und eine pumpenlose Ausführung der Gefäße nur die Versuchsbedingungen erschwert hätte. Auf die Anordnung der Pumpen und der Hilfsbetriebe für die Gefäße wird weiter unten näher eingegangen. Im übrigen handelt es sich hierbei nur um bewährte, für die Höchstspannungsgefäße abgewandelte Konstruktionen.

Besonderes Interesse dagegen mußte die Durchbildung des Anodenraumes beanspruchen, die erforderlich war, um die geforderte hohe Sperrspannung zu erreichen. Für die zunächst in Aussicht genommene Großversuchsanlage „Charlottenburg—Moabit", über die noch zu berichten sein wird, sollten zunächst Gefäße für 100 kV und etwa 100 bis 150 A Gleichstrommittelwert für eine Drehstrombrückenschaltung entwickelt werden; für eine noch größere Anlage waren Gefäße für 100 kV, 250 A vorgesehen. Die Gefäße für die Anlage „Charlottenburg— Moabit" wurden zunächst mit luftgekühlten Anoden und später, wie auch die größeren Gefäße für die zweite Anlage, mit ölgekühlten Anoden versehen. Um Klarheit über das Verhalten dieser kapazitiv gesteuerten Entladungsstrecken zu gewinnen, wurde eine Reihe von Versuchsausführungen eingehenden Proben unterworfen.

Mit besonderer Sorgfalt wurde die Ausbildung der aus Graphit hergestellten Zwischengitter durchgeführt, um eine genügende Sperrfestigkeit der Entladungsstrecke zu gewinnen. Werden die Zwischenräume zwischen den Elektroden durch Konusflächen begrenzt, so bildet sich ein zu diesen Flächen senkrechtes homogenes Feld aus. Man erreicht dies in Annäherung mit zylindrischen Einsätzen, deren beiderseitige Enden Konusflächen begrenzen. In Abb. 86a sind die Einsätze schematisch im Schnitt dargestellt und die senkrecht zum Spalt zwischen zwei Einsätzen einfallenden Feldlinien angedeutet. Die Länge der Querfläche ist dadurch bestimmt, daß die den oberen Rand der einen Fläche streifende Feldlinie den unteren des darüberliegenden Einsatzes trifft, da die Formgebung so zu wählen ist, daß kein Ladungsträger aus einem Einsatzzwischenraum in den nächsten gelangt. Die Teilung τ, die mit der Zahl der Einsätze im wesentlichen die Höhe der Anodenrohrkonstruktion bestimmt, hängt in erster Linie von der Länge a ab und damit von der Neigung der Konusfläche. Die kleinste Länge a erhält man, wie leicht ersichtlich, für einen Winkel von 45°.

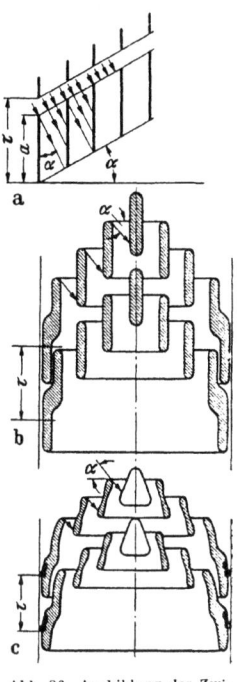

Abb. 86. Ausbildung der Zwischengitter im Anodenraum.

Abb. 86b zeigt zwei zylindrisch geformte Einsätze, die für $\alpha = 45°$ entworfen sind. Die an den Kanten abgerundeten Graphitzylinder sind in ihrer Stärke so gewählt, daß hohe Feldstärken vermieden werden und sich eine genügend feste Graphitkonstruktion ergibt. Wegen der auftretenden Feldverzerrung wird man allerdings mit dieser Konstruktion nicht bis an die minimale Teilung herankommen. Eine Konstruktion der Zwischenelektroden, wie sie den Ausführungen entspricht, zeigt Abb. 86c. Sie erfüllt infolge der großen Abrundungen in besserem Maße die Forderung kleiner Feldstärken. An Hand eines Gummimembranmodells konnte an der Nachbildung gezeigt werden, daß tatsächlich kein Ladungsträger von einem Einsatzzwischenraum zum anderen gelangen kann. Aus Abb. 87 geht der Aufbau einer Zwischenelektrode, wie sie für die großen, ölgekühlten Gefäße angewandt wurde, hervor. Selbstverständlich wurde zu ihrer Herstellung bestes Anodengraphit benutzt.

Unter Berücksichtigung der für die Konstruktion der Zwischenelektroden maßgebenden Gesichtspunkte wurde eine Reihe von Aufbauformen geschaffen, von denen einige kennzeichnende Vertreter kurz beschrieben werden sollen. Selbstverständlich steht der Durchbildung im einzelnen ein verhältnismäßig weiter Spielraum offen. Letzten Endes kann nur der Dauerversuch über die Brauchbarkeit solcher Konstruktionen eine Entscheidung herbeiführen.

Abb. 87. Zwischengitter aus Graphit.

In Abb. 88 ist der Schnitt durch eine luft- und eine ölgekühlte Anodenkonstruktion des Versuchsgefäßes, das in der Drehstrombrückenschaltung für 100 kV und eine Stromstärke von 100 bis 150 A Gleichstrommittelwert ausgelegt ist, im grundsätzlichen Aufbau wiedergegeben. Es sind vor jeder Anode sechs Einsätze vorgesehen, die bei der links dargestellten Konstruktion in einem aus zwei Teilen bestehenden Porzellanrohr eingelassen sind. Die beiden Teile des Porzellanrohres sind durch Lötung miteinander verbunden. Die Einsätze sind, wie oben erläutert, so ausgebildet, daß die Ladungsträger im Anodensystem nur Voltgeschwindigkeiten annehmen können, die der zwischen zwei Einsätzen herrschenden höchsten Spannung entsprechen. Zwischen der Hohlanode, die den obersten Einsatz umgibt, und der Deckelplatte am Anodenkopf sind mehrere Platten als Strahlungsschirm angeordnet. Das zweiteilige Porzellanrohr der Anode ist von einem Hartpapierzylinder umgeben. Zwischen diesem und dem Anodenrohr wird durch ein Gebläse der zur Kühlung der Anode erforderliche Luftstrom hindurchgetrieben. Der Anodenkopf und

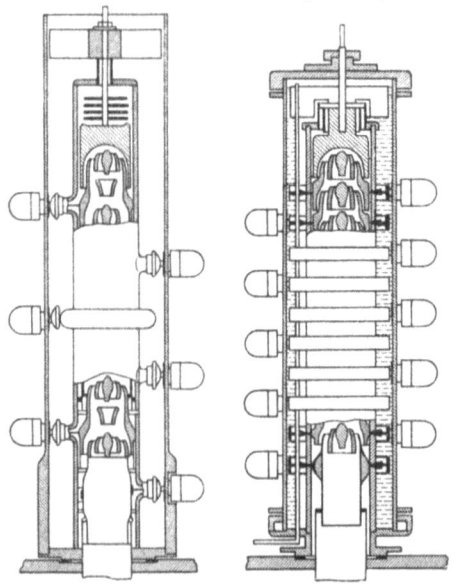

Abb. 88. Aufbau einer luft- und ölgekühlten Anode eines Einanodengefäßes.

Einanodige Quecksilberdampf-Höchstspannungsstromrichter. 133

die Anschlüsse für die Zwischenelektroden tragen Kühlkörper. Die Anode ist mit Hilfe einer Platte und der bewährten Gummidichtung auf das Stromrichtergefäß aufgeschraubt.

Die Luftkühlung wurde nur für die kleineren Gefäße vorgesehen. Sie hat den Nachteil einer verhältnismäßig schwierigen Temperaturhaltung der Anode bei Temperaturänderungen der Außenluft. Diese Rohrkonstruktion der Anode erforderte zwei verhältnismäßig große

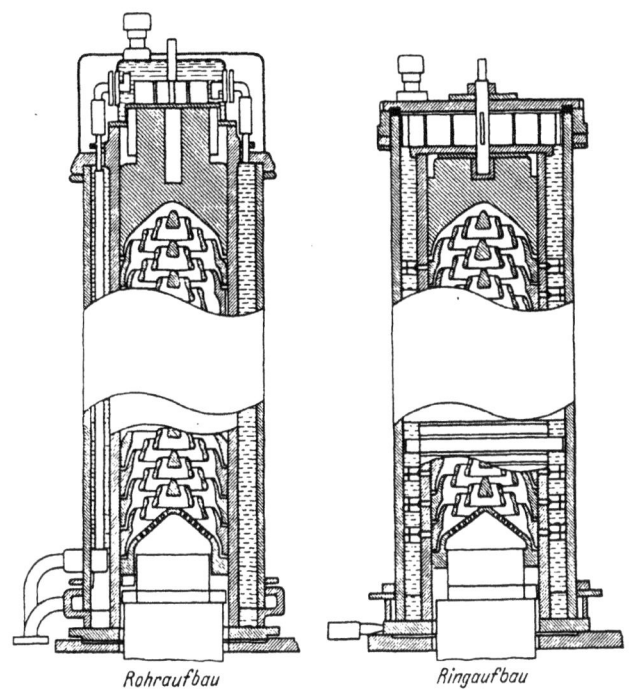

Abb. 89. Rohr- und Ringbauform einer ölgekühlten Anode eines Einanodengefäßes.

Porzellanteile, die schwierig herauszustellen sind und bei der Bearbeitung leicht beschädigt werden können, wenn das Porzellan nicht spannungsfrei ist. Außerdem erscheint es zweckmäßig, diese in elektrischer Hinsicht sich durchaus bewährende Bauform auf die Verwendung leicht herstellbarer, sich wiederholender Einzelteile zurückzuführen. Diese Überlegungen führten zur ölgekühlten Anode in der sogenannten Ringbauform, wie sie Abb. 88 rechts zu entnehmen ist. Sie wurde für Versuchszwecke in drei Abarten mit drei, sechs und neun Zwischenelektroden gebaut, um den Einfluß der Zahl der Einsätze kennenzulernen.

Diese Ringbauform ist so entwickelt worden, daß jede Zwischenelektrode mit einem dazugehörigen Porzellanring eine konstruktive Einheit bildet, so daß man die Zahl der Zwischenelektroden gewissermaßen durch Aufstocken beliebig vermehren kann. Zwischen dem auf diese Weise durch Verlötung der Porzellanringe gebildeten Anodenkörper und dem äußeren aus Hartpapier gebauten Zylinder steigt das Kühlöl von unten nach oben und fließt vom Anodenkopf durch ein Ölrohr in den Ölrückkühler zurück. Die Strahlungsbleche im Anodenkopf sind bei dieser Kühlung entbehrlich. Durch den Aufbau des Anodenrohr-Isolationskörpers aus Porzellanringen werden auch die geschilderten Schwierigkeiten der Bearbeitung der großen Porzellanzylinder vermieden. Schließlich zeigen die Schnitte in Abb. 89 noch den Aufbau der Anode der größeren Gefäße für 250 A in Drehstrombrückenschaltung. 24 Gefäße dieser Bauart ergeben eine 100 MW-Stromrichtereinheit. Beide Anodenbauformen sind für Ölkühlung vorgesehen. Die linke weist die Rohrbauform auf, bei der die Einsätze wieder in zwei verlöteten Porzellanzylindern eingebettet sind, die rechte zeigt die Ringbauform. Abb. 90 gibt die Ringbauform mit und ohne Kühlzylinder wieder, während Abb. 91 eine Prüffeldaufnahme des Gefäßes für 250 A bringt und den Aufbau der Anode auf dem Stromrichtergefäß erkennen läßt.

Abb. 90.
Ansicht einer Anode in Ringbauform.

Um die Zündung des Gefäßes zu erleichtern, sind möglichst kleine Teilungen der Zwischenelektroden anzustreben. Mit den beschriebenen Konstruktionen wurde bei ausreichendem Querschnitt für die Entladung eine möglichst kurze Bauart der Anode erreicht. Angestrebt wurde ferner, daß der Spannungsgradient längs der Achse der Einsätze möglichst klein und konstant ist, um eine sichere Abfuhr der im Anodenraum entstehenden Wärme zu ermöglichen und örtliche Überhitzungen zu vermeiden. Wie schon erwähnt, bestehen alle mit der Entladung in Berührung kommenden Teile, also auch die Zwischenelektroden, aus Graphit, um das Ansetzen kathodischer Entladungen und bei Rückzündungen ein Verdampfen des Materials hintanzuhalten. Die Graphitringe einer Zwischenelektrode werden nach Abb. 87 durch drei Streben getragen. Sie gehen von dem zentrisch angeordneten Eisen-

Einanodige Quecksilberdampf-Höchstspannungsstromrichter. 135

körper aus, der ebenso wie die aus Draht gebildeten Streben mit Graphit verkleidet ist, und endigen in dem erkennbaren äußeren Eisenring. Dieser Eisenring wurde im Porzellanzylinder mit Hilfe einer in ihn und das Porzellan über zwei Rillen eingreifenden Spiralfeder befestigt, die in der Lage ist Wärmedehnungen aufzunehmen.

Die Gefäße mit den verschiedenen Anodenbauformen wurden im Prüffeld eingehenden Untersuchungen unterworfen. Der Aufwand an Prüfmitteln ist bei Versuchen dieser Art erheblich. Dabei ist es bei der Leistungsfähigkeit der in Frage kommenden Stromrichter nur möglich, in den Prüffeldern eine Art Typenprüfung vorzunehmen. Die Bewährung im Dauerbetrieb, der sich mindestens über viele Monate zu erstrecken hat, kann erst, wie auf dem gesamten Stromrichtergebiet überhaupt, über die endgültige Bewährung einer Konstruktion Klarheit schaffen. Im Prüffeld ist es nur möglich, während einer verhältnismäßig kurzen Versuchszeit,

Abb. 91. Einanodengefäß der SSW für 250 A, 100 kV in Brückenschaltung.

die im allgemeinen über einige 100 Stunden nicht hinausgehen kann, festzustellen, ob die Gefäße den Bedingungen, für die sie ausgelegt sind, im neuen Zustand entsprechen, ohne daß über das Dauerverhalten oder über den Einfluß der Netze auf den Betrieb Näheres ausgesagt werden kann.

Um vergleichbare Resultate zu gewinnen, wurden die Gefäße im allgemeinen in einer dreiphasigen Sternpunktschaltung durch einen Wasserwiderstand belastet. Abb. 92 zeigt die Grundzüge der Schaltung der Prüffeldanlage. Sie besteht aus zwei Haupttransformatoren mit einer Typenleistung von je 3820 kVA in der Dreieckschaltung mit sechs Sekundärwicklungen und einer Übersetzung von 6/73,5/127 kV bei 6% Streuspannung. Mit den beiden Transformatoren war es möglich, einen internen Kreisbetrieb in Brückenschaltung durchzuführen bzw. bei Parallelschaltung der Haupttransformatoren mit Hilfe eines vorgeschalteten Schwenktransformators, der als Spartransformator mit einer Typenleistung von 1600 kVA ausgelegt war, eine zwölfphasige Netzrückwirkung herbeizuführen. Ein Regeltransformator für 6 kV gestattet eine Spannungsregelung mit den Stufen 3,2 — 3,6 — 4,2 — 4,9 — 5,4 — 5,7 kV verkettet. Seine Typenleistung beträgt 2330 kVA. Er ist ebenfalls als Spartransformator und in Sternschaltung ausgeführt. Die beiden Haupttransformatoren können für Brückenschaltung, Sternpunktschaltung und Saugdrosselschaltung verwendet werden, um

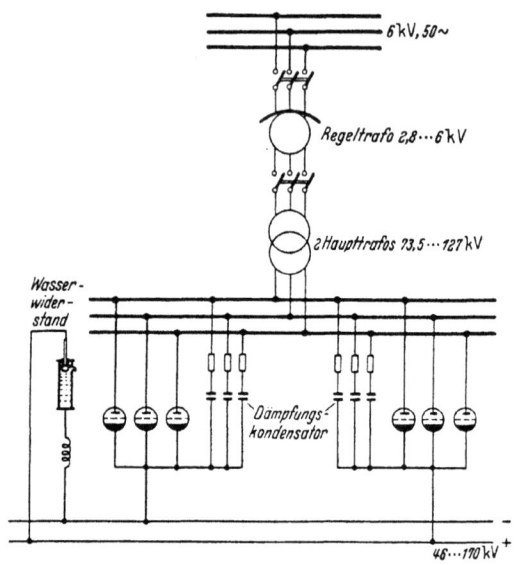

Abb. 92. Prüffeldschaltung für Höchstspannungsstromrichter.

das Verhalten der Gefäße unter verschiedenen Bedingungen festzustellen. Auch die Haupttransformatoren lassen sich in Reihe schalten. In Brückenschaltung ist jeder Haupttransformator für eine Gleichstromlast von 30 A dauernd vorgesehen. Abb. 93 gibt einen Überblick über die als Freiluftstation ausgeführte Transformatorenanlage. Im Vordergrund ist der Regel- und Schwenktransformator aufgestellt, dahinter ist der Haupttransformator und schließlich hinter einer Brandmauer der zweite Haupttransformator angeordnet. Zur Speisung der Anlage stand eine Transformatorenstation von 20 MVA zur Verfügung, die vom Netz der Berliner Licht- und Kraft AG versorgt wurde.

Um bei den Prüfungen nicht immer über Wechselrichter rückarbeiten zu müssen und die Anlage durch Parallel- oder Reihenschaltung der Haupttransformatoren leistungsfähiger zu gestalten, wurde ein besonderer Wasserwiderstand nach Angaben von M. BOSCH entwickelt und im Prüffeld aufgestellt (ähnlich Abb. 174). Er gestattet die Vernichtung einer Leistung von 5000 bis 6000 kW, entsprechend 100 kV und 50 bis 60 A. Wasser eignet sich besonders wegen seines hohen spezifischen Widerstandes und seiner hohen spezifischen Wärme zur Vernichtung so erheblicher Leistungen. Der Widerstand ist aus Tonröhren aufgebaut, die durch Winkelstücke aus Metall verbunden sind. Die Isolierröhren sind mit den Winkelstücken durch Muffen abgedichtet.

Abb. 93. Freilufttransformatorenanlage des Prüffeldes für Höchstspannungsstromrichter.

Die metallischen Rohrkrümmer werden als Stromzuführung benutzt. Bei beschränkten Raumverhältnissen, wie sie meist in Prüfanlagen vorliegen, wird man, um an Grundfläche zu sparen, eine vertikale Anordnung der Isolierröhren des Widerstandes vorsehen. Sie werden von horizontal an einem Holzgestell befestigten Stützisolatoren getragen. An der höchsten Stelle des Widerstandes ist ein Steigrohr angebracht, so daß sich keine Dämpfe in der Rohrleitung festsetzen können. Der Wasserzufluß wird durch ein Ventil geregelt und durch einen Druckmesser überwacht; an der Abflußstelle ordnet man zweckmäßig einen Temperaturzeiger an.

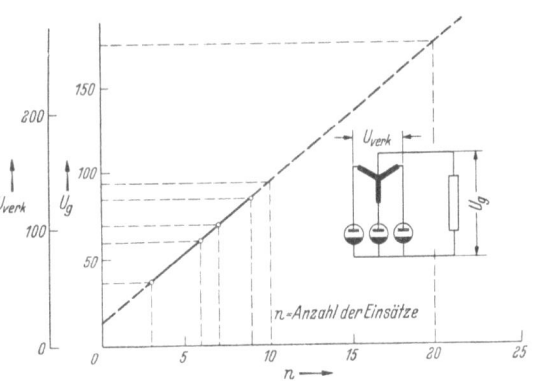

Abb. 94. Spannungsfestigkeit und Einsatzzahl.

Ähnliche Widerstände wurden auch für die Versuchsanlagen vorgesehen, wo sie beim Einfahren und Formieren der Gefäße wertvolle Dienste leisteten.

Abb. 94 zeigt die Dreiphasen-Sternpunktschaltung, in der die Gefäße einer einheitlichen Prüfung mit einem bemerkenswert einfachen Ergebnis unterzogen wurden: *Die Sperrfestigkeit der Gefäße wächst linear mit der Einsatzzahl.* Dieses überaus wichtige Ergebnis berechtigt zu der Annahme, daß sich Gefäße für 200 kV in Brückenschaltung und, wenn nötig, auch für noch höhere Spannungen werden bauen lassen. Man erkennt, daß man mit etwa zehn Einsätzen Gefäße in Brückenschaltung für 100 kV erreicht hat und mit 20 bis 22 Einsätzen zu Gefäßen für 200 kV gelangen kann. Dabei ist hervorzuheben, daß die Meßpunkte der verschiedenen verwendeten Formen der Zwischenelektroden nur wenig von der mittleren Kennlinie abweichen. Bei der Durchführung dieser Messungen ist zu beachten, daß eine sorgfältige Entgasung der Gefäße notwendig ist, um die verhältnismäßig schweren Graphiteinbauten weitgehend von Gasresten zu befreien. In dieser Beziehung muß die Anodenkonstruktion mit Weichlotverbindungen wegen ihrer beschränkten Temperaturfestigkeit nachteilig bewertet werden, da sie hohe Entgasungszeiten erfordert. Für endgültige Ausführungen ließen sich z. B. mit Druckglasverbindungen, die Temperaturen von einigen 100° C standhalten, weit geringere Entgasungszeiten erreichen. Für Versuchszwecke muß die Weichlotverbindung, da sie leicht herzustellen bzw. aufzutrennen ist, als erleichternd bezeichnet werden.

Eine genauere Betrachtung der Prüfergebnisse ergab die Tatsache, daß die Konstruktion der großen Anodenbauform hinsichtlich der erforderlichen Anodenlängen besonders günstig liegt, d. h. kurze Gesamtentladungsstrecken ergibt. Die Spannungsgradienten, bezogen auf die Anodenachse, schwanken je nach Bauart nur um verhältnismäßig geringe Werte, die zwischen 0,330 bis 0,375 V/cm liegen, und zwar bei einem Gleichstrom zwischen Anode—Kathode bei den kleineren Gefäßen von 40 A, bei den größeren von 70 A. Geringe Differenzen in den Werten dürften auf etwas verschiedene Temperaturverhältnisse im Anodenraum zurückgeführt werden können. Eine verhältnismäßig geringe Stromabhängigkeit wurde beobachtet. Die spezifische Anodenbelastung liegt dabei an der unteren Grenze der bei Sendegleichrichtern üblichen.

Die Brennspannungsabfälle liegen bei den Gefäßen je nach Einsatzzahl, Temperatur im Anodenraum und Belastung, bei Einsatzzahlen bis zu 10, erstaunlich niedrig, etwa zwischen 50 bis 60 V.

Diese geringen Spannungsabfälle in den Gefäßen beeinflussen damit den Wirkungsgrad einer Gleichstrom-Hochspannungsübertragung in kaum merklichem Maße. Sie sind nur von Interesse für die Bemessung der Kühlkreise der Gefäße.

Auch die AEG legte ihrer Entwicklung von Höchstspannungsstromrichtern Einanodengefäße zugrunde, die in ihrem äußeren Aufbau denen der SSW ähnlich sind (Abb. 95). Bei diesen Gefäßen wurde die Kathode zentrisch zur Anode gewählt. Die Stromrichter sind mit einer Vor- und Feinpumpe zur Vakuumhaltung ausgerüstet. Die Entladungsstrecke wird ebenfalls durch kapazitive Spannungsteiler gesteuert. Für die Kühlung wurde Clophen vorgesehen. Die Gefäße sind auf Stützern zur Isolation gegen Erde aufgestellt. Die für die in Abschnitt VIII behandelte Anlage Elbe—Berlin bestimmten Gefäße waren für 120 kV Sperrspannung und 150 A ausgelegt.

In Schweden hat die ASEA ebenfalls für die Gleichstromübertragung einanodige Stromrichter bei Anwendung der Brücken- bzw. Brückenreihenschaltung entwickelt. Für die im Abschnitt VIII erwähnte Versuchsanlage Trollhättan wurden die Gefäße in Brückenschaltung für 50 kV und 70 A ausgelegt. Ebenso wie bei den Gefäßen der AEG sind Anode und Kathode hier zentrisch angeordnet. Nach den verschiedenen Versuchsstadien, die die Durchbildung des Anodenraumes erfahren hat, gelangte man auch hier zur Anwendung potential gesteuerter, metallisch ausgeführter Zwischengitter, die an einen Ohmschen Spannungsteiler angeschlossen sind. Die Widerstände sind außerhalb des Anodenisolators auf dem Gehäuse aufgebaut und

Abb. 95. Hochspannungsstromrichter der AEG, Sperrspannung 150 kV, Gleichstrom 150 A in Drehstrombrückenschaltung.
1 Anodenkühler, *2* Anodenisolator, *3* Anschlüsse für Zündung, Erregung und Gitter, *4* Gefäßmantel, *5* Hochvakuum- und Vorpumpe, *6* Strahlungsschutz.

mit vakuumdichten Einführungen an die Zwischengitter angeschlossen. Das Steuergitter liegt der Kathode wieder am nächsten. Schwierigkeiten ergaben sich offenbar bei den großen Ionengeschwindigkeiten mit der Zerstäubung der metallischen Einbauteile im Anodenraum, da sich dieser Staub an den Flächen der Isolatoren absetzt und sie überbrückt. Günstiger dürfte sich Graphit verhalten, aber nur ein Dauerbetrieb kann für jede Anodenkonstruktion diesbezüglich Aufschluß geben.

Ähnlich wie bei den kleineren Versuchsgefäßen der SSW wurde in Schweden Luftkühlung verwendet und der wärmer zu haltende Anodenraum zwecks Vermeidung von Quecksilberkondensation durch Heizkörper angestrahlt. Für leistungsfähigere Gefäße dürfte indessen die

Temperaturhaltung mit einer Isolierflüssigkeit wirksamer und von äußeren Temperaturschwankungen unabhängiger sein. Die Gefäße sind wieder mit einer eingebauten Vor- und Feinpumpe versehen, die auf einem Vorvakuumbehälter arbeitet.

Nach Angaben von U. LAMM wurden mit dem Versuchsgleichrichter von 3000 kW in Trollhättan bei der großen Kurzschlußleistung von 8000 MVA des speisenden Drehstromnetzes Versuche mit künstlich eingeleiteten Rückzündungen durchgeführt, die auch hier die gute Löschfähigkeit der Einanodengefäße mit Hilfe des Steuergitters nachgewiesen haben. 400 künstlich eingeleitete Rückzündungen, die im Abstand von 10 Minuten aufeinander folgten, wurden sämtlich einwandfrei gelöscht. Auch ein selbsttätiges Wiederhochfahren der Stromrichter nach einer kleinsten Blockierungszeit von 0,3 s war möglich, ohne daß eine erneute Rückzündung eintrat.

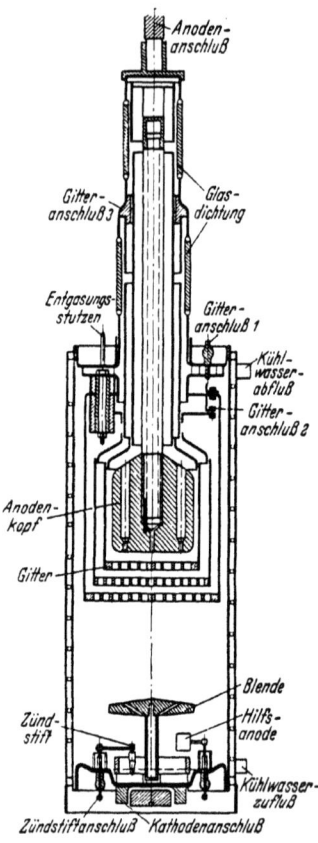

Abb. 95a. Zündstiftgefäß mit Steuergitter (Ignitron) für 15 kV, 150 A.

In den Vereinigten Staaten von Amerika ist man in den letzten Jahren nahezu ausschließlich zum Bau von einanodigen Quecksilberdampf-Stromrichtern übergegangen. Die Allis Chalmers Mfg Co. verwendet ähnlich wie die SSW Gefäße mit Dauererregung (Exitron), während Westinghouse und GEC Zündstiftgefäße (Ignitron) bauen, bei denen keine dauernde Hilfsentladung im Gefäß brennt, sondern die Entladung durch entsprechende Beaufschlagung des Zündstiftes in jeder Periode neu eingeleitet und gesteuert wird. Bei Gefäßen für mittlere und höhere Spannungen werden auch Zündstifte zur Einleitung der Entladung und statische Steuergitter zur Regelung der Gefäße vorgesehen.

Der Aufbau eines Hochspannungsgefäßes mit Zündstift geht aus Abb. 95a hervor. Mit sechs Gefäßen in Brückenschaltung lassen sich nach O. K. MARTI Stromrichtereinheiten für eine Gleichspannung von 15 kV bei 450 A zusammenstellen. Auf dem zylindrischen, mit Wasser gekühlten Eisengefäß ist die Anodendurchführung aufgebaut. Sie sitzt auf einem mit dem Gefäßzylinder verschweißten Flansch und ist mit einer Kovar-Glasverschmelzung vakuumdicht eingeführt. Im Boden des Gehäuses ist die Kathode angeordnet. Zwischen Kathode und dem untersten Gitter ist noch eine Blende eingebaut, um den Anodenraum vor mitgerissenen Quecksilberteilchen zu schützen. Das Gefäß wird nach sorgfältiger Entgasung von der Pumpe abgeschmolzen und arbeitet somit pumpenlos. Um die Anode sind drei Gitter gelegt. Das oberste Gitter ist im Potential gesteuert, das mittlere dient als Steuergitter, und das der Kathode zugewandte Gitter dient zur Förderung der Zündung des Hauptlichtbogens und zur schnellen Entionisierung der Entladungsstrecke.

In die Kathode tauchen bei diesen Hochspannungsgefäßen drei Zündstifte ein, von denen jeweils nur einer betrieben wird. Ferner sind zwei Hilfsanoden über dem Quecksilberspiegel angebracht. Die aus Silizium-Karbid, Bor-Karbid u. ä. hergestellten Zündstifte tauchen in das Kathodenquecksilber ein und haben den Zweck, durch kurzzeitige Beaufschlagung mit einer positiven Spannung einen Kathodenfleck zu erzeugen. Nach J. SLEPIAN und L. R. LUDWIG werden sie bei Niederspannungsgefäßen nicht nur zur Zündung, sondern gleichzeitig auch zur Steuerung der Gefäße benutzt, indem man die Zündimpulse dem Zündstift entsprechend phasenverschoben gegenüber der Anodenspannung zuführt, so daß Steuergitter entfallen können. Allerdings ist der Energieaufwand für diese Zündimpulse etwas größer gegenüber der Gittersteuerung, und die Steuergenauigkeit nicht so groß wie bei Verwendung von Steuergittern. Dieser Hinweis ist zu beachten, da, wie früher gezeigt, die Einhaltung des Sicherheitswinkels der Wechselrichter für die Gleichstromübertragung von entscheidender Bedeutung ist. Man kann diese Nachteile der Zündstiftsteuerung vermeiden, wenn zur Steuerung der Gefäße wie in Abb. 95a ein statisches Steuergitter zu Hilfe genommen wird und der Zündstift etwas mit Voreilung nur zur Einleitung einer Hilfsentladung zwischen ihm und der Hilfsanode benutzt wird, von der der Bogen bei positivem Steuergitter zu einem exakt wählbaren Zeitpunkt auf die Hauptanode übergeht. Der Zündkreis wird mit einer Scheitelspannung von 100 bis 150 V und einem Scheitelstrom von 10 bis 15 A betrieben, und zwar wird eine Kondensatorentladung, die durch gesättigte Drosselspulen gesteuert wird, benutzt. Die Zündstiftsteuerung hat den Vorteil, daß das Gefäß während der Sperrphase, in der keine Hilfsentladung brennt, schnellstens entionisiert wird. Die Gleichrichter mit Zündstiftsteuerung sind kurzzeitig hoch überlastbar, so daß sie besonders für Schaltvorgänge geeignet erscheinen. Indessen zeigen Zündstiftgefäße wenigstens auf dem Gebiet industrieller Anlagen noch eine verhältnismäßig hohe Rückzündungshäufigkeit. Man wird die weitere Entwicklung hinsichtlich ihrer Eignung für Hochspannungsanlagen abwarten müssen. Immerhin wurden mit den beschriebenen Gefäßen in den Jahren 1943/1944 Netzkupplungsumformer zur Verbindung von Drehstromnetzen mit 25/60 Hz bzw. 40/60 Hz mit Gleichstromzwischenkreis bis 30 kV in Einheiten bis 10000 kW erstellt, die man auch als Versuchsanlagen zur Gleichstromübertragung auffassen kann.

3. Aufbau der Stromrichtergerüste und Hilfsbetriebe.

Für die Versuchsanlagen schien es wünschenswert, jedes Einanodengefäß mit Zubehör als eine konstruktiv leicht auswechselbare Einheit auszubilden, um bei notwendigen Änderungen schnell Reserveeinheiten einstellen zu können und mit den Versuchen schneller vorwärts zu kommen. Für endgültige Großanlagen lassen sich billigere und ein-

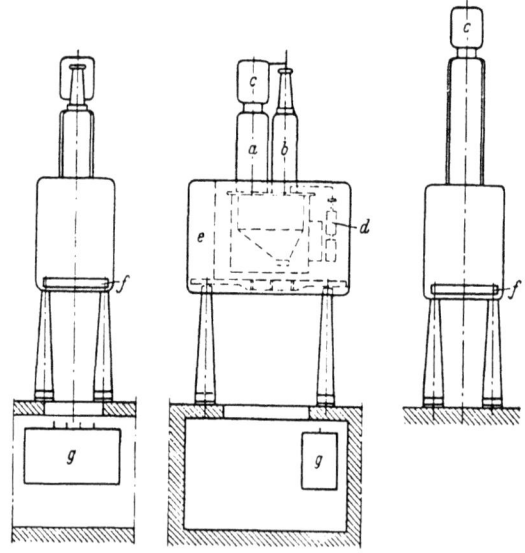

Abb. 96. Aufbau der Stromrichtergerüste für 100 kV und 200 kV.

fachere Lösungen finden. Es wurde angestrebt, das Stromrichtergefäß mit Zubehör in einem fahrbaren Stromrichtergerüst unterzubringen. Die Brückenschaltung mit wahlweiser Erdung der Gleichstrompole erfordert die isolierte Aufstellung der Gefäße. Drei Gefäße der Brückenschaltung, die gleiches Kathodenpotential besitzen, lassen sich auf einem gemeinsamen Isoliergerüst unterbringen. Der Einheitlichkeit wegen wurde hiervon abgesehen und jedes Gefäß für sich als fahrbare Einheit gebaut. Der Aufbau der 100 kV/250 A-Type sowie der in Aus-

Aufbau der Stromrichtergerüste und Hilfsbetriebe. 143

sicht genommenen Gefäße für 200 kV, 250 A kann Abb. 96 entnommen werden. Gefäß und Zubehör, wie Pumpe und Erregersatz, Gittersteuerung, Spannungsteiler für die Anoden und die Anodendrossel, sind auf einem fahrbaren Gerüst untergebracht und werden durch vier Stützer getragen. Die hohen Spannungen gegen Erde erfordern besondere Maßnahmen für die Kühlung der Gefäße, die Speisung der Hilfsbetriebe und die Übertragung der Steuerimpulse für die Gittersteuerung von Erde auf die jeweiligen Kathodenpotentiale der Stromrichter. Zur Speisung der Hilfsbetriebe ist für jedes Stromrichtergerüst ein einphasiger Spannungswandler vorgesehen, dessen Sekundärwicklung gegen die Primärseite und Erde für eine Betriebsspannung von 120 kV isoliert ist. Die Hilfsbetriebe mußten daher für Einphasenanschluß vorgesehen werden. Ihre Schaltung ist in vereinfachter Form, die das Wesentliche erkennen läßt, in Abb. 97 dargestellt.

Der *Pumpensatz*, der der Vakuumhaltung und Überwachung dient, umfaßt die Vorvakuumpumpe *21* mit einphasigem Antriebsmotor und angebautem Schwimmerventil, den Vakuumbehälter mit Rückschlagventil und Druckrelais *22*, eine dreistufige Leybold-Feinpumpe *23* mit Ölkühlung, ein verkürztes Mac-Leod-Meßgerät, eine Pirani-Sonde *24* mit dem Vorsatzgerät *25*. Die Vorvakuumpumpe *21* wird durch das Druckrelais *22* in Abhängigkeit vom Druck im Vorvakuumbehälter ein- bzw. ausgeschaltet. Man erreicht damit, daß die Vorvakuumpumpe nur kurzzeitig eingeschaltet ist und im Vorvakuumbehälter jeweils ein Druck unterhalb des für die Wirksamkeit der Feinpumpe zulässigen Höchstdruckes aufrechterhalten wird.

Der *Erregersatz* dient zur Zündung und Aufrechterhaltung des Erregerlichtbogens. Er ist als Wechselstromerregersatz ausgeführt, wobei die beiden in Reihe geschalteten Streutransformatoren *41* die zwei Erregeranoden speisen, die im Stromrichtergefäß angeordnet sind. Sie versorgen außerdem über den Trockengleichrichter *42* und das Erregerrelais *43* die Zündanode *9*. Die Spritzspule für die Zündung wird vom Hilfstransformator *44* über das Erregerrelais *43* und das Zündrelais *45* gespeist. Der Zündvorgang wird durch das Erregerrelais unterbrochen, sobald die beiden Erregeranoden brennen.

Für den *Kühlsatz* muß ein isolierendes Kühlmittel verwendet werden, um eine Überwachung und Beeinflussung der Kühlkreise von Erde aus bewirken zu können. Wie schon erwähnt, wurde dafür Transformatorenöl gewählt, das den Entladungsgefäßen durch Porzellanrohre zu- bzw. von ihnen abgeführt wird. Die Kühlung des Kesselöles auf eine Temperatur von 15 bis 20° C erfolgt in einem für alle Gefäße gemeinsamen Rückkühler durch Wasser. Zur selbsttätigen Temperaturregelung ist ein Thermostat vorgesehen, dessen Geber im Ölzulauf zu dem Stromrichtergefäß liegt und der über ein Ventil die dem Rückkühler zufließende

144   Stromrichter.

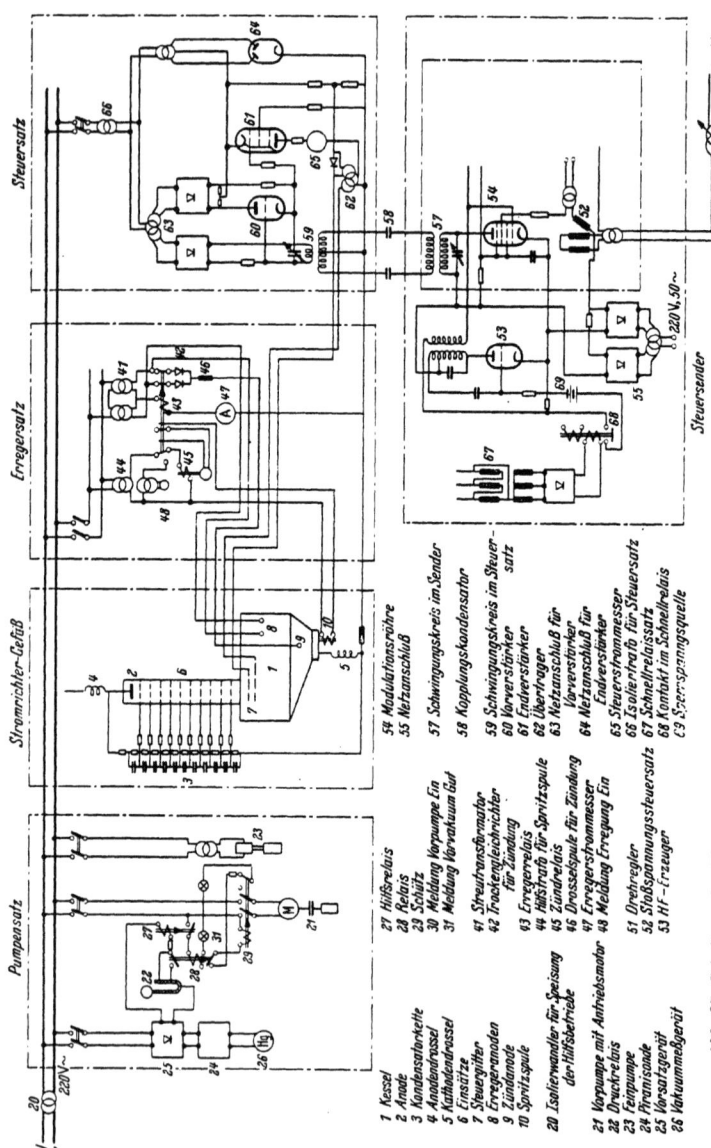

Abb. 97. Schaltung der Hilfsbetriebe und Gittersteuerung eines Hochspannungsstromrichters.

1 Kessel
2 Anode
3 Kondensatorkette
4 Anodendrossel
5 Kathodendrossel
6 Einsätze
7 Steuergitter
8 Erregeranoden
9 Zündanode
10 Spritzspule
20 Isoliertransformator für Speisung der Hilfsbetriebe
21 Vorpumpe mit Antriebsmotor
22 Druckrelais
23 Feinpumpe
24 Phonisade
25 Vorsatzgerät
26 Vakuummeßgerät
27 Hilfsrelais
28 Relais
29 Schütz
30 Meldung Vorpumpe Ein
31 Meldung Vorvakuum Gut
41 Steuertransformator
42 Trockengleichrichter für Zündung
43 Erregerrelais
44 Hilfstrafo für Spritzspule
45 Zündrelais
46 Drosselspule für Zündung
47 Erregerstrommesser
48 Meldung Erregung Ein
51 Drehregler
52 Stoßspannungssteuersatz
53 HF-Erzeuger
54 Modulationsröhre
55 Netzanschluß
57 Schwingungskreis im Sender
58 Kopplungskondensator
59 Schwingungskreis im Steuersatz
60 Vorverstärker
61 Endverstärker
62 Überträger
63 Netzanschluß für Vorverstärker
64 Netzanschluß für Endverstärker
65 Steuerstrommesser
66 Isolierstrafo für Steuersatz
67 Schnellrelaissatz
68 Kontakt im Schnellrelais
69 Steuerspannungsquelle

Kühlwassermenge beeinflußt. Das vom Kesselölkreis getrennte Anodenöl wird in je einem, dem einzelnen Stromrichtergerüst zugeordneten Kühlsatz rückgekühlt. Zu diesem Zweck ist im Fuße des Stromrichtergerüstes ein kleiner Rückkühler vorgesehen, in dem das Anodenöl von dem aus dem Kessel rückströmenden Kesselöl rückgekühlt bzw. durch eine elektrische Heizvorrichtung angewärmt wird. Die Kühlung wird von einem Thermostaten gesteuert, dessen Geber im Anodenölzulauf liegt und ein im Kesselölkreis befindliches Zweiwegeventil betätigt. Bei Überschreitung einer einstellbaren Anodenöltemperatur läßt das Thermostatventil das Kesselöl den Rückkühler durchströmen, während bei einer Unterschreitung der Temperatur das Kesselöl unter Umgehung des Anodenrückkühlers abfließt. Ein Temperaturmesser mit einstellbarem Ober- und Unterwertkontakt schaltet bei Unterschreitung einer Mindesttemperatur den Heizkörper zu bzw. bei einer Überschreitung eines festgelegten Höchstwertes ab. Es hat sich gezeigt, daß bei richtiger Einstellung der Regelgeräte ein ordnungsmäßiges Zusammenarbeiten der Kühl- und der Heizeinrichtung gewährleistet ist. Den Ölkreislauf gibt in den Grundzügen Abb. 98 wieder, deren Legende Einzelheiten entnommen werden können.

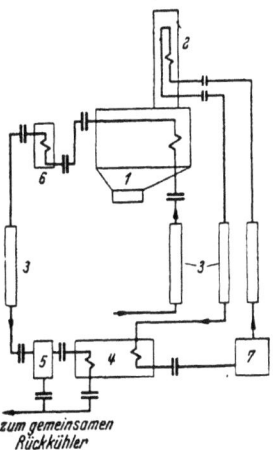

Abb. 98. Kühlkreis eines Hochspannungsstromrichters.
1 Stromrichtergefäß, *2* Anode, *3* Ölleitungsisolator, *4* Rückkühler, *5* Mischventil, *6* Feinpumpe, *7* Pumpe.

Die räumliche Anordnung eines Stromrichtergerüstes für ein Gefäß der 100 kV/100 A-Type mit luftgekühlten Anoden geht aus Abb. 99 hervor. In dem mit *1* bezeichneten Gerüst ist etwa in der Mitte das Gefäß *2* zu erkennen sowie die Rückseite der mit *3* bezeichneten Tafel, die die Geräte für den Pumpensatz trägt, der ebenso wie die übrigen Kreise der Hilfsbetriebe von dem Einphasenspannungswandler *11* gespeist wird. Der hochspannungsseitig liegende Empfangsteil der als Hochfrequenzsteuerung ausgeführten Gittersteuerung ist mit *4* bezeichnet und von dem auf der Niederspannungsseite liegenden Geberteil durch einen Kopplungskondensator *9* getrennt. Auf die Gittersteuerung wird weiter unten noch näher eingegangen. An der Vorderfront angebracht ist der Erregersatz *5* mit den Schaltern *6* und zugehörigen Sicherungen für die Hilfsstromkreise sowie die Meßinstrumente *7*, die einen Stromzeiger für den Anodenstrom, für den Erreger- und Steuerstrom und einen Vakuumzeiger umfassen. Schließlich sind noch die Porzellanrohre *10* zu erwähnen für die Zu- und Abfuhr des Kühlöles für den Gefäßkessel sowie die Instrumente *12*, die im Fuße des geerdeten Unterspannungsteiles angeordnet sind und zur Kontrolle des Kühlöles dienen. Diese Isolierrohre wurden in der endgültigen Ausführung mit neun Freiluftschirmen versehen, um der Überschlagsgefahr zu begegnen, die durch Feuchtigkeitsniederschläge infolge der tiefen Kühlöltemperatur entsteht.

Abb. 99. Aufbau eines Hochspannungsstromrichters.

Den Prüffeldaufbau eines Gleichrichters in Brückenschaltung stellt Abb. 100 dar. Dem Bild können die Dämpfungskreise entnommen werden, die aus den Widerständen *1* und Kondensatoren *2* bestehen, ferner der auf der Hochspannungsseite angeordnete Strommesser *3* sowie die Sammelschienen *4*. *6* stellt ein Gefäß mit luftgekühlter Anode *7* dar. Mit *8* ist die im Gleichstromkreis liegende Glättungsdrossel, mit *9* sind die Anodendrosseln bezeichnet.

Die konstruktive Durchbildung der Stromrichtereinheiten kann manchen Wandlungen unterworfen werden. So kann man die Gefäße selbst fahrbar gestalten und die isolierenden Unterbauten fest anordnen, wobei die Gefäße, die gemeinsames Kathodenpotential aufweisen, zusammengefaßt werden können. Die einzelnen Geräte der Hilfsbetriebe, wie Pumpe, Erreger und Steuersatz, werden dann als selbständige Konstruktionselemente auf den Isolierunterlagen aufgestellt. Man kann dann auf die gemeinsame Verkleidung der Apparatetafel verzichten.

Abb. 100. Sechs Hochspannungsstromrichter in Brückenschaltung für 100 kV im Prüffeld.

4. Die Gittersteuerung für die Stromrichter.

Aus schon früher erörterten Gründen soll die Gittersteuerung möglichst trägheitslos arbeiten. Die Betriebs-, also Geberseite für die Beeinflussung der Steuergitter war im Niederspannungskreis vorzusehen und somit von der Empfängerseite, die auf Gefäßpotential liegen muß, elektrisch zu trennen. Es wurde deshalb auf einen Vorschlag von O. WEDEL zurückgegriffen, eine Hochfrequenzsteuerung mit kapazitiver Ankopplung der Niederspannungsseite vorzusehen, eine Steuerung, die sich betriebsmäßig gut bewährt hat.

10*

In Abb. 97 ist die grundsätzliche Schaltung dieser Hochfrequenzsteuerung wiedergegeben, die den auf Erdpotential angeordneten Senderteil der Gittersteuerung enthält, den Hochfrequenzerzeuger *53*, einen Röhrengenerator für 1 MHz und sechs Modulationsröhren *54*, von denen je eine einem Stromrichtergefäß zugeordnet ist. Ein Steuer-

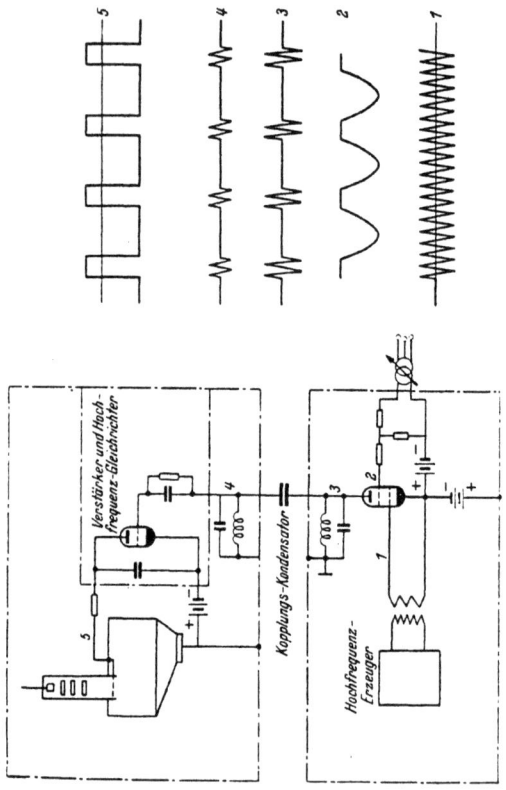

Abb. 101. Wirkungsweise der Gittersteuerung mit modulierter Hochfrequenz.

gitter der Modulationsröhre wird mit Hochfrequenz beschickt und erhält von einem Stoßspannungssatz *52* auf ein zweites Steuergitter die 50 Hz Modulationsspannung, die mit Hilfe des Drehreglers *51* in ihrer Phasenlage verschoben werden kann. Sie erzeugt während der positiven Zeit des Modulationsgitters Hochfrequenzimpulse, die dem Schwingungskreis *57* zugeführt werden. Die in ihrem Mittelpunkt angeordnete Sekundärspule der Schwingungsdrossel speist über die beiden Kopplungskondensatoren *58* den in gleicher Weise geschalteten Schwingungskreis *59* des auf Gefäßpotential befindlichen Empfängerteils des Steuersatzes. Über die Kopplungskondensatoren sind Hoch- und Niederspannung getrennt. In einem Vorverstärker *60* und einem Endverstärker *61* werden die Hochfrequenzimpulse verstärkt und in rechteckförmige Steuerspannungen zur Speisung der Steuergitter *7* des Stromrichtergefäßes über den Übertrager *62* umgewandelt. Abb. 101 zeigt in schematischer Form die Hochfrequenzspannung *1*, die den Modulationsröhren *54* zugeführt wird, die Spannung *2*, die vom Stoßsteuersatz auf ein zweites Gitter der Modulationsröhre gegeben wird, ferner unter *3* die Hochfrequenzimpulse, die auf den Schwingungskreis *57* gelangen, sowie die übertragenen Impulse *4* auf den Schwingungskreis *59*. Mit *5* sind die rechteckförmigen Steuerimpulse bezeichnet, die den Gittern der Stromrichtergefäße vermittelt werden.

Die Kopplungskondensatoren sind für eine Betriebsspannung von 100 kV bemessen. Sie sind mit den Schwingkreisdrosseln so zusammengeschaltet, daß störende Einflüsse von außen her oder plötzliche Änderungen der Gefäßspannung gegen Erde, wie sie bei Zündvorgängen auftre-

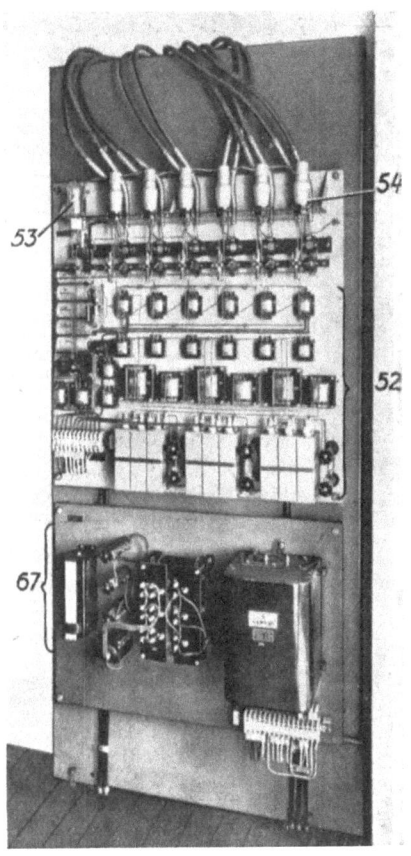

Abb. 102. Steuersender der Gittersteuerung.

ten, keinen Einfluß auf die Steuerung ausüben können. Mit dem Steuersender ist ein von den Primärwandlern gespeister Schnellrelaissatz *67—68* zusammengebaut. Spricht bei einer Störung das Schnellrelais *68* an, so schließt es mit seinem Kontakt die mit der Hochfrequenz gespeisten Steuergitter der Modulationsröhre *54* an die Sperrspannung *69* an, so daß die Zündimpulse augenblicklich verschwinden. Der Energiebedarf der Steuerung ist außerordentlich gering und beträgt nur einige hundert Watt.

Die Regelung kann für Einstell- und Prüfarbeiten entweder von Hand mit Hilfe des Drehreglers *51* vorgenommen werden oder mit Hilfe eines Röhrenreglers, der die Netz- und Stabilitätsverhältnisse berücksichtigt und der in den Stoßspannungssatz *52* eingreift. Dieser Röhrenregler erzwingt das Regelgesetz, das man je nach den Aufgaben der Gleichstromübertragung dem Gleich- oder Wechselrichterteil zu erteilen hat, nach Gesichtspunkten, wie sie in Abschnitt II ausführlich dargelegt wurden.

Der Senderteil der Gittersteuerung ist in Abb. 102 gezeigt. Die Bezeichnungen stimmen mit den im Schaltbild gegebenen überein.

5. Mehranodige Quecksilberdampf-Höchstspannungsstromrichter.

Wie schon unter 1. in diesem Abschnitt erwähnt, legte BBC-Schweiz seiner Entwicklung von Höchstspannungsstromrichtern mehranodige Gefäße zugrunde und hat als ersten bedeutsamen Schritt 1939 für die Übertragung Wettingen—Zürich sechsanodige Stromrichter für 50 kV, 10 A Dauerlast erstellt. 1941 wurden mit weiterentwickelten Konstruktionen, ebenfalls mit sechsanodigen Gefäßen, im Prüffeld in zweiphasiger Schaltung mit je drei Anoden parallel 30 kV, 300 A erreicht, wobei auch bei diesen Versuchen der Ausgestaltung der Anoden besondere Aufmerksamkeit gewidmet wurde.

Die weitere Entwicklung führte zu sechsanodigen Stromrichtern wieder in zweiphasiger Schaltung mit je drei über Anodendrosseln parallel geschalteten Anoden für 400 A Gleichstrom und einer Gleichspannung von 30 bis 35 kV. Bei diesen Gefäßen ist man nach C. BRYNHILDSEN von Wasser- auf Luftkühlung übergegangen, um die bei Wasserkühlung für verschiedene Konstruktionsteile bestehende Korrosionsgefahr zu vermeiden. Abb. 103 zeigt einen solchen Stromrichter, der für den Bau einer Versuchsanlage von 40 MW bei 100 kV von Mannheim nach Karlsruhe bestimmt war. Drei Gefäße in zweiphasiger Schaltung für je 33 kV sollten die gewünschte Spannung von 100 kV ergeben.

Zur Vergrößerung der Kühloberfläche wurde das Stromrichtergefäß mit Kühlrohren durchsetzt, die im Boden und Deckel eingeschweißt sind. Die Kühlrohre sind so im Gehäuse angeordnet, daß sich die Entladung zu den Haupt- und Hilfsanoden ungehindert ausbilden kann und der überschüssige Quecksilberdampf vorwiegend an diesen Kühlrohren niedergeschlagen wird. Die Kühlluft wird der Kathode und den Kühlrohren durch eine trichterförmige Verschalung von unten her zugeführt, die Abluft von einem am Gehäusedeckel angeordneten Sammelraum durch die seitlich angeordneten Abluftrohre zum Rücklaufkanal geleitet. Die Luft wird im Ringlaufverfahren gekühlt, um Staubablagerungen zu vermeiden und eine einwandfreie Temperaturhaltung für die Gefäße zu gewährleisten. Die Abbildung läßt im Vordergrund den

Zentrifugallüfter mit Zuluftkanal und dahinter den Rückkühler erkennen, die geerdet sind. Der Anschluß des Zuluftkanals an das Stromrichtergehäuse erfolgt über einen Isolierzylinder, der Stromrichter selbst ist mit seinen Hilfsbetrieben durch Stützer gegen Erde isoliert. Seine hohl ausgebildete Grundplatte dient als Sammelraum für die Abluft des Stromrichtergefäßes. Die bei dem Stromrichtergefäß angeordneten Anodenaufbauten sind auf Grund sorgfältiger Versuchsreihen

Abb. 103.
Mehranodiger Hochspannungsstromrichter von BBC für 33 kV, 400 A mit Luftringlaufkühlung.

durchgebildet worden, da sie thermisch und elektrisch besonders hohen Beanspruchungen genügen müssen. Die Anodenisolatoren sind mit vakuumdichten Durchführungen für die Anoden, Steuergitter und Steuerelektroden ausgerüstet, die wie die Zwischengitter der Einanodengefäße im Potential gesteuert sind. Für die Gittersteuerung wurde ebenfalls eine Schaltung mit modulierter Hochfrequenz verwendet.

Mit diesen mehranodigen Stromrichtern hat BBC sowohl im Prüffeld wie in der Versuchsanlage Bodio die in Abschnitt VIII angeführten sehr bemerkenswerten Resultate erzielt. Wenn auch die einzelnen Stromrichter für sich ebenso wie die Einanodengefäße noch nicht zu einem genügend rückzündungsfreien Arbeiten gebracht werden konnten, so verspricht doch die Reihenschaltung der Gefäße ein einwandfreies Arbeiten der Gesamtanlage.

6. Die Reihenschaltung gleichzeitig kommutierender Gefäße.

Es hat einer jahrelangen Entwicklung bedurft, bis die Stromrichter im Bereich des Niederspannungsgebietes ein praktisch rückzündungsfreies Arbeiten erreicht haben, und es waren viele Versuche und Betriebserfahrungen notwendig, um die ausgereiften Konstruktionen der mehranodigen Großgefäße zu schaffen, bei denen Rückzündungen sehr selten geworden sind. So findet man in Großanlagen der chemischen Industrie Gefäße, die zwei Jahre und länger ohne jede Rückzündung bei hohen Kurzschlußleistungen der speisenden Drehstromnetze arbeiten, aber selbst innerhalb eines Bädersystems, das meist durch sechs parallel arbeitende Gefäße einer Herstellungsserie gespeist wird, ist die Verteilung der wenigen auftretenden Rückzündungen auf die Gefäße keinen erkennbaren Gesetzmäßigkeiten unterworfen. In den Vereinigten Staaten von Amerika und in Kanada hat man in den letzten Jahren für Anlagen der chemischen Industrie, die bekanntlich höchste Betriebssicherheit im Tag- und Nachtbetrieb erfordern, einanodige Gefäße mit einer Gesamtleistung von mehreren Millionen kW eingesetzt. Man stellte fest, daß ihre Rückzündungshäufigkeit ein Mehrfaches derjenigen der mehranodigen Gefäße betrug und trotzdem ein einwandfreier Betrieb geführt werden konnte. Die Entwicklung dieser Einanodengefäße konnte bis zu einem Gleichstrommittelwert von 1000 A je Anode geführt werden. Ähnliche Erfahrungen haben die SSW bei Einführung von Einanodengefäßen in die chemische Industrie gewonnen und festgestellt, daß eine Rückzündung der parallel arbeitenden Gefäße keineswegs zu einer Betriebsunterbrechung führen muß. Trotzdem wird es stets das vornehmste Bestreben der Stromrichtertechnik bleiben, Gefäße bereitzustellen, die soweit als möglich von dieser Erscheinung befreit sind. Das Ideal, von Rückzündungen völlig freizukommen, wurde aber bei den bisher üblichen Anwendungen der Stromrichter nicht erreicht.

Es ist nicht verwunderlich, daß die für Versuchsanlagen neu entwickelten Gefäße für die Gleichstromübertragung zunächst eine weit größere Rückzündungshäufigkeit aufweisen als die ausgereiften Konstruktionen für Niederspannung. Der besondere Zweck dieser Versuchsanlagen lag darin, diese Hochspannungsstromrichter auf einen technischen Entwicklungsstand zu bringen, der sie zum Einsatz in Großanlagen befähigte, denn mit einer sehr hohen Gefäßzahl in Reihen- und Parallelschaltung, d. h. mit sehr großem Aufwand, bestand kaum Aussicht, Anlagen von vielen hundert MW zu verwirklichen. Man stand

Die Reihenschaltung gleichzeitig kommutierender Gefäße. 153

also vor der Wahl, sich möglichst von vornherein dem Endziel zu nähern oder mit Zwischentypen einen zunächst Teilerfolge versprechenden Weg einzuschlagen und später mit neuen Konstruktionen darauf aufbauend weiterzuschreiten. Dies um so mehr, als bekannt war, daß man durch Reihenschaltung gleichzeitig kommutierender Gefäße (Gefäßreihen oder -ketten) die Rückzündungshäufigkeit einer solchen Gefäßreihe recht erheblich herabsetzen konnte. Dieser für die Betriebssicherheit der Gleichstromübertragung sehr wichtigen Frage läßt sich auf verschiedenen Wegen beikommen, und man kann durch eine Wahrscheinlichkeitsrechnung den Erfolg wenigstens näherungsweise abschätzen, solange das Verhalten ausgereifter Konstruktionen im Dauerbetrieb bei verschiedensten Beanspruchungen der Gefäße nicht vorliegt.

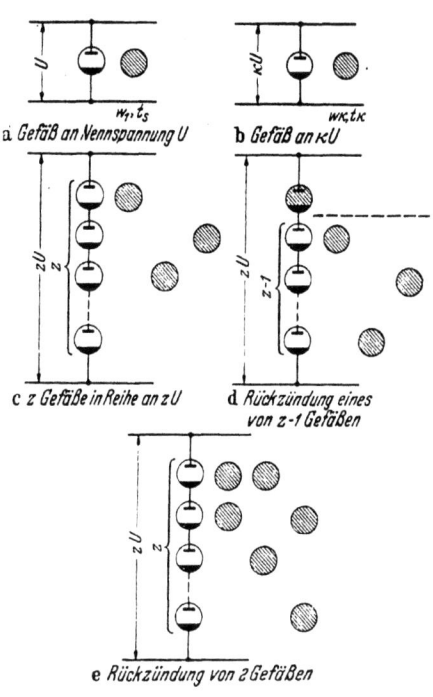

Abb. 104. Rückzündungswahrscheinlichkeit von Gefäßreihenschaltungen.

Die absolute Wahrscheinlichkeit w_1 des Auftretens einer Rückzündung, bezogen auf eine bestimmte Zeitspanne, ist durch den Ausdruck

$$w_1 = \frac{\text{Anzahl der tatsächlich auftretenden Rückzündungen}}{\text{Anzahl der überhaupt möglichen Rückzündungen}}$$

gegeben.

Bezeichnet man mit Sperrsicherheit t_s die mittlere Zeitdauer in Stunden zwischen zwei aufeinanderfolgenden Rückzündungen eines Stromrichtergefäßes, oder mit $1/t_s$ die Anzahl der tatsächlichen je Stunde auftretenden Rückzündungen, so erhält man

$$w_1 = \frac{1}{t_s \cdot f \, 3600}. \tag{139}$$

Die Sperrsicherheit t_s kann nur auf Grund von Dauerversuchen ermittelt werden, sie wird bei normal ausgelegten Stromrichtern niedriger als bei überdimensionierten Gefäßen liegen. Nimmt man z. B. nach Abb. 104a an, daß das Stromrichtergefäß an der Nennspannung U liegt und diese entsprechend der der gewählten Schaltung zugeordneten Sperrspannung bemessen ist, und hat man bei Versuchen t_s z. B. mit 60^h ermittelt, so erhält man bei 50 Per/s

$$w_1 = \frac{1}{60 \cdot 50 \cdot 3600} = \frac{1}{10,8 \cdot 10^6}.$$

Legt man das gleiche Gefäß nach Abb. 104b an die Spannung $\varkappa U$ an, wobei $\varkappa U \lessgtr 1$ sein kann, so erhält man für die absolute Rückzündungswahrscheinlichkeit

$$w_\varkappa = \frac{1}{t_\varkappa f\, 3600}. \tag{140}$$

Setzt man für ein überbeanspruchtes Gefäß, z. B. für $\varkappa = 2$, $t_\varkappa = 6^h$, so wird $w_\varkappa$ zehnmal größer als w_1, oder für ein überdimensioniertes Gefäß, z. B. für $\varkappa = 0,5$, das also nur im normalen Betrieb der halben Sperrspannung standzuhalten hat, $t_\varkappa = 300^h$, so wird die Zahl der Rückzündungen je Stunde auf $1/5$ herabgehen.

Hat man eine Gefäßreihe nach Abb. 104c, die aus z Gefäßen besteht, die an der Spannung U liegen, so erhält man die Wahrscheinlichkeit, daß entweder das eine oder das andere Gefäß der Reihe von einer Rückzündung befallen wird, zu

$$z \cdot w_1 = z\, \frac{1}{t_s \cdot f \cdot 3600}. \tag{141}$$

Die zugehörige Sperrsicherheit τ ergibt sich mit

$$z w_1 = \frac{1}{\tau f\, 3600} \quad \text{zu} \quad \tau = \frac{t_s}{z}, \tag{141a}$$

z. B. wird mit $t_s = 60^h$ und $z = 3$, $\tau = 20^h$. Sind die Gefäße nicht überdimensioniert, so wird man für $z = 2$ und Rückzündung eines Gefäßes den Durchschlag der gesamten Kette zu erwarten haben, bei mehreren Gefäßen in Reihe wird man t_s entsprechend höher ansetzen dürfen. Bemißt man dagegen die einzelnen Gefäße einer Reihe so, daß nach Rückzündung eines Gefäßes die restlichen normal beansprucht werden, so ist für die Rückzündung der gesamten Reihe noch die eines zweiten Gefäßes erforderlich.

Ist ein Gefäß einer Reihe ausgefallen (Abb. 104d), so erhält man die Beanspruchung der restlichen $z - 1$ gesunden Gefäße zu

$$\varkappa = \frac{z}{z-1}. \tag{142}$$

Die Wahrscheinlichkeit, daß entweder das eine oder das andere gesunde Gefäß von einer Rückzündung betroffen wird, kann mit Hilfe der Beziehungen (140) bis (142) ermittelt werden. Dabei ist aber zu berücksichtigen, daß die Zahl der möglichen Fälle um so kleiner ist, je länger die Wiederherstellungszeit für das zuerst von z Gefäßen ausfallende Stromrichtergefäß ist. Werden für die Wiederherstellungszeit p Perioden benötigt, so wird die Zahl der angeführten möglichen Fälle $f\dfrac{3600}{p}$, und die gesuchte Wahrscheinlichkeit ergibt sich zu

$$w' = (z-1) \cdot p \cdot w_{\left(\frac{z}{z-1}\right)} = (z-1) \frac{1}{t_{\left(\frac{z}{z-1}\right)} \frac{f\,3600}{p}}. \tag{143}$$

Nimmt man nach Abb. 104e an, daß von z in Reihe geschalteten Gefäßen schließlich zwei Gefäße von einer Rückzündung befallen werden, so erhält man mit den Gl. (141) und (143) als Wahrscheinlichkeit W hierfür den Ausdruck

$$W = [z \cdot w_1][w'] = \frac{z}{t_s f \cdot 3600} \cdot \frac{(z-1)\,p}{t_{\left(\frac{z}{z-1}\right)} f\,3600}. \tag{144}$$

Mit
$$W = \frac{1}{Tf \cdot 3600} \tag{144a}$$

folgt für die gesuchte Sperrsicherheit T

$$T = \frac{t_s \cdot t_{\left(\frac{z}{z-1}\right)} f\,3600}{z(z-1)\,p}. \tag{144b}$$

Setzen wir z. B. $z = 3$, $f = 50$ Per/s, $p = 10$ Per, $t_s = 60^{\mathrm{h}}$, $t_{\left(\frac{z}{z-1}\right)} = 30^{\mathrm{h}}$, so wird
$$T = \frac{60 \cdot 30 \cdot 50 \cdot 3600}{3 \cdot 2 \cdot 10} = 5\,400\,000^{\mathrm{h}}.$$

Die Sperrzeit T_A einer Anlage, die aus ϱ Reihen zu je z Gefäßen besteht, wird
$$T_A = \frac{T}{\varrho} \tag{144c}$$

oder z. B. mit 24 Gefäßreihen $T_A = 225\,000^{\mathrm{h}}$.

Setzt man im obigen Beispiel $z = 2$ und $t_{\left(\frac{z}{z-1}\right)} = 6^{\mathrm{h}}$, so erhält man für T_A immer noch den sehr hohen Wert von $135\,000^{\mathrm{h}}$. Man kann also mit Gefäßen, deren Sperrsicherheit nur wenige Tage, ja, wie man sich leicht überzeugen kann, nur wenige Stunden beträgt, eine Rückzündungssicherheit von Jahren erhalten.

Dieses Ziel läßt sich auf zwei verschiedenen Wegen erreichen, nämlich durch Reihenschaltung so überbemessener Gefäße, daß nach Ausfall eines Gefäßes die restlichen gar nicht oder nur mäßig überbeansprucht werden, oder indem man, wie R. TRÖGER angegeben hat, nach einem Vorschlag der AEG, die Gefäße hinsichtlich Sperrspannung normal bemißt und der Gefäßreihe ein weiteres sogenanntes Sicherheitsgefäß vorschaltet. Da man mindestens zwei Gefäße für eine Reihe vorsehen wird, läuft die Frage darauf hinaus, ob es wirtschaftlich erscheint, zwei Gefäße für etwa die doppelte Sperrspannung vorzusehen oder drei Gefäße, die je für die volle Sperrspannung bemessen sind, wenn man ungefähr die gleiche Gefäßqualität voraussetzt.

Wir haben im Abschnitt IV/2 gesehen, daß die Sperrspannungsfestigkeit der Gefäße proportional mit der Zahl der Einsätze im Anoden-

Abb. 105. Prüffeld für Höchstspannungsstromrichter von BBC, Baden.

raum wächst. Nimmt man dabei an, daß die Sperrsicherheit ungefähr die gleiche bleibt, so kann man schon mit zwei in Reihe geschalteten Gefäßen zu einem ähnlich befriedigenden Resultat kommen wie mit drei Gefäßen und erspart sich das gesamte Zubehör des dritten Stromrichters. Man muß bei diesen überschläglichen Betrachtungen aber immer in Erinnerung behalten, daß für eine zahlenmäßig exakte Erfassung der Sperrsicherheit einer Gefäßreihe die Charakteristik der Sperrsicherheit des Einzelgefäßes in Abhängigkeit von der Spannungsbeanspruchung vorliegen muß, die man nur im Dauerversuch unter praktischen Verhältnissen gewinnen kann. Immerhin haben Prüffeldversuche die grundsätzliche Richtigkeit dieser Überlegungen bestätigt.

Die Reihenschaltung gleichzeitig kommutierender Gefäße. 157

So hat H. KELLER Versuche von BBC mit in Reihe geschalteten Gefäßen bekanntgegeben. Abb. 105 läßt die Versuchsanordnung im Prüffeld für Höchstspannungsstromrichter von BBC Baden erkennen und zeigt links im Hintergrund den Stromrichtertransformator, davor ein mehranodiges Gefäß und erhöht auf Stützern angeordnet zwei einanodige Stromrichter, die mit dem mehranodigen in Reihe geschaltet sind. Im Vordergrund rechts ist noch die Schalttafel zu sehen, in der die Hilfs- und Steuereinrichtungen untergebracht sind. In der in dieser Abbildung wiedergegebenen Versuchsanordnung wurde die Rückzündungssicherheit der in Reihe geschalteten, gleichzeitig kommutierenden Gefäße geprüft, wobei nur zwei Anoden des sechsanodigen Stromrichters benutzt wurden. Die Kühlung der Gefäße erfolgte mit Wasser, das den auf der isolierten Plattform aufgestellten einanodigen Gefäßen durch Glasröhren zu- bzw. von ihnen abgeführt wurde. In Abb. 106a ist die verwendete Schaltung der Reihenanordnung der Gefäße angegeben und in Abb. 106b die vergleichsweise geprüfte Anordnung eines Gefäßes dargestellt. Die Versuche haben nach dem Bericht von

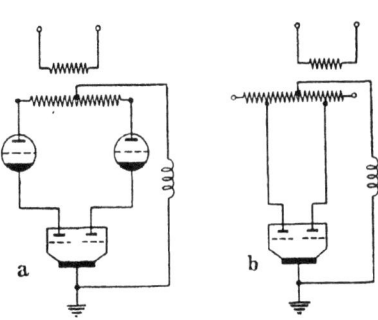

Abb. 106. Schaltung von BBC zur Ermittlung der Rückzündungssicherheit von zwei in Reihe geschalteten Stromrichtern.
a) Reihenschaltung von ein- und mehranodigen Gefäßen, b) Anschluß der Anoden an halbe Spannung.

H. KELLER die hohe Betriebssicherheit der Reihenschaltung bestätigt, die auch schon früher von J. SLEPIAN und W. E. PAKALA festgestellt wurde. Bei einem Versuch, den BBC in der geschilderten Anordnung während der Dauer von 25 Tagen durchgeführt hat, ergab sich, daß die Reihenschaltung keine einzige Rückzündung zeigte. Bei einem Versuch mit der halben Spannung mit einem Ventil ohne Reihenschaltung, aber der gleichen Beanspruchung der Ventile wie bisher traten während eines halben Tages drei Rückzündungen auf. Dieses Resultat bestätigt die grundsätzliche Richtigkeit der obigen Wahrscheinlichkeitsbetrachtungen. Ähnliche Resultate hat die AEG in ihrem Versuchsfeld erhalten, und zu dem wesentlich gleichen Ergebnis sind auch die SSW mit der Reihenschaltung von Einanodengefäßen gelangt, wie sie die Abb. 83 wiedergibt. Bei dieser Sachlage kann man also erwarten, daß mit einer begrenzten Reihenschaltung von zwei, höchstens drei Gefäßen je kommutierender Phase eine für Großübertragungen ausreichende Sicherheit gewährleistet erscheint. Danach sind die Gefäßzahlen der in Abschnitt III/2 unter Abb. 70 gebrachten Schaltungen mindestens zu verdoppeln, wenn nicht zu verdreifachen. Um auf eine erträgliche Gefäßzahl zu kommen, wird man also Einanodengefäße für mindestens 250 oder 500 A Gleichstrommittelwert mit Sperrspannungen nicht unter 200 kV anzustreben haben.

7. Der Lichtbogenstromrichter.

Um 1930, als Quecksilberdampf-Stromrichter nur für Spannungen bis etwa 30 kV und Leistungen von wenigen tausend kW zur Verfügung standen, wurde von E. MARX und seinen Mitarbeitern an der Technischen Hochschule Braunschweig die Entwicklung der Lichtbogenstromrichter in Angriff genommen mit dem Ziel, diese Stromrichter für hohe Sperrspannungen und Leistungen zu entwickeln, die sich für die wirtschaftliche Lösung des Problems der Gleichstrom-Hochspannungsübertragung eignen. Damals war überhaupt noch nicht zu übersehen, bis zu welchen Sperrspannungen und Leistungen Quecksilberdampf-Stromrichter herstellbar sind, und so beschritt MARX den Weg, einen zwischen Metallelektroden brennenden Lichtbogen, der periodisch gezündet und gelöscht wird, hierfür zu benutzen. Dabei trat die Frage nach der Lebensdauer der Elektroden auf, die einem gewissen Abbrand und einer Materialwanderung unterworfen sind, Fragen, die im Laufe der Entwicklung an Gewicht verloren haben. Die Elektroindustrie des In- und Auslandes hat, gestützt auf ihre Erfahrungen im Bau von Quecksilberdampf-Stromrichtern, diese Stromrichterart für die Höchstspannungsübertragung weiterentwickelt, zumal von vornherein die Voraussetzungen für eine angemessene Lebensdauer der Gefäße gegeben waren. Der Lichtbogenstromrichter von MARX nimmt deshalb innerhalb der Entwicklung der Umformungseinrichtungen für die Großkraftübertragung eine bemerkenswerte Sonderstellung ein. Da es auch der Initiative von MARX gelungen ist, bis zur Schaffung von Großversuchsanlagen vorzudringen, sei zur Abrundung des Gesamtbildes kurz auf die Lichtbogenstromrichter eingegangen. Im übrigen sind die bereits behandelten Gesichtspunkte für die Gleichstromübertragung auch bei Verwendung von Lichtbogenstromrichtern gültig.

Bei Lichtbogenstromrichtern wird ein zwischen zwei Metallelektroden periodisch zu einem beliebigen Zeitpunkt gezündeter, meist in strömender Luft unter Überdruck brennender Lichtbogen zur Umformung von Wechselstrom in Gleichstrom oder von Gleich- in Wechselstrom benutzt. Die Löschung des Lichtbogens erfolgt durch den Gas- bzw. Luftstrom nach dem Nulldurchgang des Stromes. Da die Zündung des Lichtbogens innerhalb eines beliebigen Zeitpunktes einer Wechselstromhalbwelle erfolgen kann, handelt es sich um einen steuerbaren Stromrichter, ähnlich dem Vorgang der Gittersteuerung beim Quecksilberdampf-Stromrichter. Während bei Quecksilberdampf-Stromrich-

Der Lichtbogenstromrichter. 159

tern ein Stromdurchgang nur von der Anode zur Kathode im ordnungsgemäßen Betrieb möglich ist, also echte Ventilwirkung vorliegt, ist die Richtung des Energietransportes beim Lichtbogenstromrichter nur von der relativen Spannungshöhe zwischen den Elektroden abhängig, man muß also beim Stromnulldurchgang durch Entionisierung der Lichtbogenstrecke dafür sorgen, daß der Lichtbogen erlischt und die Lichtbogenstrecke der auftretenden Sperrspannung standhält. Dem Lichtbogenstromrichter wird durch besondere Maßnahmen ebenso wie dem Kontaktumformer eine künstliche Ventilwirkung erteilt. Von der sicheren periodischen Löschung des Lichtbogens hängt somit die Betriebssicherheit entscheidend ab.

Der grundsätzliche Aufbau der Elektroden eines Lichtbogenstromrichters älterer Konstruktion, der das Wesentliche erkennen läßt, ist der Abb. 107 zu entnehmen. In einer zylindrischen Kammer sind die Hauptelektroden H_1 und H_2 angeordnet sowie die Schirmelektroden S_1 und S_2. Die Eisenteile g und h, die aus Dauermagnetstahl hergestellt sind, rufen ein radiales Magnetfeld hervor, das eine schnelle Bewegung der Lichtbogenfußpunkte an der Metalloberfläche der Elektroden bewirkt, wodurch ein geringer und gleichmäßiger Elektrodenabbrand erreicht wird. Wie spätere Untersuchungen gezeigt haben, kann man bis zu bestimmten Stromstärken auf dieses Magnetfeld verzichten und einfacher bei höheren Strömen auf rotierende Elektroden übergehen, um den Abbrand gering zu halten. Der Lichtbogen entsteht bei der Zündung zwischen den Elektroden S_1 und S_2 an der engsten Stelle 1. Die durch Pfeile angedeutete Luftströmung treibt den Lichtbogen nach innen über die Lage 2 hinweg auf die Hauptelektroden H_1 und H_2 bis in die Lage 3. Hier strömt die Luft nahezu parallel zum brennenden Bogen. Die Elektroden S_1 und S_2 dienen vorwiegend zur Führung des Luftstromes und zur richtigen Ausbildung des elektrischen Feldes und werden deshalb als Schirmelektroden bezeichnet. Umfangreiche Versuche mit verschiedenen Elektrodenformen zeigen, daß ein Mindestwert der Luftgeschwindigkeit zwischen den Elektroden eingehalten werden muß, um eine hohe Sperrspannung zu erreichen. Wird die Mindestluftmenge überschritten, so gilt für die Sperrspannung etwa die Beziehung

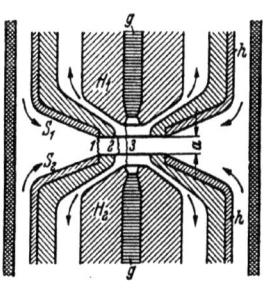

Abb. 107. Grundsätzliche Anordnung der Elektroden eines Lichtbogenstromrichters.

$$U_{sp} = 25 p \cdot a,$$

worin U_{sp} in kV einzusetzen ist und p den Druck in at abs sowie a den Elektrodenabstand in cm bedeutet. Im homogenen Feld beträgt die Durchschlagspannung bei atmosphärischem Druck für $a = 1$ cm etwa 32 kV, wenn vorher kein Lichtbogen bestand. Die Untersuchungen haben ergeben, daß man zweckmäßig den Elektrodenabstand nicht größer als 2,5 cm wählt. Man kann dann eine Sperrspannung bis etwa 50 kV ohne wesentlichen Überdruck erreichen. Über 50 kV rechnet man mit einem Überdruck $p = U_{sp}/50$. Somit ergibt sich z. B. für 3 at abs $U_{sp} \sim 150$ kV. Die erforderlichen Luftmengen sind abhängig vom Eletrodenabstand und vom Strom.

Abb. 108 läßt die Abhängigkeit der Sperrspannung vom stündlich durchfließenden Luftvolumen für verschiedene Eletrodenabstände bei einem Scheitelwert des Stromes von 125 A erkennen. Für jeden Elektrodenabstand erhält man eine Sperrspannung, die bei Vergrößerung der Luftmenge praktisch gleichbleibt. Ein gewisser Grenzwert der stündlichen Luftmenge, der bei einem Abstand der Elektroden von 0,5 cm einen Kleinstwert aufweist, darf jedoch nicht unterschritten werden. Die Luftgeschwindigkeit muß unabhängig von der Luftdichte immer ungefähr die gleiche sein, so daß das strömende Luftvolumen im Lichtbogenstromrichter nahezu unabhängig vom Absolutdruck ist.

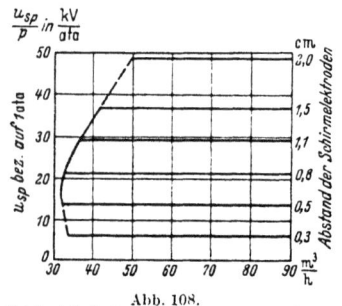

Abb. 108.
Abhängigkeit der Sperrspannung vom Luftvolumen nach E. MARX und H. BUCHWALD.

Beim Unterschreiten der in Abb. 108 gestrichelt angedeuteten Mindestluftmenge fällt die Sperrspannung plötzlich auf geringe Werte. Bei Veränderung der Elektrodenformen ergeben sich andere Werte für die Mindestluftmenge. Durch systematische Änderung der Elektrodenanordnungen gewinnt man Unterlagen für die günstigste Formgebung und für bestimmte Anforderungen.

Um kleine Lichtbogenabfälle zu erhalten, muß man die Lichtbogenlänge soweit als möglich verkürzen, da der Mindestwert vom Abstand der Elektroden abhängt. Die Lichtbogenlänge vergrößert sich, wenn der Bogen durch die Luftströmung mitgerissen wird und an den Hauptelektroden entlang in den zwischen Haupt- und Schirmelektroden vorhandenen Spalt wandert. Um diese unerwünschte Erscheinung soweit als möglich zu vermeiden, sollen die Hauptelektroden auf der dem Lichtbogenraum zugewandten Seite konkav ausgebildet sein. Die Lichtbogenfußpunkte sollen sich nur auf dem Teil der Hauptelektroden bewegen, der dem Durchmesser der Schirmelektroden entspricht. Den Verlauf der Lichtbogenspannung in Abhängigkeit vom Strom bei verschiedenen stündlichen Luftmengen zeigt Abb. 109 für eine bestimmte Elektrodenanordnung. Der Lichtbogen wurde etwa 60° el. nach dem

Nulldurchgang der Spannung gezündet. Man erkennt das bekannte Zurückgehen der Lichtbogenspannung mit steigendem Strom. Es ist zu beachten, daß sich die Lichtbogenspannung nur wenig mit der Luftmenge verändert. Bei der verwendeten Elektrodenausführung beträgt der Spannungsabfall etwa 90 bis 100 V bei einer Sperrspannung von etwa 14 kV. Bei hohen Spannungen wird das Verhältnis von Sperrspannung zum Lichtbogenabfall immer günstiger. So wurde für $U_{sp} = 180$ kV eine Lichtbogenspannung von etwa 150 V festgestellt. Wenn dieser Wert auch etwas höher liegt als beim Quecksilberdampf-Stromrichter gleicher Sperrspannung, so dürfte dies für die Wirtschaftlichkeit von Gleichstrom-Hochspannungsübertragungen kaum ins Gewicht fallen. Bei einer Betriebsgleichspannung von 60 kV beträgt der prozentuale Anteil der Lichtbogenspannung nur etwa 0,25%. Kleine Spannungsabfälle sind nicht nur mit Rücksicht auf den Wirkungsgrad der Lichtbogenstromrichter anzustreben, vielmehr auch hinsichtlich der notwendigen Abfuhr der Verlustwärme wegen des Aufwandes an Kühlmitteln. Die Luftströmung durch den Elektrodenraum kann nur einen Teil der Lichtbogenverluste abführen. Da

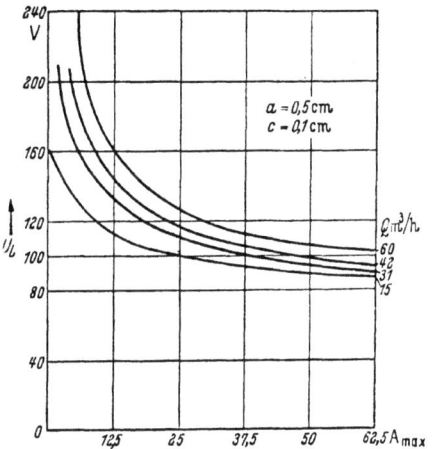

Abb. 109. Abhängigkeit der Lichtbogenspannung vom Strom für verschiedene Luftmengen je Stunde nach E. MARX und H. BUCHWALD.

die Elektroden bei einer längeren Betriebszeit ausgewechselt werden müssen, ist bei der Konstruktion des Elektrodensystems darauf zu achten, daß die Auswechslung leicht und in kürzester Zeit durchgeführt werden kann. Für Lichtbogenstromrichter für die Gleichstromübertragung wird man zur Kühlung der Elektroden Wasser verwenden. Über die Größe der abzuführenden Verluste geben die von H. BUCHWALD an einem Versuchsgleichrichter für 150 A Scheitelwert im Dauerbetrieb festgestellten Werte einen Hinweis. Die Gesamtverluste ohne Berücksichtigung der Strahlung betrugen 5,75 kW, davon wurden 37% durch die Luft und 63% durch die Kühlmittel abgeführt. Die Schirmelektroden gaben 1,2 kW, die Hauptelektroden 2,41 kW ab. Bei der Zu- und Abführung der Kühlflüssigkeit, für die sich z. B. Kesselspeisewasser gut eignet, ist zu beachten, daß die Elektroden eine hohe Spannung gegen Erde besitzen, so daß die Leitungsrohre aus Isolierstoff herzustellen sind. Man kann aber auch getrennte, isoliert aufgestellte Kühlkreise für die Stromrichter vorsehen.

Baudisch, Energieübertragung.

Besondere Beachtung verdient die Tatsache, daß Lichtbogenstromrichter im Gegensatz zu Quecksilberdampf-Stromrichtern hinsichtlich ihrer Wirkungsweise von der Außentemperatur kaum beeinflußt werden. Damit eröffnet sich ein Weg, die Lichtbogenstromrichter für Freiluftaufstellung durchzubilden und den bei der Wahl von Quecksilberdampfgefäßen erforderlichen Aufwand für die Stromrichterhäuser einsparen zu können.

Die periodische Zündung der Lichtbögen erfolgte im Anfangsstadium der Entwicklung durch Funkenüberschlag zwischen den Schirmelektroden, wie dies aus Abb. 107 hervorgeht. Man verwandte dazu eine der normalen Spannung überlagerte Hochfrequenzspannung. Nach einem von E. MARX angegebenen Verfahren wurde die Zünd- und Steuereinrichtung dahingehend weiterentwickelt, daß ein Hilfslichtbogen, der während jeder Periode gezündet wird, durch einen Hilfsluftstrom in den Elektrodenraum getrieben wird. Man kommt mit verhältnismäßig niedrigen Zündspannungen aus, deren Höhe praktisch unabhängig von der Betriebsspannung der Lichtbogenstromrichter ist. Einen Schnitt durch die Elektrodenanordnung eines Lichtbogenstromrichters mit zwei Teilstrecken und Verwendung der für dieses Zündverfahren vorgesehenen besonderen Zündelektroden $Z_1 - Z_2$ zeigt Abb. 110.

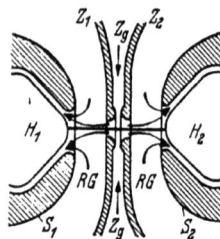

Abb. 110. Anordnung der Elektroden eines Lichtbogenstromrichters mit besonderen Zündelektroden.

Zur künstlichen Zündung wird eine Stoßspannung zwischen die beiden Zündelektroden gelegt. Dadurch entsteht ein Überschlagsfunken, der einen Hilfslichtbogen zur Folge hat. Das Zündgas ZG treibt den Hilfslichtbogen zu den beiden Hauptelektroden H_1 und H_2, so daß er etwa geradlinig in der Mittelachse des Stromrichters brennt. Die Stoßspannung für die Zündung wird über kleine Hilfstransformatoren gewonnen, die über Gleichrichter Kondensatoren aufladen. Die Kondensatoren werden über gesteuerte Stromtore mit beliebig einstellbaren Zündzeitpunkten und Zündtransformatoren auf die Zündelektroden Z_1 und Z_2 geschaltet. Damit ist es möglich, die Lichtbogenstromrichter ähnlich wie die Quecksilberdampf-Stromrichter zu steuern, allerdings bei etwas höherem Leistungsaufwand für die Steuerkreise. Die Zündeinrichtung für je drei Lichtbogenstromrichter kann in einem gemeinsamen Schrank zusammengefaßt werden.

Während der Brenndauer des Hauptlichtbogens hüllt die Zündgasströmung den Bogen ein und hält ihn gerade, um eine kurze Lichtbogenlänge und damit einen geringen Spannungsabfall zu erreichen. Die in Abb. 110 mit RG bezeichnete Radialgasströmung hat die Aufgabe, die vom Lichtbogen erzeugte Wärme abzuführen und für den Abtransport ionisierter Gasteilchen in der Nähe der Hauptelektroden zu sorgen. Beide Strömungen können nur durch die Spalte zwischen den Schirm- und Hauptelektroden den Lichtbogenraum verlassen. Mit der Annahme, daß die Lichtbogenwärme völlig durch die Luft abgeführt wird, hat MARX für den Scheitelwert $\bar{J}_g$ der Stromstärke des Gleichstromlichtbogens in A die Beziehung gefunden:

$$\bar{J}_g = 22{,}2 \cdot 10^6 \cdot c_p \frac{p\,d^2}{U_L} \cdot \frac{T - (273 + t_t)}{\sqrt{T}},$$

worin bedeuten:

c_p die spezifische Wärme bei konstantem Druck im Bereich der Zuström- bis zur Abströmtemperatur (für Luft, die mit 0° C zu- und mit 3000° C abströmt, wird $c_p = 0{,}287$),

p den absoluten Druck an der engsten Stelle der Ausströmdüse in kg/cm²,

d den Durchmesser der Ausströmöffnung in m,

U_L den Effektivwert des Anteils der Lichtbogenspannung, der die Luft vor dem Durchströmen durch die Düse erwärmt,

T die absolute Temperatur,

t_t die Temperatur der zuströmenden Luft in ° C.

Nach dieser Gleichung ist die zu löschende Stromstärke dem Druck in den Düsen und den Ausströmungsquerschnitten proportional. Von der gesamten Lichtbogenspannung ist bei der gezeichneten Anordnung nur der Teil zu rechnen, der zwischen der senkrechten Mittelebene der Anordnung und der engsten Stelle der Ausströmöffnung in einer der Schirmelektroden in Frage kommt. Versuche haben eine gute Übereinstimmung mit der obigen Beziehung ergeben.

Langwierige und umfangreiche Untersuchungen führten zu dem Ergebnis, daß für Betriebsströme bis zu 200 A mit ruhenden Elektroden gearbeitet werden kann. Bei noch höheren Stromstärken empfiehlt es sich, auf rotierende Elektroden überzugehen, wenn man mit Rücksicht auf den Elektrodenabbrand eine Betriebsdauer von mehreren tausend Stunden erreichen will. Nach dieser Zeit sind die vorderen Teile der Hauptelektroden auszuwechseln. Es ist damit zwar gelungen, den Elektrodenabbrand erstaunlich klein zu halten, ein jahrelanger ununterbrochener Betrieb, wie er mit Quecksilberdampf-Stromrichtern erreichbar erscheint, ist mit Lichtbogenstromrichtern aber noch nicht abzusehen. Mit Rücksicht auf die bei Großanlagen vorzusehenden Reservestromrichter dürfte bei der verhältnismäßig kurzen Zeit, die die Auswechslung von Elektrodenteilen erfordert, die notwendige Stillsetzung einzelner Einheiten kaum einen entscheidenden Betriebsnachteil bedeuten.

Das Löschen des Hauptbogens erfolgt beim Nulldurchgang des Stromes durch Entionisierung der Lichtbogenstrecke. Die Luftströmungsgeschwindigkeit liegt in der Größenordnung der Schallgeschwindigkeit. Da der Abstand zwischen den Elektroden etwa 2,5 cm auf jeder

Seite beträgt, wird er von kalter Luft in etwa 0,075 s durchlaufen, von warmer Luft noch schneller. Nach dieser Zeit findet die wiederkehrende Spannung eine abgekühlte und entionisierte Gasstrecke vor. Durch eine Spannungsteilerschaltung, ähnlich der für die Gittereinsätze bei einanodigen Quecksilberdampf-Stromrichtern, wird dafür gesorgt, daß das Potential der Zündschirme annähernd in der Mitte zwischen dem Potential der Hauptelektroden liegt, also zwischen den Strecken S_1, Z_1 und Z_2, S_2. Jede dieser Strecken besitzt bei einem absoluten Druck von 2 kg/cm² eine Durchschlagsspannung von etwa 100 kV Scheitelwert. Wird der Stromrichter mit einer Sperrspannung von 100 kV Scheitelwert beansprucht, so liegt etwa doppelte Sicherheit gegen

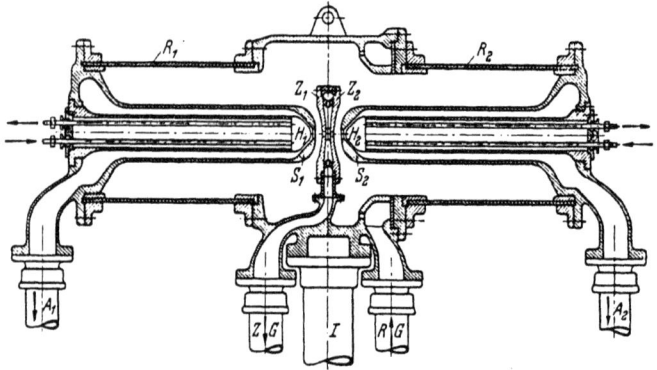

Abb. 111. Aufbau der Kammer eines Lichtbogenstromrichters mit zwei Teilstrecken.

Durchschlag vor. Verliert eine der Teilstrecken die Sperrwirkung, so wird die andere noch der Beanspruchung standhalten. Um noch höhere Sperrspannungen mit einem Stromrichter zu bewältigen, hat MARX zur Reihenschaltung der Teilstrecken gegriffen.

Der Aufbau eines Lichtbogenstromrichters mit zwei Teilstrecken geht aus Abb. 111 hervor. Die Kammer des Lichtbogenstromrichters wird vom Isolator I getragen, der an dem metallischen Mittelflansch befestigt ist. Dieser Teil ist leitend mit einem der Zündschirme verbunden. Die Haupt- und Schirmelektroden werden durch die beiden Seitendeckel getragen und sind gegen den Mittelflansch durch die Hartpapierrohre R_1 und R_2 isoliert. Die Länge der Kammer wird durch die Höhe der Sperrspannung bedingt und muß so groß gewählt werden, daß keine Außenüberschläge auftreten. Das Zündgas wird durch das Isolierrohr ZG, das Radialgas durch RG zugeführt. Die Abgasrohre sind mit A_1 und A_2 bezeichnet. Die Abb. 112 zeigt die Aufnahme eines derartigen Lichtbogenstromrichters mit zwei Teilstrecken. Versuche haben ergeben, daß es nicht empfehlenswert ist, den freien Elektrodenabstand größer als 2,5 cm zu wählen. Ebenso hat eine Erhöhung des absoluten Druckes über 2,5 kg/cm² keine wesentliche Erhöhung der Sperrfähigkeit gebracht. Ein Lichtbogenstromrichter mit zwei Teilstrecken kann somit für eine betriebsmäßige Sperrspannungsbeanspruchung von 90 bis 100 kV verwendet werden. Um die Reihenschaltung vieler Stromrichtereinheiten zu vermeiden, wurden Lichtbogenstromrichter mit vier und sogar mit sechs Teilstrecken entwickelt. Es ist also auch beim Licht-

Abb. 112. Stromrichterhaus der Versuchsübertragung Lehrte–Misburg für 16 MW, 80 kV mit Lichtbogenstromrichtern mit zwei Teilstrecken.

bogenstromrichter ebenso wie bei der Entwicklung des Quecksilberdampf-Stromrichters das Bestreben zu erkennen, mit einer möglichst geringen Zahl in Reihe geschalteter Einheiten die volle Spannung zu erreichen. Dabei muß immer der Unterschied beachtet werden, daß der Quecksilberdampf-Stromrichter als natürliches Ventil arbeitet, der Lichtbogenstromrichter als künstliches.

Den Schnitt durch einen Lichtbogenstromrichter mit vier Teilstrecken zeigt noch Abb. 113. Vorgesehen sind zwei Zündschirmpaare Z_1, Z_2 und Z_3, Z_4, so daß mit zwei Hilfslichtbögen gearbeitet wird, von denen jeder zwei Teilstrecken überbrückt. In der Mittelebene der Lichtbogenkammer befindet sich ein Abströmschirm AS, in den von beiden Seiten her das Zünd- und Radialgas einströmt. Die beiden Zündlichtbogen treten durch Z_2 und Z_3 heraus und treffen sich in der Mitte des Abströmschirmes. Der Hauptlichtbogen brennt wieder zwischen den Hauptelektroden H_1 und H_2 annähernd geradlinig. Durch kapazitive Spannungsteiler werden wieder die Potentiale der Zündschirme und des Abströmschirmes während der Sperrzeit auf der richtigen Höhe gehalten. Links im Bild ist der Schnitt durch eine Zündgaszuführung *ZG* gezeichnet, rechts durch eine Zuführung des Radialgases *RG*. Dieses strömt durch den mit einem Sieb versehenen herausschraubbaren Stutzen *E* in das Innere der Kammer ein. Eine Aufnahme eines Stromrichterhauses mit mehreren Lichtbogenstromrichtern zeigt Abb. 112.

Nach den gleichen Grundsätzen wurden auch Lichtbogenstromrichter mit sechs Teilstrecken entworfen, deren Sperrfähigkeit auf etwa 400 kV einzuschätzen ist. Die Nennstromstärke bei ruhenden Elektroden beträgt etwa 200 A und kann bei Verwendung rotierender Elektroden bis auf 500 A gesteigert werden. Dies sind Größenordnungen,

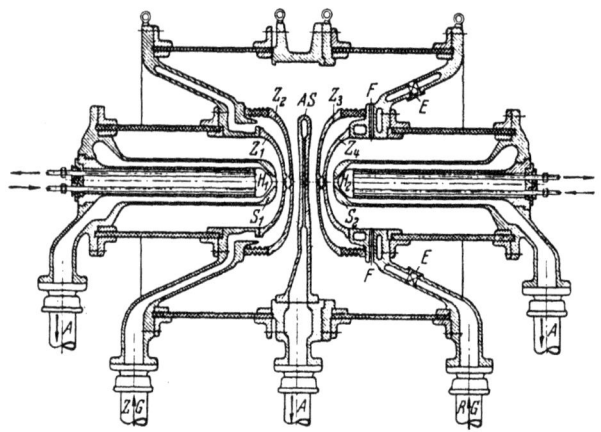

Abb. 113. Aufbau der Kammer eines Lichtbogenstromrichters mit vier Teilstrecken.

mit denen man Gleichstrom-Hochspannungsübertragungen mit einem tragbaren Stromrichteraufwand betreiben könnte. Bei allen diesen Konstruktionen wurde auf bequeme Zugänglichkeit der Lichtbogenkammern geachtet, außerdem sind Beobachtungsfenster zur Überwachung der Lichtbogenstrecken vorgesehen. Mit Hilfe einer synchron umlaufenden Schlitzscheibe läßt sich das Entstehen und Brennen der Haupt- und Hilfslichtbogen verfolgen. Bei der laboratoriumsmäßigen Entwicklung der Lichtbogenstromrichter wurde eine von E. MARX angegebene Ersatzschaltung herangezogen, bei der die Lichtbogenströme und die Sperrspannung zwei verschiedenen Energiequellen entnommen werden, um die sonst erforderlichen sehr großen Prüffeldmittel einzusparen. Ähnlich wie bei der Entwicklung der Quecksilberdampf-Stromrichter wurde auch mit dem Lichtbogenstromrichter der Weg beschritten, ihn möglichst unter praktischen Betriebsbedingungen in Versuchsanlagen den erforderlichen Proben zu unterwerfen.

VI. Die Leitung.

Die Übertragung großer Leistungen auf weite Entfernungen stellt nicht allein eine technische Aufgabe dar; man muß sie vielmehr als technisch-wirtschaftliches Problem ansehen. In den meisten Fällen werden für die Entscheidung über die Wahl eines Übertragungssystems die Kosten der kWh am Empfangsort entscheidend sein, und bei gleicher Betriebssicherheit wird man im allgemeinen der billigsten Übertragungsart den Vorzug geben. Indessen sind auch noch Gesichtspunkte zu beachten, die über den Rahmen einer reinen Kostenentscheidung hinausgehen. So kann bei Wärmekraftwerken die Frage des Kohlentransports gegenüber dem Transport der elektrischen Energie aufgeworfen werden, und selbst bei höheren Kosten der elektrischen Übertragung kann dieser der Vorzug gegeben werden, um die Transportanlagen ein für allemal von der starken Beanspruchung durch Kohlenzüge zu entlasten. In Gebirgsgegenden mit Wasserkräften kann die Möglichkeit der Unterbringung mehrerer Höchstspannungsfreileitungen fraglich werden; zum mindesten kann der Bau von Freileitungen große Schwierigkeiten und zusätzliche Kosten bereiten, so daß eine Verkabelung selbst bei höheren Aufwendungen zu einer besseren Gesamtlösung führen kann. Es wird auch zu berücksichtigen sein, daß die Führung von Höchstspannungsleitungen durch Wälder umfangreiche Ausholzungen erfordert, während eine etwas teuerere Kabelleitung, insgesamt betrachtet, vorzuziehen ist, weil Eingriffe in die Natur vermieden bzw. auf ein Minimum herabgesetzt werden können. Hier bietet die Gleichstromübertragung mit ihrer Möglichkeit der Verkabelung der Leitung neue, noch nicht ausgeschöpfte Möglichkeiten, die eine sorgfältige Abwägung im einzelnen Fall erfordern. Auf rein technischem Wege läßt sich die Frage nach der günstigsten Übertragung bei der großen Zahl der hierauf einflußnehmenden technischen und wirtschaftlichen Bestimmungsgrößen kaum lösen. Die bisher veröffentlichten Arbeiten älteren und neueren Datums kommen aber bei einem Vergleich zwischen der Drehstrom- und Gleichstromübertragung zu dem Ergebnis, daß für große Leistungen und Entfernungen die Gleichstromübertragung Vorteile besitzt, wenn man eine entsprechende Betriebssicherheit der Stromrichteranlagen voraussetzt. Lediglich die Grenze, oberhalb der man der Gleichstromübertragung die wirtschaftliche Überlegenheit zuspricht, ist noch stärkeren Schwankungen unterworfen, je nach den Annahmen, die man bei den Ermittlungen zugrunde gelegt hat, und dem Stand der Technik, von dem man ausgeht.

Sowohl die Drehstrom- wie die Gleichstrom-Hochleistungsübertragung über weite Entfernungen waren im letzten Jahrzehnt Gegenstand eingehender Entwicklungsarbeiten, die für beide Übertragungsarten keineswegs abgeschlossen sind. Hierdurch wird ein Vergleich, der die Anwendungsgrenzen einigermaßen sicher voraus zu bestimmen gestattet, außerordentlich erschwert. Es muß festgehalten werden, daß weder eine Drehstrom- noch eine Gleichstromübertragung von 400 kV zur Zeit im Betrieb ist, also mit beiden Übertragungsarten bei dieser Spannung noch keine praktischen Betriebserfahrungen vorliegen.

Die Entwicklung der Drehstromübertragung hat nicht zuletzt durch die Schaffung der Bündelleiter einen starken Auftrieb erhalten. Aufbauend auf einem Vorschlag von P. THOMAS aus dem Jahre 1900, wonach der Betrieb von Fernleitungen durch Aufteilen der einzelnen Leiter in mehrere in geringem Abstand angeordnete Teilleiter verbessert werden kann, haben G. MARKT und B. MENGELE eine systematische Untersuchung dieser Bündelleiter durchgeführt. Die SSW nahmen an Versuchsleitungen zahlreiche sorgfältige Messungen vor, die die Verwendung der Bündelleiter technisch und wirtschaftlich vorteilhaft erscheinen lassen. Auch im Ausland folgt man dieser Entwicklung, und so werden in den Vereinigten Staaten von Amerika im Tidd-Kraftwerk der American Gas and Electric Service Corp. in Brilliant, Ohio, in Verbindung mit der elektrotechnischen Industrie Versuchsleitungen für eine Drehstromübertragung mit Spannungen bis zu 500 kV untersucht, die auch Bündelleitungen umfassen, ebenso in der 500 kV-Versuchsstrecke in Chivally bei Paris und an anderen Stellen. In Schweden hat man inzwischen mit dem Bau einer Drehstromübertragung von 380 kV über 970 km vom Harspraenget-Kraftwerk im Norden nach Mittelschweden begonnen, die als Zweifachbündelleitung ausgeführt wird. Sie ist so entworfen, daß sie gegebenenfalls für Gleichstromübertragung mit 500 kV Außenleiterspannung benutzt werden kann. Die Ergebnisse dieser Untersuchungen führten zu einer Steigerung der natürlichen Leistung einer 400 kV-Leitung in Ausführung mit vier Teilleitern gegenüber Hohlseilen um 50% auf 600 MW. Ferner ist ein günstigeres Koronaverhalten der Bündelleiter gegenüber Hohlseilen festgestellt worden. Da auch die Weiterentwicklung der Höchstspannungsschalter, deren Schaltzeit auf die dynamische Stabilität von Drehstromübertragungen von erheblichem Einfluß ist, noch nicht abgeschlossen ist, erkennt man, daß für einen Vergleich beider Übertragungsarten noch der feste Bezugspunkt fehlt. Einer eingehenden Untersuchung über die gegenseitigen Anwendungsgrenzen der beiden Übertragungsarten kommt bei dieser Sachlage nur eine zeitlich begrenzte Bedeutung zu. Für jeden Einzelfall wird man sich nur auf Grund einer genauen Kostenaufstellung ein Bild über die Wirtschaftlichkeit bilden können, wobei die für verschiedene Länder geltenden unterschiedlichen Voraussetzungen zu beachten sein werden.

Da sich aber die bei der Gleichstromübertragung für die Stromrichterwerke aufzuwendenden Kosten durch Ersparnisse in der Gleichstromleitung je nach ihrer Länge mehr oder weniger decken lassen, wird die Gleichstromleitung zum Ansatzpunkt für die Ermittlung der wirtschaftlichen Grenzentfernung. Wie eingangs betont, liegt es nicht in der Absicht dieser Schrift, auf eine gegenseitige Wertung beider Übertragungsarten bei dem derzeitigen Entwicklungsstand einzugehen. Im folgenden soll deshalb nur eine kurze zusammenfassende Darstellung der hauptsächlichsten technischen Gesichtspunkte bei der Gleichstromübertragung gebracht werden.

1. Freileitungen.

Die eben erwähnten Versuchsausführungen von Drehstromleitungen für 400 kV haben bewiesen, daß hinsichtlich des Baues der Leitungsanlagen keine technischen Schwierigkeiten bestehen. Ebensowenig wird man dies bei Gleichstromanlagen befürchten müssen, bei denen man den Scheitelwert der Drehspannung gleich der Betriebsgleichspannung setzen kann. Da man eine Drehstromdoppelleitung mit sechs Leitern mit einer Gleichstromleitung mit vier Leitern vergleichen muß und darum bei isoliertem Hin- und Rückleiter auch hinsichtlich der elektrolytischen Wirkung der Erdströme kein Risiko eingeht, ist zunächst die Betriebssicherheit der Gleichstromleitung wegen der geringeren Leiter- und Isolatorenzahl als höher anzusprechen. Das Problem der Gesamtübertragung ist dann so zu stellen, daß die Ersparnisse in der Gleichstromleitung mindestens die Mehrkosten der Stromrichteranlagen am Anfang und Ende der Leitung bei möglichst gleicher Betriebssicherheit der Anlage decken müssen. Da der Aufbau der Gleichstromleitung von dem der Drehstromübertragung verschieden ist und mehrere Abarten in Erwägung gezogen werden können, ist eine sorgfältige Abschätzung

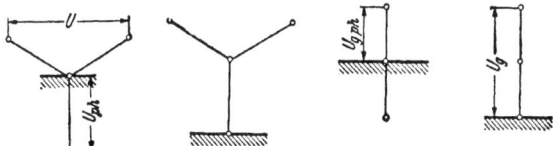

Abb. 114. Drehstrom- und Gleichstromleitungen mit geerdetem und isoliertem Neutralpunkt.

erforderlich. Man kann sich dabei wie stets bei Erstausführungen nach einer sicheren Seite legen, bei der man nach heutigen Erkenntnissen keine Risiken eingeht, oder nach einer wahrscheinlich vertretbaren, den Eigenheiten der Gleichstromübertragung mehr entgegenkommenden Seite, die im Anfangsstadium der Entwicklung aber als unsicherer anzusprechen ist.

Wir müssen sowohl bei der Drehstrom- wie bei der Gleichstromübertragung zwischen Anlagen mit geerdetem und isoliertem Neutralpunkt des Systems unterscheiden. In Abb. 114 sind der effektive Wert der Betriebsdrehspannung mit U, der der Gleichstromübertragung mit U_g bezeichnet, die Phasenanspannungen mit U_{ph} bzw. mit $U_{g\,\mathrm{ph}}$. Die Isolationsbeanspruchung bei Gleichstrom ist der Spannungsamplitude der Wechselstromübertragung gleichzusetzen, also $\sqrt{2}\,U$ bzw. $\sqrt{2}\,U_{\mathrm{ph}}$. Im normalen Betriebe sind U_{ph} und $U_{g\,\mathrm{ph}}$ für die Beanspruchung der Isolation gegen Erde maßgebend, die Spannungen U und U_g bei Erdschluß; die verkettete Spannung bei Drehstrom ist nun $U = \sqrt{3}\,U_{\mathrm{ph}}$. Bei Gleichstrom wird die Spannung zwischen den Leitern $U_g = 2\,U_{g\,\mathrm{ph}}$, und damit wird das Verhältnis zwischen der Betriebsgleichspannung und der Amplitude der Betriebsdrehspannung

$$\frac{U_g}{\sqrt{2}\,U} = \frac{2}{\sqrt{3}} \cdot \frac{U_{g\,\mathrm{ph}}}{\sqrt{2}\,U_{\mathrm{ph}}}. \tag{145}$$

Legt man der Gleich- und Drehstromübertragung für den ungestörten Betrieb gleiche Isolationsbeanspruchung gegen Erde zugrunde, so muß $U_{g\,\mathrm{ph}} = \sqrt{2}\,U_{\mathrm{ph}} = 1{,}0$ werden, und aus Gl. (145) wird ersichtlich, daß die Betriebsspannung des Gleichstromsystems um $\frac{2}{\sqrt{3}} = 15\%$ höher werden kann. Berücksichtigt man dagegen den Erdschlußfall in beiden Systemen mit isoliertem Neutralpunkt, so erhöht sich die Spannung der gesunden Leiter auf die volle Spannung zwischen den Leitern, und das Gleichstromsystem weist dann eine um 15% höhere Beanspruchung als das Drehstromnetz auf. Hält man die Netze mit isoliertem Sternpunkt im einphasigen Erdschlußfall weiter in Betrieb, so kann man daraus ableiten, daß bei Wahl gleicher Isolierbeanspruchungen für den ungestörten Betrieb die Gleichstromübertragung hinsichtlich Spannung etwas ungünstiger gestellt würde.

Man darf allerdings, um der Gleichstromübertragung gerecht zu werden, hierbei nicht außer acht lassen, daß die Gittersteuerung mit ihrer bequemen und schnellen Möglichkeit der Kurzschlußfortschaltung durch Sperrung der Gleichrichter und selbsttätiges Wiederhochfahren im Bruchteil einer Sekunde, ähnlich wie beim Rundfunksenderbetrieb, die Aussicht bietet, durch Herabsteuern der Spannung diese höhere Beanspruchung so zu beschränken, daß die Ungleichheit für den Erdschlußfall kaum in Erscheinung tritt. Auch hier kann endgültig nur die praktische Betriebserfahrung die letzte Entscheidung treffen. Man wird aber die Auffassung vertreten können, daß mit Hilfe einer praktisch trägheitslos arbeitenden Gittersteuerung zumindest die Gefahr einer Minderisolation der Gleichstromleitung im Erdschlußfall verringert wird. Hinzu kommt noch, daß bei Höchstspannungsleitungen infolge

Freileitungen. 171

der an sich hohen Isolation der Leitung Erdschlüsse seltener auftreten dürften als in Drehstromnetzen bisheriger Spannungen.

Bei einer Einführung der Gleichstromübertragung im größeren Ausmaß wird man für die Freileitungsisolatoren und Stützer neue Isolatorenformen zu entwickeln haben. Bei Wechselspannung sind für die Gleichmäßigkeit der Beanspruchung der Isolatorenglieder die Kapazitätsverhältnisse maßgebend, für Gleichspannung die Widerstandsverhältnisse. Abschließende Untersuchungen über das unterschiedliche Verhalten liegen noch nicht vor, zumal man die Verhältnisse im Dauerbetrieb,

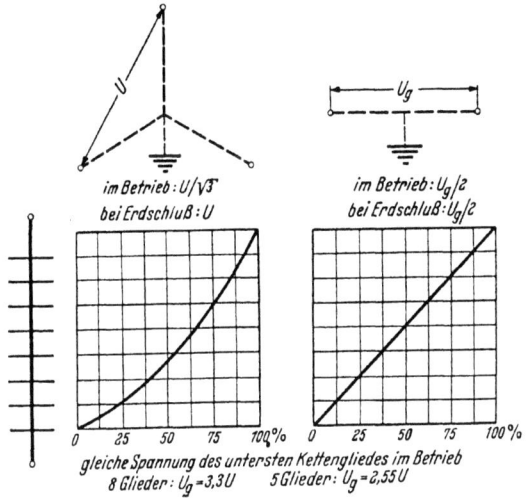

Abb. 115.
Spannungsverteilung einer Hängekette bei Beanspruchung mit Wechsel- und Gleichspannung.

bei Nebel und Verschmutzung zu beachten hat. Einen Anhalt für die Wichtigkeit dieser Isolatorenfragen gewinnt man aus Abb. 115, in der die Spannungsverteilung einer Hängekette bei Beanspruchung mit Wechsel- und Gleichspannung angegeben ist. Man sieht, daß die Spannungsverteilung bei Gleichspannung gleichmäßig ist, bei Wechselspannung aber das Glied an der Leitung am stärksten beansprucht wird. Bei gleicher Beanspruchung wird die zulässige Gesamtspannung bei Gleichspannung und einer Kette mit acht Gliedern gleich dem 3,3-fachen der Betriebswechselspannung, für eine fünfgliedrige Kette das 2,55fache. Ob dieses für die Gleichstromübertragung günstige Verhalten im Dauerbetrieb bei unterschiedlicher Verschmutzungsgefahr aufrechterhalten bleibt, bedarf weiterer Klärung. Immerhin liegt hier eine Möglichkeit, die Isolationskosten gegenüber Drehstrom herabzusetzen.

Außer dem bisher gestreiften Fragenkomplex des verschiedenen Verhaltens der festen Isolation bei beiden Übertragungssystemen ist noch das Verhalten der Leiter gegenüber Korona zu beachten. Neuere Versuche mit Drehstrom, besonders unter Anwendung der Bündelleiter bis 400 kV, haben gezeigt, daß vom Standpunkt der Korona aus zulässige Verhältnisse eintreten, daß aber eine weitere Steigerung der Spannung nicht ohne weiteres vertretbar erscheint. Entsprechend eingehende Versuchsresultate für Gleichstrom bis zu den möglichen Grenzspannungen sind nicht bekannt geworden. Man wird aber auch hier mindestens die Beanspruchung mit Gleichspannung gleich der Amplitude der Wechselspannung wählen dürfen.

Setzt man nach RÜDENBERG für die effektive Feldstärke am Leiterrand einer Drehstromfreileitung in Dreiecksanordnung

$$\mathfrak{E} = \frac{U}{\sqrt{3} \cdot r \cdot ln \frac{s}{r}},$$

worin s den Abstand der Leiter und r den Leiterhalbmesser in cm bedeuten, und für eine zweidrähtige Gleichstromleitung

$$\mathfrak{E}_g = \frac{U}{\sqrt{2} \cdot r \cdot ln \frac{s}{r}},$$

so wird das Verhältnis der Feldstärken am Leiterrand zwischen einer Gleichstrom- und Drehstromübertragung

$$\frac{\mathfrak{E}_g}{\sqrt{2}\,\mathfrak{E}} = \sqrt{\frac{3}{2}} \cdot \frac{U_g}{\sqrt{2}\,U}. \tag{146}$$

Bei gleicher Betriebsspannung erhält man also auch hier eine geringere Beanspruchung der Gleichstromleitung. Andere geometrische Leiteranordnungen ändern die Verhältnisse nur in geringem Maße. Führt man das Spannungsverhältnis nach Gl. (145) ein, so wird

$$\frac{\mathfrak{E}_g}{\sqrt{2}\,\mathfrak{E}} = \frac{U_{g\,\mathrm{ph}}}{\sqrt{2}\,U_{\mathrm{ph}}}. \tag{147}$$

Die Koronafeldstärken verhalten sich also genau so wie die Isolationsspannungen gegen Erde. Wenn man den Erdschlußfall betrachtet, bei dem die Löschung des Erdschlußlichtbogens bei Drehstrom von 400 kV bis zu einer Länge von etwa 1000 km gerade noch möglich erscheint, so muß man in Rechnung stellen, daß sowohl bei Gleichstrom als auch bei Drehstrom die volle Betriebsspannung zwischen den Leitern auf die Koronaausbildung wirkt. Für die Feldstärke $\mathfrak{E}_e$ bei Erdschluß ergibt sich die Beziehung

$$\frac{\mathfrak{E}_{g\,e}}{\sqrt{2}\,\mathfrak{E}_e} = \frac{U_g}{\sqrt{2}\,U}. \tag{148}$$

Freileitungen. 173

Mit den Gl. (146) und (148) und der Leistungsgleichung (151) wird

$$\frac{N_g}{N} = \sqrt{2} \cdot \frac{\mathfrak{E}_g}{2} \cdot \frac{J_g}{J} = \sqrt{\frac{3}{2}} \cdot \frac{\mathfrak{E}_{gs}}{\sqrt{2}\,\mathfrak{E}_s} \cdot \frac{J_g}{J}. \quad (149)$$

Die zulässige Koronafeldstärke der Freileitungen begrenzt also die übertragbare Leistung ebenso wie die Isolatorbeanspruchung. Vom Standpunkt der Korona kann man bei gleichem Leiterstrom 41% mehr Gleichstromleistung übertragen, wenn man die Feldstärken bei beiden Systemen im normalen Betrieb gleich hält, und nur 22,5% mehr, wenn man die Koronafeldstärke im Erdschlußfall bei beiden Systemen gleich macht. Man wird aber auch hier auf die durch die Gittersteuerung gegebenen Möglichkeiten hinweisen dürfen und dem höheren Wert eine hohe Berechtigung kaum absprechen können.

Versuche der SSW mit maximalen Spannungen bis zu 280 kV an Drehstrom- und Gleichstromdoppelleitungen über das Koronaverhalten mit Leiterdurchmessern von 1 bis 25 mm haben nach R. STRIGEL unter gleichen Witterungsbedingungen ergeben, daß bei geringen Spannungen die Wechselstromkoronaverluste größer, bei mittleren Spannungen kleiner als die Gleichstromverluste sind und daß bei höheren Spannungen die Gleichstromkoronaverluste gegenüber Wechselspannung wieder etwas herabgehen. Bei einem Leiterdurchmesser von 25 mm ist das Verhalten der Gleichstromkorona bis zu 10% günstiger gefunden worden. Die Versuche setzten völlig geglättete Gleichspannung voraus, die man bei Groß-

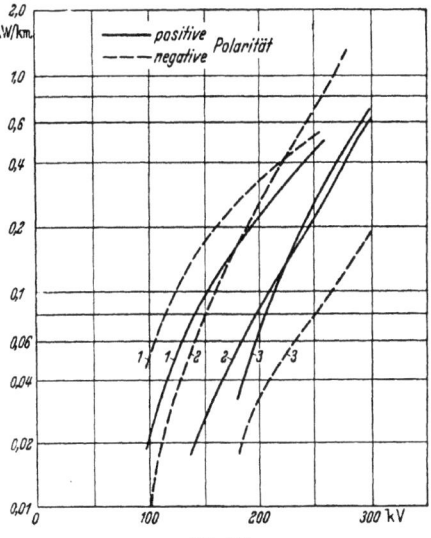

Abb. 116.
Verluste an Einfachseilen durch Gleichspannungskorona.
1) Starker Schneefall, −12° C, 81% relative Luftfeuchtigkeit, 2) zeitweiliger Regen, +4° C, 90% relative Luftfeuchtigkeit, 3) klar, −10° C, 75% relative Luftfeuchtigkeit.

übertragungen mit 24phasiger Rückwirkung auch zugrunde legen kann.

Die Schwedische Wasserfalldirektion hat nach B. HENNING 1946 im Zusammenhang mit dem Bau der Harspraenget-Fernleitung Versuche über das Koronaverhalten mit einer Versuchsleitung von 380 m Länge und mit einem Leiter von 28 bis 34 mm ⌀ vorgenommen bis zu einer

Gleichspannung von 300 kV. In Abb. 116 sind einige Ergebnisse dieser mit einem Seil von 27,7 mm $\emptyset$ durchgeführten Messungen wiedergegeben. Die Streuung der Meßwerte ist beträchtlich, trotzdem besonders ungünstige Witterungsverhältnisse nicht vorlagen. Die Verluste bei Gleichstrom wachsen nicht so schnell mit der Spannung wie bei Wechselstrom. Bei positiver Polarität haben die Verluste fast die gleiche Abhängigkeit von der Witterung wie bei Wechselstrom. Bei negativer Polarität ist die Abhängigkeit von der Witterung noch größer. Würde man auf Grund dieser Messungen von einem Verlustwert von 0,3 kW/km bei gutem Wetter für die Einfachleiter ausgehen, so ergibt sich, daß man bei Gleichstrom eine Spannung zulassen könnte, die etwa 35% über dem Scheitelwert der Wechselspannung liegt. Indessen sind diese Ergebnisse nicht mit Sicherheit auf Gleichstromleitungen mit zwei Leitern verschiedener Polarität zu übertragen. Die Versuche dürften gezeigt haben, daß man die Harspraenget-Leitung bei Verlegung eines vierten Leiters in eine Gleichstromdoppelleitung mit geerdeter Mitte und 500 kV Außenleiterspannung ändern könnte.

Man wird bei Erstausführungen die Koronagrenze bei Gleichstomübertragungen gegenüber Wechselspannungsbeanspruchung nicht heraufsetzen, solange nicht eingehende Versuche und Betriebserfahrungen hierfür bei Gleichstromübertragungen die notwendige Berechtigung nachweisen, wobei selbstverständlich die Verhältnisse bei Mehrfachleitungen zu berücksichtigen wären. Damit ist also auch vom Standpunkt der Korona aus das Leistungsverhalten zunächst bei beiden Übertragungssystemen entsprechend der Isolatorbeanspruchung zu wählen, bei einem etwas günstigeren Verhalten der Gleichstromleitung.

Durch die unterschiedliche Beanspruchung der Isolation und die verschiedene Anordnung der beiden betrachteten Übertragungssysteme ist es erforderlich, auch einen Vergleich hinsichtlich der übertragbaren *Leistung* zu treffen. Würde man eine Drehstromdoppelleitung mit sechs Leitern auf Gleichstrom umstellen, also drei Gleichstromsysteme mit zwei Drehstromsystemen vergleichen, wie es bei einer Umstellung einer Drehstromleitung auf Gleichstrom eintreten kann, so würde das Gleichstromsystem *ungünstiger* behandelt werden. Die übertragbare Leistung beträgt dann bei Gleichstrom

$$N_g = 3 U_g \cdot J_g$$

und bei Drehstrom

$$N = 2\sqrt{3} \cdot U \cdot J,$$

wobei J den Effektivwert des Leiterstroms bezeichnet. Das Verhältnis der übertragbaren Leistungen beträgt

$$\frac{N_g}{N} = \frac{3 U_g \cdot J_g}{2\sqrt{3} \cdot U \cdot J} = \frac{\sqrt{3}}{2} \cdot \frac{U_g \cdot J_g}{U \cdot J}. \tag{150}$$

Führt man das zulässige Spannungsverhältnis ein, so wird

$$\frac{N_g}{N} = \frac{\sqrt{3}}{2} \cdot \frac{U_g \cdot J_g}{\sqrt{2} \cdot U \cdot J} = \sqrt{2} \cdot \frac{U_{g\,\mathrm{ph}}}{\sqrt{2} \cdot U_{\mathrm{ph}}} \cdot \frac{J_g}{J}. \qquad (151)$$

Der erste Ausdruck enthält die Betriebsspannungen, der zweite die Spannungen gegen Erde; bei gleichem Strom in den Leitern und bei gleicher Isolationsbeanspruchung bei Erdschluß könnte man so bei Gleichstrom das $\sqrt{\frac{3}{2}} = 1{,}225$fache der Drehstromleistung bei einer sechsdrähtigen Leitung übertragen. Indessen liegt ein solcher Vergleich nicht richtig; denn wird aus dem Material einer sechsdrähtigen Drehstromleitung eine vierdrähtige Gleichstromleitung erstellt, so erhält man für diese eine Vergrößerung des Durchmessers um 22%. Dadurch kann die Spannung aber annähernd im gleichen Verhältnis und die übertragbare Leistung im Quadrat, also um 50% bei gleichen prozentualen Verlusten erhöht werden. Die Kosten der Leitung werden dabei nicht sehr verschieden ausfallen, die Gleichstromleitung kann aber etwa die 1,5fache Leistung der Drehstromübertragung führen.

Bei gleicher Isolationsbeanspruchung im normalen Betrieb und etwas höherer bei Erdschluß beträgt die Gleichstrombeanspruchung das $\sqrt{2} = 1{,}41$-*fache der Drehstromleistung.*

Bei Erdung der Neutralpunkte muß man die Erdspannungen U_{ph} und $U_{g\,\mathrm{ph}}$ vergleichen und erhält mit Gl. (146) ebenfalls $N_g = 1{,}41 \, N$.

Vergleicht man dagegen ein geerdetes Gleichstromsystem mit der dazugehörigen Isolatorenspannung $U_{g\,\mathrm{ph}}$ mit einem isolierten Drehstromsystem und der höheren Erdschlußspannung U am Isolator oder umgekehrt ein geerdetes Drehstromsystem mit einem isolierten Gleichstromsystem, so wird in beiden Fällen

$$\frac{N_g}{N} = \sqrt{6} \cdot \frac{U_{\mathrm{ph}}}{\sqrt{2} \, U} \cdot \frac{J_g}{J} = \frac{1}{\sqrt{2}} \cdot \frac{U_g}{\sqrt{2} \, U} \cdot \frac{J_g}{J}, \qquad (152)$$

d. h. im ersteren Fall könnte man bei gleichem Strom das $\sqrt{6} = 2{,}45$-fache der Drehstromleistung übertragen, im zweiten Fall das $\dfrac{1}{\sqrt{2}} = 0{,}71$-fache. Indessen haben diese Betrachtungen nur theoretisches Interesse, da man Leitungen verschiedener Betriebssicherheit vergleicht. Man wird je nach dem Stand der technischen Entwicklung und den getroffenen Voraussetzungen aber schätzen können, daß man mit Rücksicht auf die etwas günstigere Isolationsbeanspruchung bei Gleichstrom und bei der Möglichkeit der Benutzung der Gittersteuerung in Störungsfällen mit einer Gleichstromleitung im Mittel bei gleicher Sicherheit etwa das 1,4- bis 2fache der Drehstromleistung wird übertragen können. So hat MATHIAS gefunden, daß neue Hängeisolatoren gegenüber Gleichspannung eine etwas höhere Gleichspannungsfestigkeit besitzen als gegenüber dem

Wechselspannungsscheitelwert. Wenn man also bedenkt, daß neue Isolatorenformen sich der Gleichspannungsbeanspruchung besser anpassen als die für Wechselspannung entwickelten, so dürfte hier ein kostenmäßiger Gewinn entstehen.

Man wird im Mittel bei Abwägung der verschiedenen Einflußgrößen bei der Isolationsbeanspruchung so vorgehen können, daß man den Scheitelwert der Phasenspannung bei Gleich- und Drehstrom gleich groß setzt, so daß sich die effektiven Phasenspannungen wie $\sqrt{2}:1$ und die verketteten Spannungen daher wie $2\sqrt{2}:\sqrt{3} = 1{,}63:1$ verhalten.

Nachdem der Einfluß der Spannungen erörtert und gezeigt wurde, daß je nach den Voraussetzungen die übertragbare Leistung bei der Gleichstromübertragung gesteigert werden kann, tritt die Frage auf, wie sie zu bemessen ist, falls eine gegebene Leistung über eine bestimmte Entfernung zu übertragen ist, wenn gleiche Stromwärmeverluste, also gleicher Wirkungsgrad der Dreh- und Gleichstromleitung, zugrunde gelegt werden. Nach einem Vorgang von R. RÜDENBERG wird bei beiden Systemen der gleiche Strom in jedem Leiter vorausgesetzt, so daß die Leitererwärmung die gleiche bleibt. Die Stromverdrängung bei Drehstrom wird vernachlässigt. Ihren verhältnismäßig geringfügigen Einfluß für Hohlseile in Kupfer- und Aluminiumausführung zeigt in Abhängigkeit vom Leiterdurchmesser Abb. 117. Dabei ergibt sich der wirksame Querschnitt gleich dem Gesamtquerschnitt geteilt durch k. Die Vernachlässigung dieses Einflusses bedeutet, daß die Drehstromleitung etwas zu günstig eingesetzt wird.

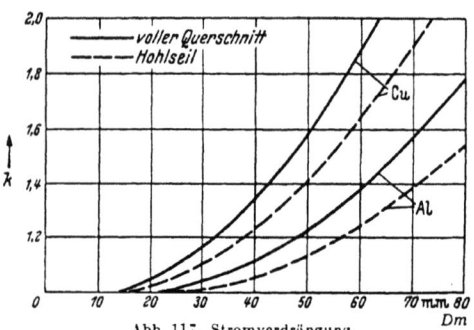

Abb. 117. Stromverdrängung.

Da man die Spannung und damit die Leistung bei Gleichstrom erhöhen kann, so muß man die Stromwärmeverluste im Widerstand R der Leitung heraufsetzen, wenn man gleiche relative Stromwärmeverluste, von denen der Wirkungsgrad der Übertragung abhängt, anstrebt. Erfolgt die Drehstromübertragung mit $\cos\varphi = 1{,}0$, so würden für eine sechsdrähtige Leitung die Verluste V_g bzw. V sich ergeben zu $V_g = 6J_g^2 \cdot R$ bzw. $V = 6J^2 \cdot R$ oder

$$\frac{J_g}{J} = \sqrt{\frac{V_g}{V}},$$

Freileitungen. 177

und dies zeigt, daß eine Steigerung der Verluste nur eine verhältnismäßig geringe Erhöhung der Stromstärke zuläßt. Der relative Verlust v_g bei Gleich- bzw. v bei Drehstrom wird mit $N_g = 3\,U_g \cdot J_g$

$$v_g = \frac{6 \cdot J_g^2 \cdot R}{3\,U_g J_g} = \frac{2 J_g \cdot R}{U_g} = \frac{J_g \cdot R}{U_{g\,\mathrm{ph}}} \tag{153}$$

bzw. mit $N = 2\,|\,\overline{3} \cdot U \cdot J$

$$v = \frac{6 \cdot J^2 \cdot R}{2\sqrt{3} \cdot U \cdot J} = \frac{\sqrt{3} \cdot J \cdot R}{U} = \frac{J \cdot R}{U_{\mathrm{ph}}}, \tag{154}$$

d. h. der relative Verlust ist gleich dem Spannungsabfall eines Leiters, bezogen auf die Leiterspannung gegenüber dem Neutralpunkt.

Das Verhältnis der relativen Verluste wird

$$\frac{v_g}{v} = \sqrt{\frac{2}{3}} \cdot \frac{\sqrt{2} \cdot U}{U_g} \cdot \frac{J_g}{J} = \frac{1}{\sqrt{2}} \cdot \frac{\sqrt{2} \cdot U_{\mathrm{ph}}}{U_{g\,\mathrm{ph}}} \cdot \frac{J_g}{J}. \tag{155}$$

Bei der Spannung wird die Amplitude der Wechselspannung der Gleichspannung gleichgesetzt. Beim Strom ist der effektive Wert des Wechselstromes, der für die Erwärmung maßgebend ist, benutzt. Setzt man nun das Stromverhältnis aus Gl. (155) in Gl. (150) ein, so ergibt sich

$$\frac{N_g}{N} = \frac{3}{2} \cdot \frac{v_g}{v} \cdot \left(\frac{U_g}{\sqrt{2}\,U}\right)^2 = 2 \cdot \frac{v_g}{v} \cdot \left(\frac{U_{g\,\mathrm{ph}}}{\sqrt{2}\,U_{\mathrm{ph}}}\right)^2. \tag{156}$$

Man ersieht, daß bei gleichem Wirkungsgrad der beiden Übertragungen über eine Freileitung mit gleicher Leiterspannung, also bei gleicher Spannungssicherheit, mit Gleichstrom die 1,5fache Drehstromleistung fortgeleitet werden kann.

Setzt man dagegen in beiden Systemen die Spannung im regulären Betrieb gegen Erde gleich, so wird die Gleichstromübertragung sogar die 2fache Drehstromleistung führen können, allerdings mit den Einschränkungen einer geringeren Spannungssicherheit und der noch genauer zu klärenden Frage der Erdschlußlöschung mit Hilfe der Gittersteuerung. RÜDENBERG hat auch gezeigt, daß vom Standpunkt der Erwärmungsgrenzen keine Bedenken bestehen, die Leitungsverluste der Gleichstromleitung auf das 1,5fache heraufzusetzen, was einer Stromsteigerung auf das $\sqrt[]{\tfrac{3}{2}} = 1{,}22$fache entsprechen würde, und daß selbst eine Stromsteigerung bis auf den 1,5fachen Wert noch als zulässig angesehen werden kann, und dies auch für den Kurzschlußfall.

Die Überlegenheit der Gleichstromleitung läßt sich auch dadurch nachweisen, daß man bei gleicher übertragener Leistung und Entfernung a) bei gleichen Stromwärmeverlusten und b) bei gleichen Spannungsabfällen das Querschnittverhältnis der gesamten Leiter bildet, wie es nach A. RACHEL in Abb. 118 festgehalten ist, für eine Zweileiter-

Baudisch, Energieübertragung. 12

anordnung ohne und eine Gleichstromleitung mit geerdetem Mittelleiter. *Danach ergibt sich, daß bei der Anordnung mit geerdetem Mittelleiter der bei gleicher Leistung und gleichen Stromwärmeverlusten aufzuwendende Querschnitt nur 0,5 bis 0,33 desjenigen der Drehstromleitung beträgt und bezogen auf gleiche Spannungsabfälle das 0,47- bis 0,27fache.*

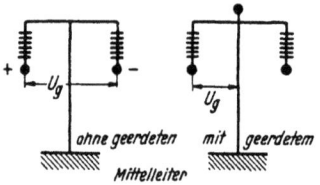

Abb. 118. Vergleich der Leiterquerschnitte von Drehstrom- und Gleichstromübertragungen bei gleichem Stromwärme- und Spannungsverlust.

Daß dieses Ergebnis die Kosten der Leitung stark zugunsten der Gleichstromübertragung beeinflußt, ist offensichtlich, da der Leiterquerschnitt auch für die am Mast angreifenden Kräfte maßgebend ist.

Vergleicht man die Anlagekosten neuer Gleichstromleitungen mit einer Drehstromübertragung von 220 kV mit einer Doppelleitung mit isoliertem Mittelpunkt, die etwa mit der natürlichen Leistung von 2×130 MW betrieben wird, so läßt sich nach F. BUSEMANN nachstehende Tabelle aufstellen:

Stromart	Drehstrom 2 × 3 Leiter	Gleichstrom 4 Leiter	Gleichstrom 4 Leiter
Mittelpunkt	isoliert	isoliert	geerdet
Vergleichsbasis	—	gleiche Beanspruchung im Erdschluß gleicher Verlust in %	gleiche Koronabeanspruchung im Normalbetrieb gleicher Verlust in %
Spannung	220 kV	310 kV	360 kV
Leistung	260 MW	260 MW	350 MW
Verlust/100 km	6,2 MW 2,4%	6,2 MW 2,4%	8,3 MW 2,4%
Stromdichte	1 A/mm²	1,23 A/mm²	1,42 A/mm²
Anlagekosten in %	100	70	70
Anlagekosten in % je kW	100	70	56

Bei einer Gleichstromleitung mit vier Leitern und isoliertem Mittelpunkt kann man die Außenleiterspannung zu $220\sqrt{2} = 310$ kV wählen. Bei gleicher Übertragungsleistung und gleichem Querschnitt ergibt sich auch der gleiche Verlust. Die Kosten der Leitung betragen dann etwa das 0,7fache der Drehstromdoppelleitung bei etwas höherer Stromdichte.

Würde man die Gleichstromdoppelleitung mit geerdetem Mittelpunkt betreiben, so ergibt sich bei gleicher Koronabeanspruchung wie im Drehstromnormalbetrieb eine Außenleiterspannung von $2\dfrac{\sqrt{2}}{\sqrt{3}} = 1{,}63\, U$

oder 360 kV. Dabei wird jeder einpolige Fehler zu einem Kurzschluß. Bei der gesteigerten Übertragungsspannung betragen die relativen Gestehungskosten der Gleichstromübertragung nur etwa das 0,56fache der Drehstromleitung; dabei ist berücksichtigt, daß bei frei wählbarer Spannung der Drehstromanlage sich für diese etwas geringere Kosten ergeben würden. Es ist immer zu beachten, daß sich betriebstechnisch die Drehstromleitung und Gleichstromleitung mit geerdeter Mitte nur schwer vergleichen lassen.

Bei der *Umstellung vorhandener Drehstromleitungen auf Gleichstrom* erhält man sinngemäß die Daten der folgenden Tabelle, wobei zu beachten ist, daß für die Gleichstromübertragung nunmehr bei entsprechend größerer Übertragungsleistung sechs Leiter zur Verfügung stehen.

Stromart	Drehstrom 2 × 3 Leiter	Gleichstrom 3 × 2 Leiter	Gleichstrom 3 × 2 Leiter
Mittelpunkt	isoliert	isoliert	geerdet
Vergleichsbasis	—	gleiche Isolationsbeanspruchung im Erdschluß gleicher Verlust in %	gleiche Koronabeanspruchung im Normalbetrieb gleicher Verlust in %
Spannung	220 kV	310 kV	360 kV
Leistung	260 MW	390 MW	520 MW
Verlust/100 km	6,2 MW 2,4%	9,3 MW 2,4%	12,2 MW 2,4%
Stromdichte	1,0 A/mm^2	1,23 A/mm^2	1,42 A/mm^2
N_0/N	1	1,5	2,0

Wir sehen, daß bei der sicheren Annahme für die Gleichstromübertragung in Übereinstimmung mit Gl. (156) die 1,5fache Leistung übertragen werden kann, also die Kosten einer Drehstromeinfachleitung zugunsten der Erstellung der Stromrichteranlage erübrigt werden. Bei gleicher Isolationsbeanspruchung gegen Erde würde man sogar den Aufwand für eine neue Drehstromdoppelleitung hierfür ersparen.

Diese kurzen Betrachtungen lassen die auf den Leitungsbau einflußnehmenden Größen erkennen. Die endgültigen Kosten einer Drehstrom- oder Gleichstromleitung lassen sich zuverlässig nur im Einzelfall auf Grund genauer Kostenberechnungen ermitteln; hieraus läßt sich die Grenzentfernung bestimmen, bei der beide Übertragungssysteme gleich wirtschaftlich werden. Die Durchrechnung einer Reihe von Beispielen gibt Anhaltspunkte, von welchen Entfernungen ab man diese Grenzen erwarten darf, die je nach den getroffenen Voraussetzungen in gewissem Umfang schwanken werden.

CH. EHRENSPERGER, R. TRÖGER, F. BUSEMANN, O. LÖBL und andere haben versucht, die dem heutigen Stand der Technik entsprechende

Grenzentfernung zu ermitteln, bei der die Drehstrom- und Gleichstromübertragungen etwa gleich wirtschaftlich werden und oberhalb der die Gleichstromübertragung kostenmäßige Vorteile bietet. Da diese Untersuchungen von etwas verschiedenen Voraussetzungen ausgehen, ist kein eindeutiges Resultat zu erwarten. Immerhin haben sie gezeigt, daß die wirtschaftliche Grenzentfernung etwa mit derjenigen zusammenfällt, bei der die Drehstromübertragung den Einsatz besonderer Blindleistungsstationen entlang der Leitungen fordert. Wenn im Zuge der Höchstspannungsleitung vorhandene Kraftwerke zur Stützung der Leitung herangezogen werden, so wird die Grenzentfernung größer.

EHRENSPERGER kommt bei seinen Untersuchungen z. B. für eine Drehstromdoppelleitung mit Hohlseilen zur Übertragung von 400 MW ohne Stützpunktstationen und ohne zusätzlichen Kostenaufwand für die Aufrechterhaltung der Stabilität im Vergleich mit einer Gleichstromdoppelleitung mit vier Leitern zu dem Ergebnis, daß die wirtschaftliche Überlegenheit der Gleichstromübertragung etwa bei 400 bis 500 km beginnt. R. TRÖGER und F. BUSEMANN kommen etwa zu der gleichen Feststellung, wobei der wirtschaftliche Gewinn mit zunehmender Leitungslänge zunächst verhältnismäßig langsam ansteigt. O. LÖBL vergleicht eine 400 kV-Drehstromdoppelleitung mit Bündelleitern mit vier im Abstand von 40 cm voneinander angeordneten Teilleitern mit einer 400 kV-Gleichstrom-Freileitungsübertragung mit geerdeter Mitte. Für die Drehstromübertragung sind dabei Zwischenstationen zur Spannungshaltung im Abstand von 300 km vorgesehen. Die Gleichstromübertragung ist nur auf der Wechselrichterseite mit Blindleistungserzeugern ausgerüstet, die Übertragung also nur für eine Richtung vorgesehen. Energieentnahmestellen entlang der Leitung sind nicht angenommen. Unter diesen Voraussetzungen schätzt O. LÖBL die Grenzentfernung für eine jährliche Benutzungsdauer von 4000 Stunden auf etwa 800 km. Nach diesen und ähnlichen Betrachtungen dürfte es empfehlenswert sein, die Gleichstromübertragung in den Fällen in den Kreis der wirtschaftlichen Betrachtungen einzubeziehen, bei denen die Drehstromübertragung besondere Aufwendungen zu ihrer Stützung erfordert.

Unter den Abarten der Gleichstromleitungen ist die einpolige Übertragungsleitung mit Benutzung der Erde als Rückleiter die billigste, allerdings hinsichtlich ihrer Anwendbarkeit die am wenigsten geklärte. Der Benutzung der Erde als Rückleiter für Gleichstromübertragungen steht u. a. die Schwierigkeit entgegen, Erder mit großer Dauerbelastung und genügend kleinem Ausbreitungswiderstand sowie einer zulässigen Schrittspannung zu schaffen, ferner der elektrolytischen Zerstörung der im Erdreich angeordneten Elektroden sowie der dort untergebrachten Rohrleitungen für städtische Wasser- und Gasnetze, Erdölleitungen usw. entgegenzuwirken. Man wird

Freileitungen. 181

demgemäß die Einführung des Stromes in die Erde in der Nähe von Siedlungen oder Industrieanlagen, wo Schäden zu erwarten wären, vermeiden. Für die Erder wird man am Anfang der Leitung, also in der Nähe der Wasserkraftwerke, meistens geeignete Bodenverhältnisse finden. Am Ende der Leitung wird man die Erdung von Siedlungen fortverlegen. Dabei kann man, um geeignete Bodenverhältnisse zu erreichen, gegebenenfalls die Leitung als normale zweidrähtige Leitung ausführen und erst bei der geeigneten Erdungsstelle den einen Leiter an Erde legen. Die Korrosion der Elektroden läßt sich nach Versuchen von C. E. SÖDERBAUM, J. BECKINS und M. BÖCKMANN in zulässigen Grenzen halten, wobei bei Erdung des negativen Pols und Einbettung der Elektroden in verschiedene Böden praktisch keine Zersetzung eintrat, da der entstehende Wasserstoff die Metallelektroden vor Zerstörung schützt. Als Elektrodenmaterial wurde Magnetit, Graphit, Gußeisen und Kupfer verwendet, das in Ton-, Sand- und Moorboden an der Oberfläche und in 1,5 bis 2 m Tiefe eingebettet war. Bei Erdung des positiven Pols hängt der Materialverlust für jede Elektrodenart von der Elektrizitätsmenge, aber nicht von der Bodenzusammensetzung ab. Für 1000 Ah beträgt die Abnahme für Magnetit 40 g, Graphit 400 g, Gußeisen 1100 g und Kupfer 1500 g. Die positiven Elektroden müssen feucht gehalten werden, da sie sonst austrocknen. Ein Strom von 1000 A kann eine Verschiebung bis zu 15 m^3 Wasser je Stunde verursachen. Die Verfasser empfehlen für die negativen Elektroden Winkeleisen oder Magnetit in Ton- oder Moorboden und Magnetit in Salzwasser bzw. Eisenelektroden in erzhaltigem Boden.

Man wird für eine Übertragungsleitung von z. B. 400 MW bei 400 kV Betriebsspannung, die man etwa einem Leitungsstrang anvertrauen wird, mit Erdern zu rechnen haben, die mindestens 1000 A dauernd führen müssen. Bei Anlagen mit geerdeter Mitte werden die Erder so bemessen sein, daß man bei einem Leiterbruch den Betrieb wenigstens mehrere Stunden aufrechterhalten kann. Erder dieser Größenordnung sind bisher nicht ausgeführt worden, so daß hierüber praktische Erfahrungen nicht vorliegen. Aus der umfangreichen Literatur hierüber lassen sich aber Schätzwerte ableiten, die darauf hinweisen, daß der Konstruktion der Erder besondere Beachtung zu widmen ist. R. RÜDENBERG hat darauf hingewiesen, daß Erder, wie sie für Gleichstromübertragungen mit Erder als Rückleiter in Betracht zu ziehen sind, bei Ausführung als Tiefenerder mit Selbstkühlung unter Beachtung der zulässigen Schrittspannung beträchtliche Abmessungen erhalten müssen. Um eine zulässige Schrittspannung zu erreichen, müßte man die Elektroden sehr tief in das Erdreich verlegen. In Abb. 119 ist ein kugelförmiger Tiefenerder angenommen und die Feldstärke hierfür an der Erdoberfläche aufgetragen. Man erkennt, daß bei isolierter Zuleitung zum Erder unmittelbar über diesem keine Gefährdung auftritt, daß die maximale Feldstärke nach außen hin zunimmt und schließlich bei $x_0 = h/\sqrt{2} = 0{,}7\,h$ den Höchstwert erreicht. Die Schrittspannung u_s errechnet sich zu

$$u_s = \frac{J \cdot s}{2\pi} \left(\frac{1}{\sqrt{h^2 + \left(x - \frac{S}{2}\right)^2}} - \frac{1}{\sqrt{h^2 + \left(x + \frac{S}{2}\right)^2}} \right).$$

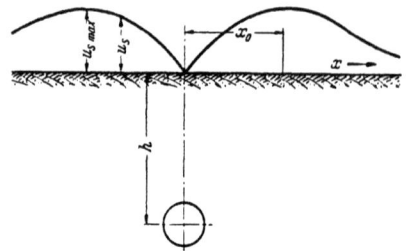

Hierin bedeutet s den spezifischen Widerstand des Erdbodens ($10^3 - 10^4\,\Omega$/cm), S die Schrittweite (in m), J den Gesamtstrom des Erders. Für $x = 0{,}7\,h$ wird die maximale Schrittspannung

$$u_{s\,\mathrm{max}} = \frac{s \cdot J}{\pi\,3\sqrt{3}\,h^2} \cong \frac{6120}{h^2},$$

Abb. 119. Verlauf der Schrittspannung bei einem kugelförmigen Tiefenerder.

wenn man h in m und $s = 10^3\,\Omega$/cm einsetzt. Für $s = 10^3 - 10^4\,\Omega$/cm ist die maximale Schrittspannung für einen Erder von 1000 A in Abb. 120 aufgetragen. Bei 100 m Tiefe ergibt sich $u_{s\,\mathrm{max}}$ zu 0,62 V/m bzw. bei einem Kurzschluß mit dem zehnfachen Endstrom

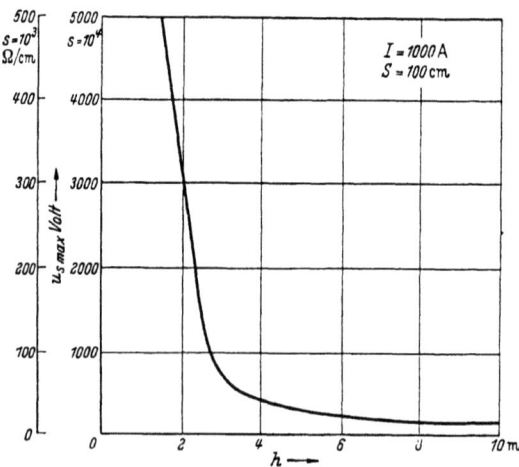

Abb. 120. Schrittspannung eines Tiefenerders für 1000 A.

6,2 V/m. Da man einen Körperstrom von 50 mA bereits als lebensgefährlich ansieht und der Widerstand des Menschen mit etwa 500 Ω anzusetzen ist, würde dies zu einem Körperstrom von $6{,}2 : 500 = 0{,}012$ A führen, also einem zulässigen Wert. Da Erder von 100 m Tiefe aber einen sehr hohen Aufwand bedeuten, wird man es vorziehen, billige Oberflächenerder vorzusehen und das Gelände zu umzäunen, so daß es nur bei abgeschalteter Leitung betreten werden kann, was sich leicht durch eine Sicherheitsschaltung erzwingen läßt. Es besteht auch die Möglichkeit, bei einem Mehrfacherder durch Potentialsteuerung über Widerstände eine gewünschte Spannungsverteilung so einzustellen, daß die Schrittspannung zulässige Werte erreicht.

Für einen Erder von 1000 A würde man bei einer dauernden Erwärmung von 80° C über die durchschnittliche Erdtemperatur einen Durchmesser von 115 m erhalten. Ein solcher Erder läßt sich nur als Mehrfacherder ausführen, z. B. bei quadratischer Anordnung mit je elf Erdern je Kantenlänge bei einem gegenseitigen Abstand von 20 m. Der Erder würde somit eine Fläche von $200 \cdot 200$ m^2 bedecken. Wählt man für die Elektroden Eisen, so würden im Jahr rund 10 t Eisen elektrolytisch zersetzt. Der Aufwand für einen Erder dieser Konstruktion wäre also recht erheblich.

Indessen ist eine solche Betrachtung wohl nur als ungünstiger Grenzfall zu werten, der sich auf Grundlagen stützt, die bei der üblichen Ausführung der Erder gewonnen wurden, also bei Einhaltung einer zulässigen Schrittspannung und Selbstkühlung bzw. bei Fremdkühlung der Elektroden, mit der man die doppelte Belastung des Erders erreichen könnte. Für Erder dieses Ausmaßes kann man aber besondere Mittel zu ihrer Verbesserung anwenden, denn schließlich bedeutet die Benutzung der Erde als Rückleiter eine so erhebliche Ersparnis an der Leitung, daß der Gewinn, wenn man nur einen Bruchteil dieser Kosten für die Ausgestaltung der Erder anwendet, immer noch sehr entscheidend für die Wirtschaftlichkeit der Anlage bleibt. Das Eisen wird man durch Kohle- oder Silitelektroden ersetzen, die nur einer geringen Zersetzung unterworfen sind, und Pumpenanlagen zur Kühlung vorsehen, deren isolierter Aufstellung keine erheblichen Schwierigkeiten entgegenstehen. Unter Anwendung dieser Maßnahmen werden sich schon tragbare Dimensionen erreichen lassen, ohne daß es notwendig ist, umfangreiche und kostspielige Tiefenerder aufzustellen. Bei Anlagen mit geerdeter Mitte, bei denen man mit einer etwas unsymmetrischen Belastung rechnen muß, wird man kaum mehr als 10% des Leitungsstromes als Erderstrom einsetzen. Dies würde Erder erfordern für Dauerbelastung von etwa 100 A. Solche Erder wird man auch mit künstlicher Kühlung zur Ausführung bringen, um im Falle eines Leiterbruches die Erde wenigstens einige Stunden als Rückleiter benutzen zu können. Die Pumpenanlagen werden dann selbsttätig oder mit Hilfe einer Fernsteuerung für die Zeit der Störung in Tätigkeit gesetzt.

Der Gleichstrom, der zwischen zwei Elektroden in die Erde fließt, verteilt sich so, daß der Ausbreitungswiderstand ein Minimum wird. Die Stromdichte in der Nähe der Elektroden wird am größten, so daß man Elektroden mit möglichst großer Oberfläche vorsehen wird. Aus diesem Grunde sind Kugelelektroden verhältnismäßig ungünstig, vorzuziehen sind Stabelektroden oder Rohre. Für die Berechnung des Widerstandes ist es notwendig, den spezifischen Widerstand des Erdreiches zu kennen. Man kann für ihn je nach Bodenbeschaffenheit ohne Anwendung künstlich verbessernder Mittel, wie erwähnt, etwa 10^3 bis $10^4\,\Omega/\mathrm{cm}$ einsetzen. Eine genauere Ermittlung der Bodenverhältnisse durch Bestimmung des spezifischen Widerstandes ist aber notwendig, da die oben genannten Werte erheblichen Schwankungen unterworfen sind. Setzt man einen Erdwiderstand von 1000 bis $10000\,\Omega/\mathrm{cm}$ voraus, so kann man selbst mit Oberflächenelektroden in Band- oder Röhrenform, also unter Vermeidung von Tiefenerdern, ohne zu große Ausdehnung der Erdungswiderstände einen Ausbreitungswiderstand von $1\,\Omega$ und weniger erzielen. Wenn man die lineare Belastung der Elektroden mit 1 A/m annimmt, so erhält man für 1000 A eine Elektrodenlänge von rund 1000 m. Man könnte einen solchen Erder dann aus einer Anzahl mehr oder weniger weit voneinander distanzierter Teilelektroden zusammenstellen.

Damit sind aber die Möglichkeiten, die Abmessungen eines Hochstromerders herabzusetzen, nicht erschöpft. Diese Betrachtungen setzen bei selbstgekühlten Elektroden voraus, daß die an der Grenzfläche Elektroden—Erdreich entstehende Wärme in das Erdreich abgeleitet wird. Dieses wird erhitzt, das Wasser im Erdreich wird bei hoher Ausnutzung des Erders verdampfen, und die Leitfähigkeit des Bodens wird sinken. Dabei entsteht die in Abb. 121 angegebene Temperaturverteilung im Erdboden, die für einen kugelförmigen Tiefenerder in Abhängigkeit von r/ϱ_0 aufgetragen ist, worin r den Abstand des betrachteten Ortes und ϱ_0 den Halbmesser des Erders bedeutet. Man sieht, daß im Abstand $r = 2\varrho_0$ im Boden das Temperaturmaximum auftritt. Dies führt zur Erkenntnis, daß man zweckmäßig nicht nur die Elektrode, sondern auch die unmittelbare Umgebung des Erders, z. B. durch eine eingegrabene Kühlschlange, kühlen wird, um einer Austrocknung des Erdbodens entgegenzuwirken. Um eine hohe Dauerleitfähigkeit des Bodens sicherzustellen, kann man durch eine Sprinkler-Anlage für eine gute Durchfeuchtung des Bodens sorgen und durch Salzzusätze den Ausbreitungswiderstand herabsetzen. Man wird also einen Hochstromerder etwa nach den Grundsätzen eines Wasserwiderstandes bauen, um die

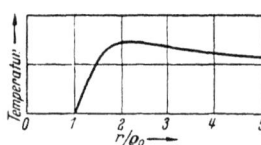

Abb. 121. Temperaturverteilung im Erdboden für einen kugelförmigen Tiefenerder.

an sich schlechte Wärmeleitfähigkeit des Bodens zu verbessern, die z. B. für Sand mit 7% Feuchtigkeit $\lambda = 0{,}00125$ W/cm °C, für gewachsenen Boden das Doppelte beträgt. Kann man für die Elektrodenbettung Kohle vorsehen, so beträgt für Graphit die Wärmeleitfähigkeit ein Vielfaches des Bodens mit $\lambda = 0{,}079$ W/cm °C. Legt man den Erder so aus, daß der Ausbreitungswiderstand etwa 1 bis 2 Ω beträgt, so ergeben sich Dauerverluste von 1000 bis 2000 kW, die sich mit mäßigen Wassermengen bei Fremdkühlung der Elektroden und des Erdreichs leicht abführen lassen. Einen Hinweis hierfür gibt der auf S. 137 beschriebene Wasserwiderstand, mit dessen Hilfe 5000 kW bei bescheidensten Abmessungen vernichtet wurden. Jedenfalls dürfte durch die hier angegebenen Möglichkeiten die Frage der Erder für Gleichstromanlagen mit Erdrückleitung mit mäßigem Aufwand zu lösen sein.

In Schweden wurden nach einem Bericht von R. LUNDHOLM Versuche über die Auswirkung von Gleichstrom in der Erde durchgeführt, die gezeigt haben, daß Kabelmäntel und Eisenbahnschienen einen verhältnismäßig großen Teil des Erdstromes übernehmen, obwohl dieser seinen Weg in verhältnismäßig großen Tiefen, bis etwa 35 km, in Erdreich kleinen Widerstandes sucht. Man benutzte Ströme von 20 bis 170 A, die bei weit auseinanderliegenden Erdern durch fahrbare Gleichrichterstationen geliefert wurden. Die Versuche bei der Trollhättan- und Mellerud-Übertragung zeigten z. B., daß bei einer Entfernung von 5 bis 6 km der Erder vom Kabel die Stromdichte im Kabelmantel 1 μA/cm² beträgt, umgerechnet auf einen Erdstrom von 1000 A, wie er für Gleichstromübertragungen in Betracht kommt.

Bei einem 1944 durchgeführten Versuch zwischen Hallsberg und Ljusdal waren die Erder in einem Abstand von 315 km angeordnet und mit 170 A Gleichstrom gespeist. Es zeigte sich, daß bei einem auf 1000 A umgerechneten Erdschlußstrom Stromstörungen im Umkreis von 150 km um die Erder in den Signalrelais von Bahnanlagen aufgetreten waren. Bis zu einer Entfernung von 45 km von den Erdern muß mit schwerwiegenden Störungen gerechnet werden. In Schienenabschnitten von 10 km Entfernung wurden noch 16% des Gesamtstromes gemessen. Auch Untersuchungen im Bleimantel des Fernsprechkabels von Oerebro nach Gothenburg haben für 1000 A einen Strom im Kabelmantel von 9 A ergeben.

Bei einem weiteren Versuch, bei dem die Erder in Seewasser versenkt waren, zwischen Seskarö und Norrbyskär, bei einer Entfernung der Erder von 315 km und 50 A Gleichstrom betrug die Stromdichte am Kabelmantel, gemessen etwa in einer Entfernung von 22 km von Norrbyskär, nur 0,004 μA/cm², umgerechnet auf einen Gesamtstrom von 1000 A. Dieses günstige Resultat ist auf den erheblich geringeren spezifischen Widerstand von Seewasser von etwa 2 Ω/m zurückzuführen.

Obwohl auch diese Messungen noch keine ausreichenden Unterlagen für die Möglichkeit der Benutzung der Erde als Rückleiter für Gleichstromübertragungen ergeben, mahnen ihre Ergebnisse bei dichter besiedelten Gebieten doch zur Vorsicht. Man wird sich deshalb bei Erstausführungen zunächst auf Anlagen mit geerdeter Mitte beschränken, bis diese Frage eine weitere Abklärung durch Versuche gefunden hat.

2. Kabel.

Für Drehstromübertragungen mit Spannungen über 100 kV haben sich Ölkabel, Druckkabel und Gasdruckkabel eingeführt, von denen das Ölkabel die weiteste Verbreitung gefunden hat. Beim Ölkabel werden Hohlraumbildung und Bleimantelaufweitung dadurch vermieden, daß für die Tränkung der Papierisolierung an Stelle der sonst üblichen zähflüssigen Masse ein dünnflüssiges Öl verwendet wird. Diesem wird durch Längskanäle Gelegenheit gegeben, sich bei Erwärmung beliebig auszudehnen und bei Abkühlung zusammenzuziehen. Beim Einleiterkabel befindet sich der Ölkanal im hohl ausgeführten Leiter. Ölausdehnungsgefäße nehmen den bei Erwärmung anfallenden Ölüberschuß auf. Sie werden an den Kabelenden oder an den Speisestellen längs der Kabelstrecke angeordnet. Sie enthalten luftgefüllte Metallkapseln, die durch das einströmende Öl zusammengedrückt werden. Beim Sinken der Temperatur drücken sie das Öl in das Kabel zurück. Infolge der Dünnflüssigkeit des Isoliermittels ist der statische Flüssigkeitsdruck und Strömungswiderstand für die Auslegung der Kabel maßgebend. Für je 11 m Höhenunterschied ergibt sich ein Innendruck von 1 at. Da Blei zu weich ist, um höhere Drucke aufzunehmen, werden die Mäntel dieser Kabel sorgfältig bandagiert. Bei größeren Höhenunterschieden wird die Ölsäule mit Hilfe von Sperrmuffen unterteilt, um den Druck in zulässigen Grenzen zu halten. Diese Sperrmuffen bestehen im wesentlichen aus gegeneinander geschalteten Endverschlüssen.

Da bei Alpenwasserkräften oft Schwierigkeiten bestehen, mehrere Fernleitungen, die von einem Großkraftwerk abgehen, in Tälern unterzubringen, wurde frühzeitig die Aufgabe gestellt, Drehstromhochspannungskabel zu entwickeln, die größere Höhenunterschiede zu überbrücken gestatten. Durch Verbesserung der Bandagierung suchte man die Zahl der Sperrmuffen herabzusetzen. Es erscheint heute möglich, einen Höhenunterschied von 100 m ohne Anwendung von Sperrmuffen zu überbrücken. Man könnte vielleicht sogar eine Höhendifferenz von 200 m entsprechend einem Ölinnendruck von etwa 18 at überwinden, und mit nahtlosen Aluminiummänteln dürften noch größere Höhenunterschiede ohne Verwendung von Sperrmuffen beherrschbar sein.

Der Verlustfaktor der Ölkabel, der nur etwa $3^0/_{00}$ beträgt, ändert sich nicht durch wiederholtes Erwärmen, d. h. die Ölkabel arbeiten stabil. Für sie kann die doppelte Übertemperatur zugelassen werden wie für Massekabel, also 50° C. Bei gleichem Leiterquerschnitt kann man deshalb mit einem Ölkabel 50% mehr Strom als mit einem Massekabel übertragen, oder man erhält bei gleichem Belastungsstrom den halben Querschnitt. Die elektrische Dauerfestigkeit des ölgefüllten Kabels kann man mit etwa 35 kV eff/mm ansetzen. Sie beträgt ein Mehrfaches der Festigkeit von massegetränkten Kabeln, d. h. Ölkabel brauchen bei gleicher Nennspannung nur etwa die halbe Isolierungsstärke. Die Stoßfestigkeit der Ölkabelisolierung beträgt rund 110 kV/mm. Für die übrigen stabilen Höchstspannungskabel, wie Druckkabel und Gasdruckkabel, bestehen ähnliche Verhältnisse, auf die hier nicht eingegangen werden soll, da sie im Zusammenhang mit der Betrachtung des Problems der Gleichstromübertragung keine neuen Gesichtspunkte bieten.

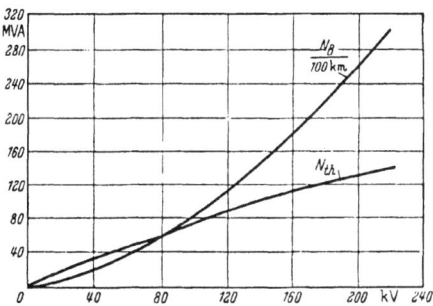

Wie schon erwähnt, treten beim Betrieb von langen Kabelstrecken mit Wechselstrom enorme Blindleistungen auf. Wie Abb. 122 zeigt, liegt die Ladeleistung N_B bei 100 kV und 100 km Streckenlänge bereits in

Abb. 122. Ladeleistung N_B für 100 km Streckenlänge und thermische Grenzleistung N_{th} von Ölkabeln mit Aluminiumleitern von 240 mm² Querschnitt.

der Größenordnung der thermischen Grenzleistung N_{th} des Kabels, und bei höheren Spannungen übersteigt sie diese noch beträchtlich. Deshalb und des hohen Preises wegen sind Hochspannungskabel bei Wechselstromübertragungen vorwiegend nur im Anschluß an Freileitungen zur Einführung der Energiewege in Großstädte und Industrieanlagen verwendet worden. Der Preis eines 100 kV-Kabels für Drehstromübertragung beträgt das Drei- bis Vierfache dessen einer Freileitung gleicher Leistung. Daraus ist ersichtlich, daß eine Verkabelung der Wechselstromfernleitungen aus wirtschaftlichen Gründen mit den heute üblichen Mitteln nicht in Frage kommt.

Bei der Frequenz Null entfällt die kapazitive Ladeleistung der Kabel; ferner ergeben sich infolge des günstigen Durchschlagverhaltens der Kabelbaustoffe gegenüber Gleichspannung wesentlich kleinere Isolierstärken. Durch Fortfall der dielektrischen Verluste ist die Beanspruchung der Isolierung bei Gleichspannung wesentlich günstiger, so daß die Kabel mit sehr hohen Feldstärken betrieben werden können. Bei Ölkabeln z. B. bedeutet dies, daß die Isolierung beim Gleichstrombetrieb ungefähr dreimal so hoch beansprucht werden kann als beim Wechselstrombetrieb.

Bei Massekabeln mit ihrer verhältnismäßig kleinen Grenzdauerfestigkeit bei Wechselstrombetrieb wirkt sich das Fehlen der Umelektrisierungsverluste besonders günstig aus. Die durch Versuche festgestellte Dauerfestigkeit gegenüber oberwellenfreier Gleichspannung liegt bei massegetränkten Papierbleikabeln in der Größenordnung von mehr als 100 kV/mm, wobei bei positiver Polarität die Durchbruchsfeldstärke höher ist als bei negativer. Wie bereits erwähnt, liegt die Dauerfestigkeit von Massekabeln bei einer Beanspruchung mit Wechselstrom nur in der Größenordnung von 12 kV/mm, so daß der Übergang von Wechsel- auf Gleichstrombetrieb bei Massekabeln eine vielfach höhere Betriebsfeldstärke gestattet. Dies bedingt, daß bei Gleichspannung die Verwendung von Massekabeln gegenüber Ölkabeln ungleich aussichtsreicher wird und bei Fernleitungen die Verlegung und Instandhaltung sich erheblich einfacher gestalten wird.

Mit Ölkabeln für 100 kV Drehstrom würde man bei einer Gleichspannungsanlage mit geerdeter Mitte 440 kV übertragen können. Mit einem Massekabel entsprechend 50 kV Drehstrom mit 12 mm Isolierung würde man eine Gleichstromanlage mit geerdeter Mitte und einer Außenleiterspannung von ebenfalls 440 kV betreiben können. Erst die Gleichstromübertragung bietet somit die Möglichkeit, Höchstspannungs-Fernübertragungen zu verkabeln und sie dem Einfluß der Gewitterüberspannungen zu entziehen, also den Schritt zu vollziehen, den die Nachrichtentechnik mit der Verkabelung ihrer Kanäle in den letzten Jahrzehnten zu ihrem besonderen Vorteil erreicht hat. Darüber hinaus besteht die Möglichkeit, die Kabelstrecken mit den einfacheren Massekabeln an Stelle der Ölkabel, Druckkabel oder Gasdruckkabel usw. auszurüsten. Es verdient an dieser Stelle erwähnt zu werden, daß die oben angegebenen Bemessungsgrundlagen noch nicht das Optimum des Erreichbaren darstellen und daß auch nach dem heutigen Stand der Kabeltechnik die Beherrschung von Gleichstromübertragungen von 800 bis 1000 kV Außenleiterspannung im Bereich der Verwirklichung liegt.

Das 1906 am Eingang von Lyon verlegte Massekabel von 75 mm^2 und einer Streckenlänge von etwa 10 km mit der verhältnismäßig starken Isolierung von 18 mm zeigte während eines 30jährigen Betriebes mit Gleichspannungen zwischen 75 bis 125 kV bei einer Beanspruchung mit einem konstanten Strom von 150 A keinerlei Störungen. Auch später verlegte Kabel zeigten einen hohen Grad von Betriebssicherheit. Auf Grund des günstigen Verhaltens der Massekabel, die die Societé des Cables de Lyon schon 1906 verlegt hat, kommt L. Domenach zu dem Resultat, daß man für Massekabel bei Gleichstrombeanspruchung einen Betriebsgradienten von 40 kV/mm zugrunde legen kann.

Kabel. 189

L. DOMÉNACH stellt die Frage, bis zu welchen Spannungen und Leistungen man voraussichtlich solche Massekabel wird verwenden können. Legt man eine Wandstärke der Isolierung von 28 mm zugrunde, so dürfte man eine Spannung zwischen Leiter und Erde von 600 kV bei einem Querschnitt von 600 mm² zulassen können. Ein solches Einleiterkabel würde einen Durchmesser von 10 cm erhalten, wie die 220 kV-Drehstromkabel der Société Parisienne d'Interconnection. Bei Kupfer als Leiter ergibt sich ein Dauerstrom von 700 A, wobei die Leitertemperatur 70° C übersteigen würde. Ein solcher Kabelstrang würde 840000 kW bei einer Spannung von 1200 kV zwischen den Leitern bei einer Gleichstromanlage mit geerdeter Mitte übertragen. Die Ohmschen Verluste betragen 32 kW/km oder bei einer Übertragung über 1000 km etwa 4% der Übertragungsleistung. Unter Zugrundelegung der oben erwähnten Betriebsgradienten von 40 kV/mm empfiehlt L. DOMÉNACH für Massekabel mit Kupferleiter eine Isolationsstärke von 7,5 bis 8,5 mm für 400 kV, von 11 bis 13 mm für 600 kV und von 18,5 bis 21,5 mm für 1000 kV bei Betrieb der Anlage mit geerdeter Mitte. Die Ausführung der Kabel wurde dabei als bewehrte Bleikabel angenommen.

Abb. 123 zeigt die übertragbare Leistung solcher Kabel für Spannungen von 400 bis 1000 kV in Abhängigkeit vom Leiterquerschnitt für eine Temperaturerhöhung im Kupferleiter von 40° C, also eine Steigerung der Temperatur auf maximal 60° C in der Erde. Die Verluste, die diesem Temperaturanstieg entsprechen, betragen im Höchstwert 48 kW/km. In einer Kabelstrecke von 500 km Länge würden bei 600 kV die Verluste etwa 5% der Übertragungsleistung betragen. Mit den so ausgelegten Kabeln würden für die nachfolgend genannten Übertragungsleistungen die folgenden Übertragungsspannungen zu wählen sein:

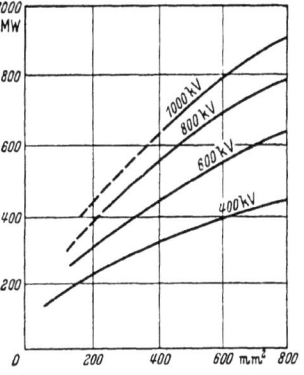

Abb. 123. Übertragbare Leistung von Gleichstrommassekabeln mit Kupferleitern für verschiedene Spannungen und Querschnitte nach L. DOMÉNACH.

100—350 MW,   400— 500 kV,
350—550 MW,   600— 700 kV,
550—900 MW,   800—1000 kV.

Durch die Möglichkeit, Gleichstromübertragungen zu verkabeln, werden auch die Voraussetzungen geschaffen, große Energiemengen durch Gewässer zu führen, wie dies z. B. verschiedentlich für die Übertragung von Wasserkräften von Norwegen nach dem Kontinent und nach England erörtert wurde.

Ohne Zweifel wird die Möglichkeit einer Übertragung großer Leistungen auf weite Entfernungen mit Kabeln die Weiterentwicklung der Gleichstromkabel noch weitgehend fördern. Als Ziel wird man ein Kabel anstreben, das die einfache Bauform des Massekabels aufweist, wobei nicht zu verkennen ist, daß bei dem heutigen Stand auch das Ölkabel in Betracht zu ziehen ist. Vielleicht bringt die Zukunft in Verbindung mit der Herstellung neuer Isolierstoffe eine Entwicklung, die zu Kabeln führt, deren Eigenschaften über den beiden heute geläufigen Grundbauformen liegen werden. Es sind Fälle denkbar, bei denen in einer Übertragung die Verwendung von Öl- und Massekabeln gleichzeitig in Betracht kommen kann, beispielsweise bei Übertragungen, die durch Berggelände und Flachland führen, oder bei Übertragungen durch die See.

Für die beiden heute vorzugsweise in Betracht kommenden Kabelgrundtypen sei für eine Übertragung von 400 kV eine Beispiel gebracht, das die Grenzen zwischen beiden Kabeltypen erkennen läßt. Dabei sei vorangestellt, daß für die zunächst zu erwartende Spannung von etwa 400 kV für die heute gegebenen wirtschaftlichen Leistungsgrenzen das Massekabel wegen seiner Einfachheit den Vorzug verdient. Es soll die übertragbare Leistung in Abhängigkeit von der Übertragungslänge bei einem vorgegebenen Leistungsverlust von 10% ermittelt werden. Für eine bestimmte Kabelkonstruktion mit Aluminiumleiter seien nach Angaben des Kabelwerkes der SSW für die einzelnen Querschnitte bei Belastung mit oberwellenfreiem Gleichstrom die folgenden Höchstströme angenommen:

Querschnitt	Massekabel		Ölkabel	
	Höchststrom	Grenzleistung	Höchststrom	Grenzleistung
mm²	A	MW	A	MW
185	312	125	428	172
240	365	145	500	200
300	417	167	570	228
400	497	200	680	272
500	568	225	780	312
625	650	260	885	354

Bei einer Temperatur in der Kabelumgebung von $\delta = 20°$ tritt eine Erwärmung des Kabelleiters bei Ölkabeln von $\Theta_{max} = 45°$ auf (Übertemperatur), bei Massekabeln $\Theta_{max} = 25°$.

Für Übertragungen auf größere Entfernungen ist neben der Erwärmungsgrenze noch die Forderung zu beachten, daß der relative Spannungsabfall mit Rücksicht auf den Wirkungsgrad der Übertragung eine bestimmte Grenze nicht überschreiten soll. Aus der Beziehung für

Kabel.

den Leitungswiderstand

$$R_L = \frac{2l}{\varkappa q}$$

und der Gleichung für den relativen Spannungsverlust

$$r_L = \frac{R_L J_g}{U_g} \quad \text{bzw.} \quad \frac{R_L N_g}{U_g^2}$$

erhält man

$$l = \frac{r_L}{2} \frac{\varkappa q U_g}{J_g} \quad \text{bzw.} \quad \frac{r_L}{2} \frac{\varkappa q U_g^2}{N_g}, \qquad (157)$$

worin bedeuten:

l = Stationsentfernung (die gesamte einfache Kabellänge = $2\,l$),
R_L = gesamter Leitungswiderstand für die Hin- und Rückleitung,
r_L = relativer Spannungsverlust, bezogen auf die Spannung U_g am Wechselrichtereingang,
$\varkappa$ = spezifische Leitfähigkeit,
q = Leiterquerschnitt,
J_g = Leitungsstrom,
N_g = Gleichstromleistung am Wechselrichtereingang.

Für die Leitfähigkeit $\varkappa$ in Abhängigkeit von der Temperatur kann man schreiben:

$$\frac{1}{\varkappa_\Theta} = \frac{1}{\varkappa_{20}}(1 + \alpha_{20}\Theta),$$

darin bedeuten:

α_{20} = Temperaturkoeffizient bezogen auf $20°$,
$\varkappa_{20}$ = Leitfähigkeit bei $20°$,
Θ = Erwärmung über die Bezugstemperatur von $20°$,
$\varkappa_\Theta$ = Leitfähigkeit bei Erwärmung bei $20 + \Theta°$;

führt man diese Abhängigkeit der Leitfähigkeit in Gl. (157) ein, so wird

$$l = \frac{r_L}{2} \frac{\varkappa_{20} q\, U_g}{(1 + \alpha_{20}\Theta) J_g} \quad \text{bzw.} \quad = \frac{r_L}{2} \frac{\varkappa_{20} q\, U_g^2}{(1 + \alpha_{20}\Theta) N_g}. \qquad (158)$$

Bei Aluminium kann man setzen

$$\text{für} \quad \alpha_\delta = \frac{1}{228 + \vartheta} = \frac{1}{248} \quad \text{für} \quad \delta = 20°$$

$$\text{und für} \quad \varkappa_{20} = 34\, S\, \frac{\text{m}}{\text{mm}^2}.$$

Für $U_g = 400$ kV und $\Theta_{\max} = 45°$ für Öl- bzw. $25°$ für Massekabel ergibt Gl. (158)

$$l = 575\,)\frac{q}{J_g}\, r_L = 5750\,\frac{r_L}{i}\,\text{km} \quad \text{bzw.} \quad l = 6200\,\frac{r_L}{i}\,\text{km}$$

worin $i = \frac{J_g}{q}$ A/mm² die Stromdichte bezeichnet. Daraus kann man für die Übertragungsspannung von 400 kV und einen vorgewählten Spannungsverlust r_L die Grenzentfernung ermitteln, über die eine im Betrieb hinsichtlich Erwärmung zulässige Stromdichte möglich ist. Danach sind für $r_L = 10\%$ die Grenzübertragungslängen in Abb. 124a bestimmt worden. Will man bei gleichen Querschnitten auf noch größere Entfernungen übertragen, so führt die Begrenzung des Spannungsabfalles dazu, daß die Kabel thermisch nicht mehr voll ausgenützt werden können. Die Erwärmung wird dann kleiner als Θ_{max} entsprechend

$$\Theta = \Theta_{max} \left(\frac{J_g}{J_{g\,max}}\right)^2,$$

wenn J_g den mit Rücksicht auf den Spannungsabfall noch übertragbaren Strom bedeutet. Die Beziehung zwischen Leistung, Spannungsverlust und Übertragungslänge wird dann

bzw.
$$\left. \begin{array}{l} l = \dfrac{r_L}{2} \dfrac{\varkappa_{20}\, q\, U_g}{\left[1 + \alpha_{20}\, \Theta_{max} \left(\dfrac{J_g}{J_{g\,max}}\right)^2\right] J_g} \\[2ex] l = \dfrac{r_L}{2} \dfrac{\varkappa_{20}\, q\, U_g^2}{\left[1 + \alpha_{20}\, \Theta_{max} \left(\dfrac{N_g}{N_{g\,max}}\right)^2\right] N_g} \end{array} \right\} \quad (159)$$

Setzen wir wieder $\varkappa_{20} = 34\ S\,\text{m/mm}^2$, $\alpha_{20} = 1/248$ und $\Theta_{max} = 45°$, so erhält man für Ölkabel, eine Übertragungsspannung von 400 kV sowie $r_L = 10\%$:

$$l = \frac{272}{1 + 0{,}18 \left(\dfrac{N_g}{N_{g\,max}}\right)^2} \cdot \frac{q}{N_g}$$

und für Massekabel entsprechend

$$l = \frac{272}{1 + 0{,}102 \left(\dfrac{N_g}{N_{g\,max}}\right)^2} \cdot \frac{q}{N_g},$$

worin l in km, q in mm², J_g in A, N_g in MW einzusetzen sind.

Setzt man in diese Gleichungen für $N_{g\,max}$ die gemäß der obigen Tabelle den einzelnen Querschnitten zugeordneten Werte ein, so zeigt sich, daß bei gleichen Übertragungsspannungen die Formeln für Öl- und für Massekabel nahezu die gleichen Werte der Übertragungslänge l liefern. Man erhält unabhängig von der Ausführung der Kabelisolierung bei jeder Spannung nur eine einzige Kurve für jeden Querschnitt. Der Unterschied zwischen den beiden Isolierungsarten liegt darin, daß man den Ölkabeln eine höhere Erwärmung und damit einen höheren Grenzstrom zuordnen kann als den Massekabeln, somit also bei Ölkabeln von der gemeinsamen Kurve ein größeres Stück benutzen darf als bei Massekabeln. Die den verschiedenen Querschnitten entsprechenden Kennlinien sind mit eingetragenen Erwärmungsgrenzen für die Übertragungsspannung von 400 kV in Abb. 124a gezeichnet. Sie geben einen schnellen Überblick darüber, welche Leistungen bei einem annehmbaren Spannungsabfall von den verschiedenen Querschnitten und

Isolationsausführungen überhaupt bewältigt werden können. Man erkennt sofort, ob die Grenze bei der Erwärmung oder beim Spannungsabfall liegt. So z. B. läßt sich eine Leistung von 300 MW bei 400 kV in einem einzigen Massekabel überhaupt nicht mehr übertragen, wenn man über einen Leiterquerschnitt von 625 mm² nicht hinausgehen will, während man noch knapp 300 MW mit einem Ölkabel von 625 mm² Leiterquerschnitt und 10% Spannungsabfall über eine Entfernung von 425 km übertragen kann. Will man für diese Leistung Massekabel verwenden, so sind zwei parallele Stränge von je 300 mm² Querschnitt zu wählen.

Bei kürzeren Übertragungen mit nur einigen 100 km Stationsentfernung wird in der Regel die Erwärmungsgrenze des Kabels maßgebend sein, und der Leitungsverlust wird unterhalb 10% liegen. Bei sehr großen Entfernungen dagegen tritt die Erwärmungsgrenze gegenüber dem Spannungsabfall zurück, und es kann auch ein Leitungsverlust von mehr als 10% die wirtschaftlich günstigste Lösung ergeben. Für einen von 10% abweichenden Leitungsverlust sind die Kurven nach Abbildung 124a mit Hilfe einer

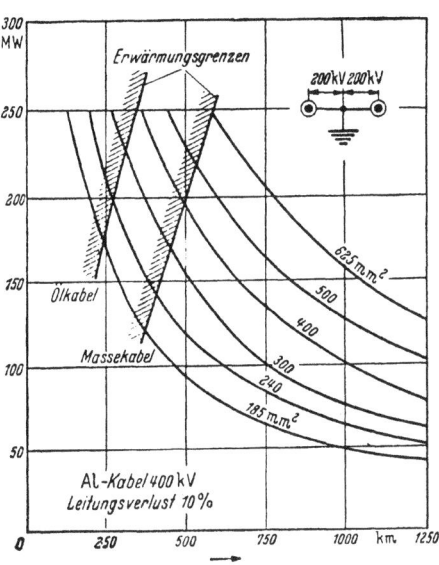

Abb. 124a. Übertragbare Leistung von Öl- und Massekabeln mit Aluminiumleitern bei 400 kV in Abhängigkeit von der Stationsentfernung für 10% Leitungsverlust.

einfachen Umrechnung ebenfalls verwendbar. Soll z. B. eine Leistung von 100 MW bei 400 kV auf eine Entfernung von 400 km übertragen werden, so kommt hierfür gemäß Abb. 124a ein Massekabel mit einem Leiterquerschnitt von 185 mm² in Frage. Für einen Leitungsverlust von 10% liefert die zugehörige Kurve eine Stationsentfernung von 475 km. Da sich der Leitungsverlust linear mit der Entfernung ändert, so folgt für die Entfernung von 400 km durch verhältnisgleiche Umrechnung ein Spannungsabfall von 8,4%.

Meist liegt die Stationsentfernung fest, und der Leitungsverlust ist noch nicht ganz bekannt. Es ist dann für das schnelle Überschlagen der Übertragungsverhältnisse bequemer, die Übertragungslänge als Parameter und den Spannungsverlust als veränderliche Größe zu benutzen. Den Zusammenhang erhält man, wenn man Gl. (159) nach r_L auflöst und r_L mit einem vorgegebenen Wert einsetzt. Für eine Übertragungslänge von $l = 100$ km ergibt sich z. B. für Ölkabel an Stelle von Gl. (158)

$$r_{L_{100}} = \frac{1 + 0{,}18 \left(\frac{N_g}{N_{g\,\mathrm{max}}}\right)^2}{272} \cdot \frac{N_g}{q} 10^3 \% \, . \qquad (160)$$

Die für eine Stationsentfernung für 100 km ermittelten Kurven sind für 400 kV in Abb. 124b mit eingetragenen Erwärmungsgrenzen dargestellt.

Mit Hilfe dieser Kurven lassen sich bei der Planung von Übertragungen die Ausführungsmöglichkeiten schnell übersehen. Wird eine

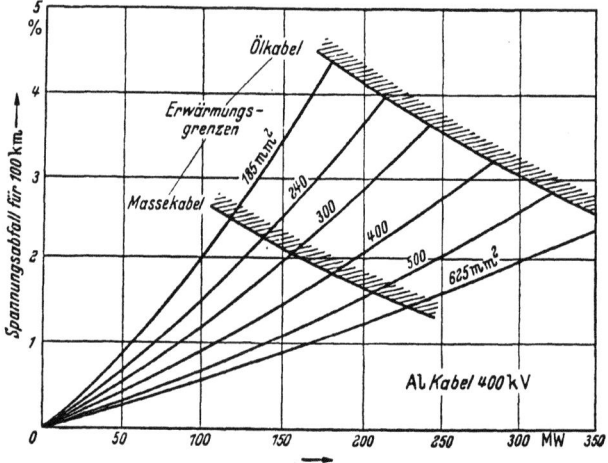

Abb. 124b. Spannungsabfall bei 400 kV für 100 km Stationsentfernung.

Leistung von 250 MW auf eine Entfernung von 250 km mit 400 kV übertragen mit einem gewünschten Spannungsabfall von 5%, so bedeutet dies mit Rücksicht auf die den Kurven zugrunde gelegte Entfernung von 100 km einen Spannungsabfall von etwa 2%. Die Abbildung zeigt sofort, daß aus Gründen der Erwärmung Massekabel nicht mehr in Frage kommen, falls nur ein einziger Strang verlegt werden soll. Mit einem Ölkabel von 500 mm² läßt sich diese Leistung ohne weiteres übertragen, ohne daß die Erwärmungsgrenze des Kabels erreicht würde. Bei 250 MW erhält man einen Spannungsverlust von 2,05% je 100 km, für die ganze Länge also etwa 5,1%. Kennlinien, wie sie in den Abb. 124a und b für Aluminiumkabel und 400 kV dargestellt sind, lassen sich auch für andere Übertragungsspannungen und auch für Kupferleiter aufstellen und geben für die Projektierung einen schnellen

Überblick, um ein für bestimmte Verhältnisse in Frage kommendes Kabel ermitteln zu können.

Da eine Erhöhung der Stromstärke der Kabel auf Werte, die zu den gleichen Relativverlusten wie bei Freileitungen führen, mit Rücksicht auf ihre Erwärmung nicht zulässig ist, bleibt das Leistungsverhältnis nach Gl. (151) bestehen. Dies bedingt bei Gleichstromübertragungen mit Kabeln einen höheren Wirkungsgrad.

Wirtschaftliche Betrachtungen, auf die hier nicht weiter eingegangen werden soll, mit Rücksicht auf die noch großen Entwicklungsmöglichkeiten, die die Gleichstromhochspannungskabel bieten, zeigen, daß zwar die Kosten der Kabel Freileitungen gegenüber noch höher sind, daß sie aber durchaus so liegen, daß man einer Verkabelung der Hochspannungsübertragungen nähertreten kann. Dabei ist zu berücksichtigen, daß auch eine maschinelle Verlegung dieser Fernkabel weitere Ansatzpunkte zu einer Herabsetzung der Kosten bieten wird.

Bei dem großen Einfluß, den die Kosten der Kabel innerhalb einer Weitübertragung einnehmen — sie können zwei Drittel und mehr der Gesamtkosten betragen —, ist eine maximale Ausnutzung der Kabel erforderlich. Entsprechend der mit der Gleichstromübertragung neu gestellten Aufgabe der Gleichstrom-Hochspannungskabelentwicklung mußten auch Prüfmittel geschaffen werden, um im Laboratorium das Verhalten der Kabel im Dauerbetrieb eingehend untersuchen zu können und die Fabrikation laufend zu überwachen.

Wie wir gesehen haben, kommt eine Außenleiterspannung von 800 kV — ja vielleicht noch höher — bis 1200 kV in Frage. Rechnet man mit einer Prüfspannung vom dreifachen Wert der Spannung gegen Erde, so ist der Prüfgenerator für 1,8 Mill Volt auszulegen. Nach den bisherigen Erfahrungen mit Kabeln unter Berücksichtigung sowohl der Ableitungsströme im Dielektrikum als auch der Sprühströme an den Endverschlüssen und Armaturen ist eine Mindeststromstärke von etwa 30 mA zu wählen. Die SSW haben für das Höchstspannungslaboratorium ihres Kabelwerkes einen Gleichstrom-Hochspannungsgenerator für 1,8 Mill. Volt und 30 mA Dauerbelastung zur Untersuchung von Gleichstromkabeln gebaut, der in Abb. 125 wiedergegeben ist und der es gestattet, auch den Einfluß von Oberwellen auf das Verhalten der Kabel festzustellen.

Wie aus der Grundschaltung des Generators Abb. 126 hervorgeht, sind zwei Kondensatorsäulen vorgesehen, die über die Ventile *1* bis *12* aufgeladen werden. Die Speisung erfolgt über einen Transformator, der an einen Generator mit 150 Hz angeschlossen ist. Bei Leerlauf und Erregung auf 1,8 Mill. Volt wird jeder Kondensator oberhalb *c* bis *d* mit 300 kV aufgeladen. Die beiden Kondensatoren *a* und *b* sowie *c* und *d* haben eine Gleichspannung von 150 kV und sind für die doppelte

196   Die Leitung.

Kapazität wie die übrigen ausgelegt. Der Punkt a der Schaltung liegt am Erdpotential, dementsprechend nimmt b eine Gleichspannung von 150 kV gegen Erde an, während das Potential c zwischen Null und 300 kV schwankt. Besitzt c Erdpotential, so werden die ungeradzahligen Ventile 1 bis 11 durchlässig, und die linke Generatorsäule wird von der rechten aufgeladen. Sobald das Potential von c über das Erdpotential steigt, erlöschen diese Ventile. Steigt das Potential c bis auf den Scheitelwert, so öffnen sich die geradzahligen Ventile, und die rechte Kondensatorsäule wird von der linken nachgeladen. Die Belastung, die man bei o abnimmt, zeigt eine wellige Gleichspannung. Aus Versuchen wurde die zweckmäßige Größe der Kondensatoren mit $0,3 \mu F$ und die Frequenz mit 150 Hz festgelegt, so daß bei 1,8 Mill. Volt die Ladeleistung der Anlage 150 kWs beträgt. Zunächst wurden als Ventile Glühkathodenröhren mit einer Sperrspannung von 400 kV eingebaut. Die Heizung ihrer Kathoden erfolgt durch Nebenschlußgeneratoren, die in jeder Spannungsstufe angeordnet sind und gemeinsam auf jeder Seite von einer Isolierwelle und einem Synchronmotor angetrieben werden. Die Ventile sind für einen Höchststrom von 150 mA bemessen. Die Anordnung ist so getroffen worden, daß die Hochvakuumventile auch durch leistungsfähigere Gasentladungsgefäße ersetzt werden können, falls dies die zukünftige Entwicklung erfordern sollte. Um Spüherscheinungen zu vermeiden, wurde die vorletzte Spannungsstufe von 1,5 Mill. Volt an den großen Schirm der Strahlungskappe geführt und außerdem die Stufe von 0,9 Mill. Volt zur Feldsteuerung mit einem auf Abb. 125 erkennbaren Schutzring versehen. Der Generator gestattet die Prüfung mit positiver und negativer Polarität, beim Polaritätswechsel sind die Ventile auf entgegengesetzte Durchlassungsrichtung umzuschalten.

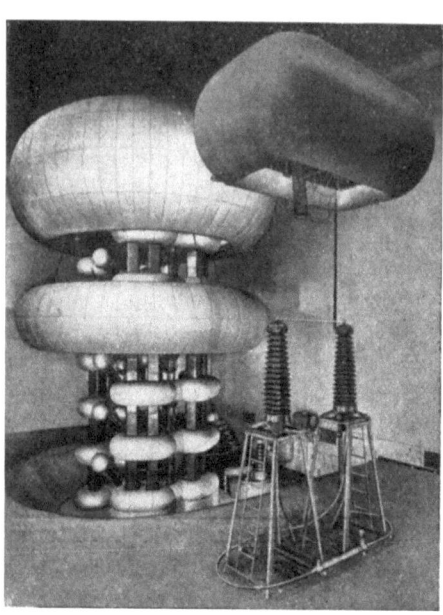

Abb. 125. Gleichspannungsgenerator der Prüfanlage für die Entwicklung von Gleichstrom-Höchstspannungskabeln des Kabelwerkes der SSW für 1800 kV.

Der Gleichspannungsgenerator ist mit seinem zugehörigen Transformator in einer Halle untergebracht, während sämtliche Maschinen und Schalter in einem besonderen Raum aufgestellt sind, um störende Geräusche bei der Prüfung fernzuhalten. Sämtliche Meß- und Regelkreise wurden an ein Schaltpult geführt, von dem aus auch die Fernsteuerung erfolgt.

Die Stromrichter, die für die Gleichstrom-Hochspannungsübertragung eingesetzt werden, besitzen eine 12- bzw. 24-Phasenschaltung. Um den Einfluß der Oberwellen auf die Kabelbemessung festzustellen, wurde der Kabelprüfgenerator, wie schon erwähnt, so durchgebildet,

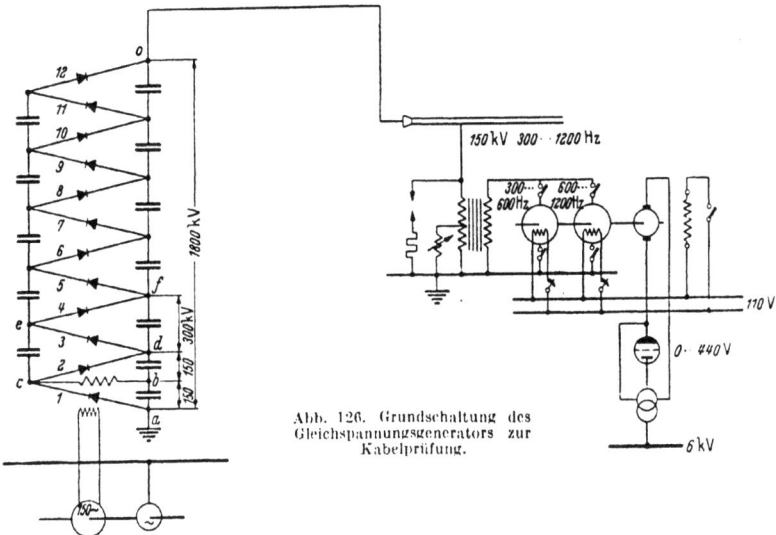

Abb. 126. Grundschaltung des Gleichspannungsgenerators zur Kabelprüfung.

daß man diesen Einfluß bis zur 24. Harmonischen nach der Schaltung Abb. 126 feststellen kann. Dabei beanspruchen die Oberwellen niedriger Ordnungszahlen wegen ihres höheren Scheitelwertes das Dielektrikum stärker. Die mit dem Hochspannungsgenerator verbundene Anlage zur Feststellung des Einflusses der Oberwellen gestattet, mit einer veränderlichen Spannung bis zu 150 kV Oberwellen bis zur 24. der Gleichspannung zu überlagern. Die Gleichspannung wird an die Kabelader und die Oberwellenspannung an den Kabelmantel geführt. Dadurch ist es möglich, die Oberwellenanlage mit einem Punkt an Erdpotential zu legen, so daß es sich erübrigt, sie für die hohe Gleichspannung zu isolieren. Durch die Vereinigung beider Anlagen kann man die Beanspruchungen einer Gleichstrom-Hochspannungsübertragung nachahmen und durch die Möglichkeit der Veränderung der Gleichspannung und der Frequenz der Oberwellen den Einfluß beider Größen auf die

Spannungsfestigkeit ermitteln. Um den Einfluß der verhältnismäßig hohen kapazitiven Belastung, die schon kurze Kabelstücke darstellen, auf die Leistungsfähigkeit des Generators zu kompensieren, wurden regelbare Drosselspulen vorgesehen. Sie sind an der Hochspannungsklemme des Oberwellentransformators in Sparschaltung angeschlossen. Durch Vertauschung der Primär- und Sekundärwicklung des Oberwellentransformators, also Speisung vom Generator auf die Hochspannungswicklung und Anschluß des Prüflings an die Niederspannungswicklung, ist es möglich, die Kabel im Kurzschluß mit hohen Oberwellenströmen zu belasten, um die Größe des Wechselstromwiderstandes bis zu Frequenzen von 1200 Hz zu ermitteln. Auf rechnerischem Wege ist dies wegen der magnetischen Eigenschaften der Kabelarmierungen nur schwierig durchzuführen. Der Kabelprüfgenerator ist für Dauerbetrieb ausgelegt und so bemessen, daß praktisch sämtliche Erscheinungen einer Gleichstromkraftübertragung, die Einfluß auf die Spannungsfestigkeit des Dielektrikums besitzen, untersucht werden können.

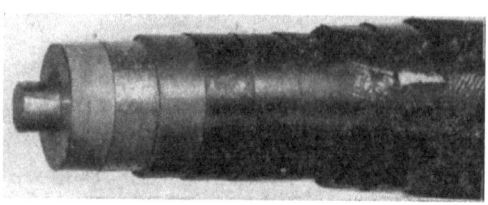

Abb. 127. Aluminiummassekabel für 220 kV Gleichspannung gegen Erde, mit 150 mm² Aluminiumleiter.

Abb. 128. Verlegung eines Aluminiummassekabels der SSW im Abschnitt Borkheide auf der Strecke Elbe – Berlin.

Bevor dieser Kabelprüfgenerator in Betrieb ging, konnten mit vorhandenen Gleichspannungsprüfeinrichtungen, wie sie für die VDE-mäßige Prüfung von Drehstromkabeln benutzt werden, Untersuchungen mit Spannungen bis 600 kV durchgeführt werden. Bei der Untersuchung von Kabelstücken mit Gleichspannung wurden keine sichtbaren elektrochemischen Veränderungen der Isoliermaterialien gefunden, wie dies auch schon bei den nach dem Thury-System gebauten Anlagen die praktische Erfahrung gezeigt hat. Ebenso bestätigte sich, daß ein Materialtransport im praktischen Betrieb der Kabel bei Gleichstrombeanspruchung keine Rolle spielt.

Papierisolierte Kabel mit zähflüssigen Tränkmitteln weisen meist eine höhere Gleichspannungsfestigkeit auf als Kabel, die mit dünnflüssigen

Ölen imprägniert sind. Da bei masseimprägnierten Kabeln bei Massewanderung innerhalb der Isolierung ein mehr oder weniger starkes Absinken der Festigkeit eintreten kann, ist damit noch keine eindeutige Überlegenheit dieser Kabel gegeben. Bei Ölkabeln, bei denen eine Hohlraumbildung ausgeschlossen ist, bleibt die ursprüngliche Gleichspannungsfestigkeit und deren Unabhängigkeit von der Zeit voll erhalten. Bei positiver Polarität erhält man höhere Werte der Durchbruchsfestigkeit als bei negativer. Die Versuche haben ferner ergeben, daß der Einfluß der Frequenz der Oberwellen auf die Durchschlagsfestigkeit durchaus beachtlich ist. Dagegen bleibt die bei Stromoberwellen auftretende Erwärmung durch Zusatzverluste in den Kabelmänteln und Bewehrungen bis zu 1200 Hz innerhalb zulässiger Grenzen. -- Diese Versuche schafften die Grundlage zur Konstruktion des 2×220 kV-Kabels für die Gleichstromübertragung Elbe—Berlin. Abb. 127 zeigt dieses Kabel. Es wurde ein Aluminiummassekabel mit einem

a

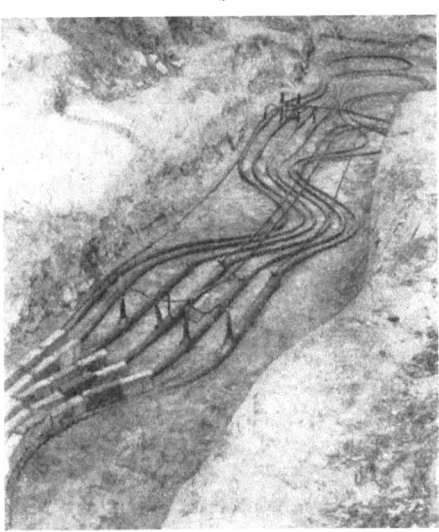

b
Abb. 129a u. b.
Versuchskabel in der 100 kV-Station Charlottenburg.

Querschnitt von 150 mm² und einer 12 mm starken geschichteten Papierisolierung gewählt. Der Leiter wurde aus massiven Sektordrähten mit einer Flachdrahtdecklage verseilt. Dabei sei hervorgehoben, daß der von der AEG geplante Stromrichterteil sechsphasige Rückwirkung besaß, so daß eine verhältnismäßig starke Oberwellenbeanspruchung zu erwarten war. In zahlreichen Kurzzeit- und Dauerdurchschlagsversuchen wurde die Durchschlagsspannung des Kabels zwischen 900 und 950 kV festgestellt, entsprechend einem maximalen Gradienten am Leiter von etwa 130 kV/mm. Das Kabel wurde für eine betriebsmäßige Belastung mit 275 A bei einer Übertemperatur von etwa 25° vorgesehen. Es behält dabei die Durchschlagsspannung gegenüber dem kalten Zustand bei; erst bei 70° Leitertemperatur sinkt dieser Wert um etwa 15%.

Abb. 128 zeigt die Verlegung dieses Einleiterkabels, von dem AEG, Felten & Guillaume und SSW je etwa ein Drittel der 115 km langen Strecke erstellten, im Abschnitt Borkheide der SSW. Dabei war ein Gesamthöhenunterschied von über 100 m zu überwinden.

Um praktische Erfahrungen mit Kabeln innerhalb einer Gleichstromübertragung zu gewinnen, wurden in der Anlage Charlottenburg—Moabit im Jahre 1943 zwei Ölkabel und vier Massekabel mit ihren Garnituren verlegt (Abb. 129). Die Kabel wurden in beiden Stromrichterstationen in den Kreis der Freileitung eingeschaltet, so daß sie sämtlichen Spannungs- und Strombeanspruchungen der Übertragung ausgesetzt sind. Ein Teil der Kabel wurde nach den bisherigen Erfahrungen so bemessen, daß er den Beanspruchungen mit Sicherheit standhält, ein anderer Teil wurde dagegen so knapp gewählt, daß der Betrieb für sie eine starke Beanspruchung darstellt. Der Gütezustand der Kabel und Armaturen wurde von Zeit zu Zeit durch Messungen überprüft. Eine sichere Grundlage für die Auslegung der Kabel wird man nur mit einem Dauerbetrieb langer Kabelstrecken gewinnen können.

VII. Das Schaltproblem.

Im einfachsten Fall einer Gleichstrom-Hochspannungsübertragung, bei der Energie von einem Erzeuger- zu einem Verbraucherzentrum zu übertragen ist, wird man in Störungsfällen damit auskommen, in Verbindung mit der Gittersteuerung der Stromrichter alle erforderlichen Schalthandlungen den Schaltern auf der Wechselstromseite zu überlassen. Bei Erdschlüssen, Spannungswischern usw. wird es möglich sein, mit den schnell arbeitenden Wiedereinschaltvorrichtungen, die auf die Gittersteuerung und auf die Schalter auf der Wechselstromseite einwirken, vorübergehende Lichtbögen schnell zum Erlöschen zu

Das Schaltproblem.

bringen, so daß keine merkbare Betriebsunterbrechung eintreten muß. Wechselstromschalter, die die erforderliche Abschaltleistung besitzen und genügend schnell arbeiten, sind entwickelt worden, so daß sich dem Bau dieser einfachsten Form der Gleichstrom-Hochspannungsübertragung vom Schaltproblem aus gesehen keine Schwierigkeiten entgegenstellen.

In den meisten Fällen wird man aber wünschen, der Leitung Energie über Wechselrichter zu entnehmen, und dabei tritt sofort die Notwendigkeit auf, für einen ordnungsgemäßen Betrieb und bei Störungen gleichstromseitig eine Schaltmöglichkeit vorzusehen, um nicht bei einer Störung im Abzweig die ganze Anlage abschalten zu müssen. Will man in einem ausgedehnten Industriegebiet, das durch örtlich verschiedene Energiequellen gespeist wird, zum Zwecke eines Lastausgleiches, zur Sicherstellung der Versorgung lebenswichtiger Anlagen, eine Gleichstrom-Hochspannungssammelschiene vorsehen, bei der die Schwierigkeiten des synchronen Parallelbetriebes entfallen und die Vorteile einer Kabelübertragung ganz besonders hervortreten, so wird man über mehrere Wechselrichterstationen in das Verbrauchsnetz einspeisen. Für diesen sehr wichtigen Fall der Gleichstromübertragung, der entfernt liegende Industriegebiete im Verbundbetrieb verbindet, wird die Frage der Gleichstromschalter für die Ausführbarkeit von entscheidender Bedeutung. Diese Frage der Gleichstromschalter ist deshalb so schwierig, weil bekanntlich im Gegensatz zum Wechselstromschalter, bei dem man versucht, im Stromnulldurchgang zu schalten, die volle Energie zu unterbrechen ist. Man wird von einem Gleichstromschalter fordern müssen, daß er sehr schnell arbeitet, um die Kurzschlußströme nicht auf ihren Endwert anwachsen zu lassen, also daß er möglichst im Bruchteil einer Halbwelle die Unterbrechung vornimmt, und daß ferner beim Unterbrechen des Gleichstromkreises Überspannungen, die eine gefährliche Höhe erreichen können, vermieden werden. Für die Durchbildung dieser Schalter liegen verschiedene Vorschläge vor, ohne daß endgültige Resultate bereits erzielt wurden. Der naheliegende Gedanke ist der, daß man die Schalthandlung mit einem Widerstandsschalter vornimmt. Mit mechanischen Schaltern, die auf dieser Grundlage arbeiten, dürfte man bei den großen zu unterbrechenden Leistungen vor der Schwierigkeit stehen, keine genügenden Abschaltgeschwindigkeiten zu erreichen, da man mit Rücksicht auf den Wechselrichterbetrieb, selbst wenn dieser nur sechsphasig ausgeführt wird, entsprechend der 60°-Bedingung nur 6,6 ms Unterbrechungszeit zur Verfügung hat, um Kurzschlußerscheinungen innerhalb des Wechselrichters, die eine schwere Beanspruchung der Gefäße bedeuten, zu umgehen. Es war daher naheliegend, ein trägheitslos arbeitendes Entladungsgefäß für die Schalthandlungen als Ausgangspunkt für die Entwicklung dieser Schalter in erster Linie in Betracht zu ziehen. BBC hat u. a. vorgeschlagen, Hochvakuumgefäße für den Abschaltvorgang zu verwenden. Diese besitzen bekanntlich Gasentladungsgefäßen gegenüber den Vorteil, daß man mit Hilfe der Gittersteuerung auch Gleichstrom unterbrechen kann, so daß ein solches Gefäß gewissermaßen einen schnell veränderlichen Ohmschen Widerstand darstellt. Dabei geht BBC von der Erwägung aus, daß man bei Hochvakuumröhren der begrenzten Lebensdauer der Glühkathoden dadurch begegnet, daß man die Kathoden nach Verbrauch ersetzt. Diese Gefäße arbeiten an der Pumpe. Um die Lebensdauer der Kathoden zu verlängern, wird man sie gegebenenfalls im Normalfall unterheizen. Ob allerdings Glühkathoden, die gegen Überlastung sehr empfindlich sind, für so hohe Beanspruchungen sich zu einem betriebssicheren Element der Gleichstrom-Hochspannungsübertragung entwickeln lassen, muß heute noch als offene Frage bezeichnet werden.

Noch naheliegender als dieser Gedanke war der Vorschlag, die Gasentladungsgefäße, die beim Bau der Gleich- und Wechselrichterstationen Verwendung finden, so umzugestalten, daß man mit ihnen Gleichstrom unterbrechen kann. Dazu ist es notwendig, nach Sperrung der Gitter durch eine negative Spannung den Betriebsstrom zum Nulldurchgang zu zwingen. Dies kann durch eine Kondensatorentladung erfolgen. Nach Stromnulldurchgang zündet dann das gesperrte Gefäß nicht wieder, so daß die Leitung durch das Gefäß abgeschaltet werden kann. Die Kondensatoren wird man, um Überspannungen zu vermeiden, gleichzeitig so einsetzen, daß sie die im Leitungssystem aufgespeicherte elektromagnetische Energie aufnehmen. Schaltungen dieser Art wurden in kleinem Maßstab dazu benutzt, mit Gasentladungsgefäßen durch Zünd- und Löschpunktsteuerungen die Leistungsfaktorverhältnisse zu verbessern. Man spricht von einer künstlichen oder Zwangskommutierung der Gefäße. Falls es gelingt, diese künstliche Kommutierung zu einem betriebssicheren Element auszubauen, wird man auf die kostspieligen Blindleistungserzeuger auf der Verbraucherseite verzichten können. Man wird diese Schaltungen so aufzubauen versuchen, daß mit einem einanodigen Ventil in Verbindung mit einem entsprechend ausgelegten Kondensator die Kommutierung mehrerer im Wechselrichter vorhandener Ventilgruppen bewirkt wird, falls nicht ein einanodiges Gefäß überhaupt ausreichen wird, das Problem der Zwangskommutierung für die gesamte Wechselrichteranordnung zu übernehmen. Diese Anordnung, die im kleineren Maßstab ihre Betriebsbrauchbarkeit erwiesen hat, kann man zum Ausgangspunkt für die Entwicklung von Gleichstrom-Hochspannungsschaltern nehmen, die man sinngemäß als Kondensatorschalter bezeichnen wird.

1. Die Zwangskommutierung der Stromrichter.

Wie schon erwähnt, ist der Leistungsfaktor eines Stromrichters abhängig vom Zündzeitpunkt. Der Gleichrichter belastet das speisende Netz induktiv, da sein Zündzeitpunkt so gelegt werden muß, daß die übernehmende Phase gegenüber der abzulösenden positives Potential aufweist, da es nicht möglich ist, eine brennende Entladung zu einem beliebigen Zeitpunkt zu löschen. Beim Wechselrichter muß die Zündung vor dem Schnittpunkt der Spannungskurven der beiden zu kommutierenden Phasen erfolgen. Würde es gelingen, die Stromübergabe von einer Phase von höherem auf eine solche von niederem Potential zu bewirken, so könnte man erreichen, daß der Gleichrichter zu einer kapazitiven Last des speisenden Netzes wird, bzw. man könnte den Wechselrichter zur Abgabe induktiver Leistung in das zu speisende Wechselstromnetz veranlassen. Man würde also Stromrichter mit beliebig regelbarem Leistungsfaktor erhalten. Für den Gleichrichter ist von diesem Gesichtspunkt aus ein solcher Betrieb für die Gleichstromübertragung nicht von wesentlicher Bedeutung, da die Generatoren der speisenden Kraftwerke wohl meist für $\cos\varphi = 0{,}8$ ausgelegt sind und man den Gleichrichter, wie wir gesehen haben, stets verhältnismäßig hoch ausgesteuert betreiben kann. Für die Wechselrichter dagegen kann eine beliebige Regelbarkeit zwecks Einsparung von besonderen Blindleistungserzeugern im Verbrauchsnetz Bedeutung gewinnen.

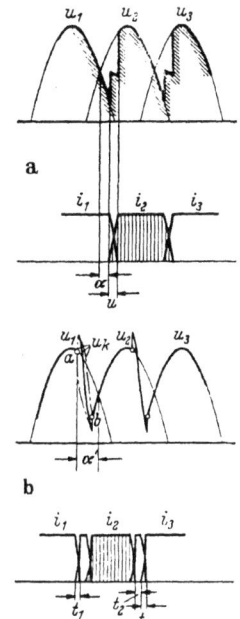

Abb. 130. a) Natürliche Kommutierung eines Gleichrichters. b) Zwangskommutierung. t_1 Erstwechsel, t_2 Zwischenwechsel, t_3 Zweitwechsel.

Stromrichter mit beliebig veränderlichem Leistungsfaktor mit Gasentladungsgefäßen lassen sich verwirklichen, wenn nicht nur der Zünd-, sondern auch der Löschzeitpunkt beliebig gewählt werden kann. Man kann dies mit Hilfe einer Zwangskommutierung erreichen, die eine Stromübergabe auf eine Folgeanode niedrigeren Potentials ermöglicht.

In Abb. 130a ist die natürliche Kommutierung eines Gleichrichters mit der Zündverzögerung α dargestellt. Man sieht, wie die Anode u_1 niedrigeren Potentials den Strom auf die Anode u_2 übergibt. Das Stromtrapez erscheint um $\alpha°$ gegenüber der zugehörigen Anodenspannung im nacheilenden Sinne verschoben. In Abb. 130b soll der Strom i_1

bei einer Zündverfrühung α' auf die Anode u_2 übertragen werden. Man sieht, daß die Anodenspannung u_1 höheres Potential als die Folgeanode u_2 aufweist. Der Strom i_1 eilt der zugehörigen Spannung u_1 um α'° voraus, d. h. der Gleichrichter belastet das speisende Netz kapazitiv. Diese Kommutierung bedarf besonderer Kommutierungshilfsmittel, nämlich einer Kommutierungsspannung u_k. Die Kommutierungsspannung muß höher als die der abzulösenden Phase u_1 sein und dann schnell unter die Spannung der Übernahmeanode u_2 sinken, die dann endgültig die Stromübernahme bewirkt. Ohne zunächst nähere Festlegungen über den Kommutierungskreis zu treffen, läßt sich aus der Abbildung entnehmen, daß es verschiedene Möglichkeiten gibt, um eine derartige Kommutierungsspannung in den Stromkreis einzuführen.

a) Die Kommutierungsspannung u_k wird von der Spannung u_1 der abzulösenden Anode abgezogen. Damit erhält man den strichpunktierten Verlauf, bei dem der Stromübergang auf die Folgeanode im Punkt b) stattfindet.

b) Man setzt die Kommutierungsspannung der zu zündenden Anode u_2 zu. Die Kommutierung findet im Punkt a) statt.

c) Man setzt die Kommutierungsspannung von u_1 ab und zu u_2 zu. Diese Kommutierungsart entsteht somit aus der Vereinigung von a) und b). Der Stromübergang findet zwischen den Punkten a) und b) statt.

d) Man verwendet eine Hilfsanode, die selbständig brennt und den Strom von u_1 über die Hilfsanode auf u_2 überführt. Die Kommutierung erfolgt nach dem vollausgezogenen Linienzug, bei a) tritt die Stromübergabe auf die Hilfsanode ein, bei b) von dieser auf die Folgeanode.

Die Verfahren a) bis c) lassen sich mit Schaltdrosseln, ähnlich wie sie zur Kommutierung von Kontaktumformern benutzt werden, verwirklichen. Wir wollen indessen nur den Fall d) etwas näher betrachten, der sich einer Kondensatorentladung über eine Hilfsanode bedient und zu unserem Problem des Kondensatorschalters überleitet.

Mit diesem Verfahren wurde von E. H. LUDWIG mit einer Versuchsanordnung kleiner Leistung gezeigt, daß eine einwandfrei arbeitende Zwangskommutierung erreichbar ist, die dem Ziel der Schaffung eines Stromrichters mit beliebig einstellbarem Leistungsfaktor entspricht.

Zum Versuch wurde nach Abb. 131 ein sechsarmiger Glasgleichrichter in Dreiphasenschaltung verwendet. Drei seiner Anoden wurden miteinander verbunden und ergaben die Hilfsanode HA. An sich würde hierfür ein Einanodengefäß völlig ausreichen; da jedoch die Hilfsanode entsprechend der Zahl der zu kommutierenden Hauptanoden in jeder Periode gezündet werden muß, wurden die drei Gitter der Hilfsanode benutzt, um mit der vorhandenen Gittersteuerung auszukommen und eine besondere Gittersteuerung mit dreifacher Zündfrequenz zu vermeiden. Die Gitter der Hilfsanode wurden mit denen der Hauptanode verbunden, so daß die Hilfsanode in jeder Periode dreimal gezündet werden kann. Sinngemäß kann eine Hilfsanode zur Kommutierung einer beliebigen Zahl von Hauptanoden vorgesehen werden. Für die Zwecke der Gleichstromübertragung wird man im allgemeinen für sechs Hauptanoden eine Kommutierungseinrichtung in Erwägung ziehen.

Der über die Hilfsanode HA zu schaltende Kommutierungskondensator C sei mit

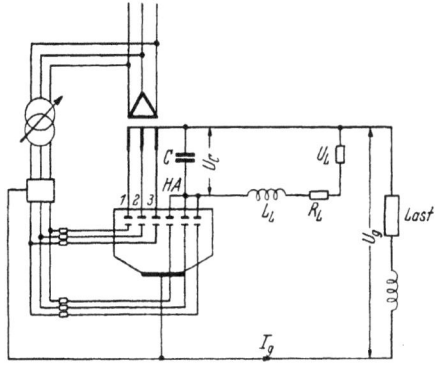

Abb. 131. Versuchsschaltung zur Zwangskommutierung mit Hilfsanode.

der Ladespannung U_L über eine Drosselspule, die mit einem Widerstand R_L gegebenenfalls in Reihe geschaltet ist, auf eine Spannung U_C aufgeladen, die höher ist als die augenblickliche Gleichspannung U_g. Die Hilfsanode besitzt also gegenüber der zu kommutierenden Hauptanode 1 ein höheres Potential. Das Gitter der Hilfsanode ist gleichzeitig mit dem der Anode 2 positiv beaufschlagt. Die Hilfsanode übernimmt nach Abb. 132 während der Zeit t_1 den Strom während des Übernahmeabschnittes a bis c und löscht die Anode 1. Durch die Kathodendrossel wird der Strom aufrechterhalten, der Kondensator C entladet sich während der Zeit t_2 so lange, bis seine Spannung einschließlich des Wertes der Zündspannung unter die Spannung der Folgeanode 2 sinkt. Die Anode 2 übernimmt dann endgültig den Strom während des Löschabschnittes d bis b. Als Ladespannung kann die vom Gleichrichter erzeugte Gleichspannung benutzt werden, denn die Drossel L_L steigert sie auf den doppelten Betrag. Diese Art der Zwangskommutierung

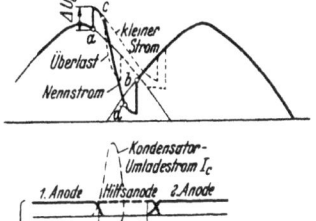

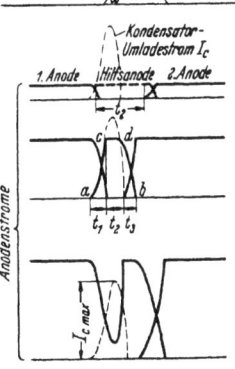

Abb. 132. Zwangskommutierung mit Hilfsanode für kleinen Strom, Normalstrom und Überlast.

ist, wie Abb. 132 zeigt, lastabhängig. Bei Entlastung des Stromrichters erfolgt die Kondensatorentladung langsamer, t_2 wächst. Bei

Überlastung kann der Kondensatorumlaufstrom nicht ausreichen, so daß in diesem Fall die Kommutierung der Hauptanoden zum natürlichen Zündzeitpunkt erfolgen würde. Der Höchstwert des Kondensatorstromes ist in erster Näherung proportional dem Verhältnis der Kondensatorüberspannung zur Streuung des Transformators.

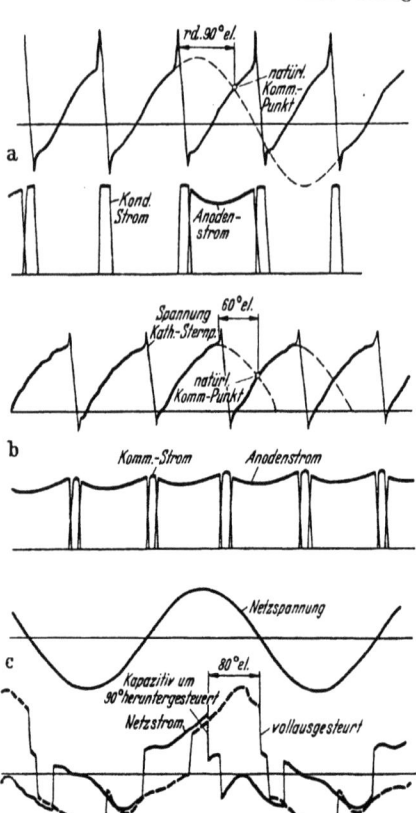

Abb. 133. Gleichrichter mit Zwangskommutierung bei einer Zündverfrühung von 90° el. bzw. 60° el.

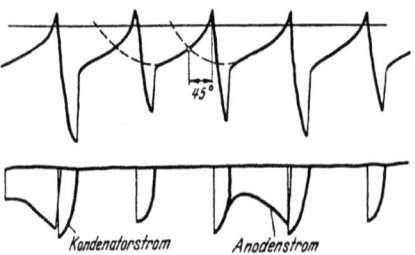

Abb. 134. Wechselrichter mit Zwangskommutierung.

Die Oszillogramme Abbildung 133 zeigen die Spannung zwischen dem Sternpunkt des Transformators und der Kathode sowie die Anodenströme bei einer Zwangskommutierung von 90° el. im Fall a) und 60° el. im Fall b) vor dem natürlichen Zündzeitpunkt. Bei 90° el. war der Gleichrichter praktisch kurzgeschlossen, nur der Widerstand der Kondensatordrossel befand sich im Gleichstromkreis. Der Gleichrichter arbeitet als kapazitiver Blindleistungserzeuger, der mit Hilfe der Gittersteuerung in seiner Leistung geregelt werden kann. Aus dem Oszillogramm c, aus dem die Netzspannung und der Netzstrom entnommen werden können, geht dieses Verhalten hervor. Schließlich gibt das Oszillogramm Abbildung 134 die Arbeitsweise des zwangskommutierten Wechselrichters für eine Zündpunktverlagerung um 45° el. hinter dem natürlichen Zündzeitpunkt wieder. Hierfür wurde die Schaltung nach Abb. 135 benutzt, wobei der Kommutierungskondensator von der speisenden Gleichspannung mit geladen wird. Beim netzgeführten Wechselrichter kann man mit der Zwangskommutierung, ohne Durchzündungen befürchten zu müssen, den Sicherheitsabstand überfahren und in das positive Gebiet, also in den Gleichrichterbetrieb übergehen. Für den Wechselrichter ist zu beachten, daß die übergebende Anode etwas später als die Hilfsanode zu zünden ist. Ähnliche Schaltungen wurden von E. MARX beschrieben. Ebenso sind Schaltungen bekannt geworden, die sich als Kommutierungshilfsmittel frequenzfremder Spannungen bzw. Oberwellen bedienen. Hier sollte nur gezeigt werden, daß das Schaltproblem der Gleichstromübertragung mit Hilfe von Kondensatorschaltern auch Rückwirkungen auf die Ausgestaltung der Stromrichtereinheiten haben kann, da eine Kombination dieser Schalter in Verbindung mit der Stromrichterschaltung selbst zu günstigen Lösungen führen dürfte.

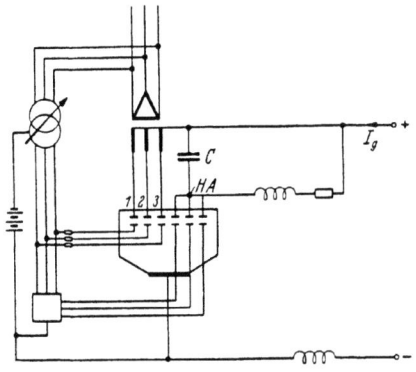

Abb. 135. Versuchsschaltung eines Wechselrichters mit Zwangskommutierung.

2. Die Wirkungsweise des Kondensatorschalters.

Beim Kondensatorschalter wird ein in den Gleichstromkreis eingefügter ungeladener oder mit bestimmter Polarität vorgeladener Kondensator mit Hilfe von Gasentladungsgefäßen dazu benutzt, den Gleichstromkreis durch seine Auf- bzw. Umladung selbsttätig zu unterbrechen. Je nach der Anordnung des Schalters unterscheidet man den Reihen- und den Parallelkondensatorschalter.

Beim *Reihenkondensatorschalter* nach Abb. 136 ist vor dem als Verbraucher angenommenen Wechselrichter in der Gleichstromleitung ein Hilfsgefäß V_H angeordnet, zu dem parallel über eine Impedanz Z der Kondensator C und das Schaltgefäß S liegen. Die abzuschaltende magnetische Energie hat ihren Sitz in der konzentriert gedachten Gesamtinduktivität L des Stromkreises. Das parallel zum Umlenkkreis liegende Hilfsgefäß, das ebenso wie das Schaltgefäß als gittergesteuertes Gasentladungsventil oder in Ausführung mit

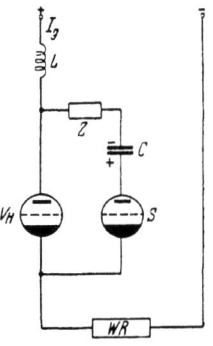

Abb. 136. Grundschaltung des Reihenkondensatorschalters.

Zündstiftsteuerung (Ignitron) gewählt wird, führt im Normalbetrieb den Gleichstrom J_g. Der Kondensator ist mit der in Abb. 136 angegebenen Polarität vorgeladen und das Schaltgefäß S gesperrt.

Zur Einleitung des Abschaltvorganges wird zunächst das Hilfsgefäß V_H gesperrt, wobei der Gleichstrom J_G noch ungestört weiterfließt, da die Gasfüllung das Gitter zunächst noch unwirksam macht. Etwa gleichzeitig erfolgt die Freigabe des Schaltgefäßes, so daß infolge der Vorladung des Kondensators der Gleichstrom in den Umlenkkreis überführt wird. Wenn der Gleichstrom im Umlenkkreis die Höhe des Betriebsstromes in der Gleichstromleitung erreicht hat, im Hilfsgefäß

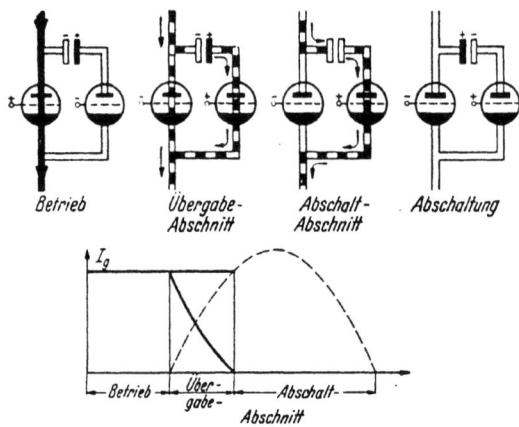

Abb. 137. Arbeitsweise des Reihenkondensatorschalters.

also Null geworden ist, gewinnt dessen Gittersteuerung die Sperrfähigkeit, es erlischt beim Stromnulldurchgang und bleibt gesperrt. Der Schaltkondensator C wird mit einer durch L und durch C bestimmten Abschaltschwingung auf einen negativen Höchstwert der Spannung umgeladen, der dann erreicht ist, wenn der Gleichstrom zu Null geworden ist und damit die magnetische Energie von L abgebaut ist. Das Schaltgefäß erlischt, und der Stromkreis ist unterbrochen. Am Hilfsgefäß liegt als Dauerspannung die Kreisspannung $\Delta U = J \cdot R$. Diese Spannungsdifferenz ist erforderlich, um den Strom J_g durch den Gesamtwiderstand R des Gleichstromkreises zu treiben, einschließlich der Spannungsabfälle durch Ankerrückwirkung bei umlaufenden Maschinen sowie der induktiven Gleichspannungsabfälle der Gleich- bzw. Wechselrichter. Die Spannungsdifferenz ΔU würde bei der Öffnung des Kreises durch einen mechanischen Schalter als resultierende Spannung zwischen den Schalterkontakten auftreten. Am Schaltgefäß S tritt die Differenz zwischen der Kondensatorspannung U_E und der Kreisspannung auf.

Der Abschaltvorgang des Reihenkondensatorschalters ist Abb. 137 zu entnehmen. Man sieht, wie der Betriebsstrom J_g während des Übergabeabschnittes, während dessen beide Gefäße brennen, vom Umlenkkreis übernommen und die Abschaltung nach Umladung des Kondensators vollzogen wird. Wir haben hier ähnliche Verhältnisse vorliegen, wie bei der Zwangskommutierung des Stromrichters. Der Abschaltvorgang vollzieht sich in Form einer mehr oder weniger gedämpften Schwingung, wobei L und C den Schwingungskreis bilden. Die Schwingung wird mit dem ersten Stromnulldurchgang abgebrochen, da die Ventile ein Zurückschwingen des Stromes verhindern. Im Kondensatorschalter findet im wesentlichen nur eine Umspeicherung von Energie statt, Überspannungen können nicht auftreten. Wir haben hinsichtlich der physikalischen Wirkungsweise einen idealen Gleichstromschalter vorliegen.

Beim *Parallelkondensatorschalter* Abb. 138 liegt der Umlenkkreis parallel zum Verbraucher. Durch Freigabe des Schaltgefäßes wird der Strom sowohl vom Hilfsgefäß als auch vom Verbraucher abgelenkt, so daß dieser nicht so lange etwaigen Überströmen ausgesetzt ist. Ist wie in Abb. 138 der Verbraucher ein Wechselrichter, so kann das Hilfsgefäß entbehrt werden, da der gesperrte Wechselrichter nach dem erstmaligen

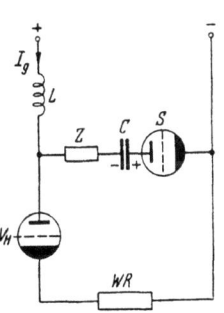

Abb. 138. Grundschaltung des Parallelkondensatorschalters.

Stromnulldurchgang nicht wieder zündet. Man wird bei Erstausführungen auf das Hilfsrohr zunächst nicht verzichten, um beim Versagen der Sperrfähigkeit des Wechselrichters die Gewähr für eine Abschaltung zu besitzen. Nach der Abschaltung liegt bei diesem Schalter am Schaltgefäß die Differenz zwischen der Kondensatorendspannung U_C und der Erzeugerleerlaufspannung U_1. Die Leerlaufspannung U_1 verteilt sich auf die Reihenschaltung von Hilfsgefäß und Wechselrichter. Sperrt der Wechselrichter nicht, so bleibt das Hilfsgefäß an der Kreisspannung liegen.

3. Der Reihenkondensatorschalter.

Bei der mathematischen Behandlung kann der Kondensatorschalter nur im Rahmen des gesamten Stromkreises betrachtet werden, da dieser die Anfangs- und Endbedingungen vorschreibt. Es ergeben sich dann verschiedene und zum Teil mathematisch nicht ganz einfach zu erfassende Ersatzschaltbilder, von denen im folgenden einige festgehalten werden sollen. Wir folgen dabei einem Rechnungsgang, wie ihn E. ROLF für die Behandlung dieser Schalter entwickelt hat.

Baudisch, Energieübertragung.

a) Freileitung mit überwiegend induktivem Widerstand.

Wird angenommen, daß ein Wechselrichter über eine Freileitung mit zu vernachlässigender Eigenkapazität an ein starres Netz angeschlossen ist, so erhält man das Ersatzschaltbild Abb. 139. In diesem sind die Netzspannung U_1 und die Gegenspannung U_2 des Wechselrichters zu der resultierenden Leerlaufkreisspannung ΔU zusammengefaßt, die Leitungsinduktivität L_L, die Glättungsinduktivität L_G und die Wechselrichterinduktivität L_W sind zu einer konzentrierten Gesamtinduktivität L vereinigt, desgleichen die zugehörigen Ohmschen Widerstände zu einem Gesamtwiderstand R. Schwer zu erfassen sind die induktiven Gleichspannungsabfälle im Gleich- und Wechselrichter. Sie wirken spannungsmäßig wie Ohmsche Widerstände, ohne einen Leistungsverbrauch zu verursachen. Sie können dargestellt werden durch eine linear vom Strom gesteuerte, als Gegenspannung wirkende Ersatzstromquelle. Mit Annäherung kann man zur richtigen Wiedergabe der Lastbedingungen einen entsprechenden Widerstandsbetrag einführen. Um zu vermeiden, daß bei der Berechnung des Schwingungsvorganges mit zu großer Dämpfung gerechnet wird, kann man den Widerstandsbetrag des für das Abklingen der Schwingung maßgebenden Dämpfungsfaktors wieder fortlassen. Das Hilfsgefäß ist im Ersatzschaltbild durch ein mit negativer Gitterspannung beaufschlagtes Gasentladungsgefäß dargestellt, um anzudeuten, daß dieses Gefäß, sobald sein Strom zu Null geworden ist, keine Rolle mehr spielt und nur noch als reine Trennstelle wirkt. Das Schaltgefäß ist durch einen willkürlich zu betätigenden Schalter S dargestellt, wobei auch hier zu berücksichtigen ist, daß der Stromfluß nach dem ersten Nulldurchgang wegen der Ventilwirkung des Gefäßes aufhört. Die Brennspannung der Gefäße kann bei der Anwendung dieser Schalter bei Höchstspannungsleitungen vernachlässigt werden. Das Ersatzschaltbild führt für den Strom zu einer Differentialgleichung zweiter Ordnung, der bekannten Schwingungsgleichung.

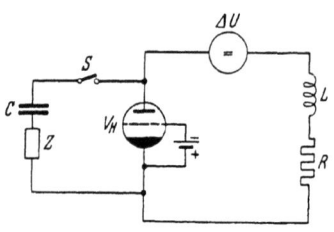

Abb. 139. Ersatzschaltbild des Reihenkondensatorschalters mit überwiegend induktivem Widerstand.

b) Kabel mit überwiegend kapazitivem Widerstand.

Man kann das Kabel mit Annäherung ersetzen durch ein T-Glied, entsprechend dem Ersatzschaltbild Abb. 140. In diesem ist L_1 gleich der halben Induktivität des Kabels gesetzt und L_2 gleich der halben Kabelinduktivität, vermehrt um die Induktivität des Gleich- und Wechselrichters. Die Spannungen U_1 und U_2 lassen sich wegen des

Querkondensators hier nicht mehr zu einer resultierenden Ersatzstromquelle zusammenfassen, sondern sie müssen einzeln angebracht werden. Dieses Ersatzschaltbild führt zu einer Differentialgleichung 3. Ordnung. Noch verwickelter wird das Ersatzschaltbild für eine Stichleitung, wenn man nicht $U_1 = $ const setzt, also ein absolut starres Netz annimmt, sondern auch noch die Konstanten der Hauptleitung berücksichtigt, wie man es bei den Leistungsverhältnissen von Großübertragungen wenigstens annäherungsweise wird handhaben müssen.

Wir wollen uns darauf beschränken, das Wesentliche des Kondensatorschalters herauszuschälen und zu untersuchen, welchen Einfluß unter gegebenen Verhältnissen die Bemessung der einzelnen Elemente des Umlenkkreises auf die Höhe des abschaltbaren Gleichstromes hat.

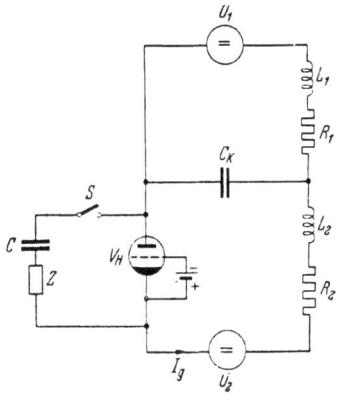

Abb. 140. Ersatzschaltbild eines Reihenkondensatorschalters mit überwiegend kapazitivem Widerstand.

Dabei sei zunächst der Fall eines gestörten Wechselrichters ausgeschieden, bei dem die Gegenspannung zu Null oder zu einer Wechselspannung werden oder schließlich gar umgekehrtes Vorzeichen annehmen kann, und nur der Fall der Abschaltung eines Wechselrichters mit ungestörter Gegenspannung betrachtet. Vernachlässigt man noch die Ohmschen Widerstände und den induktiven Gleichspannungsabfall des Wechselrichters, so ergibt sich das sehr einfache Ersatzschaltbild Abb. 141. In diesem ist die Kreisspannung gleich Null, da $U_1 = -U_2$ gesetzt ist, und der Gleichstrom J_g durchfließt einen widerstandslosen Stromkreis mit einer Gesamtinduktivität L. Man kann einen solchen Fall näherungsweise experimentell

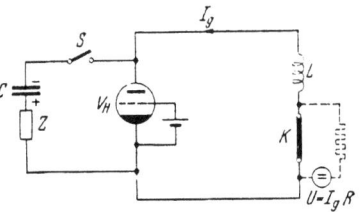

Abb. 141. Vereinfachtes Ersatzschaltbild.

verwirklichen, wenn man durch einen Hilfskreis mit U und R den Strom J_g im Hauptkreis entstehen läßt und dann den Hilfskreis mit Hilfe des Schalters K kurzschließt. Der Fall entspricht der Abschaltung lediglich magnetischer Energie $\frac{1}{2}LJ^2$. Die Abschaltung der magnetischen Energie ist beim Schalten von längeren Gleichstrom-Hochspannungsleitungen der wesentliche Vorgang, gegen den die Kreisspannung in den Hintergrund tritt, solange die Gegenspannung erhalten bleibt.

Auf die Verhältnisse beim Abschalten von Störungen wird später kurz eingegangen.

Um eine genauere Vorstellung über die in Frage kommenden Größenbemessungen zu erhalten, nehmen wir die in Abb. 142 dargestellte Stichleitung einer 400 kV-Übertragung mit geerdeter Mitte zur Grundlage. Sie soll eine Länge von 300 km besitzen und für eine Übertragungsleistung von 100 MW bestimmt sein. Das verwendete eisenbewehrte Aluminiummassekabel von 185 mm² Querschnitt hat eine Induktivität von 1,3 mH je km Doppelleitung, also 0,39 H für die ganze Schleife. Infolge der Mittenerdung sind bei Verwendung des Reihenkondensatorschalters zwei Schalter erforderlich, die genau gleichzeitig ausgelöst werden müssen. Denkt man sich die gesamte Kabelkapazität im Abzweigpunkt der Stichleitung konzentriert, so entfällt auf jeden Schalter die Hälfte der Schleifeninduktivität, also 0,195 H; dazu kommt noch die Induktivität einer Glättungsdrosselspule mit 0,105 H und die Induktivität des Wechselrichters, die für eine Hälfte 0,32 H beträgt, wenn für die Transformatorstreuspannung und Netzreaktanz mit einem Summenwert von 10% bei 24phasiger Gesamtschaltung gerechnet wird. Man erhält also einen Gesamtbetrag $L = 0{,}62$ H je Schalter und die bei Nennbetrieb mit 100 MW entsprechend einem Nennstrom von 250 A abzuschaltende magnetische Energie je Schalter

$$\tfrac{1}{2} L J^2 = \tfrac{1}{2} \cdot 0{,}62 \cdot 250^2 = 19\,300 \text{ Ws}.$$

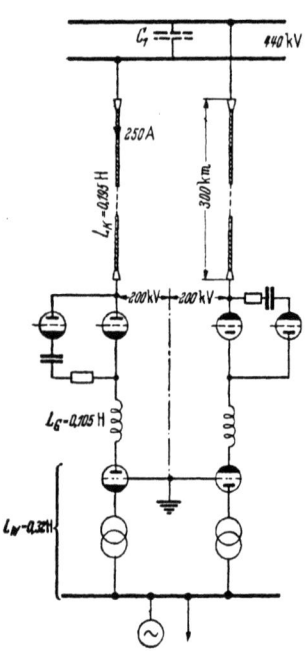

Abb. 142. Gleichstromübertragung von 100 MW durch Kabel über 300 km mit Reihenkondensatorschaltern.

c) Die mathematische Behandlung des vereinfachten Ersatzschaltbildes.

In Abb. 143 ist das Ersatzschaltbild unter Berücksichtigung von L_1, L_2, R und C dargestellt, an Hand dessen der Abschaltvorgang näher untersucht werden soll. Dabei wird als Dämpfungsimpedanz erst ein rein Ohmscher Widerstand R im Umlenkkreis gewählt, darauf eine reine Induktivität L_2 und zu-

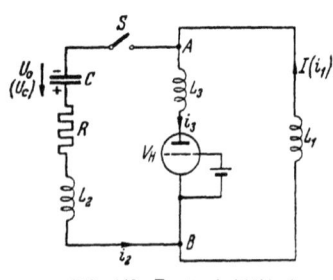

Abb. 143. Ersatzschaltbild des Reihenkondensatorschalters.

Die mathematische Behandlung des vereinfachten Ersatzschaltbildes. 213

sammen die Reihenschaltung C, R und L_2. Schließlich soll noch auf den Fall kurz eingegangen werden, daß die Dämpfungsinduktivität nicht im eigentlichen Umlenkkreis liegt, sondern im Hauptkreis, unmittelbar vor dem Hilfsgefäß entsprechend L_3, und der Dämpfungswiderstand R im Umlenkkreis verbleibt. Die nähere Untersuchung ergibt, daß sich sämtliche erwähnten Fälle einheitlich auf die Gleichung eines einfachen gedämpften Schwingungskreises nach Abb. 144 zurückführen lassen. Der Fortfall von Widerstand oder Induktivität bei bestimmten Ausführungsformen bedeutet dann lediglich eine besondere Vereinfachung der allgemeinen Gleichungen.

Der Übergang des Stromes vom Hauptgefäß auf den Umlenkkreis kann sich nur dann in unendlich kurzer Zeit vollziehen, wenn im Umlenkkreis keine Induktivität vorhanden ist. Diese Voraussetzung besteht nur dann, wenn im Umlenkkreis lediglich der Ohmsche Widerstand R eingeschaltet ist. In allen übrigen Fällen wird der Übergang des Stromes auf den Umlenkkreis eine endliche Zeit erfordern. Der Schaltvorgang zerfällt damit in zwei völlig getrennt zu behandelnde Schwingungsabschnitte mit verschiedenen Kreiskonstanten und daher voneinander abweichender Wellenlänge, nämlich in den *Übernahmeabschnitt*, während dessen beide Gefäße brennen und der Strom des Hilfsgefäßes vom Umlenkkreis übernommen wird, und in den eigentlichen *Abschaltabschnitt* nach dem Erlöschen des Hilfsgefäßes.

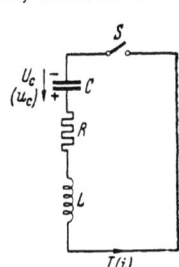

Abb. 144. Schaltung eines einfachen gedämpften Schwingungskreises.

Der in Abb. 144 dargestellte Schwingungskreis enthält den Kondensator C, die Induktivität L und den Dämpfungswiderstand R. Der Kondensator sei mit der angegebenen Polarität mit der Spannung U_C vorgeladen. Die durch den Pfeil in der Abbildung gekennzeichnete Richtung soll für den ganzen Kreis als positive Spannungsrichtung bezeichnet werden. Zur Zeit $t = 0$ wird der Schalter S geschlossen. Die Augenblickswerte der Spannung am Kondensator während des nun einsetzenden Schwingungsvorganges werden mit u_c bezeichnet, diejenigen des Stromes mit i. Die positive Richtung des Stromes ist im gleichen Sinn wie diejenige der Spannung angenommen und ebenfalls durch einen Pfeil gekennzeichnet. Die Spannungsgleichung des Kreises lautet:

$$U_C - \frac{1}{C}\int i\,dt - iR - L\frac{di}{dt} = 0. \tag{161}$$

Durch Differentiation entsteht die Stromgleichung

$$\frac{d^2 \cdot i}{dt^2} + \frac{R}{L}\frac{di}{dt} + \frac{1}{LC}i = 0. \tag{162}$$

Diese bekannte Schwingungsgleichung hat drei verschiedene Lösungen, je nachdem R^2 kleiner, gleich oder größer als $4L/C$ ist. Für den Kondensatorschalter kommt nur der erste Fall $R^2 < \frac{4L}{C}$ der gedämpften periodischen Schwingung in Frage, da der Stromverlauf nicht aperiodisch sein darf, sondern bereits nach kurzer Zeit ein Nulldurchgang notwendig ist, damit das Gasentladungsrohr erlöschen kann. Durch entsprechende Bemessung der Schalterelemente muß dieser Forderung Rechnung getragen werden.

Die Endbedingungen für den Schwingungsvorgang, wie er ablaufen würde, wenn an Stelle des Gasentladungsgefäßes der in das Ersatzschaltbild eingetragene Schalter S vorhanden wäre, sind

$$i_d = 0 \quad \text{und} \quad u_{cd} = 0,$$

da die gesamte Schwingungsenergie durch den Dämpfungswiderstand aufgezehrt wird und eine Restladung des Kondensators nicht verbleibt, weil die Kreisspannung der Voraussetzung entsprechend Null ist. Als Anfangsbedingung für $t = 0$ für die Kondensatorspannung wurde vorausgesetzt $u_{c_0} = U_c$. Mit diesen Randbedingungen erhält man als Lösung für die Spannung am Kondensator

$$u_c = \frac{U_c}{\sin \alpha} e^{-\beta t} \sin(\omega t + \alpha) \tag{163}$$

und für den Strom durch den Kondensator

$$i = \frac{U_c}{\sin \alpha} \cdot C \omega_0 e^{-\beta t} \sin(\omega t + \alpha - \varphi). \tag{164}$$

In den Gleichungen bedeutet

U_c = Kondensatorspannung zur Zeit $t = 0$,

$\frac{U_c}{\sin \alpha}$ = Spannungsscheitelwert der ungedämpften Schwingung,

$\frac{U_c}{\sin \alpha} C \omega_0$ = Scheitelwert des Stromes der ungedämpften Schwingung,

ω_0 = Kreisfrequenz der ungedämpften Schwingung,

β = Dämpfungsfaktor,

ω = Kreisfrequenz der gedämpften Schwingung,

α = Einschaltwinkel bezogen auf den Nulldurchgang der Kondensatorspannungsschwingung u_e,

φ = Phasenverschiebungswinkel zwischen Strom i und Spannung u_e.

Dabei ist
$$\beta = \frac{R}{2L}, \tag{165}$$

$$\omega_0 = \frac{1}{\sqrt{LC}}, \tag{166}$$

$$\omega = \sqrt{\omega_0^2 - \beta^2}, \tag{167}$$

$$\sin \varphi = \frac{\omega}{\omega_0}, \quad \cos \varphi = \frac{\beta}{\omega_0}, \quad \operatorname{tg} \varphi = \frac{\omega}{\beta}. \tag{168}$$

Die mathematische Behandlung des vereinfachten Ersatzschaltbildes. 215

In den Gleichungen (163) und (164) stellt das Produkt aus Scheitelwert und sin-Funktion die ungedämpfte Schwingung dar, während der Faktor $e^{-\beta t}$ die Abnahme der Schwingungswerte durch die Dämpfung wiedergibt.

Der Einschaltwinkel α oder, allgemeiner ausgedrückt, der Winkel zwischen dem Nulldurchgang der Kondensatorspannungsschwingung u_c und dem Zeitpunkt $t = 0$, ist in den Gleichungen als noch zu bestimmende Konstante enthalten. Er ergibt sich mit Hilfe der bisher noch nicht benutzten Anfangsbedingung für den Strom i aus Gl. (164). Hierzu ist zu bemerken, daß die Gl. (163) und (164) nicht nur für einen reinen Einschaltvorgang gelten, bei dem stets die Anfangsbedingung $i_0 = 0$ für den Strom vorliegt. Sie beschreiben auch jeden beliebigen anderen Schwingungsvorgang in einem geschlossenen Stromkreis, z. B. auch einen bereits im Gange befindlichen Schwingungsvorgang, wenn nur neben den Kreiskonstanten C, R und L von diesem Schwingungsvorgang noch ein einziges Wertepaar der Kondensatorspannung und des Stromes bekannt ist. Man kann dann diesem Wertepaar den Zeitpunkt $t = 0$ zuordnen und es als Anfangsbedingung für die beiden zuletzt erwähnten Gleichungen benutzen.

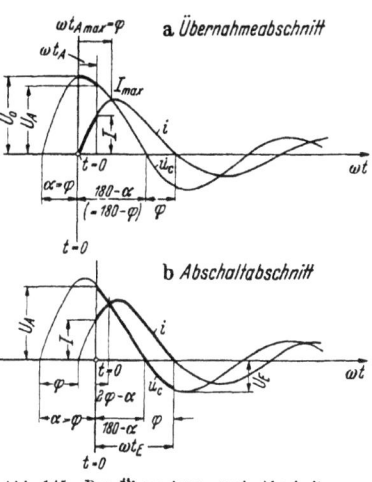

Abb. 145. Der Übernahme- und Abschaltabschnitt des Reihenkondensatorschalters.

Die Behandlung des Abschaltabschnittes unterscheidet sich von derjenigen des Übernahmeabschnittes lediglich durch die Einführung anderer Kreiskonstanten und anderer Anfangsbedingungen. Den verschiedenen Anfangsbedingungen entspricht ein verschieden großer Schaltwinkel α und damit eine verschiedenartige Lage der Kurvenstücke, die während der beiden Abschnitte durchlaufen werden. Diese Verhältnisse sind in Abb. 145 dargestellt und sollen für beide Abschnitte getrennt verfolgt werden. Bei der Betrachtung dieser Abbildung ist zu beachten, daß abweichend von dieser schematischen Darstellung mit gleichen Wellenlängen und Scheitelwerten in Wirklichkeit deren Kurvenzüge in beiden Abschnitten verschieden groß sind.

c 1. Der Übernahmeabschnitt. Während dieses Abschnittes brennt das Hilfsgefäß V_H, und die Spannung zwischen den Punkten A und B der Abb. 143 ist damit gleich Null, unter der Voraussetzung, daß sich zwischen diesen Punkten keine Induktivität befindet, wie dies später noch behandelt wird. Haupt- und Umlenkkreis sind miteinander nicht gekoppelt, und demgemäß wird durch den beim Schließen des Schalters S im Umlenkkreis entstehenden Entladestrom i des Kondensators der Strom J in der Induktivität L_1 des Hauptkreises in keiner Weise beeinflußt. Er behält unverändert seine Stärke bei. Im Gefäß V_H hebt der sich ausbildende Strom i in zunehmendem Maße den Strom J auf, bis bei Gleichheit mit diesem der Übernahmevorgang beendet ist und das Gefäß V_H erlischt. Der Strom i gehorcht der Gl. (164), wobei in den Hilfsgleichungen (165) und (166) L_2 an Stelle von L zu setzen ist. Als Anfangsbedingung ist für den Augenblick der Freigabe des Schalters S zu setzen $t = 0$ und $i_0 = 0$. Die Spannung am Kondensator verläuft nach Gl. (163). Die Anfangsspannung U_C im Augenblick $t = 0$ ist dabei identisch mit der Vorladespannung U_0, so daß man diese an Stelle U_C in die Gl (163) und (164) einzuführen hat.

Durch die Anfangsbedingung $i_0 = 0$ für den Strom ist nunmehr auch der Schaltwinkel α festgelegt. Man findet ihn aus Gl. (164), wenn man i und t gleich Null setzt, zu

$$\alpha = \varphi.\tag{169}$$

Diese Beziehung gilt allgemein für das Einschalten eines stromlosen Schwingungskreises. Sie bestimmt daher auch für den Übernahmeabschnitt aller übrigen Ausführungsformen des Kondensatorschalters den Vorgang.

Mit $U_C = U_0$ und der obigen Bedingung $\alpha = \varphi$ lautet nunmehr für den vorliegenden Fall die Gleichung des Übernahmeabschnittes

$$u_C = \frac{U_0}{\sin \varphi} e^{-\beta t} \sin(\omega t + \varphi) \tag{170}$$

und

$$i = \frac{U_0}{\sin \varphi} C \omega_0 e^{-\beta t} \sin \omega t. \tag{171}$$

Der Verlauf ist in Abb. 145a durch die stark ausgezogenen Kurvenstücke wiedergegeben. Wie man sieht, erfolgt das Einschalten im Augenblick $t = 0$ bei $\alpha = \varphi$, und zwar mit der Spannung U_0 im Scheitelpunkt der Spannungskurve und mit dem Strom Null. Der Strom steigt während der Übernahmedauer nach der Kurve i auf den Wert J an, der im Zeitpunkt t_A erreicht ist. Dieser Zeitpunkt bildet das Ende des Übernahmeabschnittes und den Anfang des sich anschließenden Abschaltabschnittes. Der Kondensator wird während dieser Zeit nach der Kurve u_C auf den Wert U_A entladen, der damit die Anfangsspannung für den Abschaltabschnitt darstellt.

Es ist nicht erforderlich, zur Beurteilung der Leistungsfähigkeit des Kondensatorschalters den gesamten Kurvenverlauf zu ermitteln.

Es interessieren lediglich einige charakteristische Punkte des Verlaufs. So wird man z. B. feststellen wollen, wie hoch bei der Abschaltung eines bestimmten Stromes J in der Induktivität L_1 mit vorgegebenen Werten von C, R, L_2 und U_0 die Endspannung wird, die der umgeladene Kondensator am Schluß des Abschaltvorganges annimmt, ferner wie lange der Abschaltvorgang dauert und wie hoch die höchste Spannungsbeanspruchung der Gasentladungsgefäße wird. Aus dem Übernahmeabschnitt lassen sich zunächst die Werte von t_A und U_a ermitteln.

Eine Beziehung für die Berechnung der Übernahmedauer erhält man, wenn man in Gl. (171) für den Strom den Endwert J einsetzt. Berücksichtigt man noch die Beziehungen (166) und (168), so erhält man

$$e^{-\beta t_A} \sin \omega t_A = \frac{J L_2 \omega}{U_0}. \tag{172}$$

Aus dieser Gleichung kann t_A auf graphischem Wege gefunden werden. Mit $t = t_A$ kann nunmehr auch die Anfangsspannung U_A des Abschaltabschnittes aus Gl. (170) berechnet werden zu

$$U_A = \frac{U_0}{\sin \varphi} e^{-\beta t_A} \sin (\omega t_A + \varphi). \tag{173}$$

Die Abb. 145a läßt ferner erkennen, daß es einen Höchststrom gibt, den der Umlenkkreis eben noch übernehmen kann und der damit die Leistungsfähigkeit des Schalters begrenzt. Dieser Höchststrom ist gegeben durch den Scheitelwert $J_{\max}$ der Stromschwingung. Er liegt um den Winkel φ hinter dem Einschaltzeitpunkt, wie sich mathematisch beweisen läßt. Durch die Maximumrechnung für Gl. (171) mit

$$\omega t_{A \max} = \varphi \tag{174}$$

folgt für den Höchststrom aus Gl. (171)

$$J_{\max} = \frac{U_0}{L_2 \omega_0} e^{-\frac{\varphi}{\operatorname{tg} \varphi}}. \tag{175}$$

Bei der genauen Betrachtung der Spannungsbeanspruchung des Hilfsgefäßes wird sich später noch zeigen, daß praktisch mit Rücksicht auf die Entionisierung dieses Gefäßes sich der zulässige Höchststrom noch etwas vermindert.

Über die Dauer des Übernahmeabschnittes kann man in Übereinstimmung mit Abb. 145a schon aussagen, daß sie je nach Größe des abzuschaltenden Stromes und der Dämpfung des Umlenkkreises zwischen Null und einem Viertel der Wellenlänge der Übernahmeschwingung liegt, da der Phasenverschiebungswinkel φ im Grenzfall der ungedämpften Schwingung nur auf max 90° anwachsen kann.

c 2. **Der Abschaltabschnitt.** Der Anfang dieses Abschnittes ist dadurch gegeben, daß im Augenblick des Erlöschens des Hilfsgefäßes V_H im Umlenkkreis und im Hauptkreis ein Strom von derselben Größe fließt, so daß sich nach Aufhören der Lichtbogenverbindung zwischen den Punkten A und B beide Teile zu einem einzigen neuen Schwingungskreis mit C, R und der resultierenden Induktivität $L_r = L_1 + L_2$ zwanglos zusammenschließen können. Beginnt man die Zeitzählung beim Anfang dieses Abschaltabschnittes erneut mit $t = 0$, so liegt jetzt der schon früher angedeutete Fall vor, daß von einer Schwingung in einem bereits geschlossenen Stromkreis ein Wertepaar $u_{C_0} = U_A$ und $i_0 = J$ gegeben ist, das wir nun als Anfangsbedingung benutzen müssen. Für die Abschaltschwingung gehen dann die Gl. (163) und (164) über in

$$u_C = \frac{U_A}{\sin \alpha} e^{-\beta t} \sin(\omega t + \alpha) \tag{176}$$

und

$$i = \frac{U_A}{\sin \alpha} C \omega_0 e^{-\beta t} \sin(\omega t + \alpha - \varphi), \tag{177}$$

wobei jedoch $\beta, \omega_0, \omega, \varphi$ und α andere Werte besitzen als im Übernahmeabschnitt. Während sich β, ω_0, ω und φ mit $L = L_r = L_1 + L_2$ wiederum aus den Hilfsgleichungen (165) bis (168) ergeben, erhält man mit der neuen Anfangsbedingung für den Strom aus Gl. (177) eine Bestimmungsgleichung für den Schaltwinkel α aus

$$\operatorname{ctg} \alpha = \operatorname{ctg} \varphi - \frac{J}{U_A C \omega}. \tag{178}$$

Der Schaltwinkel liegt nunmehr entsprechend den Grenzwerten $J = 0$ und $J = J_{\max}$ des abzuschaltenden Stromes zwischen φ und 2φ, wie sich aus den in Abb. 145b gezeigten Kurven erkennen läßt. In Abb. 145b sind die während des Abschaltabschnittes durchlaufenen Kurvenstücke stark ausgezogen. Sie schließen sich unmittelbar an die des Übernahmeabschnittes an. Aus dieser Abbildung geht ferner hervor, daß die Stromschwingung bis zum ersten Nulldurchgang dauert, bei dem das Schaltgefäß erlischt und der Kondensator auf den negativen Höchstwert der Spannung umgeladen ist, der als Endspannung U_E aufrechterhalten bleibt. Der Abbildung ist weiterhin zu entnehmen, daß beim Schalten des Höchststromes $J_{\max}$ die beiden Äste der Stromkurve des Übernahmeabschnittes und des Abschaltabschnittes an ihren Scheitelpunkten einander ablösen, während beim Schalten des Stromes Null der Übernahmeabschnitt auf Null zusammenschrumpft und von der Abschaltschwingung eine vollständige Halbwelle des Stromes durchlaufen wird.

Demgemäß liegt die Dauer des Abschaltabschnittes, die mit t_E bezeichnet werden soll, je nach Größe des abgeschalteten Stromes und der Dämpfung, zwischen der Hälfte und einem Viertel der Wellenlänge der Abschaltschwingung. Die gesamte elektrische Schaltdauer ohne Kommandozeit, während deren nach der Freigabe des Schaltgefäßes noch Strom im Hauptkreis fließt, kann hiernach, auch dann, wenn der Umlenkkreis keine Induktivität enthält und somit der Übernahme-

Der Abschaltabschnitt. 219

abschnitt ganz wegfällt, niemals unter ein Viertel der Wellenlänge der Abschaltschwingung gebracht werden. Je größer L_1 und C werden, desto länger dauert die Abschaltung. Für ein Viertel Wellenlänge erhält man bei der als Beispiel gewählten Induktivität von 0,62 H und einem Kondensator von 10 μF eine Zeit von etwa 4 ms, so daß die elektrische Abschaltdauer zwischen mindestens 4 ms beim Höchststrom und mindestens 8 ms bei Leerlauf liegt. Die Abschaltdauer t_E erhält man aus Gl. (177) für den Stromnulldurchgang $i = 0$

$$\omega t_E = 180° - \alpha + \varphi, \tag{179}$$

eine Beziehung, die sich unmittelbar aus Abb. 145b ablesen läßt. Zusammen mit Gl. (176) ergibt sich hieraus die Kondensatorendspannung zu

$$U_E = - U_A \frac{\sin \varphi}{\sin \alpha} e^{-\frac{180 - \alpha + \varphi}{\operatorname{tg} \varphi}}. \tag{180}$$

Es sollen nunmehr kurz die energetischen Verhältnisse des Schalters betrachtet werden, da man hierdurch in manchen Fällen einen schnelleren Überblick über die Vorgänge gewinnen kann, als mit Hilfe der Schwingungsgleichungen.

Der gesamte Energieinhalt der Schwingung zu Beginn des Schaltvorganges besteht aus der abzuschaltenden magnetischen Energie $\frac{1}{2} L_1 J^2$ des Hauptkreises und der elektrischen Energie $\frac{1}{2} C U_0^2$ des vorgeladenen Kondensators. Diese Anfangsenergie vermindert sich im Laufe des Schaltvorganges um einen im Dämpfungswiderstand in Wärme umgesetzten Energiebetrag $R \int_0^{t_A + t_E} i^2 dt$. Der Rest ist im Endzustand als elektrische Energie $\frac{1}{2} C U_E^2$ im umgeladenen Kondensator aufgespeichert. Damit ergibt sich die Energiebilanz des Schaltvorganges zu

$$\tfrac{1}{2} L_1 J^2 + \tfrac{1}{2} C U_0^2 = R \int_0^{t_A + t_E} i^2 dt + \tfrac{1}{2} C U_E^2. \tag{181}$$

Ähnlich lassen sich getrennte Energiebilanzen für die beiden Teilabschnitte aufstellen. Daraus läßt sich sofort folgern, daß ohne Verwendung eines Dämpfungswiderstandes die Endspannung des Kondensators stets entsprechend der abgeschalteten Energie höher ausfällt als die Vorladespannung; *wenn man zwecks guter Ausnutzung des Kondensators verlangt, daß die Endspannung etwa die gleiche Höhe haben soll wie die Vorladespannung, so muß die volle abzuschaltende Energie in einem Dämpfungswiderstand vernichtet werden.*

Es soll nun versucht werden, einzelne Ausführungsformen hinsichtlich ihrer Leistungsfähigkeit gegeneinander abzuwägen und Richtlinien für ihre günstigste Bemessung zu finden. Dabei wird die Frage der Spannungsbeanspruchung der Gefäße besondere Berücksichtigung finden müssen.

c 3. Rein Ohmsche Dämpfungsimpedanz. Das Ersatzschaltbild Abb. 143 vereinfacht sich für diesen Fall so, daß hinter dem Kondensator C ein Ohmscher Widerstand R vorhanden ist. Im Augenblick des Einlegens des Schalters S zur Zeit $t = 0$ geht der gesamte Strom J sofort auf den Umlenkkreis über, da der aus C, R, V_H und S gebildete Stromkreis als völlig induktionsfrei vorausgesetzt wird. Das Hilfsgefäß erlischt, die Übernahmedauer schrumpft auf Null zusammen. Für die sofort einsetzende Abschaltschwingung gilt die Anfangsbedingung $u_{c_0} = U_0$ und $i_0 = J$. Der Übergang des Stromes J auf den Umlenkkreis und damit das Verlöschen von V_H ist an die Voraussetzung gebunden, daß

$$J \leqq \frac{U_0}{R} \tag{182}$$

wird. Wenn diese Bedingung nicht eingehalten wird, wird der Kondensator lediglich über das zunächst mit geschwächtem Strom weiterbrennende Hilfsgefäß entladen, wobei nach seiner Entladung der Strom im Hilfsgefäß den alten Wert J wieder erreicht. Damit haben wir eine wichtige Bedingung für den Höchstwert von R gefunden, der nicht überschritten werden darf, wenn der Schalter ordnungsgemäß arbeiten soll. Auf diese Weise kann man für gegebene U_0 und R den Höchststrom ermitteln, den der Schalter überhaupt abzuschalten in der Lage ist. Dieser Bedingung entspricht Gl. (175) des allgemeinen Falles für den theoretischen Höchststrom. Es wird später gezeigt, daß für diesen praktisch zulässigen Höchststrom noch eine einschränkende Bedingung hinzukommt.

Auf Grund der Anfangsbedingungen erhält man den zeitlichen Verlauf des Abschaltvorganges aus den Gl. (176) bis (178), wenn man überall U_0 an Stelle von U_A setzt. Berücksichtigt man noch, daß der Augenblickswert der Spannung am Widerstand $i \cdot R$ beträgt und daß die Sperrspannung u_{sp} am Hilfsgefäß, die gleichbedeutend mit der Spannung an der Induktivität L ist, sich als Spannung zwischen den Punkten A und B zu

$$u_{sp} = -(u_c - i \cdot R) \tag{183}$$

ergibt, so ist damit der zeitliche Ablauf des Schwingungsvorgangs eindeutig beschrieben. Die Dauer t_E des Abschaltabschnittes, die hier mit der gesamten elektrischen Schaltdauer identisch ist, erhält man aus der für alle Ausführungsformen gültigen Beziehung (179), während die Endspannung U_E sich aus Gl. (180) ergibt, wenn man U_0 an Stelle von U_A setzt.

Es soll nunmehr der Abschaltvorgang an Hand des oben festgelegten Beispiels einer 100 MW-Stichleitung zahlenmäßig verfolgt werden. Der Nennstrom war in dem gewählten Beispiel 250 A, die Gesamtinduktivität einer Hälfte $L = 0,62$ H, der abzuschaltende Höchststrom betrage das Vierfache des Nennstromes, also $J = 1000$ A, der Schaltkondensator habe eine Größe von $C = 10\,\mu$F und werde mit $U_0 = 200$ kV vorgeladen. Der Dämpfungswiderstand sei $R = 86\,\Omega$.

Der nach der Übernahmebedingung der Gl. (182) noch zulässige Widerstand beträgt $200\,\Omega$. Die vollständige Übernahme des Stromes durch den Umlenkkreis ist damit gesichert. Der Grenzwiderstand für den Übergang vom periodischen in das aperiodische Gebiet hat den Wert $\sqrt{4 \cdot \dfrac{L}{C}} = 500\,\Omega$, so daß wir uns noch weit innerhalb des Gebietes periodischer Schwingungen befinden. Mit Hilfe der Beziehungen (165) bis (167) finden wir $\beta = 69,3$, $\omega_0 = 402$, $\omega = 395$. Die Periodenzahl der Abschaltschwingung liegt also mit 63 Hz nicht viel über der normalen Netzfrequenz, und die Dauer einer Periode beträgt 15,92 ms. Für den Phasenverschiebungswinkel erhält man mit Hilfe von Gl. (168) $\operatorname{tg}\varphi = 5,70$, $\varphi = 80°\,0,3'$ (im Zeitmaß 3,55 ms), $\sin\varphi = 0,985$. Mit U_A und $U_0 = 200$ kV folgt aus Gl. (178) für den Schaltwinkel $\operatorname{ctg}\alpha = -1,089$, $\alpha = 137°26'$ (Zeitmaß 6,08 ms) und $\sin\alpha = 0,676$. Aus Gl. (179) und (180) kann man die Abschaltdauer und die Endspannung mit $U_A = U_0$ ermitteln:

$\omega\,t_E = 122°37'$ oder 2,14 im Bogenmaß, $t_E = 5,42$ ms, $U_E = -200$ kV.

Wie der Betrag der Endspannung zeigt, wurde ein solcher Fall ausgewählt, bei dem die gesamte abzuschaltende Energie im Dämpfungswiderstand vernichtet wird, und zwar ist diese Energie hier wesentlich größer als diejenige der Vorladung bzw. der Endladung des Kondensators, wie die nachstehenden Zahlenwerte für die einzelnen Summanden der Energiebilanz zeigen:

$$\tfrac{1}{2} L J^2 = R \int_0^{t_E} \cdot i^2\,dt = 310\,000 \text{ Ws},$$

$$\tfrac{1}{2} C U_0^2 = \tfrac{1}{2} C U_E^2 = 200\,000 \text{ Ws}.$$

Mit Hilfe der Energiebilanz kann man ermitteln, daß bei Nichtanwendung eines Dämpfungswiderstandes und gleicher Vorladung die Endspannung -320 kV und im theoretischen Fall ohne jede Vorladung immer noch -250 kV betragen würde. Daraus ist der Vorteil, den die Anwendung eines Dämpfungswiderstandes bezüglich der Auslegung des Kondensators bringt, deutlich erkennbar.

Setzt man nun die Zahlenwerte in die Gl. (176) und (177) ein, so erhält man für den zeitlichen Verlauf der Kondensatorspannung und des Stromes

$$u_c = 296 \cdot e^{-69,3 \cdot t} \cdot \sin(395\,t + 2,40) \text{ kV},$$

$$i = 1190\,e^{-69,3\,t} \cdot \sin(395 \cdot t + 1,00) \text{ A}.$$

Die Auswertung der Gleichungen führt zu den in Abb. 146 dargestellten Kurven. Die oberste Abbildung zeigt zunächst den Verlauf der Ströme. Der Strom i_H im Hilfsgefäß springt zur Zeit $t = 0$ von $J = 1000$ A auf den Wert Null, womit das Gefäß erlischt. Im Umlenkkreis steigt der Strom i sofort auf den Wert J an. Der weitere Verlauf zeigt, daß dieser Strom, der mit dem Strom des Hauptkreises identisch ist, nicht sofort wieder abnimmt, sondern sich über seinen Anfangswert erhebt, bevor er nach Null abzufallen beginnt. Er erreicht wegen der Dämpfung durch R nicht den Höchstwert der ungedämpften Schwingung, der mit 1190 A in der Stromgleichung steht. Aber immerhin bewirkt die Anwendung des Kondensators zunächst eine Zunahme des Stromes im Hauptkreis. Der Stromanstieg dauert so lange, bis die durch die Freigabe des Umlenkkreises in den Hauptkreis zusätzlich eingefügte Spannung, also die Spannung zwischen den Punkten A und B, zu Null geworden ist. Der Höchststrom i_{max} tritt somit dann ein, wenn die Kondensatorspannung auf den Betrag $u_c = i_{max} R$ abgesunken ist, wie es die Spannungskurven in Abb. 146b darstellen.

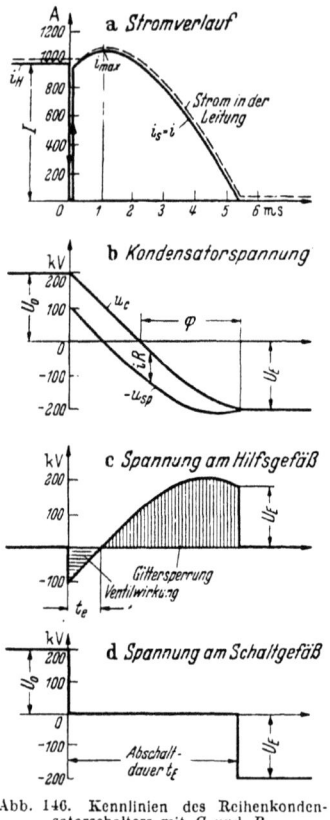

Abb. 146. Kennlinien des Reihenkondensatorschalters mit C und R.

Dieser Zeitpunkt ist für die Spannungsbeanspruchung des Hilfsgefäßes besonders zu beachten. Während vor der Freigabe des Umlenkkreises das Hilfsgefäß den abzuschaltenden Gleichstrom führte und die Spannung zwischen den Punkten A und B Null war, liegt vom Augenblick des Einschaltens ab an dem erloschenen Hilfsgefäß der Spannungsbetrag $u_c - i \cdot R$. Dieser ist, bezogen auf die Durchlaßrichtung des Hilfsgefäßes, negativ, solange $u_c > iR$ ist, und er kehrt im Augenblick des Strommaximums, von wo ab $u_c < iR$ wird, seine Richtung um. Das Hilfsgefäß wird anfangs also in seiner natürlichen Sperrichtung beansprucht und später in seiner Durchlaßrichtung, wobei das Wiedereinsetzen des Stromflusses nur durch die negative Gitterspannung verhindert wird. Die Kurve u_{sp} der Spannungsbeanspruchung des Hilfsgefäßes ist mit richtigem Vorzeichen in Abb. 146c dargestellt.

Der Zeitraum, während dessen das Hilfsgefäß in seiner natürlichen Sperrichtung beansprucht wird, steht dem Gefäß für die Wiederherstellung der Sperrwirkung des Gitters zur Verfügung. Ihm entspricht eine Entionisierungszeit in dem bisher bei Wechselrichtern gebräuchlichen Sinn, und wir wollen diesen Zeitabschnitt von $t = 0$ bis zum Nulldurchgang der Sperrspannungskurve ($i = i_{max}$) daher künftig mit t_e bezeichnen. Zur Verzögerung des Anstiegs der negativen Sperrspannung, die, wie Abb. 146c für das Hilfs- und Abb. 146d für das Schaltgefäß zeigen, ohne künstliche Beeinflussung schlagartig ansteigen würde, sind daher besondere Hilfsmittel nötig, auf die später noch eingegangen wird. Unabhängig von diesen Maßnahmen besteht die Forderung, daß auf jeden Fall eine bestimmte Entionisierungszeit t_e vergangen sein muß, bevor das Gitter die Sperrung positiver Spannungen übernehmen kann. Man wird also ohne Rücksicht auf die sonstigen zusätzlichen Maßnahmen diese Entionisierungszeit durch entsprechende Bemessung der Schaltelemente immer sicherstellen müssen. Hierbei ist die Tatsache, daß als Entionisierungszeit immer nur die Zeit vor dem Stromhöchstwert in Frage kommt, der Grund dafür, daß wir den mittels Gl. (175) und (182) aus den Kreiskonstanten errechenbaren theoretischen Höchststrom praktisch mit Rücksicht auf die Bedürfnisse des Gasentladungsgefäßes nicht voll verwirklichen können. Für einen gegebenen Stromkreis läßt sich die Größe der verfügbaren Entionisierungszeit mit Hilfe der Beziehung

$$\omega t_e = 2\varphi - \alpha \qquad (184)$$

ermitteln, die man aus einer Maximumrechnung für den Strom i nach Gl. (177) erhält und auch unmittelbar aus Abb. 145b entnehmen kann. Für den als Beispiel gewählten Schalter wurde eine Entionisierungszeit von 1 ms beim Schalten des Höchststromes von 1000 A der Bemessung zugrunde gelegt. Beim Schalten geringerer Ströme wird der Schaltwinkel kleiner, und die zur Entionisierung verfügbare Zeit nimmt zu. Aus Abb. 145b geht hervor, daß sie bis auf $\omega t_e = \varphi$ für das Schalten des Stromes Null anwachsen kann.

Die Größe des Spannungssprunges nach Erlöschen des Hilfsgefäßes ist stark von der Stromstärke abhängig. Wie man aus Abb. 146c ersieht, würde der Sprung nur beim Schalten des theoretischen Höchststromes zu Null werden. Er wächst an mit abnehmendem Strom, hat beim Höchststrom von 1000 A den Betrag von -114 kV und erreicht beim Schalten des Stromes Null den Wert -200 kV. Der höheren Sperrspannung ist somit günstigerweise die schwächere Ionisierung zugeordnet. Die positive Sperrspannung durchläuft einen Höchstwert und endet auf dem Betrag $-U_E$ der Kondensatorendspannung von 200 kV, da am Schluß des Abschaltvorganges $i \cdot R = 0$ ist. Nach Erlöschen des Schaltgefäßes springt sie wieder plötzlich auf Null, da nunmehr der Kondensator einpolig von der Strecke $A-B$ abgetrennt ist, und eine Kreisspannung, die nach der Abschaltung an der Trennstelle verbleiben würde, bei dem vereinfachten Ersatzschaltbild nicht vorhanden ist.

Wie noch aus Abb. 146d zu ersehen ist, hat das Schaltgefäß vor seiner Freigabe die Vorladespannung $U_0 = 200$ kV durch sein Gitter zu sperren. Während der genannten Schaltzeit ist die am Gefäß liegende Spannung Null. Nach dem Erlöschen des Gefäßes liegt an ihm die volle Endspannung U_E, die vom Hilfsgefäß übernommen wird als negative Sperrspannung, und beansprucht das Gefäß auf Ventilwirkung. Die Höhe dieses Spannungssprunges ist ebenfalls stromabhängig. Der Höchstwert von -200 kV tritt beim Höchststrom von 1000 A auf und der niedrigste Wert von -115 kV beim Strom Null. Kurz erwähnt sei noch das Schalten des Stromes Null, das so aufgefaßt werden soll, daß nicht eine offene leerlaufende Leitung abgeschaltet wird, sondern ein an sich geschlossener Stromkreis, auf dem der Strom Null etwa durch Einregelung der treibenden Gleichrichterspannung und der Wechselrichtergegenspannung auf den gleichen Betrag entstanden ist. Es bildet sich im ganzen Stromkreis ein lediglich durch die Entladung des Kondensators bedingter Stromstoß von der Dauer einer Halbwelle der Abschaltschwingung aus. Sie beträgt im vorliegenden Fall 7,96 ms. Der Verlauf kann wieder mit der Beziehung (177) ermittelt werden, wenn man die Anfangsbedingung $i_0 = 0$ zur Bestimmung des Schaltwinkels α einführt. Man erhält, da es sich um einen einfachen Einschaltvorgang handelt, $\alpha = \varphi$. Der Scheitelwert der ungedämpften Schwingung ist geringer als beim Abschalten höherer Ströme, weil die Anfangsenergie der Schwingung lediglich gleich der Energie der Kondensatorvorladung ist. Er beträgt nur 818 A. Die nach Gl. (176) zu berechnende Kurve der Kondensatorspannung beginnt wieder mit $U_0 = 200$ kV und endet mit $U_E = -115$ kV, also dem gleichen Wert, der oben bereits für den Sprung der negativen Sperrspannung am Schaltgefäß festgestellt wurde.

Für die günstigste Bemessung der Schalterelemente sind der abzuschaltende Höchststrom J und die Gesamtinduktivität L des abzuschaltenden Stromkreises als vorgegeben zu betrachten. Die Größe des Kondensators C, die Höhe der Vorladespannung U_0 und der Betrag des Dämpfungswiderstandes R sind noch völlig frei, und es besteht die Aufgabe, sie so festzulegen, daß unter Einhaltung einer bestimmten Entionisierungszeit t_e und der für den Kondensator noch zulässigen Endspannung U_E ein Mindestaufwand eintritt. Der Aufwand wird in erster Linie durch die Größe des Kondensators festgelegt, weil dieser durch die

Vorladung im Dauerzustand beansprucht wird und stärkere Überlastungen auch kurze Zeit nicht verträgt, während der Dämpfungswiderstand bei der sehr kurzen Beanspruchung hoch überlastet werden kann. Man wird sich den besten Verhältnissen nähern, indem man den Einfluß der Änderung der einzelnen Größen schrittweise feststellt. Dabei soll auf die Notwendigkeit einer Entionisierungszeit der Einfachheit halber noch keine Rücksicht genommen werden, sondern es wird der Dämpfungswiderstand R gemäß Gl. (182) stets so gewählt, daß der betrachtete Strom J bei einer Vorladespannung U_0 eben noch vom Umlenkkreis übernommen wird. Wir müssen uns dabei vor Augen halten, daß die tatsächlichen Verhältnisse dann etwas ungünstiger liegen werden.

Der Einfluß der Vorladung auf die Endspannung ist in Abb. 147 wiedergegeben, in der die Abhängigkeit der mit Gl. (180) berechneten Endspannung U_E des Kondensators von der Vorladespannung U_0 für verschiedene Abschaltströme J dargestellt ist. Als Kondensatorgröße wurde wieder $10\,\mu\text{F}$ eingesetzt und die Gesamtinduktivität der abzuschaltenden Kreishälfte wie früher mit $L = 0{,}62$ H angenommen. Man erkennt, daß die Endspannung bei allen Stromstärken fast gleichmäßig mit wachsender Vorladung abnimmt. Dieser Verlauf ist dadurch zu erklären, daß der noch zulässige Dämpfungswiderstand bei gegebenem Strom

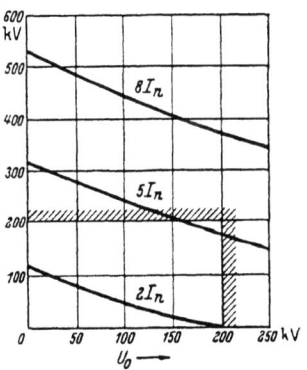

Abb. 147. Einfluß der Vorladespannung U_0 auf die Endspannung U_E.

verhältnisgleich mit der Vorladespannung wächst, während gleichzeitig auch die Dauer des Abschaltvorganges zunimmt, so daß die im Dämpfungswiderstand vernichtete Energie mit wachsender Vorladespannung schneller ansteigt als die Energie der Vorladung selbst. *Die Vorladespannung ist vorteilhaft möglichst hoch zu wählen, und der Dämpfungswiderstand ist so groß wie nur irgendwie zulässig zu machen.* Für die weiteren Untersuchungen wird eine Vorladespannung von der Größe der Betriebsspannung, also $U_0 = 200$ kV zugrunde gelegt. Die Abb. 147 zeigt ferner, daß man bei festgelegter Vorladespannung und auch Endspannung bei 200 kV und der Induktivität 0,62 H und einer Kondensatorgröße von $10\,\mu\text{F}$ einen maximalen Strom von etwa $5{,}5 \times 250 = 1375$ A schalten kann. Wie wir gesehen haben, vermindert sich dieser Wert bei Berücksichtigung einer Entionisierungszeit von 1 ms auf etwa 1000 A.

Die Abhängigkeit der Endspannung vom Höchststrom geht aus Abb. 148 hervor, in der für die gleichen Werte von C und L und eine Vorladespannung von 200 kV die Endspannung aufgetragen ist, wenn der Dämpfungswiderstand wie bisher immer seinen nach Gl. (182) zulässigen Höchstwert erhält. Die Gerade *1* veranschaulicht den Fall, wie hoch die Endspannung ohne Dämpfungswiderstand und ohne jede Vorladung werden würde. Diese Kennlinie ist gegeben durch die Energiebilanz

$$\tfrac{1}{2} C \cdot U_E^2 = \tfrac{1}{2} L J^2, \tag{185}$$

woraus für die Endspannung folgt

$$U_E = \sqrt{\frac{L}{C}} J.$$

Für eine Endspannung von -200 kV beträgt der Höchststrom $804 \text{ A} = 3{,}2 J_n$. Die Kurve *2* gibt den Fall wieder, daß eine Vorlade-

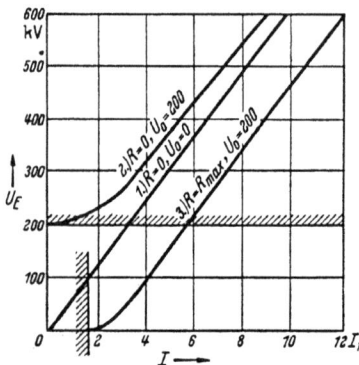

Abb. 148. Abhängigkeit der Endspannung vom Höchststrom.

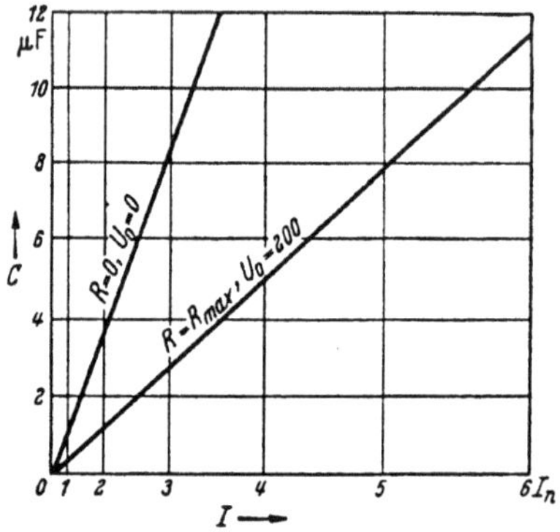

Abb. 149. Einfluß des Höchststromes auf die Kondensatorgröße.

spannung von 200 kV ohne Verwendung eines Dämpfungswiderstandes benutzt wird. Hier wird die Endspannung von -200 kV stets überschritten, da bei Leerlauf mangels Energievernichtung eine reine Umladung des Kondensators von $U_0 = 200$ kV auf $U_E = -200$ kV eintritt und durch die magnetische Energie des Stromes der gesamte Energieinhalt des Kreises noch vergrößert wird. Aus der Energiebilanz

$$\tfrac{1}{2} C \cdot U_E^2 = \tfrac{1}{2} C U_0^2 + \tfrac{1}{2} L J^2 \tag{186}$$

ergibt sich die Endspannung zu

$$U_E = \sqrt{U_0^2 + \frac{L}{C} \cdot J^2}. \tag{187}$$

Die Kurve *3* für $U_0 = 200$ kV und $R = R_{\max}$ läßt die Verbesserung erkennen, die man durch Anwendung eines Dämpfungswiderstandes erzielen kann. Hierfür gilt die Energiebilanz entsprechend Gl. (181), und es wird

$$U_E = \sqrt{U_0^2 + \frac{L}{C} J^2 - \frac{2R}{C} \int i^2 dt}.$$

Der ohne Überschreitung einer Endspannung von 200 kV noch mögliche Höchststrom ist jetzt auf das etwa 5,5fache des Nennstromes angestiegen.

Der Einfluß der Höchststromes auf die Kondensatorgröße. Es tritt noch die Frage auf, wie groß der Kondensator gewählt werden muß, wenn bei gegebener Vorladung von 200 kV und dem Dämpfungswiderstand $R = R_{max}$ bestimmte vorgegebene Höchstströme abgeschaltet werden sollen, ohne daß dabei die Endspannung von 200 kV überschritten wird. Aus der Gl. (181) geht hervor, daß die Kondensatorgröße sich mit dem Quadrat der Stromstärke ändern muß, da sie nur quadratische Glieder für die Ströme und Spannungen enthält. Dies zeigt auch Abb. 149. *Die Abschaltung sehr großer Ströme erfordert daher einen unverhältnismäßig großen Kondensatoraufwand, der der Anwendbarkeit des Kondensatorschalters somit wirtschaftliche Grenzen zieht.* Für $C = 10\,\mu F$ liest man in Übereinstimmung mit den früheren Abbildungen wieder einen Höchststrom vom 5,5fachen Nennstrom ab. Vergleichsweise sind noch die Kennlinien für $R = 0$ und $U_0 = 0$ eingetragen. Sie zeigen, wie weit der Kondensatoraufwand anwachsen kann, wenn die Vorladung vermindert wird und die Endspannung trotzdem 200 kV nicht überschreiten soll. Die Berücksichtigung der Entionisierungszeit läßt sich mit Hilfe der Beziehung (184) durchführen, so daß man sich mit einer schrittweisen Näherungsrechnung den tatsächlichen Verhältnissen anpassen kann.

c 4. **Rein induktive Dämpfungsimpedanz.** Bei dieser Anordnung, in der R durch L_2 in Abb. 143 ersetzt wird, wird nirgends Energie vernichtet, so daß der Energiegehalt des Kreises während des Schaltvorganges unverändert bleibt und am Ende der Abschaltschwingung eine Energie im Kondensator aufgespeichert ist, die gleich der Summe aus der Kondensatorvorladung und der magnetischen Energie in der Induktivität L_1 des Hauptkreises ist, entsprechend der Energiebilanz

$$\tfrac{1}{2} L_1 \cdot J^2 + \tfrac{1}{2} C U_0^2 = \tfrac{1}{2} C U_E^2. \tag{188}$$

Daraus ergibt sich die Endspannung

$$U_E = \sqrt{U_0^2 + \frac{L_1}{C} \cdot J^2}. \tag{189}$$

Die Endspannung ist also, abgesehen vom Leerlauffall, immer größer als die Vorladespannung. *Strebt man eine höchste Endspannung an, die gleich der Betriebsspannung ist, so muß eine Vorladespannung gewählt werden, die auf jeden Fall kleiner ist als die Betriebsspannung.* Sie kann aus Gl. (188) ermittelt werden.

Wegen des Fehlens von R fallen in der allgemeinen Gleichung des Schalters sämtliche Glieder, die R als Faktor enthalten, fort, alle e-Glieder werden zu 1. Der Phasenverschiebungswinkel beträgt in beiden

Abschnitten $\varphi = 90°$, und die Vorgänge vollziehen sich als rein ungedämpfte Sinusschwingungen.

Im Übernahmeabschnitt hat die zugehörige Schwingung die konstante Energie $\frac{1}{2} C U_0^2$, der Schaltwinkel beträgt wegen der Anfangsbedingung $i_0 = 0$ hier $\alpha = \varphi = 90°$. Die Gleichungen für die Kondensatorspannung und den Strom vereinfachen sich zu

$$u_c = U_0 \cos \omega t \qquad (190)$$

und

$$i = U_0 C \omega \sin \omega t, \qquad (191)$$

worin $\omega = \omega_0 = \dfrac{1}{\sqrt{L_2 C}}$ die Kreisfrequenz des Umlenkkreises allein bedeutet. Die Spannung setzt mit dem Scheitelwert der Sinuskurve ein und der Strom mit dem Wert Null. Im Verlauf des Schwingungsvorganges steigt der Strom nach einer Sinuskurve, die den Scheitelwert $U_0 C \omega$ hat, an und erreicht nach der Übernahmedauer t_A den Wert J. Für die Übernahmedauer erhält man aus Gl. (191) mit $i = J$

$$\sin \omega t_A = \frac{J L_2 \omega}{U_0}. \qquad (192)$$

Die Spannung am Kondensator ist während dieser Zeit nach einer cos-Linie vom Scheitelwert U_0 auf den Wert U_A abgesunken, den man mit $t = t_A$ aus der Beziehung (190) erhält zu

$$U_A = \sqrt{U_0^2 - \frac{L_2}{C} \cdot J^2}. \qquad (193)$$

Das gleiche Ergebnis kann man auch unmittelbar aus der Energiebilanz errechnen.

$$\tfrac{1}{2} C U_0^2 = \tfrac{1}{2} L_2 J^2 + \tfrac{1}{2} C U_A^2 \qquad (194)$$

Da die Stromschwingung den Scheitelwert $U_0 C \omega$ hat, so kann eine völlige Übernahme des Gleichstromes J nur eintreten, solange

$$J \leqq U_0 C \omega = \frac{U_0}{L_2 \omega} \qquad (195)$$

ist. Diese Übernahmebedingung entspricht der allgemeinen Gl. (175) für den Höchststrom. Sie beruht auf der Energiebilanz nach Gl. (194), nach der die am Ende der Stromübernahme in der Induktivität L_2 enthaltene magnetische Energie nicht größer werden kann als die zu Beginn der Übernahme als Vorladung im Kondensator aufgespeicherte Energie. Im Falle des Höchststromes ist am Ende der Stromübernahme die Kondensatorspannung bis auf $U_A = 0$ abgesunken und der Strom auf seinem Scheitelwert angelangt; das bedeutet, daß der Übernahmevorgang eine Viertelperiode dauert. Auch hier kann dieser theoretische Höchststrom mit Rücksicht auf die erforderliche Entionisierungszeit des Hilfsgefäßes nicht voll verwirklicht werden.

Rein induktive Dämpfungsimpedanz.

Im Abschaltabschnitt ist der konstante Energieinhalt der Abschaltschwingung $\frac{1}{2}CU_0^2 = \frac{1}{2}L_1J^2$, und die neue Kreisfrequenz wird

$$\omega = \omega_0 = \frac{1}{\sqrt{(L_1+L_2)C}}.$$

Der Schaltwinkel ist jetzt größer als 90°. Man erhält für ihn auf Grund der Anfangsbedingung $u_{c_0} = U_A$ und $i_0 = J$ die Gleichung

$$\operatorname{ctg}\alpha = -\frac{J}{U_A C \omega}. \quad (196)$$

Die Gleichungen für die Kondensatorspannung und den Strom lauten

$$u_c = \frac{U_A}{\sin\alpha}\sin(\omega t + \alpha) \quad (197)$$

und

$$i = -\frac{U_A}{\sin\alpha}\cdot C\cos(\omega t + \alpha). \quad (198)$$

Für die Abschaltdauer t_E erhält man

$$\omega t_E = 270° - \alpha. \quad (199)$$

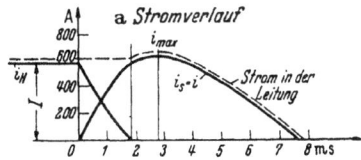

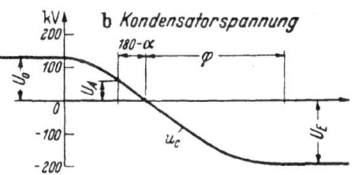

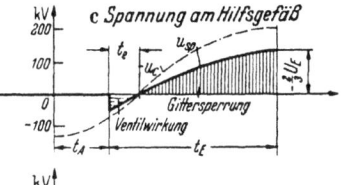

Die Endspannung, die bereits mit Gl. (189) aus der Energiebilanz des Gesamtvorganges berechnet wurde, läßt sich noch in anderer Form durch Einsetzen von t_E in Gl. (197) finden zu

$$U_E = -\frac{U_A}{\sin\alpha}. \quad (200)$$

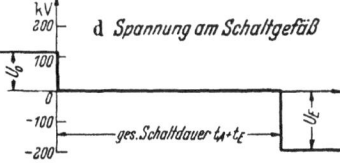

Der Verlauf der Kennlinien für das noch folgende Rechnungsbeispiel geht aus Abb. 150 hervor. Nach Ablauf des Supplementwinkels $180° - \alpha$ zum Schaltwinkel geht die Kurve der Kondensatorspannung durch Null, und

Abb. 150. Kennlinien des Reihenkondensatorschalters mit C und L.

die Stromkurve erreicht den Höchstwert. Da eine Ohmsche Spannungskomponente im Umlenkkreis nicht vorhanden ist, geht auch die Spannung am Hilfsgefäß gleichzeitig mit der Kondensatorspannung durch Null, und man erhält als Entionisierungszeit den ganzen Supplementwinkel oder

$$\omega t_e = 180° - \alpha. \quad (201)$$

Man kann somit bei Verwendung einer reinen Induktivität im Umlenkkreis für eine gewünschte Entionisierungszeit den erforderlichen Schalt winkel angeben, sofern die Größen C und L_2 gewählt sind und damit die Kreisfrequenz festliegt. Damit ist auch, wenn man noch eine bestimmte Endspannung U_E vorschreibt, durch Gl. (200) die Spannung U_A und durch die Beziehung (196) oder durch die Energiebilanz des Abschaltabschnittes

$$\tfrac{1}{2} C U_A^2 + \tfrac{1}{2}(L_1 + L_2)J^2 = \tfrac{1}{2} C U_E^2 \qquad (202)$$

auch der Höchststrom J festgelegt. Weiterhin ist damit aber auch die Vorladespannung U_0 durch die Beziehung (194) oder auch unmittelbar durch (188) gegeben, so daß die gesamte Bemessung festliegt. Die Übernahmebedingung (195) ist dabei immer erfüllt, wenn wir so dimensionieren, daß überhaupt eine Entionisierungszeit zur Verfügung steht.

Wir haben gesehen, daß L_2 maßgebend ist für die Dauer der Übernahmezeit, also für die Steilheit der Stromänderungen bei der Übernahme. Darüber hinaus hat L_2 auch Einfluß auf die Spannungsbeanspruchung des Hilfsgefäßes. Da das Hilfsgefäß parallel zu der Induktivität L_1 liegt, wird es nicht durch die gesamte Kondensatorspannung beansprucht, sondern nur durch den Anteil

$$u_{sp} = - \frac{L_1}{L_1 + L_2} \cdot u_c. \qquad (203)$$

Durch L_2 wird also die Sperrspannung des Hilfsgefäßes im obigen Verhältnis herabgesetzt, und zwar unabhängig von der Größe des abgeschalteten Stromes. In dieser Beziehung verhält sich die Induktivität günstiger als im vorher behandelten Fall des Ohmschen Widerstandes. Allerdings muß zu einer wirksamen Verminderung der Sperrspannung L_2 eine erhebliche Größe besitzen. Wird z. B. eine Herabsetzung der Sperrspannung auf die Hälfte der Kondensatorspannung gewünscht, so muß L_2 genau so groß sein wie die gesamte Induktivität L_1 des abzuschaltenden Stromkreises. Trotz der kurzen Beanspruchung von L_2 würde unter Ausnutzung der Überlastungsfähigkeit ein derartig hoher Wert kaum in Frage kommen, so daß der Herabsetzung der Sperrspannung durch L_2 nur eine beschränkte Bedeutung zukommt.

Es soll nun an Hand eines *Rechnungsbeispiels* untersucht werden, welche Verhältnisse sich unter Voraussetzung einer Herabsetzung der Sperrspannung auf zwei Drittel der Kondensatorspannung ($L_2 = \tfrac{1}{2} L_1 = 0{,}31$ H) ergeben, wenn beim Höchststrom eine Endspannung $U_E = -200$ kV nicht überschritten und eine Entionisierungszeit $t_e = 1$ ms noch eingehalten werden soll. Die Kondensatorgröße von $C = 10\,\mu$F wird beibehalten. Es wird also gefragt, welchen Höchststrom man unter diesen Voraussetzungen noch abschalten kann, wie die Vorladespannung U_0 dabei gewählt werden muß und welche Schaltzeiten man zu erwarten hat.

Mit $L_1 + L_2 = 0{,}93$ H erhält man die Kreisfrequenz $\omega = 328$ des Abschaltabschnittes. Für $t_e = 1$ ms wird somit $180° - \alpha = 18° 48'$

und $\sin \alpha = 0{,}322$. Damit findet man aus Gl. (200) die Anfangsspannung für den Abschaltabschnitt zu $U_A = 64{,}5$ kV. Den Höchststrom erhalten wir aus der Energiebilanz Gl. (202) zu

$$J = \sqrt{\frac{C}{L_1 + L_2}(U_E^2 - U_A^2)} = 620 \text{ A} = 2{,}48 J_n.$$

Die Vorladespannung ergibt sich aus der Endspannung nach der Beziehung (188) zu

$$U_0 = \sqrt{U_E^2 - \frac{L_1}{C} J^2} = 127 \text{ kV}.$$

Für die Bestimmung der Übergabedauer t_A wird die Kreisfrequenz des Übergabeabschnittes mit L_2 an Stelle von $L_1 + L_2$ zu $\omega = 568$ errechnet. Hiermit wird nach Beziehung (192)

$$\sin \omega t_A = 0{,}860, \quad \omega t_A = 59°\, 19' \text{ und}$$

$$t_A = \frac{1{,}035}{568} = 0{,}00182 \text{ s}.$$

Die Abschaltzeit t_E wird mit der Kreisfrequenz $\omega = 328$ des Abschaltabschnittes aus Gl. (199) ermittelt zu

$$270° - \alpha = 108°\, 48' \text{ oder } 1{,}90 \text{ im Bogenmaß und}$$

$$t_E = \frac{1{,}90}{3{,}28} = 0{,}00578 \text{ s}.$$

Die gesamte Schaltzeit beträgt damit $t_A + t_E = 7{,}60$ ms.

Auf Grund der Wahl von L_2 kann man feststellen, daß die höchste negative Sperrspannung, die unmittelbar nach Beendigung der Stromübernahme eintritt, nach der Beziehung (203) den Wert $-\tfrac{2}{3} U_A = -43$ kV besitzt, während die höchste positive Sperrspannung am Ende des Abschaltvorganges mit $-\tfrac{2}{3} U_E = 133$ kV auftritt. Der Verlauf der Strom- und Spannungskurven wird mittels der Gl. (190), (191), (197) und (198) bestimmt und ist in Abb. 150 aufgetragen.

Die Kennlinien zeigen eine weitgehende Ähnlichkeit mit denjenigen eines netzgeführten Wechselrichters, denn man hat bei diesem zunächst ebenfalls einen Übergabeabschnitt, innerhalb dessen der Strom des zu löschenden Gefäßes mit begrenzter Steilheit verschwindet, und anschließend eine Sperrspannungsbeanspruchung des Gefäßes, die zunächst kurzzeitig negativ wird, und die nach Ablauf der Entionisierungszeit in das positive Gebiet übergeht.

Beim Abschalten des Stromes Null entsteht durch die Entladung des Kondensators wiederum lediglich ein Stromstoß, und zwar in Form einer Sinushalbwelle mit dem Scheitelwert 417 A und einer Dauer von 9,56 ms. Der Kondensator wird von $U_0 = +127$ kV auf $U_E = -127$ kV umgeladen, und die Spannung am Hilfsgefäß, die stets zwei Drittel der Kondensatorspannung beträgt, hat im ersten Augenblick als negative Sperrspannung eine Größe von -85 kV. Wir erkennen als Ergebnis der Einschaltung der Induktivität in den Kreis des Schaltkondensators einen starken Rückgang des Höchststromes bei sonst gleichen Voraussetzungen. Man erreicht damit zwar eine sanfte Stromübernahme und Herabsetzung der Sperrspannungsbeanspruchung, beides allerdings auf Kosten der Leistungsfähigkeit des Schalters. Um festzustellen, ob die in dem vorliegenden Beispiel gewählte Vorladespannung vorteilhaft ist bzw. ob man nicht unter Zulassung einer etwas höheren Endspannung U_E zu einer günstigeren Bemessung des Schalters gelangt, sei deren Einfluß untersucht.

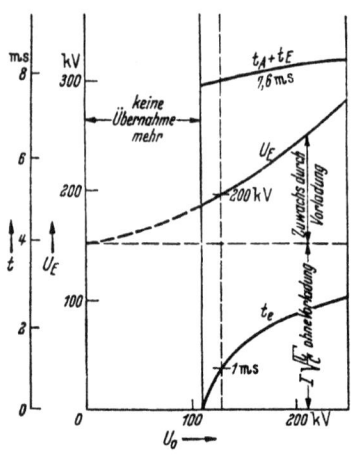

Abb. 151. Einfluß der Kondensatorvorladung auf die Endspannung.

Um den Einfluß der Vorladung auf die Endspannung zu bestimmen, ist in Abb. 151 die Abhängigkeit der Endspannung, der gesamten Schaltzeit und der Entionisierungszeit von der Vorladespannung U_0 aufgetragen, und zwar wieder für den Fall $C = 10\,\mu F$ und für einen Abschaltstrom $J = 620$ A, wobei die Sperrspannung durch Wahl von $L_2 = \frac{1}{2} L_1$ wieder auf zwei Drittel der Kondensatorspannung herabgesetzt wird.

Man sieht, daß die gesamte Schaltzeit $t_A + t_E$ fast unabhängig von der Vorladung ist und daß man sie daher durch die Wahl von U_0 nicht maßgebend beeinflussen kann. Hinsichtlich der Endspannung ist festzustellen, daß eine Erniedrigung der Vorladespannung im Gegensatz zum Abschnitt c 3 eine Herabsetzung derselben mit sich bringt bzw. bei gleichbleibender vorgegebener Endspannung eine Steigerung des Höchststromes zulassen würde. Leider bewirkt sie aber gleichzeitig eine unzulässige Herabsetzung der Entionisierungszeit. So ist bei $U_0 = 109$ kV die Entionisierungszeit bereits Null geworden, und bei noch geringerer Vorladung findet überhaupt keine vollständige Stromübernahme mehr statt, weil die Übernahmebedingung nach Gl. (195) nicht erfüllt ist. Eine Erniedrigung der Vorladung kommt somit nicht in Frage. Eine Erhöhung dagegen bringt bei gleichem Strom ein ziemlich schnelles Anwachsen der Endspannung, was unerwünscht ist bzw. bei gleichbleibender Endspannung zu einer Herabsetzung des Stromes zwingen würde. Die mit der Heraufsetzung der Vorladespannung zwangsläufig verbundene Zunahme der Entionisierungszeit ist aber ohne Interesse, weil größere Werte von t_e nicht notwendig sind.

Gemischte Dämpfungsimpedanz. 233

Man sieht, daß durch eine Erhöhung der Vorladespannung eine nennenswerte Verbesserung der Leistungsfähigkeit des Schalters nicht erreicht werden kann. Im Gegensatz zu Abschnitt c 3 hält man sie für den vorliegenden Fall so niedrig, als es die Erreichung der erforderlichen Entionisierungszeit noch gestattet.

Der Einfluß des Höchststromes auf die Kondensatorgröße ist in Abb. 152 dargestellt unter der Voraussetzung $L_0 = 0{,}31$ H und $U_E = -200$ kV. Die Kennlinie *1* der Abbildung zeigt, daß ohne Berücksichtigung einer Entionisierungszeit der Kondensatoraufwand genau mit dem Quadrat der Stromstärke wächst. Die Kurve *2* berücksichtigt eine Entionisierungszeit von 1 ms, woraus ersichtlich ist, daß für den gleichen Strom ein etwas höherer Aufwand für den Kondensator erforderlich ist. Zum Vergleich ist schließlich noch als Kennlinie *3* der

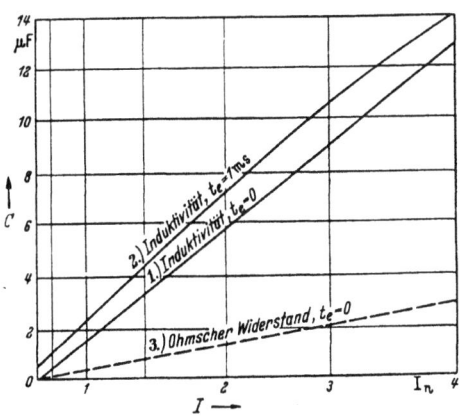

Abb. 152.
Einfluß des Höchststromes auf die Kondensatorgröße.

Kondensatoraufwand ohne Berücksichtigung einer Entionisierungszeit aus der Abb. 149 eingetragen, bei der ein Ohmscher Widerstand an Stelle der Induktivität L_2 benutzt wurde. Man sieht, wie stark sich gegenüber diesem Fall der Kondensatoraufwand erhöht, wenn man eine Induktivität ohne Dämpfungswiderstand verwendet und diese Induktivität zur Herabsetzung der Sperrspannung noch obendrein einen hohen Wert ergibt. Die Verwendung einer reinen Dämpfungsinduktivität gibt keine sehr vorteilhaften Bedingungen für die Schalterbemessung.

c 5. Gemischte Dämpfungsimpedanz. Dieser Fall mit einer Reihenschaltung von Ohmschen und induktiven Widerständen im Umlenkkreis wurde als allgemeiner Fall bereits behandelt; hierfür wurden die Beziehungen (169) bis (180) abgeleitet. In Ergänzung hierzu ergibt sich die Entionisierungszeit aus der allgemeingültigen Gl. (184). Den Verlauf der Sperrspannung am Hilfsgefäß erhält man aus der Überlegung, daß sich die Kondensatorspannung u_c um den Betrag $i \cdot R$ vermindert, und ferner, daß sich die Restspannung wie die volle Spannung u_c im Verhältnis der Induktivitäten aufteilt. Als Spannung am Hilfsgefäß verbleibt

$$u_{sp} = -\frac{L_1}{L_1 + L_2}(u_c - iR). \tag{204}$$

Für ein Rechnungsbeispiel nehmen wir wieder $C = 10\,\mu\mathrm{F}$, und die Endspannung beim Höchststrom sei ebenfalls auf $-200\,\mathrm{kV}$ festgesetzt. Da jetzt ein Dämpfungswiderstand vorhanden ist, können wir die Vorladespannung auf $+200\,\mathrm{kV}$ heraufsetzen. L_2 sei wieder $0{,}31\,\mathrm{H}$, um wie im vorhergehenden Beispiel eine Herabsetzung der Sperrspannung auf zwei Drittel der Spannung an der gesamten Induktivität zu erhalten. Fordert man für die Gefäße eine Entionisierungszeit von 1 ms, so ergibt die allmähliche Annäherung, daß man mit dem gewählten Schalter einen Höchststrom von $750\,\mathrm{A} = 3\,J_n$ einschalten kann, wobei $R = 70\,\Omega$ sein muß. Der Verlauf des Übergabe- und Abschaltabschnittes ist in Abb. 153 erkennbar. Er unterscheidet sich von den in Abb. 150 dargestellten Kurven nur dadurch, daß es sich nicht mehr um Ausschnitte aus reinen Sinuslinien, sondern um solche aus gedämpften Schwingungszügen handelt. Der Übernahmeabschnitt dauert $t_A = 1{,}59\,\mathrm{ms}$, wobei die Kondensatorspannung von $U_0 = 200\,\mathrm{kV}$ auf $U_A = 132\,\mathrm{kV}$ absinkt. Im Verlauf des Abschaltabschnittes von der Dauer $t_E = 6{,}15\,\mathrm{ms}$ wird der Kondensator auf $U_E = -198{,}5\,\mathrm{kV}$ umgeladen. Der Höchstwert der negativen Sperrspannung beträgt $-53\,\mathrm{kV}$, und die positive Sperrspannung steigt auf etwa $135\,\mathrm{kV}$ an und endet auf $132{,}5\,\mathrm{kV}$. Der gesamte Schaltvorgang beansprucht $7{,}74\,\mathrm{ms}$.

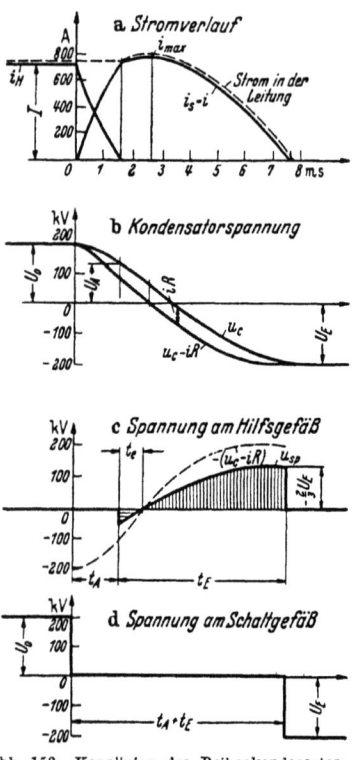

Abb. 153. Kennlinien des Reihenkondensatorschalters mit C, R und L_1.

Beim Schalten des Stromes Null würde man eine gedämpfte Stromhalbwelle mit dem Scheitelwert $554\,\mathrm{A}$ und einer Dauer von $9{,}64\,\mathrm{ms}$ erhalten. Dabei beträgt die höchste negative Sperrspannung $-89{,}5\,\mathrm{kV}$, die höchste positive etwa $93\,\mathrm{kV}$ und die Endspannung des Kondensators $-139\,\mathrm{kV}$. Die Betrachtung zeigt, daß bei dieser Ausgestaltung des Umlenkkreises die Leistungsfähigkeit des Schalters gegenüber der Anordnung im Abschnitt c 4 steigt. Durch die Induktivität ergibt sich eine weitgehende Herabsetzung der negativen Sperrspannung auf weniger als die Hälfte derjenigen des Abschnittes c 3. Auch die positive Sperrspannung liegt bei erheblich niedrigeren Werten.

c 6. Induktivität vor dem Hilfsgefäß. Als letzter kennzeichnender Fall soll noch der untersucht werden, bei dem in Abb. 143 die Induktivität nicht im Umlenkkreis, sondern unmittelbar vor dem Hilfsgefäß im Hauptkreis liegt. Auch bei dieser Anordnung tritt durch die Induktivität eine Verzögerung der Stromübernahme ein, weil L_3 genau wie früher L_2 sich in demjenigen Stromkreis befindet, in dem während der Übernahme eine Stromänderung erfolgt. Wir müssen also wieder zwischen einem Übernahmeabschnitt und einem Abschaltabschnitt unterscheiden. Darüber hinaus tritt durch L_3 eine Kopplung des Umlenkkreises mit dem Hauptkreis ein und somit eine Änderung des Stromes im Hauptkreis bereits während des Übernahmevorganges, denn bei einer Stromänderung im Hilfsgefäß ist die Spannung zwischen den Punkten A und B nicht mehr gleich Null. E. ROLF hat auch diesen Fall untersucht und auf die Gleichungen des zu Anfang behandelten allgemeinen Falles zurückgeführt.

Für den *Übernahmeabschnitt* findet man aus den Spannungsgleichungen für die beiden Maschen

$$U_0 - \frac{1}{C} \cdot \int i_2 dt - i_2 R + L_3 \frac{d i_3}{d t} = 0 \tag{205}$$

und

$$L_3 \frac{d i_3}{d t} + L_1 \frac{d i_1}{d t} = 0, \tag{206}$$

sowie aus der Stromgleichung für einen Knotenpunkt

$$i_1 = i_2 + i_3 \tag{207}$$

für die resultierende Spannungsgleichung

$$U_0 - \frac{1}{C} \cdot \int i_2 dt - i_2 R - \frac{L_1 \cdot L_3}{L_1 + L_3} \cdot \frac{d i_2}{d t} = 0 \tag{208}$$

eine Beziehung, die der Gl. (161) entspricht, wobei an Stelle von L die resultierende Induktivität der Parallelschaltung der Zweige *3* und *1* tritt. Die Lösungen für die Kondensatorspannung u_c und den Strom i_2 sind gegeben durch die Gl. (170) und (171), wenn man in sinngemäßer Übertragung in den Hilfsgleichungen (165) bis (168) $L_r = \frac{L_1 \cdot L_3}{L_1 + L_3}$ an Stelle von L setzt.

Die Beziehung (208) ist physikalisch so aufzufassen, daß i_2 den Strom der Kondensatorentladung darstellt, der außer dem Umlenkkreis jetzt zwischen den Punkten A und B nicht mehr eine widerstandslose Entladungsstrecke durchfließt, sondern die resultierende Induktivität L_r der vom Kondensator aus gesehenen parallel geschalteten Zweige *3* und *1*.

Es ist leicht einzusehen, daß sich dabei i_2 in zwei Anteile aufspaltet, deren Augenblickswerte immer im umgekehrten Verhältnis der dazugehörigen Induktivitäten stehen. Diese Anteile überlagern sich dem konstanten Gleichstrom J, so daß sich für die Gesamtströme in den Zweigen *1* und *3* ergibt

$$i_1 = J + \frac{U_0}{L_1 \omega} \cdot e^{-\beta t} \cdot \sin \omega t, \tag{209}$$

$$i_3 = J - \frac{U_0}{L_3 \omega} \cdot e^{-\beta t} \cdot \sin \omega t. \tag{210}$$

Aus dieser Beziehung erhält man für $i_3 = 0$ die der Gl. (172) entsprechende Beziehung

$$e^{-\beta t_A} \cdot \sin \omega t_A = \frac{J L_3 \omega}{U_0}, \tag{211}$$

aus der sich graphisch die Übergabedauer t_A bestimmen läßt. Damit kann auch die Kondensatorspannung U_A am Ende des Übernahmeabschnittes mittels Gl. (173) berechnet werden. Mit $\omega t_{A\,max} = \varphi$ folgt noch aus Gl. (210) die der Beziehung (175) entsprechende Höchststrombedingung

$$J \leqq \frac{U_0}{L_3 \omega_0} \cdot e^{-\frac{\varphi}{\operatorname{tg} \varphi}}. \tag{212}$$

Damit sind alle für die Beurteilung des Übernahmeabschnittes wichtigen Größen bekannt.

Der *Abschaltabschnitt* entspricht im wesentlichen demjenigen des Abschnittes c 3 mit dem Unterschied, daß die Induktivität L jetzt L_1 genannt ist und daß der Anfangswert des Stromes im Hauptkreis nicht mehr J ist, sondern $\frac{L_1 + L_3}{L_1} \cdot J$, wie sich aus der Beziehung (209) für $t = t_A$ ergibt. Kondensatorspannung und -strom ergeben sich aus den Gl. (176) bzw. (177), wobei jedoch auf Grund des geänderten Anfangswertes des Stromes der Schaltwinkel α sich aus der Beziehung errechnet:

$$\operatorname{ctg} \alpha = \operatorname{ctg} \varphi - \frac{L_1 + L_3}{L_1} \cdot \frac{J}{U_A C \omega}. \tag{213}$$

Die übrigen Größen folgen aus den bereits abgeleiteten Gleichungen, die Abschaltdauer t_E aus der Beziehung (179), die Endspannung U_E aus (180), die Entionisierungszeit t_e aus (184) und die Spannung am Hilfsgefäß schließlich aus (183).

Wählt man z. B. L_3 ebenso groß wie die Induktivität L_2 in Abschnitt c 5, nämlich gleich 0,31 H, so ergibt die Höchststrombedingung (212), daß bei einigermaßen passender Dämpfung ein Strom von 750 A nicht mehr übernommen werden kann. Für $R = 70 \Omega$ ergibt sich z. B. nur noch ein Strom von etwa 665 A. Diese Schaltung leistet also erheblich weniger als die des Abschnittes c 5.

Wir verringern daher für unser Rechnungsbeispiel L_3 auf 0,2 H und finden brauchbare Werte mit $R = 60\,\Omega$, nämlich einen Höchststrom $J = 700$ A oder $2,8\,J_n$ bei einer Vorladespannung von 200 kV, einer Endspannung von -203 kV und einer Entionisierungszeit von 0,955 ms. Die resultierende Induktivität für den Übergabevorgang beträgt dabei $L_r = 0,151$ H, wofür sich die verhältnismäßig hohe Kreisfrequenz $\omega = 790$ und die Übernahmedauer $t_A = 0,92$ ms ergibt. Die Kondensatorspannung beträgt am Ende der Stromübernahme noch $U_A = 153$ kV, der Strom im Umlenkkreis und im Hauptkreis ist zu diesem Zeitpunkt auf 926 A angewachsen. Für den Abschaltabschnitt geht die Kreisfrequenz auf $\omega = 398$ herunter, da die Parallelschaltung von L_3 zu L_1 mit dem Erlöschen des Hilfsgefäßes aufhört. Die Dauer des Abschaltabschnittes beträgt 5,2 ms, so daß die gesamte Schaltdauer $t_A + t_E = 6,12$ ms wird.

Abb. 154 gibt die Verhältnisse wieder. Man erkennt, daß während der Übernahmedauer der Strom des Hilfsgefäßes i_3 auf Null abnimmt, der Strom im Umlenkkreis i_2 und im Hauptkreis i_1 dagegen auf einen Wert ansteigt, der größer als der abzuschaltende Gleichstrom J ist. Sodann schließt sich der Abschaltabschnitt an, in dem ein Scheitelwert von etwa 1000 A erreicht wird. Der Höchstwert der negativen Sperrspannung am Hilfs-

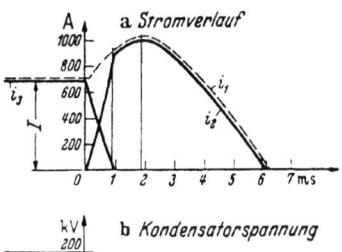
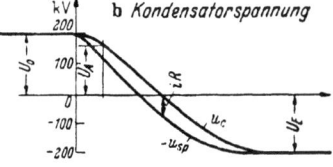
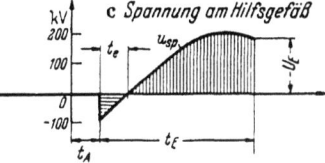
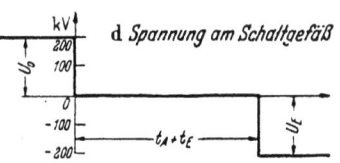

Abb. 154. Kennlinien des Reihenkondensatorschalters mit C, R und L_3.

gefäß erreicht dabei $-97,5$ kV, also einen wesentlich höheren Wert als im Abschnitt c 5. Die positive Sperrspannung steigt auf einen Höchstwert von etwa 210 kV und endet bei 203 kV.

Beim Schalten des Stromes Null würde die negative Sperrspannung sogar auf -200 kV, also genau wie im Abschnitt c 3 auf den vollen Wert der Vorladespannung anwachsen. Die positive Sperrspannung würde über einen Scheitelwert von etwa 145 kV auf den Endwert 136,5 kV gehen, der den negativen Betrag der Kondensatorendspannung darstellt. Der Scheitelwert der Stromhalbwelle würde 670 A betragen, die Abschaltung 7,9 ms dauern. Wir erkennen, daß eine Induktivität vor dem Hilfsgefäß sich ungünstig auswirkt und daher zu vermeiden ist. Sie wird erst dann nützlich, wenn besondere Maßnahmen zur Verringerung des Anstiegs der negativen Sperrspannung in Form von Nebenwegen zum Hilfsgefäß getroffen werden.

Der Sicherstellung der Sperrung der Gefäße kommt besondere Bedeutung zu, da aus den Kurven c und d der Abb. 150, 153 und 154 die sprunghafte Wiederkehr der negativen Sperrspannung sowohl beim Hilfsgefäß wie auch beim Schaltgefäß als besonderes Kennzeichen hervorgeht. Ähnlich wie beim Kondensatorschalter ist, wie schon erwähnt, auch der Verlauf der Spannungsbeanspruchung der Gefäße beim Stromrichterbetrieb selbst. Wenn man von der bei Stromrichtern auftretenden zyklischen Wiederholung absieht, so entspricht die Spannung an einem Gefäß des Wechselrichters der Kurve c und diejenige an dem Gefäß eines teilausgesteuerten Gleichrichters der Kurve d. Durch besondere Maßnahmen läßt sich die Sperrfähigkeit der Gefäße erhöhen, Maßnahmen, die auch sinngemäß auf die Stromrichterschaltungen selbst übertragen werden können.

Die Sicherstellung der Sperrwirkung des Gitters gegenüber positiven Spannungen am Gefäß erfolgt dadurch, daß durch geeignete Bemessung der Schalterelemente für eine ausreichende Entionisierungszeit t_e vor Eintritt der positiven Spannung gesorgt wird. Für die Verhältnisse der Gleichstromübertragung dürfte hierfür ein Zeitraum von 0,5 bis 1 ms ausreichend sein. Auch für die negativen Sperrspannungen ist es zweckmäßig, daß die Gefäße den sprunghaften Beanspruchungen nicht in der vollen Schärfe ausgesetzt werden, sondern daß auch hier eine ausreichende Entionisierung anzustreben ist, bevor die negative Sperrspannung hohe Werte erreicht. Es ergibt sich also die Notwendigkeit, nach dem Erlöschen des Lichtbogens den Anstieg der negativen Sperrspannung auf hohe Werte so lange zu verzögern, bis die Entionisierung des Gefäßes genügend weit fortgeschritten ist.

Durch Vorschalten einer Drosselspule und Benutzung eines vorzugsweise kapazitiven Nebenweges läßt sich die Forderung der Entionisierung wirksam unterstützen, insbesondere wenn man eine Drosselspule mit einem Kern aus Spezialeisen verwendet, das sich bereits bei einer niedrigen Feldstärke von 1 bis 2 AW/cm sättigt und demzufolge eine Magnetisierungskurve mit scharf ausgeprägtem Knick besitzt. Derartige Drosseln werden im wesentlichen als Schaltdrosseln zur Sicherstellung der Kommutierung bei Kontaktumformern verwendet. Von der Technik dieser Kontaktumformer her ist es bekannt, daß beim Anlegen einer Spannung an diese Drossel der entstehende Strom, solange sich das Eisen im ungesättigten Zustand befindet, eine Stufe

Induktivität vor dem Hilfsgefäß. 239

des kleinen Wertes von $1/100$ bis $1/1000$ des Nennstromes der Drossel durchläuft, bevor nach Eintritt der Sättigung ein schneller Anstieg des Stromes auf hohe Werte erfolgt. In ähnlicher Weise bildet sich auch eine stromschwache Stufe bei Verschwinden des Stromes aus, wenn die Drossel vom gesättigten wieder in den ungesättigten Zustand übergegangen ist.

Für die Drosseln bestehen verschiedene Schaltmöglichkeiten, von denen eine wirksame in Abb. 155 gezeichnet ist. Vor dem Schaltgefäß liegt eine gleichstromvormagnetisierte Schaltdrossel D und parallel zum Gefäß ein aus Ohmschem Widerstand und Kapazität bestehender Nebenweg N. Bei richtiger Bemessung des Nebenweges läßt sich erreichen, daß der geringe Stufenstrom überhaupt nicht mehr die Entladungsstrecke durchfließt, sondern seinen Weg allein über den Nebenweg nimmt. Das Gefäß erlischt bereits bei Beginn der Stufe; auch die Restionisation der Entladungsstrecke durch den Stufenstrom entfällt, und die Stufe steht als reine Entionisierungszeit zur Verfügung. Es braucht nicht besonders hervorgehoben zu werden, daß das Maß der Entionisierung durch eine vorherige Abschaltung des Erregerlichtbogens gesteigert werden kann, sofern man nicht überhaupt Gefäße mit Zündstiftsteuerung vorsieht. Die negative Sperrspannung wird während der Dauer der Stufe an der Schaltdrossel gehalten, bei der der Nebenweg auch nach dem Erlöschen des Gefäßes das Weiterfließen des Stromes in der Drossel und damit eine Flußänderung in der entsättigten Drossel zunächst noch gestattet. Hierdurch entsteht zu Beginn des Anstiegs

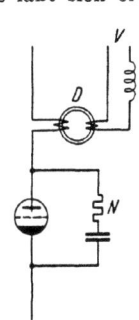

Abb. 155.
Entladungsgefäß mit Schaltdrossel und kapazitivem Nebenweg.

der Sperrspannung nach Erlöschen des Gefäßes zunächst eine Stufe geringer Spannung, die auch von dem noch nicht ganz entionisierten Gefäß ausgehalten wird, und erst nach vollzogener Ummagnetisierung der Schaltdrossel schnellt die Sperrspannung in die Höhe. Die Dauer dieser Stufe niedriger Sperrspannung hängt im wesentlichen vom Drosselaufwand ab und kann innerhalb gewisser Grenzen den jeweiligen Bedürfnissen angepaßt werden. Durch Wahl einer etwas verschiedenen Höhe der Vormagnetisierung läßt sich die Lage der Stromstufe auch so einstellen, daß ein und dieselbe Drossel sowohl vor dem Erlöschen des Gefäßes einen Abschnitt schwacher Entionisierung als auch nach dem Erlöschen einen Abschnitt kleiner Sperrspannung bewirkt. Zur Ausführung des Nebenweges sei noch bemerkt, daß bei Verwendung von Gefäßen, bei denen die Potentialverteilung längs der Entladungsstrecke mit Hilfe von Einsätzen, die an einer Kondensatorkette angeschlossen sind, gesteuert wird, diese Kondensatorkette mit ihren zugehörigen Widerständen allein oder auch in Verbindung mit weiteren Kondensatoren und Widerständen den Nebenweg bilden kann.

Die Grundschaltung des Reihenkondensatorschalters mit gesättigten Drosseln vor den Gefäßen und mit Nebenwegen parallel dazu zeigt das Schaltbild Abb. 156. Beide Drosseln sind hier mit einer Vormagnetisierung V zur Aufhebung der Stromstufen versehen. Die im Umlenkkreise befindliche Drossel trägt außerdem noch eine zweite vom Strom des Hilfsgefäßes, gegebenenfalls auch vom Gesamtstrom des Hauptkreises durchflossene Vormagnetisierungswicklung. Diese Hauptstromvormagnetisierung verhindert die Ausbildung einer Stromstufe im Umlenkkreis bei ansteigendem Strom zu Beginn des Übernahmeabschnittes, wo eine Stufe langsamer Stromänderung nur eine unerwünschte Erhöhung der Abschaltdauer zur Folge haben würde. Die beiden Drosseln, die im ungesättigten Zustand eine ausreichend hohe Induktivität besitzen, verlieren diese bekanntlich nicht ganz im gesättigten Zustand, sondern nur bis zu einer gewissen Restinduktivität, die im Falle vollständiger Sättigung mit der Luftinduktivität der Spule bei fortgedachtem Eisenkern übereinstimmt und deren mittlerer Wert im Verlauf einer Stromänderung vom Höchststrom bis zum Stufenstrom je nach der Güte des Eisens bis auf den mehrfachen Wert des letzteren ansteigen kann. Die Restinduktivitäten beeinflussen die Leistungsfähigkeit des Schalters in der in den Abschnitten c 4 und c 5 bereits geschilderten Weise. Bezeichnet man die Restinduktivität im Umlenkkreis mit L_2 und diejenige im Hauptkreis vor dem Hilfsgefäß mit L_3, so erhält man das Ersatzschaltbild Abb. 143. Die Berechnung, die hier nur angedeutet werden soll, stimmt weitgehend mit der des Abschnitts c 6 überein, wobei als resultierende Induktivität für den Übernahmevorgang einzusetzen ist:

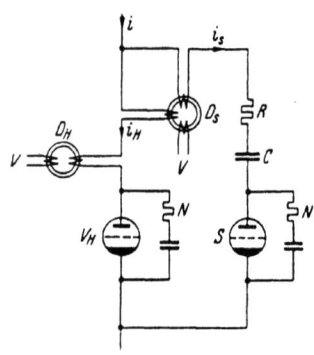

Abb. 156. Grundschaltung eines Reihenkondensatorschalters mit Schaltdrossel und Nebenwegen.

$$L_r = L_2 + \frac{L_1 \cdot L_3}{L_1 + L_3}.$$

Die Gleichungen für die Kondensatorspannung u_c und den Strom i_2 im Umlenkkreis sind die gleichen wie früher, nämlich Gl. (170) und (171). Auch die Beziehung (173) für die Kondensatorspannung U_A am Ende des Übernahmeabschnittes bleibt unverändert, wobei jedoch die Abschaltzeit sich aus der Beziehung ergibt:

$$e^{-\beta t_A} \sin \omega t_A = \frac{L_1 + L_3}{L_1} \cdot \frac{J \cdot L_r \omega}{U_0}. \qquad (214)$$

Auch in der Bedingung (212) für den Höchststrom und in der Gl. (210) des Stromes i_3 im Hilfsgefäß tritt wie in der vorstehenden Gleichung

$\dfrac{L_1 + L_3}{L_1} L_r$ an die Stelle von L_3, während in der Gl. (209) des Stromes i_1 im Hauptkreis zu schreiben ist $\dfrac{L_1 + L_3}{L_3} R$ an Stelle von L_1.

Der Anfangswert des Stromes im Schaltgefäß und im Hauptkreis zu Beginn des Abschaltabschnittes ist der gleiche wie in Abschnitt c 6, nämlich $\dfrac{L_1 + L_3}{L_1} \cdot J$. Da nach dem Erlöschen des Hilfsgefäßes die gesamte Induktivität im Abschaltkreis wie im Abschnitt c 5 gleich $L_1 + L_2$ ist, so vollzieht sich der Abschaltvorgang selbst nach den Beziehungen dieses Abschnittes. Danach sind die Kondensatorspannung u_c und der Strom i_2 durch den Kondensator nach den Beziehungen (176) und (177) zu ermitteln, wobei jedoch der Schaltwinkel entsprechend dem vorgenannten Anfangswert des Stromes aus Gl. (213) des Abschnittes c 6 zu bestimmen ist. Abschaltdauer, Endspannung und Entionisierungszeit ergeben sich wie früher aus den Gl. (179), (180) und (184). Die Sperrspannung am Hilfsgefäß entsteht unter den gleichen Bedingungen wie in Abschnitt c 5 und ist wie dort aus der Beziehung (204) zu ermitteln. Es sind hiermit alle grundsätzlichen Größen des Kondensatorschalters der Berechnung zugänglich gemacht worden. Unter der Voraussetzung einer zusammengefaßten Netzkapazität und Induktivität lassen sich aus den abgeleiteten grundsätzlichen Beziehungen noch für sinngemäße Abwandlungen des Schalterkreises die sich dabei abspielenden Vorgänge näherungsweise ermitteln. Indessen werden nur Großversuche und, auf deren Ergebnissen fußend, eine sorgfältige konstruktive Weiterentwicklung den Nachweis nicht nur der technischen, sondern auch der wirtschaftlichen Ausführbarkeit erbringen können.

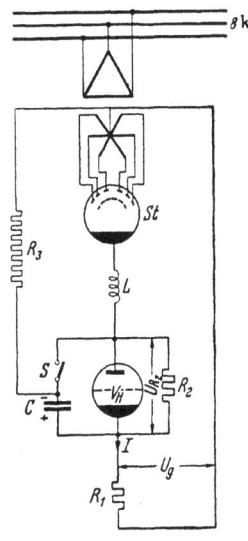

Abb. 157. Versuchsschaltung von BBC zur Prüfung eines Kondensatorschalters.

Zu diesem Ergebnis sind auch P. CHEVALLEY, E. EICHENBERGER und Ch. EHRENSBERGER gekommen. Sie benutzten für die Prüfung des Kondensatorschalters die in Abb. 157 wiedergegebene Versuchsschaltung mit einem Stromrichter St für 20 kV, einer Drosselspule $L = 4$ H und den Widerständen R_1 und R_2 von je 1000 Ω. R_3 stellt einen hochohmigen Ladewiderstand für den Kondensator dar. Mit dieser Schaltung wird durch Einlegen des Schalters S der Kondensator C über den Stromrichter V_H entladen, woraufhin dieser in der beschriebenen Weise gelöscht wird, so daß der Betriebsstrom über den Widerstand R_2 weiterfließen muß. Da R_1 gleich R_2 gewählt worden ist, sinkt der Betriebsstrom auf den halben Wert. In dem Oszillogramm Abb. 158 sind die von den genannten Verfassern angegebenen Versuchsresultate mit dem Kondensatorschalter nach Abb. 157 wiedergegeben. Man ersieht, daß die Löschung des Stromes im Gefäß V_H nahezu momentan erfolgt, wie es aus den vorhergehenden theoretischen Betrachtungen geschlossen werden konnte. Auch von dieser Seite wurde die grundsätzliche Brauchbarkeit des Kondensatorschalters zur Unterbrechung von Gleichstromkreisen hoher Spannung festgestellt.

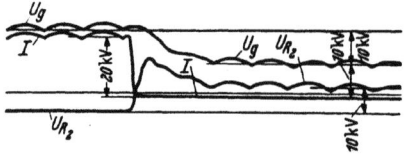

Abb. 158. Abschaltoszillogramm zu Abb. 157.

c 7. Das Abschalten von Störungen. Bisher wurde angenommen, daß im Hauptkreis $U_1 = -U_2$ ist, daß also eine resultierende Kreisspannung nicht besteht. Diese Voraussetzung muß fallen gelassen werden, sobald die Abschaltung von Störungen untersucht werden soll, denn bei diesen ist als Hauptmerkmal die Beseitigung des Spannungsgleichgewichtes durch den teilweisen oder vollständigen Ausfall der Gegenspannung festzustellen. Bereits im normalen ungestörten Betrieb ist infolge des Ohmschen Kreiswiderstandes die treibende Spannung U_1 um den Betrag $\Delta U = J \cdot R$ größer als die Gegenspannung U_2, wie dies in Abb. 141 angedeutet wurde. Man mußte, genau genommen, schon beim Abschalten eines Stromes aus dem stationären Betriebszustand heraus berücksichtigen, daß auch die Kreisspannung ΔU einen Einfluß auf den Ablauf des Schaltvorganges und vor allem auf die Endspannung des Schaltkondensators hat. In einem noch höheren Maße ist dies bei Störungen zu erwarten. Die gemeinsame Grundlage für die Berücksichtigung der Kreisspannung bilden die Gleichungen eines Schwingungskreises, wie er in Abb. 159 gezeichnet ist. Dieser unterscheidet sich von dem der Abb. 144 dadurch, daß er noch eine Ersatzstromquelle ΔU von der Größe der Kreisspannung enthält. Die Spannungsgleichung dieses Kreises lautet

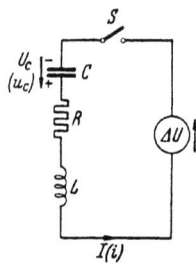

Abb. 159. Schwingungskreis mit Ersatzstromquelle.

$$\Delta U + U_c - \frac{1}{C} \int i\, dt - i \cdot R - L \frac{di}{dt} = 0. \qquad (215)$$

Durch Differentiation erhält man wieder die Schwingungsgleichung (162). Trotzdem ergeben sich andere Lösungen für die Spannung u_c und den Strom i, weil durch die Kreisspannung ΔU die Endbedingungen für den Schwingungsvorgang sich ändern in

$$i_d = 0 \quad \text{und} \quad u_{cd} = -\Delta U.$$

Die Anfangsbedingungen sind wie früher dem jeweils untersuchten Fall anzupassen. Man kann sie allgemeingültig einführen mit

$$i_0 = J \quad \text{und} \quad u_. = U_c.$$

Man erhält als Lösung

$$u_c = -\Delta U + \frac{U_e + \Delta U}{\sin \alpha} e^{-\beta t} \cdot \sin(\omega t + \alpha) \tag{216}$$

und

$$i = \frac{U_b + \Delta U}{\sin \alpha} \cdot C \omega_0 e^{-\beta t} \sin(\omega t + \alpha - \varphi), \tag{217}$$

worin β, ω_0, ω und φ wie früher aus den Beziehungen (165) bis (168) zu ermitteln sind, während sich der Schaltwinkel jetzt aus der Beziehung ergibt:

$$\operatorname{ctg}\alpha = \operatorname{ctg}\varphi - \frac{J}{(U_e + \Delta U) C \cdot \omega}. \tag{218}$$

Diese Gleichungen können wieder bei dem Übernahmeabschnitt und dem Abschaltabschnitt der einzelnen Ausführungsformen des Schalters angewandt werden. Sie liefern sinngemäß auch wieder die Beziehungen für die Schaltdauer, Endspannung usw.

Die Anwendung dieser Gleichungen soll noch an Hand eines Beispiels gezeigt werden, in dem die Abschaltung eines Kurzschlusses im Wechselrichter unter Berücksichtigung der Kommandozeit, d. h. des Zeitraumes vom Eintritt des Kurzschlusses bis zur Freigabe des Schaltgefäßes, betrachtet werden soll. Der Schalter sei dabei mit rein Ohmscher Dämpfungsimpedanz versehen, so daß die Rechnung für den Übernahmeabschnitt zugunsten der wesentlich neuen Abschnitte erspart wird. Unter diesen Voraussetzungen ergibt sich das Ersatzschaltbild Abbildung 160. In diesem ist im normalen Betrieb mit dem Strom J_n der Schalter S_2 geöffnet, der Schalter S_1 geschlossen. Die Kreisspannung $\Delta U = J_n \cdot R_1$ treibt den Strom durch den Hauptkreis. Der Eintritt des Kurzschlusses im Wechselrichter wird durch die Öffnung des Schalters S_1 wiedergegeben, wodurch die Spannung $-U_2$ zusätzlich in den Kreis eingefügt wird. Man hat von jetzt ab mit der Kreisspannung $\Delta U = J_n \cdot R_1 + (-U_2) = U_1$ zu rechnen. Diese Kreisspannung bleibt während des ganzen Abschaltvorganges unverändert.

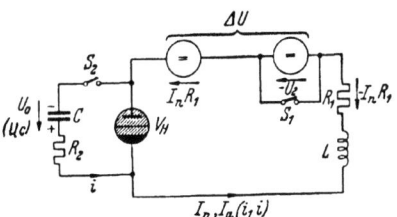

Abb. 160. Ersatzschaltbild für die Abschaltung eines Kurzschlusses im Wechselrichter.

Vom Augenblick des Kurzschlusses ab steigt der Strom in bekannter Weise vom Anfangswert J_n nach Maßgabe der Zeitkonstante $T = \dfrac{L}{R_1}$

des Hauptkreises auf den Endwert $J_d = \dfrac{U_1}{R_1}$ an:

$$i_1 = J_n + (J_d - J_n)\left(1 - e^{-\tfrac{t}{T}}\right). \tag{219}$$

Aus dieser Beziehung kann zunächst gefunden werden, welchen Wert J_a der Strom während der Kommandozeit t_k erreicht hat, bevor der Schalter überhaupt zu arbeiten beginnt. Dieser Strom J_a ist der Anfangswert für den Schaltvorgang, er muß daher der Übernahmebedingung (182) genügen, wenn eine Abschaltung des Kurzschlusses noch möglich sein soll.

Der Abschaltvorgang gehorcht den Gl. (216) bis (218), wobei einzusetzen ist: U_0 für U_c, U_1 für $\varDelta U$ und J_a für J.

In der zugehörigen Hilfsgleichung (165) ist $R = R_1 + R_2$. Die Abschaltdauer t_E erhält man aus der allgemeinen Gl. (179), während sich die Endspannung des Kondensators ergibt zu

$$U_E = -U_1 - (U_0 + U_1)\dfrac{\sin\varphi}{\sin\alpha} e^{-\tfrac{180 - \alpha + \varphi}{\operatorname{tg}\varphi}}. \tag{220}$$

Die Sperrspannung am Hilfsgefäß ist entsprechend Gl. (183) jetzt

$$u_{sp} = -(u_1 - i R_2). \tag{221}$$

In Fortführung des bisherigen Rechenbeispiels soll noch der Abschaltvorgang bei einem Kurzschluß im Wechselrichter verfolgt werden. Vernachlässigt man den geringen Widerstand der Glättungsdrosselspule, so verbleibt als Ohmscher Widerstand zwischen dem Abzweigpunkt der Hauptleitung und dem Wechselrichter lediglich der Widerstand des Kabels mit $R_1 = 50\,\Omega$ je Hälfte. Bei einem Gleichstrom von der Höhe des Nennstromes $J_n = 250$ A erhält man also einen Leitungsabfall von 12,5 kV für den normalen Betrieb und eine Spannung am Abzweigpunkt von $U_1 = 212{,}5$ kV, die im Kurzschlußfall identisch ist mit der Kreisspannung $\varDelta U$. Der Endwert des Kurzschlußstromes beträgt $J_d = 4250$ A, also das 17fache des Nennstromes.

Als Induktivität einer Hälfte verbleibt nach Fortfall des Transformatoranteils, der jetzt durch den Kurzschluß überbrückt ist, nur noch $L = 0{,}3$ H. Dies führt zu einer Zeitkonstante von $T = 0{,}006$ s und bedeutet, daß der abzuschaltende Strom nach 6 ms bereits um 63% des Zuwachses $J_d - J_n = 4000$ A auf 2750 A oder das 11fache des Nennstromes angestiegen sein würde, so daß sein Endwert nach etwa drei Zeitkonstanten $= 18$ ms zu erwarten ist. Wenn es nun gelingt, schon nach einer Kommandozeit $t_k = 1$ ms das Schaltgefäß freizugeben, so wird der ansteigende Strom bereits bei $J_a = 862$ A vom Umlenkkreis übernommen und sodann vom Kondensator abgefangen, bevor er über haupt die Hälfte seines Endwertes erreicht hat. Diese Verhältnisse sind in Abb. 161 dargestellt. Wie ersichtlich, geht die Stromkurve von dem Nennstrom 250 A aus, steigt dann im Verlauf der Kommandozeit nach einer Exponentiallinie auf 862 A an und geht nach 1 ms in die Abschaltschwingung über, die einen Scheitelwert von 1600 A aufweist. Der Schaltkondensator wurde dabei wieder mit $10\,\mu\mathrm{F}$, die Vorladespannung mit 200 kV und der Dämpfungswiderstand mit $R_2 = 86\,\Omega$ von den früheren Rechnungen her beibehalten. Der Gesamtwiderstand des Abschaltkreises beträgt daher 136 Ω, die Induktivität 0,3 H, die Kreisfrequenz 531, der Phasenverschiebungswinkel 66° 50' und der Schaltwinkel 88°. Als Abschaltdauer ergibt sich hiermit $t_E = 5{,}22$ ms, d. h. daß der Strom nach Beginn des Kurzschlusses nach 6,2 ms unterbrochen ist, also nach weniger als einer Halbwelle des Drehstromnetzes.

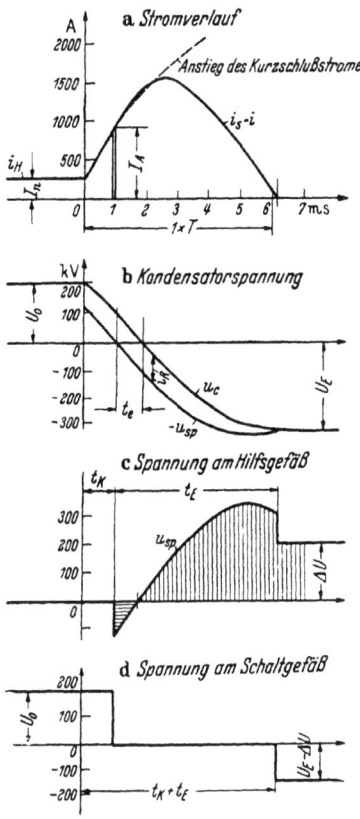

Verfolgt man in Abb. 161 b den Verlauf der Kondensatorspannung, so findet man, daß der Kondensator von $U_0 = +200$ kV auf eine wesentlich höhere Endspannung, nämlich auf $U_E = -329$ kV umgeladen wird. Man kommt also, wenn der Kondensatorschalter auch derartige Störungen abschalten soll, mit einem Kondensator von 200 kV bei einer Betriebsspannung von 200 kV nicht mehr aus. Die hier dargestellten Verhältnisse führen unter diesem Gesichtspunkt nicht zu einer günstigen

Abb. 161. Abschaltvorgang bei einem Kurzschluß im Wechselrichter.

Bemessung, sie wurden lediglich des Vergleichs wegen beibehalten. Wenn schon der Kondensator für eine höhere Spannung als 200 kV ausgelegt werden muß, dann besteht auch keine Veranlassung, die Vorladespannung von 200 kV beizubehalten. Da aber nach Abb. 147 mit wachsender Vorladespannung die Endspannung abnimmt, so besteht die Möglichkeit, durch Abstimmung dieser beiden Spannungen aufeinander unter Umständen bei gleichzeitiger Änderung der Größe des Dämpfungswiderstandes noch eine günstigere Auslegung zu finden.

Aus Abb. 161c findet man, daß die Sperrspannungskurve bei $t_e = 0{,}68$ ms durch Null geht. Dieser Zeitabschnitt beträgt nur etwa zwei Drittel des in Abschnitt c 3 zugrunde gelegten von 1 ms, obwohl jetzt der Strom zu Beginn des Abschaltabschnittes nur 862 A anstatt 1000 A beträgt. Die Verkürzung von t_e ist eine Folge des Vorhandenseins der Kreisspannung, die die Umladung des Kondensators beschleunigt. Man kann erwarten, daß eine Zeit von 0,68 ms für die Entionisierungszeit praktisch noch ausreichend sein dürfte. Der Höchstwert der negativen Sperrspannung beträgt -126 kV, derjenige der positiven Sperrspannung etwa 350 kV. Am Ende des Abschaltabschnittes hat die positive Spannung noch eine Höhe von 335 kV und springt mit Erlöschen des Schaltgefäßes nicht wie früher auf Null zurück, sondern auf den Betrag der Kreisspannung von 212,5 kV. Die Spannung am Schaltgefäß, die vor Beginn des Schaltvorganges der Vorladung entsprechend $+200$ kV betrug, geht mit Beginn der Stromführung auf die Brennspannung des Gefäßes zurück und springt nach Erlöschen des Lichtbogens auf $-216{,}5$ kV, den Differenzwert zwischen der Kondensatorendspannung und der Kreisspannung am Hilfsgefäß. Während somit die Beanspruchung des Schaltgefäßes geringer ist als früher, ist diejenige des Hilfsgefäßes etwa im gleichen Maße gestiegen wie diejenige des Kondensators.

Die vorstehenden Ausführungen über die Wirkungsweise des Reihenkondensatorschalters zeigen, daß sich hier ein Weg abzeichnet, um das Gleichstromschaltproblem einer Lösung zuzuführen und verzweigte Netze im Verbundbetrieb über Gleichstromsammelschienen betreiben zu können. Selbstverständlich wird man erst auf Grund praktischer Versuche die erforderlichen Unterlagen für die Bemessung der Schalter gewinnen können, da eine rechnerische Erfassung aller zusammenspielenden Vorgänge kaum möglich ist. Die überschläglichen Berechnungen, die unter Voraussetzung einer starren Gleichspannung vorgenommen wurden, zeigen, daß man eine elektrische Schaltzeit von 5 bis 10 ms zu erwarten hat, wozu noch die Kommandozeit für die Auslösung des Schaltvorganges hinzukommt. Diese wurde im Berechnungsbeispiel zu 1 ms angenommen, ein Wert, der sich z. B. mit einem Schnellrelais verwirklichen läßt. Sind aus Gründen des Netzbetriebes so kurze Auslösezeiten nicht anwendbar, so muß mit einem weiteren Anstieg des Kurzschlußstromes gerechnet werden, der einen erheblich höheren Kondensatoraufwand erfordert. Ein Schalter, der so ausgelegt ist, daß er noch den vollen Kurzschlußstrom bewältigt, würde den Vorteil bieten, daß man das Hilfsgefäß während des normalen Betriebes durch einen Trennschalter überbrücken kann, ohne bei der Abschaltung durch die Öffnungszeit des Trennschalters eingeengt zu sein. Mit Rücksicht auf die hohen Kosten der Kondensatoren wird man vorerst in der Regel anstreben, die Unterbrechung vor Erreichen des vollen Kurzschlußstromes vorzunehmen und die Schalter für den vier- bis sechsfachen Nennstrom auslegen. Solche Schalter dürften sich preislich innerhalb des Gesamtrahmens derartiger Übertragungsprojekte in tragbaren Grenzen halten, wobei auch hier festzustellen ist, daß die Weiterentwicklung Ansatzpunkte zur Verminderung des Aufwandes bieten wird.

Die angeführten Berechnungen lassen sich noch verfeinern, wenn man für die Leitung nicht eine konzentrierte, sondern eine verteilte Kapazität und Induktivität zugrunde legt. Berechnungen dieser Art, auf die hier nicht näher eingegangen werden soll, da auch sie durch praktische Großversuche einer Ergänzung bedürfen, zeigen für eine Kabelübertragung und einen Reihenkondensatorschalter mit Induktivität im Umlenkkreis, daß durch den Schaltvorgang Wellen auf der Leitung ausgelöst werden, die die Abschaltung im ungünstigen Sinn beeinflussen können. Es läßt sich nachweisen, daß die Abschaltung vor Eintreffen der ersten reflektierten Welle vorzunehmen ist, wodurch man eine weitere wichtige Bestimmungsgröße für den Schalter erhält. Jedenfalls ergeben die Untersuchungen, daß die Schalter durch die Daten des jeweils vorliegenden Netzes mit bestimmt werden, wie dies auch bei manchen Wechselstromschaltern festgestellt wurde.

4. Der Parallelkondensatorschalter.

Es soll noch kurz der Parallelkondensatorschalter unter den gleichen Annahmen und Vernachlässigungen wie beim Reihenkondensatorschalter gestreift werden, da noch nicht abzusehen ist, welcher der beiden Schalter innerhalb des Rahmens der Gleichstrom-Hochspannungsübertragung vorteilhafter sein wird. Wie aus der Ersatzschaltung Abb. 162 hervorgeht, besteht dieser Schalter aus einem Hilfsgefäß V_H, das im Zuge der Leitung in Reihe mit dem Wechselrichter liegt, und aus einem Umlenkkreis, der ein Schaltgefäß S, einen Kondensator C, einen Dämpfungswiderstand R und gegebenenfalls eine Selbstinduktivität L_0 enthält und parallel zum Wechselrichter geschaltet ist. Bei Normalbetrieb der Anlage fließt ein Strom vom Gleichrichter mit der Spannung U_1 über die Leitung, deren Induktivität L_K mit der Induktivität der Glättungsdrossel L_G zur Induktivität L_1 zusammengefaßt ist, über das Hilfsgefäß V_H und den Wechselrichter mit der Gegenspannung U_2. Durch Freigabe des Schalt-

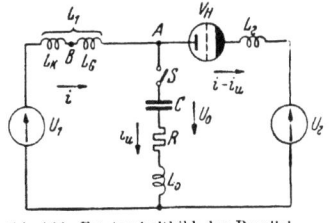

Abb. 162. Ersatzschaltbild des Parallelkondensatorschalters.

gefäßes wird der Abschaltvorgang eingeleitet. Die Induktivitäten, die im Wechselrichter vorhanden sind, bewirken, daß der Strom nicht plötzlich, sondern während einer endlichen Zeit innerhalb des Übernahmeabschnittes vom Umlenkkreis übernommen wird. Nachdem der Strom im Wechselrichter Null geworden ist, wird auch das Hilfsgefäß stromlos und sperrt, wodurch dieser Kreis unterbrochen wird. Der Wechselrichter ist also im Gegensatz zum Reihenkondensatorschalter hier bereits mit Beendigung des Übernahmeabschnittes abgeschaltet. Während des nun folgenden Abschaltabschnittes wird auch der Strom vom Gleichrichter über die Leitung zu Null, wodurch die ganze Anlage unterbrochen ist.

Bei der Berechnung des Strom- und Spannungsverlaufes wird der Brennspannungsabfall in den Gefäßen und der Ohmsche Widerstand mit Ausnahme des charakteristischen Dämpfungswiderstandes vernachlässigt. Der von V. SVOBODA in Anlehnung an die Untersuchung des Reihenkondensatorschalters durchgeführte Rechnungsgang sei im folgenden kurz angedeutet.

Übernahmeabschnitt. Vor der Einleitung der Abschaltung, die durch das Zünden des Schaltgefäßes S freigegeben wird, fließt vom Gleichrichter über die beiden Induktivitäten L_1 und L_2 sowie über den Wechselrichter der Gleichstrom J_g. Während des Übernahmevorganges führt der Umlenkkreis den Strom i_U, während der Gleichrichter den Strom i liefert. Damit ist der Strom, der über den Wechselrichter geht, mit $i - i_U$ gegeben. Das zweite Kirchhoffsche Gesetz ergibt für den Gleich- und Wechselrichterkreis die Beziehung

$$U_1 - L_1 \frac{di}{dt} - L_2 \frac{d(i - i_U)}{dt} - U_2 = 0 \qquad (222)$$

und für den Kreis Gleichrichter—Umlenkkreis

$$U_1 - L_1 \cdot \frac{di}{dt} + U_0 - \frac{1}{C} \int_0^t i_U \, dt - i_U R - L_0 \frac{di_U}{dt} = 0, \qquad (223)$$

wenn mit U_0 wieder die Vorladespannung des Kondensators bezeichnet wird. Berücksichtigt man, daß der Strom zur Zeit $t = 0$, der über L_1 und L_2 fließt, J_g ist, während der Strom über L_0 selbst Null ist, und wird weiter angenommen, daß die Kreisspannung $U_1 - U_2 = 0$ ist, so erhält man mit den Beziehungen

$$U_1 + U_0 = U_s, \qquad (224)$$

$$L_1 + L_2 = L_{12}, \qquad (225)$$

$$\frac{L_1}{L_{12}} = \lambda, \quad \frac{L_2}{L_{12}} = 1 - \lambda, \qquad (226)$$

den Wert
$$i = J_g + (1 - \lambda) i_U. \qquad (227)$$

Der Parallelkondensatorschalter. 249

Durch einige Umrechnungen erhält man den Übernahmestrom mit

$$i_ü = \frac{U_s}{\omega_ü L_s} e^{-\beta_ü t} - \sin\omega_ü t, \qquad (228)$$

worin bedeuten

$$L_s = L_0 + \frac{L_1 \cdot L_2}{L_{12}} = L_0 + \lambda(1-\lambda) L_{12}, \qquad (229)$$

ferner

$$\beta_ü = \frac{R}{2 L_s}, \quad \omega_ü^2 = \frac{1}{C L_s} - \beta_ü^2. \qquad (230)$$

Während des Übernahmevorganges ändert sich die Spannung am Kondensator gemäß der folgenden Beziehung

$$u_{C_0} = U_0 - \frac{1}{C}\int_t^0 i_ü \, dt = U_s \cdot e^{-\beta_ü t}\left(\cos\omega_ü t + \frac{\beta_ü}{\omega_a}\sin\omega_ü t\right) - U_1. \qquad (231)$$

Nach $t_ü$ Sekunden ist der Strom im Wechselrichter zu Null geworden, wobei der Strom im Umlenkkreis selbst den Wert $J_ü$ annimmt, der sich aus der Beziehung (227) und i und $i_ü = 0$ bestimmt:

$$J_ü = \frac{J_g}{\lambda}. \qquad (232)$$

Man erkennt aus dieser Gleichung, daß der Übernahmestrom $J_ü$ vom abzuschaltenden Strom J_g und sonst nur vom Verhältnis der auf der Gleichrichterseite des Schalters liegenden Induktivitäten zur Gesamtinduktivität abhängig ist. Der Umlenkkreis hat daher keinen Einfluß auf die Größe des Übernahmestromes. Wie man aus der Beziehung (228) ersieht, verläuft der Übernahmestrom nach einer gedämpften Sinusschwingung. Der abzuschaltende Höchststrom bestimmt sich demnach aus dieser Gleichung unter Berücksichtigung der Beziehung (232) zu

$$J_{g_{max}} = \lambda \cdot \frac{U_s}{\omega_ü L_s} \cdot \left(e^{-\beta_ü t_ü} \cdot \sin\omega_ü t_ü\right)_{max}. \qquad (233)$$

Dem Maximalwert der gedämpften Sinusschwingung entspricht eine Zeit $t_{ü_{max}}$, die aus der Maximumbedingung für diese Funktion berechnet wird, d. h. aus

$$\operatorname{tg}\omega_ü t_{ü_{max}} = \frac{\omega_ü}{\beta_ü}. \qquad (234)$$

Abschaltabschnitt. Der Übernahmeabschnitt ist beendet, wenn der Strom im Wechselrichter Null geworden ist. Das Hilfsgefäß sperrt. Über den nun bestehenden Kreis Gleichrichter—Umlenkkreis fließt im Zeitpunkt $t = 0$ der Strom $J_ü$. Die Kondensatoranfangsspannung ist $U_{c_ü}$. Die Kreisgleichung für diesen Fall lautet nunmehr

$$U_1 + U_{c_ü} - \frac{1}{C}\int_0^t i\,dt - i R - L_{01} \cdot \frac{di}{dt} = 0, \qquad (235)$$

wobei $L_{01} = L_0 + L_1$ gesetzt wird. Aus dieser Beziehung kann man den gesuchten Abschaltstrom erhalten zu

$$i = \frac{U_1 + U_{c_a}}{\omega_a L_{01}} \cdot e^{-\beta_a t} \cdot \sin \omega_a t + J_{\ddot{u}} \cdot e^{-\beta_a t} \cdot \left(\cos \omega_a t - \frac{\beta_a}{\omega_a} \sin \omega_a t \right), \quad (236)$$

wobei
$$\beta_a = \frac{R}{2 L_{01}}, \quad \omega_a^2 = \frac{1}{C L_{01}} - \beta_a^2 \quad (237)$$

gesetzt ist. Der Verlauf der Kondensatorspannung während des Abschaltabschnittes ermittelt sich mit Hilfe der Beziehung

$$u_c = U_{c_a} - \frac{1}{C} \int_0^t i \, dt$$

und ergibt

$$u_c = (U_1 + U_{c_a}) e^{-\beta_a t} \left(\cos \omega_a t + \frac{\beta_a}{\omega_a} \sin \omega_a t \right) - U_1 - \frac{J_{\ddot{u}}}{\omega_a C} \cdot e^{-\beta_a t} \cdot \sin \omega_a t. \quad (238)$$

Der Abschaltabschnitt und damit die ganze Abschaltung ist nach einer Zeit t_E beendet, wenn der Strom i verschwunden ist. Mit dieser Bedingung erhält man aus Gl. (236)

$$\operatorname{tg} \omega_a t_E = - \frac{1}{\dfrac{U_1 + U_{c_a}}{\omega_a L_{01} J_{\ddot{u}}} - \dfrac{\beta_a}{\omega_a}}. \quad (239)$$

Man erkennt aus dieser Beziehung, daß die Abschaltzeit t_E mit größer werdendem Abschaltstrom $J_{\ddot{u}}$ kleiner wird. Durch eine Vergrößerung der Kondensatorvorspannung U_0, die in U_{c_a} enthalten ist, wird eine Verlängerung der Abschaltzeit erreicht.

Die kürzeste Abschaltzeit ergibt sich für $J_{\ddot{u}} = \infty$ und beträgt

$$\operatorname{tg} \omega_a t_G = \frac{\omega_a}{\beta_a}. \quad (240)$$

t_G ist nach der letzten Gleichung eine Funktion aller Kreis- und Umlenkkreiskonstanten und ist unabhängig von der Gleichrichterspannung und der Kondensatorvorspannung. Aus diesem Grund soll sie als Grenzzeit bezeichnet werden, da dies die kürzeste Zeit ist, die mit einem gegebenen Schalter erreicht werden könnte. Für den Leerlauf ist $J_{\ddot{u}} = 0$, weil kein Strom J_g vorhanden ist. Daraus erhält man die längste Abschaltzeit des Parallelkondensatorschalters mit

$$t_L = \frac{\pi}{\omega_a}. \quad (241)$$

Die Arbeitsweise des Schalters sei an Hand eines Rechnungsbeispiels näher dargelegt, wobei die auf S. 212 für den Reihenkondensatorschalter gewählten Daten zugrunde gelegt werden.

Es soll wieder mit 400 kV Gleichspannung bei geerdeter Mitte eine Leistung von 100 MW übertragen werden, entsprechend einem Leitungsstrom von 250 A. Jede Hälfte der Übertragung sei nach Abb. 162 zusammengeschaltet. Die Leiterlänge betrage $l = 300$ km, die Leitungs-

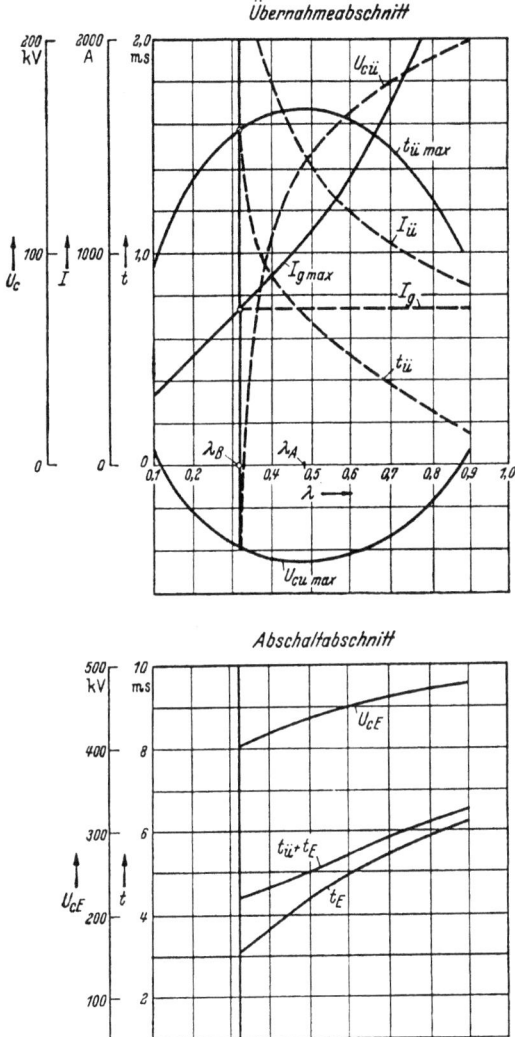

Abb. 163.
Übernahme- und Abschaltabschnitt eines Parallelkondensatorschalters für $R = 70\,\Omega$, $L_0 = 0$.

induktivität $L_K = 0{,}195$ H, die Spannung am Gleichrichter und am Wechselrichter sei $U_1 = U_2 = 200$ kV, die Induktivität der Glättungsdrossel $L_G = 0{,}105$ H und die Induktivität des Wechselrichters $L_W = 0{,}320$ H. Der Parallelkondensatorschalter sei durch folgende Angaben bestimmt: Kapazität $C = 10\ \mu\text{F}$, die Kondensatorvorspannung $U_0 = 200$ kV, der Dämpfungswiderstand $R = 70\ \Omega$ und die Induktivität im Umlenkkreis $L_0 = 0$. Der Umlenkkreis kann entweder nach Abb. 162 hinter der Glättungsdrossel im Punkt A oder vor der Glättungsdrossel im Punkt B angeschlossen werden. Durch die verschiedenen Anschlüsse wird das Verhältnis λ der Induktivitäten geändert. Es soll zunächst untersucht werden, welchen Einfluß die Änderung von λ auf die verschiedenen Größen, die die Arbeitsweise des Schalters bestimmen, ausübt.

Bei konstant gehaltener Gesamtinduktivität $L_{12} = 0{,}62$ H soll der Wert von λ stetig zwischen 0 und 1 geändert werden. Das Ergebnis der Rechnung ist in Abb. 163 eingetragen. Aus dem oberen Diagramm sind zunächst der größtmögliche abschaltbare Strom $J_{g_{max}}$ und die zugehörige Übernahmezeit $t_{ü_{max}}$ sowie die Spannung $U_{c\bar{u}_{max}}$ am Kondensatorschalter für diesen Zeitpunkt zu entnehmen. Die Werte entsprechend den beiden Extremen $\lambda = 0$ und $\lambda = 1$ sind für die meisten entweder 0 oder ∞ und praktisch ohne Bedeutung, weshalb sie im Schaubild nicht mit aufgenommen sind. Man ersieht aus Abb. 163, daß die Übernahmezeit $t_{ü_{max}}$ in bezug auf den Wert $\lambda = 0{,}5$ symmetrisch aufgebaut ist, ebenso die Übernahmespannung am Kondensator. Der Übernahmestrom $J_{g_{max}}$ wird um so größer, je kleiner die Induktivität hinter dem Umlenkkreis auf der Wechselrichterseite ausgelegt wird. Man erkennt weiter, daß die Abschaltung eines Stromes $J_g = 750$ A bei Anschluß des Umlenkkreises im Punkt B entsprechend $\lambda_B = 0{,}314$ nicht mehr möglich ist, weil der höchste Abschaltstrom hierfür 730 A beträgt. Für den Anschluß im Punkt A ist $\lambda_A = 0{,}484$, wobei der Wert $J_{g_{max}} = 1080$ A anfällt. Es ist somit möglich, bei dieser Anordnung den vierfachen Nennstrom sicher zu übernehmen.

Im gleichen Diagramm sind noch die Größen $t_{ü}$, U_{c_a} und $J_{\bar{u}}$ für die Abschaltung eines Stromes $J_g = 750$ A gestrichelt eingetragen. Man erkennt, daß die Übernahmezeit $t_{ü}$ mit größerem λ sehr kleine Werte annimmt. Weiter ergibt sich, daß die Spannung am Kondensator für das Ende des Übernahmeabschnittes um so schneller abnimmt, je mehr sich λ dem $J_{g_{max}}$ entsprechenden Wert nähert. Im letzten Bereich wird die Kondensatorspannung sogar negativ. Trotzdem kann im nachfolgenden Abschaltabschnitt die Abschaltung zu Ende geführt werden, da als treibende Spannung die gegenüber der negativen Kondensatorspannung überwiegende Gleichrichterspannung U_1 wirksam ist.

Der Parallelkondensatorschalter.

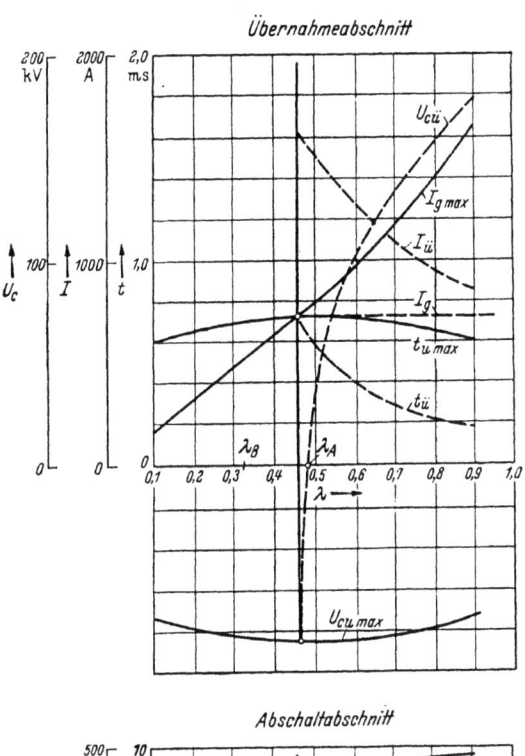

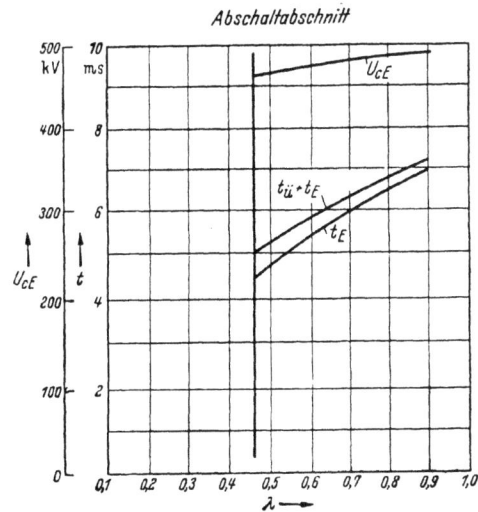

Abb. 164.
Übernahme- und Abschaltabschnitt eines Parallelkondensatorschalters für $R = 70\,\Omega$, $L_0 = 0{,}2$ H.

Im unteren Teil der Abb. 163 sind die Zeit für den Abschaltabschnitt t_E sowie die gesamte Abschaltzeit $t_ü + t_E$ eingetragen, außerdem findet man noch die Spannung am Kondensator nach Beendigung der Abschaltung U_{cE} eingezeichnet, und zwar wieder für $J_g = 750$ A. Je näher der abzuschaltende Strom dem Maximalwert liegt, desto kürzer ist die Zeit t_E. Sie beträgt für $J_g = J_{g_{max}} = 750$ A etwa 3 ms und wächst bei $\lambda = 0,9$ bis auf 6,2 ms an. Die gesamte Abschaltzeit ändert sich für denselben Bereich von 4,5 ms bis 6,4 ms, d. h. die Zeiten liegen demnach in einem ziemlich engen Bereich. Für die Kondensatorendspannung zeigt sich, daß sie praktisch konstant ist, also unabhängig von λ, sie ändert sich nur von 420 kV bei $J_{g_{max}}$ bis auf 475 kV bei $\lambda = 0,9$.

Um zu sehen, in welcher Richtung sich die zu berücksichtigenden Größen ändern, werden am Parallelkondensatorschalter die Größen der Induktivität L_0 und des Dämpfungswiderstandes R verändert und noch zwei weitere Fälle untersucht, bei denen bei unverändertem Dämpfungswiderstand $R = 70\,\Omega$, $L_0 = 0,2$ H angenommen (Abb. 164) und bei $L_0 = 0$ der Dämpfungswiderstand R von 70 Ω auf 100 Ω erhöht wird (Abb. 165).

Wie aus Abb. 164 ersichtlich ist, führt die Vergrößerung von L_0 zu einer Verschlechterung des Schaltvermögens des Schalters, da der Strom $J_g = 750$ A noch knapp bei Anschluß des Umlenkkreises im Punkt A bewältigt werden kann. Die Übernahmezeit $t_ü$ für $J_g = 750$ A ist größer. Auch die Gesamtabschaltzeit nimmt jetzt größere Werte an. Die maximale Übernahmezeit $t_{ü_{max}}$ ist zwar kleiner geworden, der Schalter übernimmt also den Höchststrom $J_{g_{max}}$ schneller, da $J_{g_{max}}$ selbst kleinere Werte als bei $L_0 = 0$ annimmt. Die Kondensatorspannung am Ende des Übernahmeabschnittes ist noch weiter in den negativen Bereich gerückt. Die Spannung am Ende des Abschaltabschnitts ist hingegen höher als im Falle $L_0 = 0$.

Die Vergrößerung des Dämpfungswiderstandes (Abb. 165) bringt zwar eine geringe Verschlechterung der Übernahmefähigkeit, d. h. der maximale Übernahmestrom ist etwas kleiner geworden. Dieser Nachteil wird aber mindestens durch den Vorteil aufgehoben, daß die Endspannung am Kondensator am Ende des Abschaltabschnittes tiefer liegt als im ersten Fall bei $R = 70\,\Omega$. Dies wird verständlich, wenn man bedenkt, daß jetzt ein erheblich größerer Teil der im Kreise liegenden Energien im Dämpfungswiderstand vernichtet wird. Hieraus ist ersichtlich, daß es vorteilhafter ist, im Umlenkkreis keine Induktivität vorzusehen, also einen Schalter ohne L_0 zu bauen.

In der Abb. 166 ist der zeitliche Verlauf der Ströme und Spannungen eingezeichnet. Der Schalter ist mit $C = 10\,\mu$F, $R = 100\,\Omega$ und $L_0 = 0$ zugrunde gelegt. Aus Abb. 165 entnimmt man, daß der maximal abzuschaltende Strom $J_{y_{max}}$ für $\lambda = 0{,}484 \ldots 930\,\mathrm{A}$ beträgt. Für das Diagramm Abb. 166 wurde eine Kondensatorvorspannung mit $U_0 = 200\,\mathrm{kV} = \mathrm{const}$

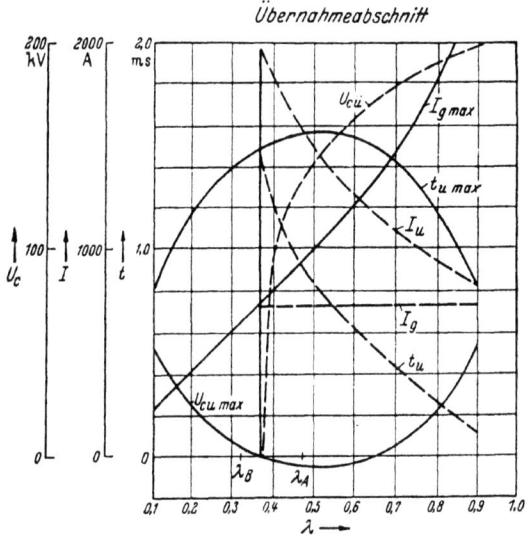

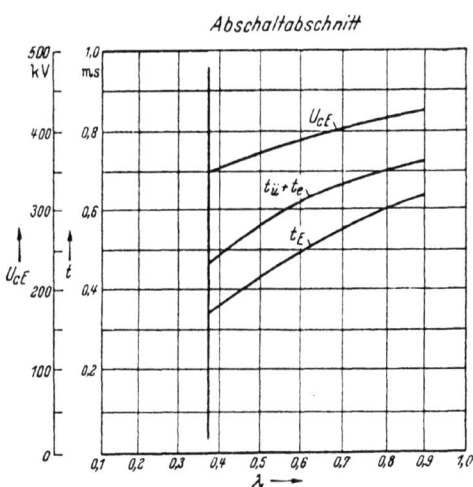

Abb. 165.
Übernahme- und Abschaltabschnitt eines Parallelkondensatorschalters für $R = 100\,\Omega$, $L_s = 0$.

angenommen, während die abzuschaltenden Ströme Null, 500 A, 750 A und $J_{y_{max}}$ betragen. Die Gesamtabschaltzeit wird mit größer werdendem

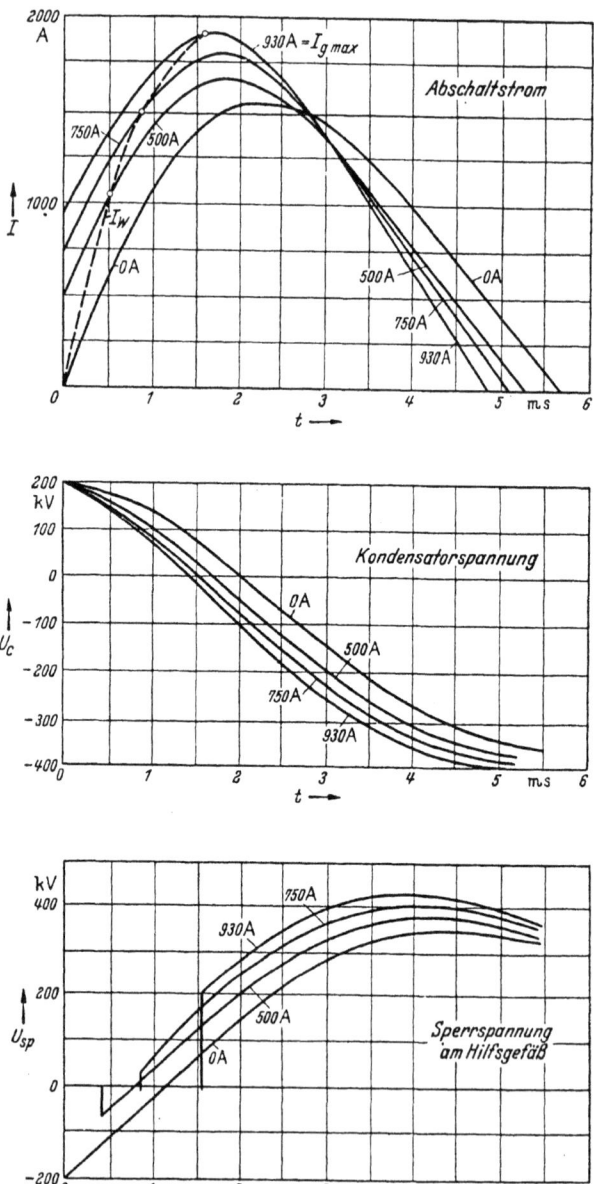

Abb. 166. Abschaltstrom, Kondensatorspannung und Sperrspannung am Hilfsgefäß beim Parallelkondensatorschalter.

Der Parallelkondensatorschalter. 257

J_y kleiner. Sie beträgt für $J_{y_{max}}$ 4,95 ms und für die Abschaltung der leerlaufenden Anlage 5,7 ms.

Es zeigt sich, daß beim Schalten einer leerlaufenden Leitung ein beträchtlicher Strom entsteht, dessen Scheitelwert 1460 A beträgt. Die Gefäße müssen strommäßig starke Überlastungen aushalten. Beim Schalten des maximalen Stromes ist der Scheitelwert, der erreicht wird, $J_{ü_{max}} = J_{y_{max}} = 1920$ A, also mehr als das Doppelte des zu schaltenden Stromes. Die Kondensatorspannung U_c erreicht am Ende der Abschaltung Werte, die zwischen 375 kV bei Leerlauf und 397 kV bei größter Last liegen. Sie steigen also mit der Belastung nur wenig an.

Die Entionisierungszeit, die im untersten Diagramm eingezeichnet ist, ist bei diesem Schalter sehr kurz. Sie ist nur für Ströme bis etwa $J_y = 120$ A größer als 1 ms und sinkt bei 670 A auf 0 ms ab, während für größere Ströme die Sperrspannung sofort positive Werte annimmt. Wird also eine bestimmte Entionisierungszeit verlangt, so darf der größte Strom, der zu schalten ist, nur einen Bruchteil von $J_{y_{max}}$ betragen. Der Verlauf der Sperrspannung zeigt einen Höchstwert, der jedoch nicht mit dem Endwert zusammenfällt, wie dies bei der Kondensatorspannung der Fall ist. Dieser Höchstwert ist stets größer als die Höchstspannung am Kondensator. Die Sperrspannung liegt an den beiden in Reihe geschalteten Gefäßen, Hilfsgefäß und Wechselrichter. Wenn jedoch der Wechselrichter aus irgendeinem Grunde seine Sperrfähigkeit verloren hat, dann muß das Hilfsgefäß allein dieser Sperrspannung standhalten.

Die Untersuchung des Parallelkondensatorschalters zeigt, daß der Wechselrichter schon mit Beendigung des Übernahmeabschnittes abgeschaltet wird und daß der weitere Stromanstieg während des Abschaltabschnittes auf einen Wert erfolgt, der unabhängig von der Auslegung des Umlenkkreises ist. Das Schaltgefäß ist demnach für hohe Stromüberlastungsfähigkeit auszulegen. Die Kondensatorendspannung steigt auf Werte, die etwa der Summe der Gleichrichter- und Kondensatorvorspannung entspricht. Durch einen hohen Dämpfungswiderstand ließe sich diese zwar herabsetzen, allerdings geht hierbei das Schaltvermögen des Schalters stark zurück. Die Entionisierungszeit des Hilfsgefäßes wird so kurz, daß es fraglich erscheint, ob sie zur Entionisierung des Gefäßes ausreicht.

Unabhängig davon, ob die weitere Entwicklung dem Reihen- oder Parallelkondensatorschalter den Vorzug geben wird, lassen die obigen Ausführungen erkennen, daß das Gleichstromschaltproblem mit Hilfe von Gasentladungsgefäßen, also Bauelementen, die die Gleichstrom-Hochspannungsübertragung erst in den Bereich wirtschaftlicher Ausführbarkeit rücken, lösbar erscheint, so daß in diesem Zusammenhang

Baudisch, Energieübertragung. 17

der Weiterentwicklung dieser Schaltmöglichkeiten grundsätzliche Bedeutung zukommt. An Stelle der Einzelgefäße wird man nach den Ausführungen im Abschnitt V/6 eine Gefäßreihe vorsehen. Noch vor wenigen Jahren stand man der Großkraftübertragung mit hochgespanntem Gleichstrom mangels jeder Schaltmöglichkeit auf der Gleichstromseite sehr zurückhaltend gegenüber. Die Fortschritte lassen jedoch erwarten, daß auch diesem berechtigten Einwand wird begegnet werden können.

VIII. Versuchsanlagen.

Obwohl der Gedanke einer Großkraftübertragung mit hochgespanntem Gleichstrom weit zurückreicht, mußte die Inangriffnahme der Entwicklung dieser Übertragungsart bei der Größe der in Frage kommenden Anlagen lange auf sich warten lassen. Einmal erfüllte die Drehstromübertragung alle bisher gestellten Aufgaben in technischer und wirtschaftlicher Hinsicht, d. h. man mußte die Entwicklung der Energiewirtschaft bis zu dem Zeitpunkt abwarten, wo sich künftige Aufgaben abzeichneten, die mit den bisherigen Mitteln technisch und wirtschaftlich kaum zu lösen waren; zum anderen mußten die technisch-physikalischen Möglichkeiten so weit herangereift sein, daß eine brauchbare Lösung des Gleichstromübertragungsproblems erwartet werden konnte. Diese Frage ist eng verknüpft mit der schnellen Entwicklung, die in den letzten fünfzehn Jahren die Stromrichtertechnik genommen hat, wie dies in Abschnitt V hervorgehoben wurde. Selbstverständlich war zu erwarten, daß die Entwicklung der Gleichstromübertragung sehr hohe Aufwendungen erfordern würde.

Wie stets, versuchte man allseits durch Modellversuche in den Prüf- und Versuchsfeldern eine weitgehende Abklärung der Probleme zu gewinnen, so daß zunächst in besonders eingerichteten Großprüffeldern innerhalb der Herstellerwerke die Voraussetzungen für einen Einsatz der neuen Geräte geschaffen wurden. Es war indessen vorauszusehen, daß über die endgültige Bewährung nur Großversuche im Dauerbetrieb möglichst unter praktischen Verhältnissen Auskunft geben konnten. Bei den hohen in Frage kommenden Leistungen lassen sich solche Versuche nur außerhalb der Werkstätten in Verbindung mit Großkraftübertragungsanlagen durchführen, um Fragen, wie die Bewährung der Stromrichteraufbauteile im Dauerbetrieb, die Isolationsbeanspruchung der Anlagenteile auch in Störungsfällen, die Frage der Regelung der Gesamtübertragung und die Einfügung von Gleichstromanlagen innerhalb bestehender Drehstromnetze, zu prüfen.

Die Größe der Aufgabe erforderte somit eine stufenweise Entwicklung, die sich im wesentlichen durch drei Abschnitte erfassen läßt, die sich zeitlich überlappen können. In die erste Stufe fallen diejenigen

Arbeiten, die innerhalb der Herstellerwerke geleistet werden müssen und in Laboratorien und Versuchsfeldern vor sich gehen, einschließlich des Baues von Modellanlagen. Zur zweiten Stufe wird man die Errichtung einer Versuchsübertragung außerhalb der Werkstätten rechnen, mit der die Geräte möglichst unter praktischen Bedingungen im Dauerbetrieb geprüft werden können. Schließlich wird die dritte und letzte Stufe den Bau einer ersten Großanlage umfassen, mit dem Endziel, das Übertragungssystem zum Großeinsatz an die Praxis heranzuführen. Wie wir sehen werden, haben die meisten Firmen diesen Weg beschritten, so z. B. die ASEA mit der Anlage Trollhättan—Mellerud als zweite Stufe, BBC mit der Anlage Bodio, die AEG mit einer Anlage in Henningsdorf, die SSW mit der Anlage Charlottenburg—Moabit, so daß die erste und zweite Entwicklungsstufe bereits voll zum Anlauf kamen. Leider konnte die bisher einzige Anlage der dritten Stufe, Elbe—Berlin, die in Zusammenarbeit von AEG und SSW errichtet wurde, infolge der Zeitereignisse nicht in Betrieb genommen werden. Wir wollen hier zunächst auf die Versuchsfeldanlagen eingehen und anschließend die Versuchsübertragungsanlagen behandeln, um ein Bild darüber zu gewinnen, auf welchem Wege bisher versucht wurde, die Gleichstromübertragung zur Einsatzreife zu bringen.

1. Versuchsfeldanlagen.

a) Modellübertragung der SSW für 75 kV, 4 A mit Glühkathodenstromrichtern in Brückenschaltung.

Mit dem Entschluß der SSW, im Frühjahr 1937 ein Großprüffeld für Höchstspannungsstromrichter zu errichten, wurde auch der Bau einer Versuchsübertragung mit Glühkathodenstromrichtern in Angriff genommen, um das Verhalten der Gefäße in Brückenschaltung, die man ihrer Vorzüge wegen von vornherein als besonders aussichtsreich erkannte, zu erproben. Diese Anlage sollte so ausgestattet werden, daß außerdem die wichtigsten Fragen der Regelung geklärt werden konnten. Obendrein war beabsichtigt, mit ihrer Hilfe ein geeignetes System für die Steuerung der Hochspannungsstromrichter durchzubilden.

Eine gute Übersicht über den Aufbau dieser Modellübertragung vermittelt Abb. 167. An zwei Drehstromtransformatoren von je 300 kW, die an der Gebäudeaußenwand aufgestellt sind, wurde der aus je sechs Glühkathodenstromrichtern bestehende Gleichrichter und Wechselrichter angeschlossen, die für 75 kV und 4 A bemessen waren. Gleich- und Wechselrichter konnten im Kreisbetrieb geprüft werden, der Wechselrichter konnte aber auch mit einem Drehstromumformer, der das gespeiste Netz darstellte, verbunden werden. Als Stromrichter wurden die im Abschnitt V/1 beschriebenen einanodigen Glühkathodengefäße mit kapazitiv gesteuerten Zwischenelektroden und besonderen Steuergittern vorgesehen, schon mit Rücksicht auf die beabsichtigte Entwicklung von einanodigen Höchstspannungsstromrichtern mit Quecksilberkathode. Die Glühkathodenstromtore *1* sind in Abb. 167 deutlich zu erkennen, ebenso die neben ihnen angeordneten Hartpapierzylinder *2*, die die Kondensatorketten für die kapazitive Steuerung der Zwischenelektroden enthalten. Die Stromtore mit ihren Hilfsbetrieben *3*, die die Heizwandler für die Glühkathoden enthalten, sind auf Repelitstützern angeordnet,

Abb 167. Versuchsübertragung der SSW mit Glühkathodenstromrichtern in Brückenschaltung für 75 kV, 4 A.

und zwar im Vordergrund die Gefäße mit gemeinsamem Kathodenpotential. Die Heizleistung wurde dem Synchrongenerator *4* entnommen, der durch den Synchronmotor *5* angetrieben wurde. Der vorwiegend als Gleichrichter betriebene, im Vordergrund ersichtliche Stromrichter war mit einer elektromechanischen Gittersteuerung versehen. Die Steuerenergie hierfür wurde ebenfalls dem Generator *4* entnommen. Der Steuersatz war auf Porzellanstützern gegen Erde isoliert aufgebaut. Die Stromtore wurden mit Preßluft gekühlt, die der Leitung *7* entnommen wurde. Mit Hilfe des Drehreglers *6* konnte die Einstellung der Gitterzündzeitpunkte stetig verändert werden. Dieser verhältnismäßig umständliche Aufbau der elektromechanischen Gittersteuerung, ferner die Notwendigkeit, die Regelung möglichst trägheitslos vorzunehmen, führte frühzeitig zur Durchbildung der Gittersteuerung mit modulierter Hochfrequenz, wie sie im Abschnitt V/4 dargestellt ist, bei der also der Bedienungsteil von der Hochspannung elektrisch getrennt ist. Mit dieser Hochfrequenzsteuerung wurde der im Hintergrund des Bildes ersichtliche, vorwiegend als Wechselrichter betriebene Stromrichter ausgerüstet. Sender- und Empfängerteil sind bei dieser Steuerung durch den Kopplungskondensator *10* voneinander getrennt. Die Steuerung erfolgte auch hier durch einen mit *11* bezeichneten Drehregler. Die an dieser Modellanlage mit der Hochfrequenzgittersteuerung gemachten günstigen Erfahrungen bewirkten die Wahl dieser Steuerungsart für die Großgefäße. Auch andere Hersteller kamen bei ihren Entwicklungsarbeiten zur Durchbildung einer solchen Hochfrequenzsteuerung. Schließlich ist noch die in den Gleichstromkreis geschaltete Drossel *8* zur Glättung des Gleichstromes zu erwähnen.

Die Versuche mit dieser Anlage, die Anfang 1939 begonnen haben und im Februar 1941 beendet werden konnten, zeigten die grundsätzliche Richtigkeit der theoretischen Überlegungen, insbesondere hinsichtlich der Eignung der Brückenschaltung, ferner die verschiedenen Einflüsse auf die Kommutierung der Stromrichter und lieferten die erforderlichen Unterlagen für die endgültige Ausgestaltung der Gittersteuerung. Sie wiesen den Weg, die eingeschlagene Entwicklung der Einanodenstromrichter mit kapazitiv gesteuerten Zwischenelektroden im großen weiter zu betreiben. Die Anlage ließ auch die Notwendigkeit erkennen, Dämpfungsglieder an den Stromrichterkreisen anzuordnen zur Unterdrückung von Kommutierungsschwingungen, die die Beanspruchung der Gefäße erheblich steigern können. Die wertvollen Erfahrungen mit dieser Anlage wurden laufend bei der Errichtung der Versuchsanlagen verwendet.

b) Prüf- und Versuchsfelder.

Das Prüf- und Versuchsfeld für Höchstspannungsstromrichter, das die SSW im Jahre 1940 in ihrem Stromrichterwerk fertigstellten, wurde mit seinen wesentlichsten Einrichtungen bereits im Abschnitt V/2 behandelt. Seine großen Schaltmöglichkeiten und seine Leistungsfähigkeit gehen aus Abb. 168 hervor. Vom Kraftwerk West der Bewag wird das Umspannwerk gespeist, das mit zwei Transformatoren zu je 10 MVA und einem weiteren für 20 MVA ausgestattet war. Durch dieses Umspannwerk wurden die Prüffelder des Stromrichterwerkes, des Schalt- und Dynamowerkes durch Kabel von je 6 MVA gespeist. Das Großstromrichterprüffeld konnte mit dem Hochleistungsprüffeld des Schaltwerkes und dem Prüffeld des Dynamowerkes drehstromseitig in der gezeichneten Weise zusammengeschaltet werden. Jedes der Prüffelder ist ferner mit der Tranformatorenstation des Kraftwerkes Siemensstadt, die drei

Transformatoren zu je 10 MVA enthält, verbunden, und diese Transformatorenstation konnte mit einem 30 kV-Kabel mit dem Kraftwerk Charlottenburg der Bewag zusammengeschlossen werden.

Wie schon erwähnt, wurden zunächst im Stromrichterprüffeld zwei Transformatoren mit einer Typenleistung von je 3820 kVA, 127/73,5 kV mit dem zugehörigen Regel- und Schwenktransformator eingebaut. Man konnte so zunächst eine vollständige 100 kV-Kreisschaltung eines

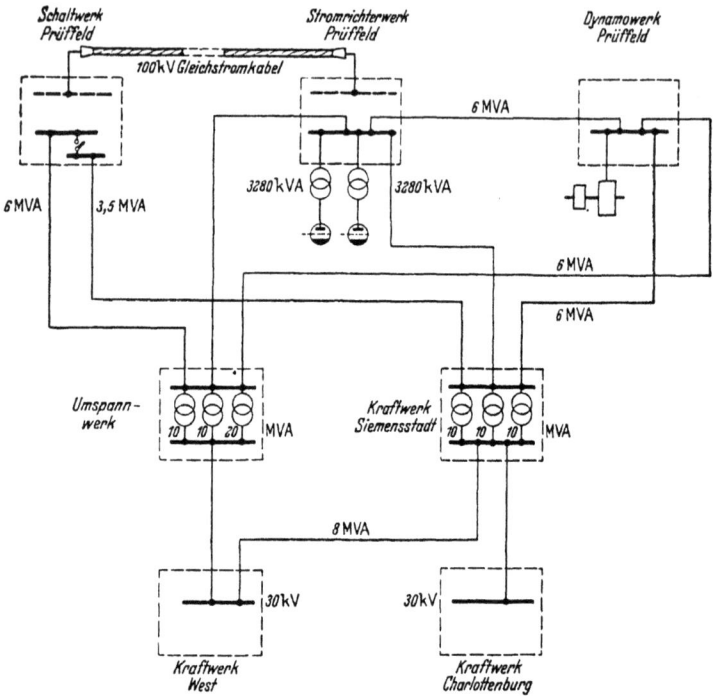

Abb. 168. Grundschaltung des Versuchsfeldes für Höchstspannungsstromrichter der SSW.

Gleich- und Wechselrichters im Prüffeld aufbauen. Außerdem war das Hochleistungsprüffeld des Schaltwerkes mit einem 100 kV-Gleichstromkabel mit dem Stromrichterprüffeld verbunden, so daß man sich die großen Prüfmittel des Hochleistungsprüffeldes einschließlich seiner Transformatoren für die Stromrichterprüfung ebenfalls zunutze machen konnte. Durch Parallelschaltung der beiden Transformatoren im Großstromrichterprüffeld ließen sich so Einheiten mit einer Leistung von rund 6000 kW bei 100 kV prüfen. Schließlich konnte noch durch die Verbindung zum Dynamowerk ein Motorgenerator von 6000 kW mit zu den Versuchen herangezogen werden, der sich gut als takthaltendes

Endkraftwerk für die Wechselrichter eignete und mit dessen Hilfe sich auch die einschlägigen Regelprobleme der Großkraftübertragung untersuchen ließen. Aus dem Stromlaufbild ist zu ersehen, daß auch die Möglichkeit gegeben war, das Kraftwerk West mit dem Kraftwerk Charlottenburg über eine kurze Gleichstromübertragung von zunächst 100 kV und 5000 bis 6000 kW Leistungsfähigkeit im Prüffeld des Stromrichterwerkes zu kuppeln. Bei der beachtlichen Leistungsfähigkeit der Netze stellte diese Prüffeldanordnung eine nahezu ideale Möglichkeit für die Entwicklung und Prüfung der Geräte und Anlagen zur Gleichstromübertragung dar. Sie bot die Gewähr, weitesten Entwicklungsmöglichkeiten Rechnung zu tragen; konnte man doch eine Gleichstromkraftübertragung im Herstellerwerk unter nahezu praktischen Bedingungen benutzen und in engster Verbindung mit Werkstatt und Laboratorium ohne einen umständlichen Reisebetrieb alle Möglichkeiten ausnutzen.

Von dieser Möglichkeit wurde bisher nur zum Teil Gebrauch gemacht, da naturgemäß der vollständige Aufbau einer Übertragungsanlage mit dem Ziel, Dauerversuche zu veranstalten, die Werksmittel im Anfang der Entwicklung zu stark gebunden hätte. Die SSW hatten sich, wie wir noch sehen werden, rechtzeitig entschlossen, auf eigene Kosten eine Großversuchsanlage in Berlin aufzustellen, ein Unternehmen, das durch Zusammenarbeit mit der Berliner Licht und Kraft AG und den Elektrowerken zustande kam, so daß die Werksmittel für den schnellen Fortschritt der Entwicklung freigehalten werden konnten. Hier sollte nur angedeutet werden, daß die Entwicklung im eigenen Werk sich weitgehend auf praktisch anzusprechende Voraussetzungen stützen konnte. Abb. 169 zeigt den Aufbau einer vollständigen Gleichrichtereinheit im Prüffeld, bestehend aus sechs einanodigen Stromrichtern für 100 kV, 10 MW. Eine ebenso große Wechselrichtereinheit ließ sich in der Hochspannungshalle ohne weiteres unterbringen. Die Halle ist auch ausreichend, um Gefäße für eine Spannung von 200 kV zu prüfen. Man sieht aus dieser kurzen Darlegung, welch erheblicher Aufwand zur Entwicklung der Gleichstrom-Hochspannungsübertragung erforderlich ist, aber auch gleichzeitig, in welcher glücklichen Weise sich bei so bedeutenden Entwicklungsaufgaben die Prüffelder verschiedener Werke ergänzen können.

Auch ein Blick in das Prüffeld für Höchstspannungsstromrichter der BBC, Baden, Abb. 105 (S. 156), bestätigt die oben getroffene Feststellung über den großen erforderlichen Aufwand derartiger Versuche. Das Bild zeigt den Aufbau von zwei Einanodengefäßen in Reihenschaltung mit einem zweiphasig betriebenen mehranodigen Stromrichter.

Selbst mit noch so großzügig ausgestatteten Werksprüffeldern wird man aber noch keine letzte Sicherheit über das Betriebsverhalten der

264 Versuchsanlagen.

einzelnen Geräte innerhalb einer Gesamtanlage erhalten, da zu viele Einflüsse hierauf einwirken. Dies trifft im besonderen Maße auf die Stromrichter zu, für deren Gefäße eine genügend genaue Vorausberechnung noch nicht möglich ist und bei denen nicht zuletzt die Beanspruchung der Aufbaumaterialien innerhalb der Gefäße nur durch Dauerversuche festgestellt werden kann. Auch der Einfluß der Netzausbildung ist bedeutend, insbesondere liegen Erfahrungen mit Kabelnetzen des

Abb. 169.
Aufbau einer Stromrichteranlage in Brückenschaltung für 100 kV im Versuchsfeld der SSW.

hier erforderlichen Ausmaßes nicht vor. Da eine Prüfung der Stromrichter mit Teilbelastung, z. B. mit herabgesetzter Spannung und vollem Strom oder Überstrom oder bei voller Spannung und Teilströmen, mit einem Vollastbetrieb nicht ohne weiteres gleichzusetzen ist, wären in den Prüffeldern mit einer längeren Vollbelastung sehr große Energiebeträge umzusetzen, ohne daß man alle Erfahrungen eines praktischen Betriebes gewinnen würde. Es bleibt daher nur der Weg offen, in Zusammenarbeit mit leistungsfähigen Energieerzeugungs- und -verteilungsanlagen durch den Bau von Großversuchsübertragungen die erforderlichen Betriebserfahrungen zu gewinnen.

2. Versuchsübertragungsanlagen.

Wir wollen nunmehr Versuchsanlagen behandeln, die außerhalb der Werksprüffelder errichtet wurden, um das Gleichstromübertragungssystem möglichst unter praktischen Bedingungen zu untersuchen. Die erste Anlage, die allerdings nach dem Konstantstromsystem arbeitete, wurde im Jahre 1936 von den G.E.C., Schenectady, gebaut. Sie war mit einem Gleich- und Wechselrichter, bestehend aus je sechs Glühkathodenstromtoren, in Brückenschaltung ausgerüstet für je 3000 kW, 15 kV Gleichspannung und 200 A. Gleich- und Wechselrichter waren an das Netz der New York Power and Light Co. angeschlossen und arbeiteten nicht als Kupplung zweier Kraftwerksysteme, sondern im Kreisbetrieb. Man hat sich offenbar zu diesem frühen Zeitpunkt zur Wahl des Konstantstromsystems entschlossen, weil die Glühkathoden der Stromtore gegenüber Stromüberlastungen, insbesondere bei Netzstörungen, sehr empfindlich sind und damals sich noch kaum brauchbare Lösungen für das Gleichstromschaltproblem abzeichneten. Da die neuzeitliche Entwicklung allseits das Konstantspannungssystem in den Vordergrund des Interesses stellt, sei diese Anlage nur erwähnt, um den damaligen Stand der Entwicklung festzuhalten.

a) **Die Versuchsübertragungsanlage „Charlottenburg—Moabit" der SSW.**

Die Entwicklung von einanodigen Quecksilberdampf-Stromrichtern für zunächst 100 kV in Brückenschaltung führte sehr schnell zur Forderung nach einer leistungsfähigen Versuchsanlage, in der die Gefäße unter praktischen Verhältnissen einem Dauerbetrieb unterworfen werden konnten. Nach mehreren Wahlvorschlägen entschlossen sich die SSW auf Grund der Bereitwilligkeit der Bewag, diese Versuchsarbeiten weitgehend zu unterstützen, zur Errichtung der Übertragung „Charlottenburg—Moabit", der ersten unter praktischen Verhältnissen arbeitenden Gleichstromübertragung mit Quecksilberdampf-Stromrichtern für 100 kV und einer Leistungsfähigkeit von 10 bis 15 MW.

Die Kupplung der Kraftwerke Charlottenburg und Moabit durch eine Gleichstromübertragung erfolgte über eine 4,6 km lange Drehstromfreileitung, deren dritte Phase während des Gleichstrombetriebes geerdet wurde. Wie aus dem Schaltbild Abb. 170 zu ersehen ist, wird die Energie der 30 kV-Drehstromsammelschiene des Kraftwerkes Charlottenburg entnommen. Dieser Sammelschienenabschnitt wurde entweder von einer 25 MW-Maschine des Kraftwerkes Charlottenburg oder von einer 30 MW-Maschine des Kraftwerkes West gespeist. Für Vorversuche mit Teillast konnte auch ein vorhandener Synchronumformer, der durch einen synchronisierten Asynchronmotor von 2 MW angetrieben wurde, benutzt werden. An diesem 30 kV-Abzweig ist über Trennschalter und den sogenannten Bewag-Ölschalter eine Schutzdrossel für 190 A, 3,5 Ω angeschlossen. Hierauf folgt die wahlweise Anschlußmöglichkeit eines 20 MVA-Umspanners der Bergmannwerke mit der Schaltung Dreieck-Stern prim. 105 kV, sek. 31,5/32,1/33,5/35 kV, $u_k = 7,9\%$, der später durch den eigens für diese Versuche von den

Elektrowerken gestellten und 1943 in Betrieb genommenen Freiluftregelumspanner der SSW ersetzt wurde. Die Daten dieses Umspanners betragen 20 MVA Leistung, Schaltung Dreieck-Stern, prim. 97 kV um 20% regelbar in zwölf Stufen, sek. 30 kV, u_k 10,5%. Die in den Anlagen Charlottenburg sowohl wie in Moabit vorhandenen Drehstromumspanner haben oberspannungsseitig herausgeführten Sternpunkt und gestatten, sowohl die dreiphasige Nullpunktschaltung a's auch die für den Normalbetrieb vorgesehene Drehstrombrückenschaltung anzuwenden. Die Erdung der Anlage kann wahlweise auf einen Gleichstrompol bzw. den Umspannersternpunkt und damit ungefähr auf Gleichspannungsmitte

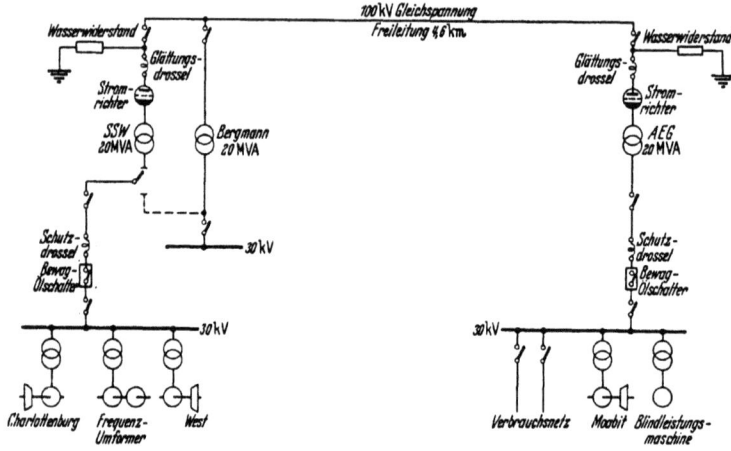

Abb. 170. Anordnung der 100 kV-Versuchsübertragung Charlottenburg—Moabit der SSW.

gelegt werden. Die Umspanner sind 100 kV-seitig gegen den Sternpunkt durch Überspannungsableiter Reihe 70 geschützt. In Charlottenburg wird die Stromrichteranlage entweder durch den im Bahnumspannwerk untergebrachten Bergmann-Umformer gemäß der gestrichelten Verbindung gespeist oder durch den später aufgestellten und dann ausschließlich verwendeten SSW-Regelumspanner, der in der Freiluftanlage untergebracht ist. Der Anschluß dieses Umspanners an die Doppelsammelschiene des 30 kV-Bewaghauses erfolgt über den Bewag-Ölschalter, der im Juni 1944 durch einen Expansionsschalter für eine Abschaltleistung von 600 HVA ersetzt wurde. Gleichstromseitig liegt im Leitungszug eine isoliert aufgestellte Glättungsdrossel für 140 A, 0,5 H, die durch zwei Überspannungsableiter der Reihe 45 gegen den mit dem Kessel verbundenen Mittelpunkt der Drosselwicklung geschützt ist. Der Glättungsdrossel parallel liegt ein Dämpfungskreis, der aus einem Konden-

Die Versuchsübertragungsanlage „Charlottenburg–Moabit" der SSW. 267

sator mit vorgeschaltetem Widerstand zur Dämpfung der Schaltschwingungen besteht. Gleichstromseitig ist außerdem ein Belastungswiderstand in der bereits beschriebenen Form angeordnet, der es gestattet, die Stromrichter bis zu 30 A und 120 kV zu belasten. Der Anschluß an die 100 kV-Freileitung erfolgt über zwei Trennmesser.

In Moabit wird die Speisung der Stromrichteranlage von dem 30 kV-Doppelsammelschienensystem im Kraftwerkhaus über den Bewag-Ölschalter und eine Schutzdrossel für 500 A, 3,76 Ω, die bei Drehstrombetrieb durch Trennschalter überbrückt wird, durchgeführt, ferner über eine Kabelstrecke, den in einer Blechzelle der Freiluftanlage untergebrachten 30 kV-Expansionsschalter und einen Umspanner von 20 MVA der AEG. Dieser weist die Schaltung Dreieck-Stern auf, prim. 105 kV, sek. 31,5/32,1/33,5/35 kV, $u_k = 7,8\%$. Im übrigen ist die Schaltung der Anlage ähnlich derjenigen in Charlottenburg. Wie unter VI/2 erwähnt wurde, sind in der Anlage zwei Kabel mit verschiedenem Leitungsquerschnitt mit zugehörigen Armaturen zur versuchsweisen Einschleifung in die Gleichstromleitung verlegt worden. Bei dem einen Kabel handelt es sich um ein Massekabel von 95 mm² Al, mit 200 m Länge, bei dem andern um ein Ölkabel von 35 mm² Al und einer Länge von 270 m.

Da die Anlage nicht nur zur Dauerprüfung der Stromrichter selbst errichtet wurde, sondern auch zum Studium der Regelfragen der Gesamtübertragung und der Stabilität der Wechselrichter sowie hinsichtlich der Rückwirkung der Oberwellen auf die speisenden Drehstromnetze bzw. Generatoren, waren auch in Moabit verschiedene Anschlußmöglichkeiten an der 30 kV-Sammelschiene vorgesehen. Die 30 kV-Schiene in Moabit konnte verbunden werden mit einer asynchronen Blindleistungsmaschine von 20 MVA. Sie konnte von einer Maschine des Kraftwerkes Moabit gespeist oder mit einem 30 kV-Verbrauchsnetz der Bewag verbunden werden. Diese verschiedenen Anschlüsse in Moabit zusammen mit denen in Charlottenburg gestatteten die Prüfung einer Gleichstromübertragung unter den verschiedensten Belastungsverhältnissen.

Die Schaltung der Stromrichter gibt Abb. 171 wieder. Für die Übertragungsversuche kam die dargestellte Drehstrombrückenschaltung zur Anwendung. Parallel zu jedem Gefäß liegt ein aus einem Vorwiderstand und Kondensator bestehendes Dämpfungsglied zur Verminderung der beim Löschen der Anoden auftretenden Schaltschwingungen. Aus Abb. 172 kann man die Wirkung dieser Dämpfungskreise entnehmen. Neben der Schaltung ist rechts oben der theoretische Verlauf der Spannung zwischen Anode und Kathode gezeichnet. Die Induktivität und die natürliche Kapazität der Anodenkreise, vor allem des Stromrichterumspanners, bewirken, daß die Anodenspannung beim Erlöschen der Anode nicht augenblicklich auf den stationären Endwert springt, daß sich dieser Vorgang vielmehr in Form einer Ausgleichsschwingung mit einer Frequenz von einigen tausend Hertz und einer beträchtlichen Erhöhung des Stromes und der Spannung vollzieht, wie das Oszillogramm

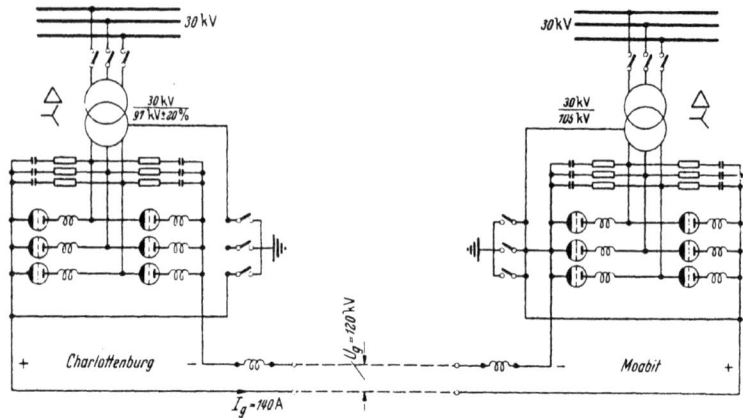

Abb. 171. Grundschaltung der Anlage Charlottenburg—Moabit der SSW.

der zweiten Zeile zeigt. Die Beschaltung des Transformators mit zusätzlichen Kondensatoren bewirkt eine Verminderung der Schwingungsfrequenz gemäß dem Ausgleichsvorgang Zeile 3. Durch geeignete Vorwiderstände vor den Kondensatoren können die Schaltschwingungen weitgehend abgedämpft und eine Verzögerung des Spannungsanstieges entsprechend den Entionisierungsbedingungen des Gefäßes erzielt werden (Zeile 4). Es hat sich später als zweckmäßig erwiesen, die Dämpfungsglieder nicht parallel zu den Transformatorwicklungen, sondern parallel zu den Stromrichtergefäßen zu legen. Jedem Stromrichtergefäß ist eine Drossel vorgeschaltet, die sich für den einwandfreien Betrieb in Brückenschaltung als notwendig herausgestellt hat und eine gegenseitige störende Beeinflussung der an dieselbe Transformatorphase angeschlossenen beiden Stromrichtergefäße unterbindet. Sie wird als Luftdrossel ausgeführt und als Anodendrossel bezeichnet.

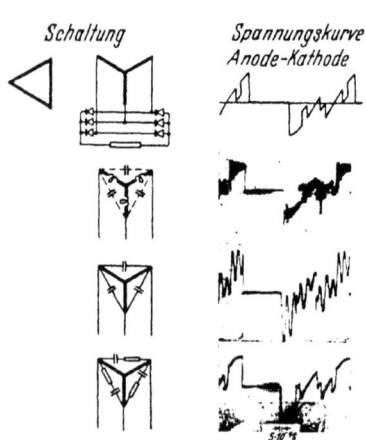

Abb. 172. Steuerung der Sperrbeanspruchung von Höchstspannungsstromrichtern mit Dämpfungsgliedern.

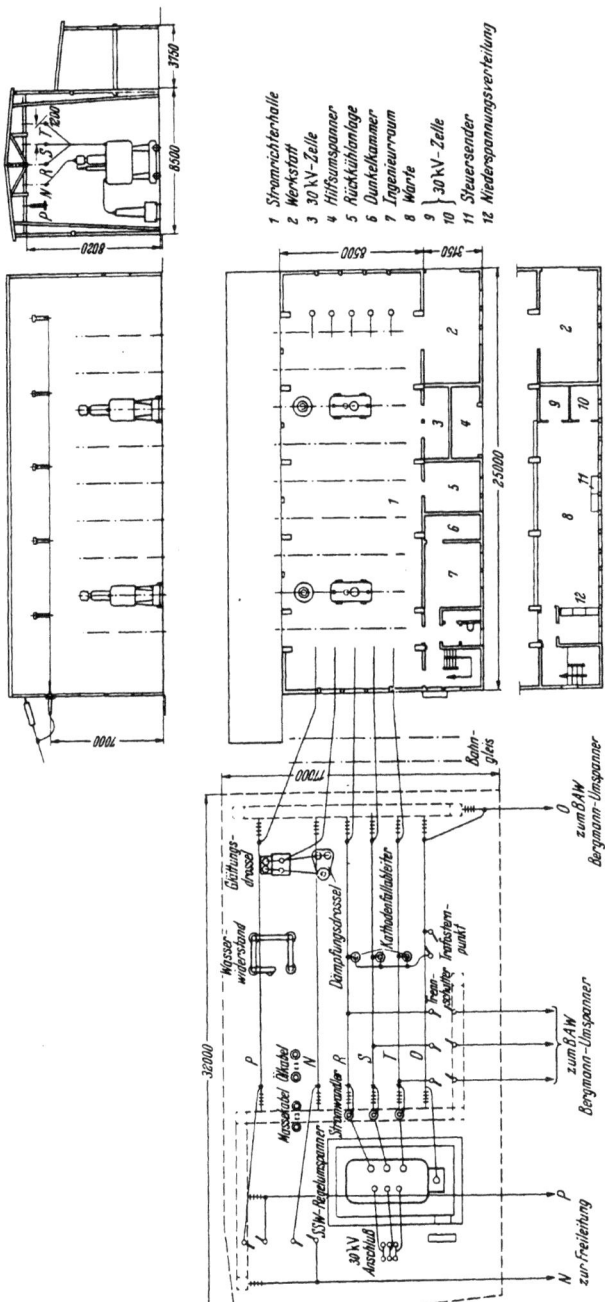

Abb. 173. Aufbau der Anlage Charlottenburg.

Die Brückenschaltung mit wahlweiser Erdung der Gleichstrompole erfordert die isolierte Aufstellung der Stromrichtergefäße. Obwohl es an sich möglich gewesen wäre, jeweils drei von den sechs Stromrichtergefäßen, die gleiches Kathodenpotential besitzen, auf einem gemeinsamen Isoliergerüst unterzubringen, hat man mit Rücksicht auf die Erfordernisse des Versuchsbetriebes hiervon abgesehen und eine isolierte Einzelaufstellung für die Gefäße gewählt. Diese fahrbaren Stromrichtereinheiten mit ihrem Zubehör, ihrer Steuerung und Kühleinrichtung sind schon in Abschnitt V beschrieben worden.

Die Anordnung der Stromrichterstationen auf dem Kraftwerks-

Abb. 174. Freiluftanlage der Station Charlottenburg der SSW.
1 Stromrichterhaus, *2* Regelumspanner, *3* Drehstromsammelschienen, *4* Gleichstromsammelschienen, *5* Gleichstromglättungsdrossel, *6* Gleichstromtrennmesser, *7* Wasserwiderstand, *8* Gleichstromölkabel, *9* Gleichstrommassekabel.

gelände in Charlottenburg und in Moabit gleicht sich weitgehend. Für die Stromrichtergefäße mit den zugehörigen Hilfsbetrieben für die Aufnahme der Steuerung, der Dämpfungsglieder usw. wurde je ein Stromrichterhaus erstellt, während die übrigen Geräte soweit als möglich in Freiluftausführung auf dem Gelände untergebracht wurden. Den grundsätzlichen Aufbau der Anlage Charlottenburg zeigt Abb. 173. In der Haupthalle *1* des Stromrichtergebäudes sind die sechs fahrbaren einanodigen Stromrichtereinheiten aufgestellt, außerdem ist genügend Raum für ein Reservegefäß vorgesehen. Entlang der Außenwand des Gebäudes, das durch Doppelflügeltüren abgeschlossen ist, sind die Spannungswandler zur Versorgung der Hilfsbetriebe der Gefäße angeordnet. Eine kleine Werkstatt *2* gestattet die Vornahme der sich während des Versuchsbetriebes ergebenden Arbeiten. Im oberen Teil des niedriger gehaltenen Anbaues ist im Raum *8* ein Steuerpult unter-

Die Versuchsübertragungsanlage „Charlottenburg–Moabit" der SSW. 271

gebracht, ferner der Steuersender *11* für die Gittersteuerung sowie die Niederspannungsverteilungstafel *12*. Darunter befindet sich ein Aufenthaltsraum *7*, eine Dunkelkammer *6* für die Entwicklung der oszillographischen Aufnahmen, die Ölrückkühlanlage *5* für den Kühlkreis der Stromrichtergefäße sowie ein Raum *4* zur Aufnahme eines Hilfstransformators und die 30 kV-Zelle *5*.

Die Freiluftanlage umfaßt im wesentlichen den Regelumspanner, die Gleichstromglättungsdrossel, den Wasserwiderstand zur Prüfung der Gefäße sowie die schon erwähnten Gleichstromkabelstücke. Von der Freiluftanlage sind drei Drehstrom- und zwei Gleichstromleitungen in das Stromrichterhaus eingeführt. Abbildung 174 zeigt die Aufnahme der Freiluftanlage und Abb. 175 eine Innenaufnahme des Stromrichterhauses in Charlottenburg. In Charlottenburg wurden zunächst Gefäße mit luftgekühlten Anoden für 100 kV, 100 A eingebaut. Eine Auswechs-

Abb. 175.
Stromrichterhaus der Anlage Charlottenburg der SSW.
1 Isolierumspanner, *2* Gerüstwagen, *3* Überwachungsgeräte für den Kühlkreis, *4* Ölleitungsrohr, *5* Kopplungskondensator, *6* Überwachungsinstrumente, *7* Schalter und Sicherungen, *8* Anode, *9* Kondensatorkette, *10* Anodendrossel, *11* Gleichstromanzeiger, *12* Dämpfungskreise.

lung dieser Gefäße gegen die von vornherein in Moabit eingebauten Gefäßtypen mit Ölkühlung für 250 A, d. h. je Brückenschaltung für 25 MW, wie sie auch für die Übertragung Elbe—Berlin vorgesehen werden sollten, war im Versuchsprogramm enthalten. Der Anschluß der Gefäße geschieht über die schon früher erwähnten Luftdrosseln. Zur Überwachung der Gleichstromleistung dient ein in den Gleichstromleitungszug eingebauter Drehspulenstrommesser sowie ein Drehspulenspannungsmesser für einen Anzeigebereich bis 150 kV. Gegenüber der Stromrichteranlage ist die Schaltwarte in etwa 3 m Höhe über dem Hallenfußboden angeordnet, um jederzeit einen guten Überblick über die Anlage zu gewährleisten. Im Schaltpult der Warte befinden sich die Überwachungsgeräte, das Blindschaltbild der Anlage mit den Steuerschaltern und Melde-

Abb. 176. Stromrichterhaus der Anlage Moabit der SSW.
1 Isolierumspanner, *2* Kühlsatz, *3* Ölführungsrohr für Anodenöl, *4* Ölführungsrohr für Kesselöl, *5* Kopplungskondensatoren, *6* Kathodendrossel, *7* Anode, *8* Kondensatorkette, *9* Anodendrossel, *10* Zusatzdrossel, *11* Pumpensatz, *12* Erregersatz.

geräten sowie Betätigungsdruckknöpfe für das Schnellrelais und die Notausschaltung des Drehstromleistungsschalters.

Abb. 176 zeigt noch die Aufnahme der leistungsfähigeren Stromrichteranlage in Moabit. Die Verkleidung der Gefäße ist abgenommen, um die Einzelheiten des Aufbaues besser hervortreten zu lassen. Am Ende der Halle sind die zur Herabminderung der Anodenlöschschwingungen aufgestellten Dämpfungskreise, bestehend aus Kondensatoren und aufgebauten Dämpfungswiderständen, angeordnet. Sie sind in Abb. 177 wiedergegeben. Im Vordergrund ist ein Kopplungskondensator festgestellt zwecks Aufnahme von Oszillogrammen. Die Versuche dieser Anlage wurden im Frühjahr 1943 zunächst durch Betrieb der Anlage Charlottenburg auf Wasserwiderstand mit einer Leistung von 2,7 MW bei 100 kV aufgenommen, während Ende 1943 beide Anlagen zur Aufnahme des Übertragungsbetriebes zur Verfügung standen.

Die Versuchsanlage Charlottenburg—Moabit konnte so ausgelegt werden, daß sie weitgehend praktischen Verhältnissen entspricht. Sie besitzt den Nachteil einer zu kurzen Entfernung zwischen Sende- und Empfangsstation, bei der also die Laufzeit der Steuerimpulse im Gegensatz zu Weitübertragungen vernachlässigbar wird. Es wurde versucht, die Regelung so aufzubauen, daß die Ergebnisse auf Weitübertragungen sinngemäß anwendbar erscheinen. Im Anschluß an die Ausführungen im Abschnitt II soll nunmehr kurz hierauf eingegangen werden. Es sei angenommen, daß im Netz

Abb. 177. Dämpfungskreis der Anlage Moabit der SSW.
1 Kondensatoren, *2* Widerstände, *3* Kopplungskondensator für oszillographische Messungen.

in Moabit Spannungsabsenkungen bis zu 20% im 30 kV-Netz bei Störungen auftreten. Es sollen die Verhältnisse auf der Gleich- und Wechselrichterseite hinsichtlich Aussteuerungsgrad, Spannung, Strom, Wirk- und Blindleistung miteinander verglichen werden, wenn die Regelung

a) bei konstantem Strom in Moabit, b) bei konstantem Strom in Charlottenburg erfolgt.

Außer den in Abschnitt II gewählten Bezeichnungen bedeuten
J_W = sekundärer Transformatorstrom auf der Wechselrichterseite,
U_W = verkettete Spannung am Wechselrichtertransformator,
U_g = verkettete Spannung am Gleichrichtertransformator,
N_W = übertragene Wirkleistung,
N_{BW} = erforderliche Blindleistung für den Wechselrichter,

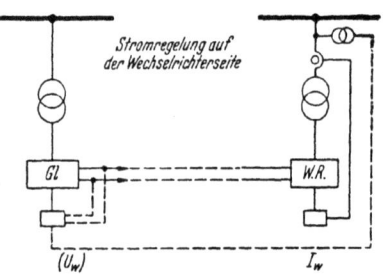

Abb. 178. Regelung bei konstantem Strom in der Station Moabit.

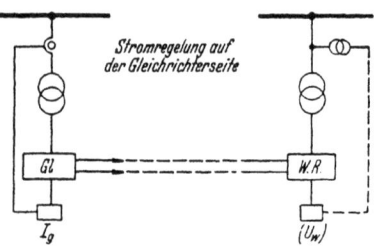

Abb. 179. Regelung bei konstantem Strom in der Station Charlottenburg.

N_{Bg} = erforderliche Blindleistung für den Gleichrichter,

$g_W = x_W \cdot \dfrac{p}{\pi}$ induktiver Widerstand der Wechselrichterseite, bezogen auf die Gleichstromseite in Ohm,

$g_g = x_g \cdot \dfrac{p}{\pi}$ induktiver Widerstand in Ohm für das Gleichrichternetz ($p=3$),

$\Sigma (g + R) = (g_W + g_g + R) = \Sigma$ aller Ohmschen und induktiven Widerstände,

R = Ohmscher Widerstand in der Übertragung.

Die Werte nach der Spannungsabsenkung im gespeisten Netz seien mit ' versehen. Abbildung 178 zeigt das grundsätzliche Regelschema für den Fall a), bei dem die Stromregelung auf der Wechselrichterseite in Moabit angreift. Von den Stromwandlern in der 30 kV-Drehstromzuleitung wird die Aussteuerung des Wechselrichters so beeinflußt, daß der Übertragungsstrom konstant gehalten wird. Gestrichelt ist noch die Beeinflussung des Gleichrichters in der Anlage Charlottenburg angedeutet, und zwar in Abhängigkeit von der Spannung des 30 kV-Netzes in Moabit und in Abhängigkeit von der Gleichspannung auf der Übertragung. Auf diese zusätzlichen Spannungsglieder für die Regelung wird noch später zurückgekommen. Die Übertragung der Netzspannung von Moabit nach Charlottenburg kann über ein vorhandenes Hilfskabel erfolgen.

$\cos \alpha' = \cos \alpha,$ $U_g' = U_g,$
$\cos \beta' = \dfrac{\cos \beta}{0{,}8},$ $U_{W'} = U_W,$ $J_{g'} = J_g.$

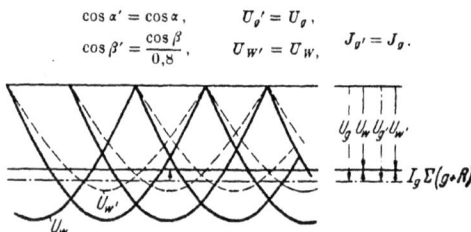

Abb. 180. Regelung bei konstantem Strom am Wechselrichter.

Die Regelung b) ist in Skizze 179 dargestellt. Die Gittersteuerung regelt die Übertragung am Gleichrichter auf konstanten Strom ein. Die gestrichelt eingezeichnete Kompoundierung des Wechselrichters in Moabit in Abhängigkeit von der Spannung des 30 kV-Netzes bleibe für die erste Betrachtung unberücksichtigt.

Vor Ableitung der Regelkurven soll kurz auf die Auswirkung der Spannungsänderungen in den Netzen eingegangen werden, wobei die schwierigsten Verhältnisse bei einer Spannungsabsenkung im gespeisten Drehstromnetz auftreten. Für die Regelung a) sind die Verhältnisse in der Abb. 180 dargestellt, also für den Fall, daß der Strom in Moabit konstant gehalten wird. Spannungsabsenkungen im gespeisten Netz werden durch Erhöhung des Aussteuerungsgrades am Wechselrichter wieder ausgeglichen. Man muß bei einer Spannungsabsenkung im normalen Betrieb so tief aussteuern, daß durch die Erhöhung des $\cos\beta$ beim Absinken der Spannung die Trittgrenze nicht überschritten wird. Wie das Vektorbild erkennen läßt, bleiben alle Spannungen unverändert. Dadurch bleibt auch die übertragene Wirk- und Blindleistung, die vom Gleichrichter aufgenommen wird, konstant. Die Blindleistungsaufnahme des Wechselrichters geht bei Spannungseinbrüchen im gespeisten Netz entsprechend dem ansteigenden Wert von $\cos\beta$ zurück. Das Regelverfahren ist bezüglich seiner Rückwirkung bei Störungen vorteilhaft. Nachteilig ist der große Blindleistungsverbrauch des Wechselrichters im Normalbetrieb.

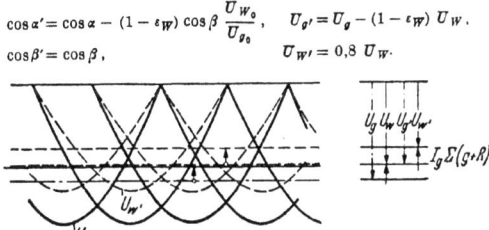

$$\cos\alpha' = \cos\alpha - (1-\varepsilon_W)\cos\beta \frac{U_{W_0}}{U_{g_0}}, \quad U_{g'} = U_g - (1-\varepsilon_W) U_W.$$
$$\cos\beta' = \cos\beta, \quad U_{W'} = 0{,}8\, U_W.$$

Abb. 181. Regelung bei konstantem Strom am Gleichrichter.

Für den Fall b) der Regelung der Anlage bei konstantem Strom in Charlottenburg zeigt Abb. 181 die Spannungsverhältnisse. Der $\cos\beta$ bleibt für diesen Betriebsfall unverändert. Die Gleichhaltung des Stromes bei absinkender Spannung in Moabit wird durch Verringerung der Aussteuerung des Gleichrichters von $\cos\alpha$ auf $\cos\alpha'$ bewirkt. Sie muß derart sein, daß die den Strom treibende Differenzspannung $U_g - U_W = U_{g'} - U_{W'}$ unverändert bleibt. Daraus folgen die in Abb. 181 für $\cos\alpha'$ und $U_{g'}$ angegebenen Beziehungen. Wegen des konstanten Winkels β auf der Wechselrichterseite wird die Überlastungsfähigkeit entsprechend der Spannungsabsenkung nur um 20% zurückgehen. Soll bei höchster Spannungsabsenkung die Trittgrenze mit Berücksichtigung eines bestimmten Sicherheitswinkels eben erreicht werden ($i'_T = 1$), so ist im normalen Betrieb eine Überlastungsfähigkeit $i_T = \dfrac{1}{\varepsilon_W} = 1{,}25$ notwendig.

Bei den betrachteten höchsten Spannungseinbrüchen wird die Wirk- und die Blindleistung am Wechselrichter auf 80% zurückgehen. Die Blindleistung am Gleichrichter wird größer entsprechend der Verkleinerung des Wertes von $\cos\alpha$ auf etwa 85%. Das gestörte Netz in

Moabit wird also von Wirk- auf Blindleistung entlastet, während das speisende Netz in Charlottenburg durch die Spannungseinbrüche in Moabit eine erhöhte Blindbelastung erfährt. Das Regelverfahren hat den Vorteil, daß die Werte der Blindleistung im normalen Betrieb klein sind.

Die Auswirkungen von Spannungsänderungen lassen sich für die beiden betrachteten Fälle wie folgt zusammenfassen:

Regelung a) Die Wirkleistung wird bei allen Spannungsänderungen auf einen gleichbleibenden Wert ausgeregelt, und die Blindleistung in Charlottenburg bleibt wie die Wirkleistung ebenfalls konstant. Die Blindleistung in Moabit ändert sich im gleichen Sinn wie die Spannung auf der Wechselrichterseite in Moabit. Ferner ändert sich die Blindleistung in Moabit im entgegengesetzten Sinn wie die Spannung auf der Gleichrichterseite in Charlottenburg. Eine Gefahr des Überschreitens der Trittgrenze besteht bei Spannungsabsenkungen in Moabit und Spannungsanstiegen in Charlottenburg, wenn nicht vorher ein verhältnismäßig niedriger $\cos\beta$ in Moabit eingestellt wurde.

Regelung b) Die Wirkleistung bleibt bei Spannungsänderungen in Charlottenburg konstant und ändert sich verhältnisgleich mit Spannungsänderungen in Moabit. Die Blindleistung in Moabit verhält sich gegenüber Spannungsänderungen wie die Wirkleistung. Die Blindleistung in Charlottenburg ändert sich im gleichen Sinn wie die Spannung in dieser Station und im entgegengesetzten Sinn wie die Spannung auf der Wechselrichterseite in Moabit. Eine Gefahr des Überschreitens der Trittgrenze besteht bei zu langsamer Regelung.

Mit Hilfe der im Abschnitt II abgeleiteten Beziehungen erhält man in sinngemäßer Anwendung für die Stromregelung a) in Moabit die Spannungsgleichung nach der Spannungsabsenkung mit $J_y = J_{y'}$ und $\cos\beta' = \dfrac{\cos\beta}{\varepsilon_W}$

$$\varepsilon_W \cdot U_{g_0} \cos\alpha - \varepsilon_W U_{W_0} \frac{\cos\beta}{\varepsilon_W} = J_g \sum (g + R).$$

Nach der Spannungsabsenkung gilt für die Überlastungsfähigkeit

$$i'_T = \frac{\left(\cos\beta_0 - \dfrac{\cos\beta}{\varepsilon_W}\right) \varepsilon_W U_{W_0}}{2 g_W \dfrac{N_W}{1{,}04 \, U_{W_0} \cos\beta}}.$$

Aus beiden Beziehungen erhält man für $\cos\beta$ die quadratische Gleichung

$$\cos^2\beta - \cos\beta \, \varepsilon_W \cos\beta_0 + \frac{2 g_W \, i'_T \, N_W}{1{,}04 \, U_{W_0}^2} = 0.$$

Die übrigen Größen erhält man zu

$$U_W = U_{W_0} \cos\beta, \quad J_y = \frac{N_W}{1{,}04 \, U_W} \quad N_W = N'_W, \quad N'_{BW} = N_W \operatorname{tg}\beta'$$

Die Versuchsübertragungsanlage „Charlottenburg–Moabit" der SSW. 277

sowie
$$N_{BW} = N_W \operatorname{tg}\beta, \qquad N'_{BW} = N_W \operatorname{tg}\beta',$$
$$N_{Bg} = N_W \operatorname{tg}\alpha, \qquad N'_{Bg} = N_W \operatorname{tg}\alpha'.$$

Für die Stromregelung in Charlottenburg Fall b) gilt $i_T = i'_T/\varepsilon_W$, und für $\cos\beta$ ergibt sich die Beziehung

$$\cos^2\beta - \cos\beta \cos\beta_0 + \frac{2g_W \cdot i'_T N_W}{1{,}04\,\varepsilon_W U^2_{W_0}} = 0,$$

weiter gilt
$$U'_g = U_{g_0} \cos\alpha',$$

wobei für $\cos\alpha'$ zu setzen ist:

$$\cos\alpha' = \cos\alpha - (1 - \varepsilon_W)\cos\beta \frac{U_{W_0}}{U_{g_0}},$$

$$N'_W = \varepsilon_W N_W, \quad N_{BW} = N'_W \operatorname{tg}\beta, \quad N'_{Bg} = N'_W \operatorname{tg}\alpha'.$$

Mit diesen Gleichungen sind die Kennlinien mit einer Zusatzdrossel von $3{,}5\,\Omega$ auf der Drehstromseite in Moabit mit und ohne Schutzdrossel bestimmt worden. Für den zweiten Fall lassen die Regelkurven erkennen, daß man für höhere Belastungen wesentlich bessere Aussteuerungen erreichen kann. Es wurde mit folgenden Werten gerechnet:

Charlottenburg: Generatorstreuung 12,8%
Streuung des Generatortransformators 7,9%
Streuung des Stromrichtertransformators 7,9%
Summe 28,6%

Alle Werte sind auf 20 MVA bezogen.

Moabit: Streuung des Netzes 2,72%
Streuung des Stromrichtertransformators . . . . . 7,8 %
Zusätzliche Streuung der Schutzdrossel für $3{,}5\,\Omega$,
500 A, 30 kV . . . . 7,8 %
Summe einschließlich Schutzdrossel 18,3 %

Die Einflüsse der Ohmschen Spannungsabfälle in den Transformatoren und Generatoren im Drehstromnetz wurden vernachlässigt. Für die Leitung wurde ein Widerstand von $2\,\Omega$ eingesetzt. Alle Werte sind auf eine Phasenspannung von $105000/\sqrt{3} = 61000$ V und einen Transformatornennstrom auf der Sekundärseite von 110 A bezogen. Damit folgt einschließlich Drossel: $\Sigma(g + R) = 250\,\Omega$, $2g_W = 194\,\Omega$. Ohne Drossel gelten die Werte: $\Sigma(g + R) = 207\,\Omega$ und $2g_W = 110\,\Omega$. Für die verschiedenen Anzapfungen in den Stromrichtertransformatoren wurden die Werte $\varkappa$ bzw. g in Ω konstant gelassen.

Für $\varepsilon_W = 0{,}8$ zeigen die Abb. 182a und 183a den Verlauf des $\cos\beta$, $\cos\alpha$ und der Überlastbarkeit i_T für den Fall, daß die Schutzdrossel eingeschaltet ist. Entsprechend geben die Abb. 182b und 183b den Verlauf der Wirkleistung N_W und der Blindleistung N_{BW} sowie der Werte nach der Spannungsabsenkung N'_W und N'_{BW} wieder. Die Abb. 184

278 Versuchsanlagen.

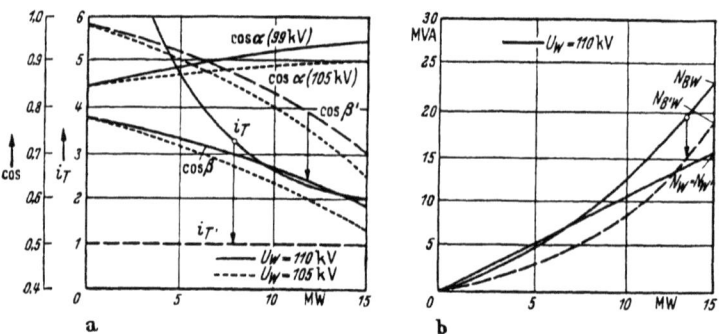

Abb. 182. Kennlinien für $J_T =$ konst in Moabit mit Schutzdrossel in Moabit.

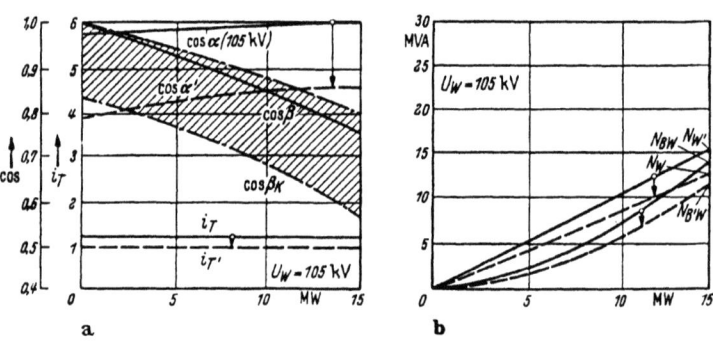

Abb. 183. Kennlinien für $J_T =$ konst in Charlottenburg mit Schutzdrossel in Moabit.

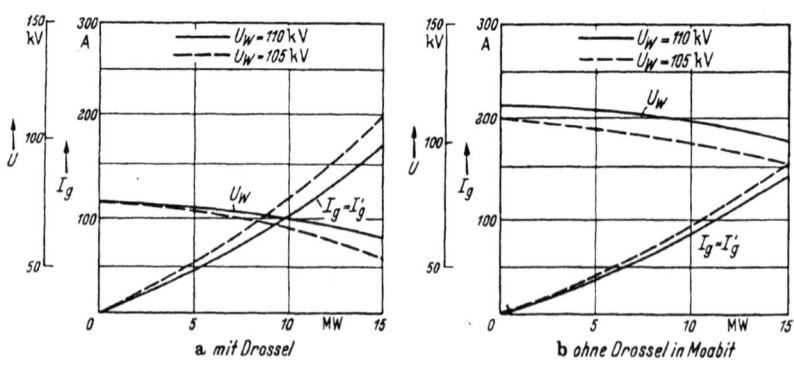

Abb. 184. Kennlinien für $J_g =$ konst in Moabit.

Die Versuchsübertragungsanlage „Charlottenburg-Moabit" der SSW. 279

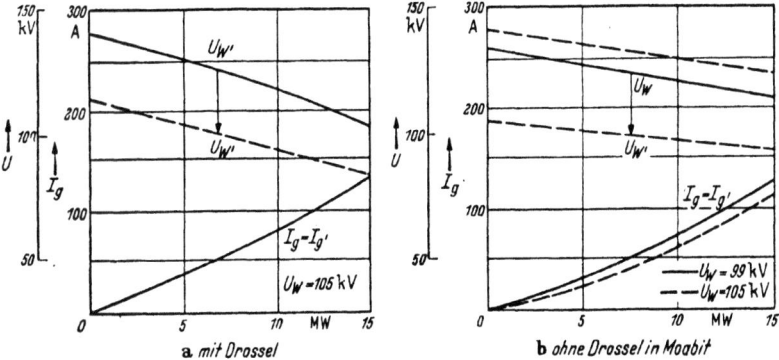

Abb. 185. Kennlinien für J_g = konst in Charlottenburg.

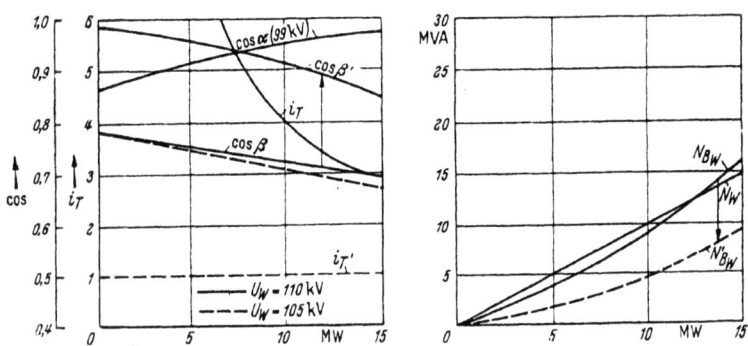

Abb. 186. Kennlinien für J_T = konst in Moabit ohne Schutzdrossel.

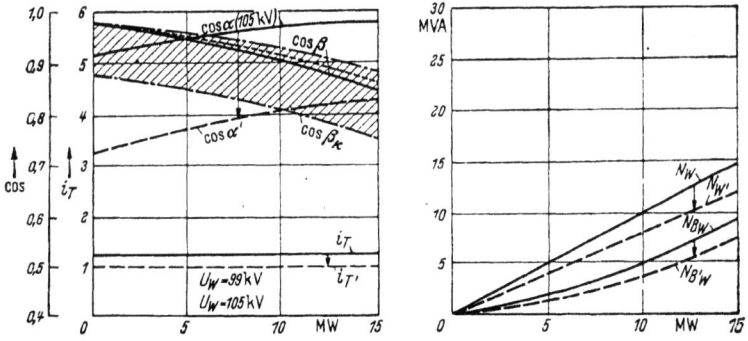

Abb. 187 Kennlinien für J_T = konst in Charlottenburg ohne Schutzdrossel in Moabit.

und 185 zeigen den Verlauf des Gleichstromes J_g bzw. J'_g sowie die am Wechselrichter ausgesteuerte Spannung U_W bzw. U'_W. Die Anzapfungen am Wechselrichtertransformator entsprechen dabei den in den Kennlinien angegebenen sekundären Spannungen U_W am Stromrichtertransformator. Sie sind so gewählt, daß keine zu hohen Spannungen und Ströme auftreten. Der dem Transformatornennstrom von $J_{Tr} = 110$ A zugeordnete Wert des Gleichstromes beträgt

$$J_g = \frac{\sqrt{2}}{\sqrt{3}} \cdot J_{Tr}.$$

Die am Gleichrichtertransformator gewählte Anzapfung ist hinter den Werten von $\cos \alpha$ in Klammer beigefügt und so gewählt, daß ein möglichst guter Leistungsfaktor im Gleichrichter entsteht. Die Abb. 182a und 184a zeigen gestrichelt den Einfluß der Änderung der Transformatoranzapfungen am Wechselrichter von 110 kV auf 105 kV. Ein Vergleich der Abb. 184/185a und b gibt den Einfluß der fortfallenden Schutzdrossel in Moabit wieder. Bei gleichen Transformatoranzapfungen liegen die Spannungen bei der Übertragungsleitung ohne Drossel höher.

Die Abb. 186 und 187 geben die Regelkennlinien bei Betrieb ohne Schutzdrossel in Moabit wieder. Sie lassen erkennen, daß durch den Fortfall der Drossel die Aussteuerungen in Moabit erheblich höher gewählt werden können, und betonen die Bedeutung einer geringen Induktivität auf der Wechselrichterseite. Die Überlastungsfähigkeit liegt hier wesentlich höher als bei Betrieb mit Drossel.

Der ins Gewicht fallende Aufwand an Blindleistung für die Gleich- und Wechselrichterseite der Übertragung für $N_W = 15$ MW ist für die beiden untersuchten Regelfälle ohne (o) und mit (m) Schutzdrossel in Moabit der nachstehenden Tabelle zu entnehmen.

Regelung		N'_W	N_{BW}	N'_{BW}	N_{Bg}	N'_{Bg}	$(N_{BW} + N_{Bg})$	$(N'_{BW} + N'_{Bg})$
a	o	15	16	9,1	3,0	3,0	19	12,1
	m	15	22,2	18	5,0	5,0	27,2	23
b	o	15	9,2	7,4	2,1	8,0	11,3	14,4
	m	15	13,2	10,5	1,5	7,6	14,7	18,1

Aus der Tafel ist ersichtlich, daß der Blindverbrauch des Wechselrichters bei der Regelung b) erheblich günstiger ist. Der Blindleistungsverbrauch der Gleichrichterseite ist erwartungsgemäß wesentlich niedriger als der für die Wechselrichter. Er ist für die Regelung b) vor der Spannungsabsenkung am geringsten, danach am größten. Ungünstig für die Regelung b) ist der Blindlaststoß, der bei Störungen in Moabit auf das Drehstromnetz in Charlottenburg kommt. Demgegenüber zeigt die Regelung a) ein Ansteigen des Blindverbrauchs am Wechselrichter bei Spannungsabsenkungen auf der Gleichrichterseite, während dies bei der Regelung b) ohne Einfluß ist.

Die in Moabit eingespeiste Wirkleistung geht bei Spannungsabsenkungen in diesem Netz proportional herab. Will man dies vermeiden, so ist es leicht möglich, in Charlottenburg auf gleichbleibende Leistung N_W zu regeln. Damit muß bei Spannungsabsenkungen in Moabit der Aussteuerungswinkel der Gleichrichter in Charlottenburg in geringem Maße heruntergesetzt werden. Der Blindverbrauch der Gleichrichter wird dabei für die herabgesenkte Spannung in Moabit geringer als bei der Regelung bei konstantem Strom; der Blindverbrauch in Moabit bleibt auf gleicher Höhe.

Kommt die Regelgeschwindigkeit den Spannungsänderungen nicht nach, so hat ein zu langsamer Regelvorgang in Charlottenburg (Fall b) ein Anwachsen des Stromes und gegebenenfalls ein Überschreiten der Trittgrenze des Wechselrichters zur Folge. Man muß dann bei zu langsamer Regelung den Wechselrichter tiefer aussteuern, als für Fall b) rechnerisch ermittelt wurde. Immerhin ist auch bei nicht ganz ausreichender Regelgeschwindigkeit die Regelung nach b) der nach a) überlegen. Für die in der Versuchsanlage Charlottenburg—Moabit vorliegenden Verhältnisse erscheint die Regelung auf der Gleichrichterseite vorteilhaft, dagegen ist es von untergeordneter Bedeutung, ob man bei gleichbleibendem Strom regelt oder die übertragene Leistung konstant hält.

Wir wollen noch kurz die Auswirkung weiterer Abhängigkeiten der Regelung für die beiden betrachteten Fälle erörtern. In Abb. 178 ist für den Fall a) die Einführung eines Gleichspannungsgliedes und eines der Drehspannung in Moabit proportionalen Gliedes in die Gleichrichtersteuerung in Charlottenburg angedeutet. Wie ersichtlich, erfordert diese Maßnahme eine Steuerleitung zwischen beiden Stationen. Da die Gleichrichteraussteuerung in Charlottenburg sowohl von der Gleichspannung der Übertragung im Sinne einer Gleichhaltung dieser Spannung beeinflußt werden soll als auch gleichzeitig von der Spannung des 30 kV-Netzes in Moabit, so ist ein befriedigendes Arbeiten nur zu erreichen, wenn der Regelimpuls von Moabit aus stärker ist als der Spannungsimpuls von der Gleichstromseite in Charlottenburg. Nur bei konstanten Spannungsverhältnissen in Moabit kompensiert die Spannungsregelung in Charlottenburg die Spannungsänderungen des speisenden Netzes und gegebenenfalls auch die Spannungsabfälle im Gleichrichter. Bei Spannungsabsenkungen in Moabit überwiegt der Einfluß von Moabit und drückt die Aussteuerung des Gleichrichters und damit die Übertragungsspannung auf kleinere Werte. Eine Beeinflussung der Gittersteuerung des Gleichrichters in Abhängigkeit von der Übertragungsspannung erscheint indessen nicht notwendig, da in Charlottenburg bei Speisung durch einen besonderen Generator erhebliche Spannungsschwankungen nicht zu erwarten sind. Man wird deshalb einer Regelung nach b) gemäß Abb. 179, bei der eine Übertragungsleitung zwischen den beiden Stationen für die Impulse gespart wird, den Vorzug geben, wobei man noch den Vorteil besitzt, daß die bei mehreren Regelimpulsen vorhandene Pendelgefahr vermieden wird.

Eine Ergänzung der Regelung gemäß Fall b) durch eine Kompoundierung der Spannung in Moabit könnte vorwiegend aus zwei Gründen in Betracht kommen. Würde es gelingen, die Kompoundierung so trägheitslos vorzunehmen, daß sie den Änderungen der Drehspannung unverzögert nachkommt, so könnte man den Wert von $\cos \beta$ noch steigern, und zwar so weit, daß dauernd mit $i_T = 1,0$ statt 1,25 gefahren wird. Dadurch würde bei Übertragung von 15 MW der $\cos \beta$ von 0,752 auf 0,808 mit Schutzdrossel bzw. von 0,852 auf 0,882 ohne Schutzdrossel steigen. Dieser Verringerung der Blindleistung um 15 bis 20% steht aber die Gefahr gegenüber, daß beim Zurückbleiben des Reglers schon bei geringen Spannungsabsenkungen der Wechselrichter außer Tritt fallen kann. Bei langen Übertragungen hingegen bewirkt die Kompoundierung des Wechselrichters das Voransprechen der Regelung auf der Gleichrichterseite, durch die die Überlastungsfähigkeit sichergestellt wird. Bei der Bedeutung, die dieser Regelfrage für Weitübertragungen zukommt, war in Aussicht genommen, diese Regelungsart in Moabit anzuwenden. Der Bereich, in dem die Kompoundierung zu wirken hat, ist in den Abb. 183 und 187 durch Schraffur für eine Spannungsabsenkung $\varepsilon_W = 0,8$ angedeutet. Die unterste Grenzkurve von β_k entspricht dabei dem ungeregelten Betrieb. Kommt die Stromregelung den auftretenden Spannungsänderungen nicht voll nach, so muß die Kompoundierung am Wechselrichter den $\cos \beta$ auf Werte bringen, die im schraffierten Bereich der beiden zuletzt genannten Abbildungen liegen.

Zusammenfassend läßt sich feststellen, daß der Einfluß eines schnell arbeitenden Reglers auf der Gleichrichterseite, der in der Anlage Charlottenburg—Moabit sehr günstig ist, bei einer Weitübertragung nicht im gleichen Maße wirksam wird. Man wird dann auf die Kompoundierung der Wechselrichter zurückgreifen, wobei der Größe der Glättungsdrossel auf der Wechselrichterseite besondere Bedeutung zukommt. Dabei ist leicht ersichtlich, daß bei Schaltungen, die ohne Anodenlöschung arbeiten, eine extrem geringe Eigenzeit des Reglers keine wesentliche Verbesserung bringt, da bei einem Abstand von 120° el. zwischen zwei kommutierenden Wechselrichteranoden stets 6,6 ms vergehen können, bis die Regelung bei der Folgeanode eingreift. Bei einer Übertragung über 1000 km käme infolge der Laufzeit der Impulse über das Kabel die Regelung von der Gleichrichterseite bei einer Störung im gespeisten Netz erst nach etwa 20 ms zur Auswirkung.

Die Versuche in Charlottenburg wurden zunächst mit einer Belastung der Gefäße auf den Wasserwiderstand im November 1942 begonnen, und zwar wurde die aus sechs einanodigen Gefäßen bestehende Brückenschaltung 7 bis 8 Stunden täglich mit Belastungen bis 2700 kW gefahren. Das Gefäßverhalten wich nicht von dem im Prüffeld ab, bis auf die durch die Kommutierung angestoßenen Schwingungen, die eine Anpassung der Dämpfungskreise erforderten. Im September 1943 wurden die größeren Gefäße in Moabit entgast und ebenfalls auf Wasserwiderstand belastet, bis schließlich im Januar 1944 mit den eigentlichen Übertragungsversuchen begonnen werden konnte. Um diese Zeit wurden 3000 kW bei Gleichspannungen von 90 bis 110 kV von Charlottenburg nach Moabit und auch in umgekehrter Richtung übertragen. Leider war ein Betrieb aus zeitbedingten Gründen nur während mehrerer Stunden am Tage möglich, bis Ende 1944 Leistungen von 4000 kW und kurzzeitig 50% mehr übertragen werden konnten. Zur Vermeidung von Schwingungen auf der kurzen Leitung war es notwendig, diese durch Ohmsche Widerstände zu dämpfen.

Die Erfahrungen zeigten, daß ein Betrieb mit 100 kV zu erreichen war, wenn auch die Gefäße noch Rückzündungsneigungen hatten. Obwohl es nicht mehr möglich war, die in Aussicht genommenen Regelversuche zu Ende zu führen, so zeigte die Anlage doch die grundsätzliche Richtigkeit der angestellten Überlegungen.

b) Die Versuchsanlage Elbe—Berlin.

Die Entwicklungsarbeiten auf dem Gebiet der Gleichstrom-Hochspannungsübertragung fanden das Interesse staatlicher Stellen, insbesondere angeregt durch Herrn Prof. STEINMANN, so daß die Industrie 1941 aufgefordert wurde, Vorschläge für die Errichtung von Großversuchsanlagen auszuarbeiten mit dem Endziel, sie einem Dauerbetrieb zu übergeben. Die SSW nahmen hierfür eine Gleichstromkabelübertragung von 100 MW mit 440 kV von Fürstenberg nach Berlin in Aussicht, während die AEG eine Kabelübertragung von 60 MW mit 440 kV vom Kraftwerk Vockerode bei Dessau nach Berlin-Marienfelde vorantrieb. Die angespannte Rohstoff- und Arbeitslage zwang jedoch zu einer Beschränkung dieser Bauvorhaben, und es wurde verlangt, daß sich die SSW an dem Projekt der AEG für die Anlage Elbe—Berlin beteiligten, obwohl beide Firmen bisher ihre Arbeiten getrennt durchgeführt hatten. Die SSW hatten auch für diese Anlage Stromrichtereinheiten für 100 MW vorgeschlagen, um möglichst eine für Hochleistungsübertragungen geeignete Stromrichtereinheit erproben zu können; schließlich wurde ein Übereinkommen erzielt, wonach die Anlage Elbe—Berlin für 60 MW ausgeführt werden sollte und die AEG und SSW je eine Stromrichteranlage von 30 MW in Elbe—Berlin zu errichten hatten. Jede Anlagenhälfte war für 220 kV vorgesehen, so daß sich in Zusammenschaltung bei Betrieb mit geerdeter Mitte eine Außenleiterspannung von 440 kV ergab. Der Versuchsbetrieb sollte zeitlich gestaffelt stattfinden, wobei die AEG mit den Versuchen beginnen sollte. Mit dem Bau und der Betriebsführung wurden die Elektrowerke AG. betraut. Obwohl dieses Projekt Anfang 1945 sehr weit in der Ausführung vorangeschritten war, durfte ein Versuchsbetrieb nicht aufgenommen werden. Die Anlage wäre dazu berufen gewesen, die Gleichstrom-Hochspannungsübertragung bis zur Einsatzreife zu entwickeln.

Die Schaltung der Anlage zeigt Abb. 188. Die Stromrichtereinheiten im Kraftwerk Elbe werden durch je drei Einphasentransformatoren der Firma Alsthom von je 12 MVA gespeist. Sie sind primär mit zwei Wicklungshälften versehen, um Stern-Dreieck-Schaltung wahlweise einstellen zu können. Die Drehstromspannung auf der Stromrichterseite beträgt 170 kV, die Kurzschlußspannung zwischen Primär- und Sekundärwicklung 12%. Sie besitzen eine Tertiärwicklung zur Speisung der Hilfsbetriebe und Abnahme der Spannung für die Gittersteuerung mit einer höchsten Belastung von 500 kVA. Die Kurzschlußspannung zwischen Primär- und Tertiärwicklung besitzt bei den Transformatoren in Elbe einen Wert von 6%, in Marienfelde etwa 1,4%. Die SSW hatten für beide Stationen ihre in der Anlage Charlottenburg—Moabit in Erprobung befindlichen Gefäße für 250 A vorgesehen, um an ihrem Endziel der Schaffung von Gefäßen für eine 100 MW-Stromrichtereinheit festhalten zu können. Die Gefäße waren für erhöhte Sperrspannung ausgelegt, die sich gegebenenfalls bei dem ringförmigen Aufbau der Anoden nach Abschnitt V/2 durch Vermehren der Einsätze noch weiter steigern ließ, falls dies die Versuchsergebnisse erfordert hätten. Es war geplant, auch Gefäße für eine Gleichspannung von 200 kV zu erproben, um bei noch höheren Übertragungsspannungen mit einer beschränkten Anzahl in Reihe geschalteter Gefäße nach den Ausführungen in Abschnitt V/5 bei genügender Rückzündungssicherheit auszukommen. Die SSW haben deshalb in der Anlage Elbe die Brückenschaltung mit nur zwei in Reihe geschalteten Gefäßen gewählt, während die AEG drei Gefäße in Reihenschaltung angewandt hat, die für 150 A und die normale Sperrspannung von 120 kV ausgelegt waren, wobei das dritte in der Abb. 188 schraffiert angedeutete Gefäß als Sicherheitsgefäß dient. Normalerweise werden damit die drei in Reihe geschalteten Gefäße mit einer Sperrspannung von 80 kV beansprucht. Während die Stationen in Elbe und Berlin von der AEG gleich ausgeführt wurden, haben die SSW für ihre Anlagenhälfte in Berlin die Brückenreihenschaltung mit zwei Transformatoren von je 18 MVA, 85/30 kV verwandt. Die Kurzschlußspannung der Wechselrichtertransformatoren wurde mit Rücksicht auf die bereits erörterten besonderen Betriebsanforderungen der

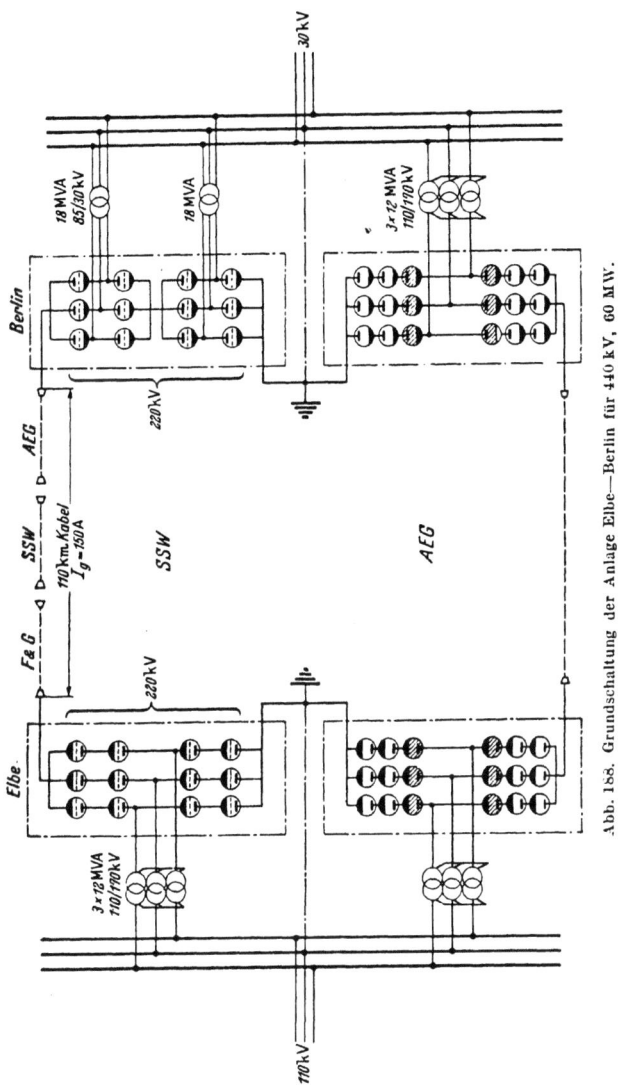

Abb. 188. Grundschaltung der Anlage Elbe—Berlin für 440 kV, 60 MW.

Wechselrichterseite mit 4% besonders klein gewählt. Die Transformatoren sind auf der 30 kV-Seite, die das Netz der Bewag speist, von Stern

auf Dreieck umschaltbar, um einerseits im Parallelbetrieb der SSW-
mit der AEG-Stromrichtergruppe die hierfür vorgesehene sechsphasige
Welligkeit der Gruppe herstellen zu können, bei Betrieb der Gesamtanlage mit geerdeter Mitte also mit zwölfphasiger Rückwirkung fahren zu
können, anderseits aber auch bei Alleinbetrieb ihrer Gruppe in Berlin
den Wechselrichter ebenfalls mit gleicher Welligkeit betreiben zu können und eine größere Versuchsfreiheit zu besitzen. Bei Alleinbetrieb
einer Anlagenhälfte erschien für die vorwiegend als Gleichrichter arbei-

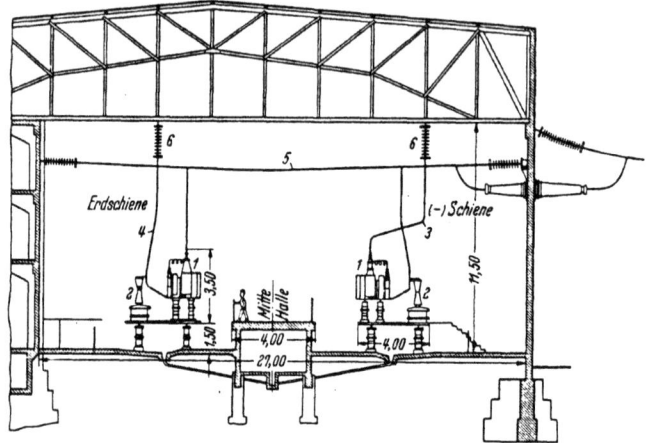

Abb. 189. Querschnitt durch das 440 kV-Stromrichterwerk Elbe der AEG.
1 Gleichrichtergruppe auf Zwischenpotential, *2* Isolierwandler, *3* Gleichstromminusschiene
220 kV, Al-Rohr 50 mm, *4* Gleichstromerdschiene, *5* Drehstromzuleitungen 98 kV-Sternspan-
nung, *6* Hängeketten für Gleichstromschiene.

tende Station Elbe eine sechsphasige Rückwirkung tragbar, so daß auf
die bereits für die Anlage von der AEG vorgesehenen Transformatoren
der Alsthom zurückgegriffen wurde. Auf der Gleichstromseite jeder
Station liegt eine Glättungsdrossel für 5 A. Diese Drosselspulen sind nicht
wie in der Anlage Charlottenburg—Moabit auf Porzellanstützern isoliert
aufgebaut, vielmehr wurde die Wicklungsisolation im Inneren der Drossel
entsprechend stark ausgeführt. An Dämpfungskreisen und Überspan-
nungsschutz waren sinngemäß die gleichen Einrichtungen vorgesehen
wie in der Anlage Charlottenburg—Moabit. Ebenso wurden zum Ent-
gasen und Einfahren der Gefäße Wasserwiderstände angeordnet.

Von der 115 km langen Kabelstrecke hatten Felten & Guillaume
den Ausgangsabschnitt von Elbe aus mit 38 km Länge zu verlegen,
die SSW den Mittelabschnitt mit 30 km (siehe Abschnitt V/12); die
AEG hatte die Einführung des Kabels nach Berlin zu besorgen. Im
Abstand von 25 cm wurde mit den beiden Hauptkabeln noch ein Kabel

aus 14 Doppeladern von 1 mm² Al in sieben Sternvierern im gleichen Kabelgraben verlegt, das zum Fernmessen und -regeln diente. Die Stromrichtergefäße wurden mit der bereits beschriebenen Hochfrequenzgittersteuerung beeinflußt. Die Leistungsregelung sollte von Marienfelde über einen Tonfrequenzkanal erfolgen, auch der Einbau einer frequenzabhängigen Regelung des Leistungssollwertes sowie eine selbsttätige Verstellung des Sollwerteinstellers waren vorgesehen.

Wie erwähnt, sollte die AEG verabredungsgemäß mit ihrer Anlagenhälfte mit den Versuchen zuerst beginnen. Dabei konnte entweder das zweite Kabel als Rückleitung verwendet werden oder die Erde. Die Anlage war auch so umschaltbar, daß Energie von Berlin nach Elbe übertragen werden konnte. Einen Einblick in den Aufbau der AEG-Anlagenhälfte vermittelt Abb. 189. Entlang der linken Seite des Gebäudes waren noch die Warte, eine 6 kV-Hilfsanlage, die Kühl- und Kompressoranlagen für die Gefäße bzw. Schalter sowie eine Werkstatt untergebracht. Die SSW hatten, wie schon bemerkt, die Absicht, in dieser Anlage außerdem Gefäße für 200 kV Gleichspannung in Brückenschaltung zu erproben, die Anwendbarkeit des Kondensatorschalters weiter zu betreiben und Erfahrungen mit dem Betrieb einer längeren Kabelstrecke zu sammeln. Der Abbau der Anlage verhinderte die Durchführung dieser Absichten.

c) Die Übertragung von Wettingen nach Zürich der BBC.

Etwa gleichzeitig mit der Inbetriebnahme der 75 kV-Übertragung für 300 kW mit Glühkathodenstromrichtern auf dem Werksgelände der SSW benutzte BBC, Baden, die Gelegenheit der Landesausstellung in Zürich 1939, eine Gleichstromübertragung vorzuführen. In Zusammenarbeit mit dem Elektrizitätswerk der Stadt Zürich wurden vom Kraftwerk Wettingen nach dem Unterwerk der Landesausstellung in Zürich über eine einpolige 20 km lange Freileitung 500 kW bei 50 kV übertragen, wobei die Belastung zeitweise bis auf 1000 kW gesteigert

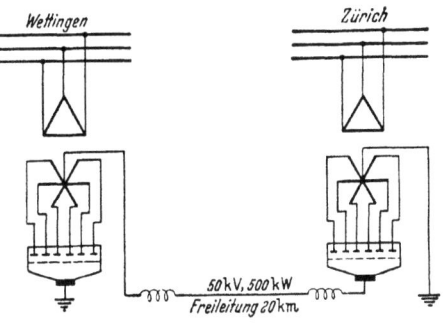

Abb. 190. Grundschaltung der Gleichstromübertragung von BBC von Wettingen nach Zürich.

werden konnte. Die Rückleitung des Stromes erfolgte durch die Erde. Für die Gleichstromübertragung wurde das zum Schutz der bestehenden Drehstromleitung vorhandene Erdseil verwendet, das auf Isolatoren ver-

288   Versuchsanlagen.

legt wurde. Schalter auf der Gleichstromseite waren den einfachen Übertragungsverhältnissen entsprechend nicht vorgesehen. Die Schaltung der Anlage zeigt Abb. 190. Sie arbeitete mit einem sechsanodigen Gleich- und Wechselrichter, der in einer Stufe die Gleichspannung von 50 kV erzeugt, und war der vorhandenen Drehstromleitung parallel geschaltet.

Abb. 191. Wechselrichterstation auf der Landesausstellung in Zürich.

Die Regelung erfolgte mit Hilfe der Steuergitter, die auch zur Abschaltung von Kurzschlüssen und Rückzündungen dienten. Beim Auftreten von Überströmen wurden durch ein schnell arbeitendes stromabhängiges Relais die positiven Zündimpulse der Stromrichter unterbunden, wodurch die augenblickliche Sperrung der Gefäße herbeigeführt wurde, und nach 0,1 bis 0,2 s wurden die Gitter wieder freigegeben. Bei Dauerkurzschlüssen wurde die Anlage durch Überstromrelais, die drehstromseitig angeschlossen waren, mit Hilfe der Drehstromschalter abgeschaltet.

Der unter Hochspannung stehende Teil der Regel-, Meß- und Schutzeinrichtungen war auf einem gegen Erde isolierten Schaltfeld untergebracht. Abb. 191 zeigt eine Ansicht des Wechselrichters in der Unterstation der Landesausstellung. Zur Inbetriebsetzung wurde zunächst der Gleichrichter eingeschaltet und dann der Wechselrichter. Die Stillsetzung erfolgte in umgekehrter Reihenfolge. Zur Vereinfachung der Bedienung war die Gleichrichteranlage durch eine Hochfrequenzfernsteuerung mit Zürich verbunden, von wo aus sie gesteuert wurde. Als Übertragungsleitung für die Gleichstrom-Hochspannungsübertragung benutzte man die 50 kV-Leitung.

d) Die Großversuchsanlage in Bodio der BBC.

Ebenso wie die SSW und die AEG und später auch ASEA entschlossen sich auch BBC in der Schweiz durch Erstellung einer Großversuchsanlage die Geräte für die Gleichstromübertragung möglichst unter praktischen Bedingungen zu erproben. Die Aare-Tessin AG für Elektrizität stellte BBC in ihrem Werk Biaschina in Bodio das Netz und die entsprechenden Räumlichkeiten zur Durchführung der Versuche zur Verfügung. Allerdings wurde mit dieser Versuchsanlage keine Gleichstromübertragung im eigentlichen Sinne geschaffen, vielmehr handelte es sich hier um eine Kreisschaltung, bei der die vom Gleichrichter umgeformte Drehstromenergie über einen kurz gekoppelten Wechselrichter in das gleiche speisende Drehstromnetz zurückgeliefert wird. Vom Netz waren also nur die Verluste zu decken sowie der Blindleistungsbedarf des Gleich- und Wechselrichters. Das Werk in Bodio ist mit mehreren Kraftwerken mit der Gotthard-Leitung verbunden, so daß eine verhältnismäßig hohe Kurzschlußleistung vorhanden ist, die eine scharfe Prüfung der Stromrichter ermöglichte.

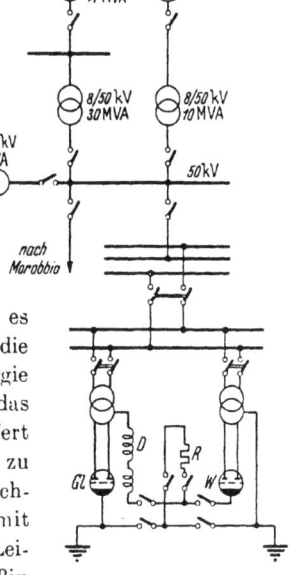

Abb. 192. Schaltung der Versuchsanlage in Bodio von BBC.

Die Anordnung der Versuchsanlage geht aus Abb. 192 hervor. Die Leistungskapazität an der 50 kV-Sammelschiene im Kraftwerk Biaschino beträgt etwa 60 MVA. An diese Sammelschiene ist der Gleichrichter Gl und der Wechselrichter W einphasig in Kreisschaltung an-

290   Versuchsanlagen.

geschlossen. Zur Glättung des Gleichstromes dienen die beiden Drosselspulen D. Mit Hilfe der angedeuteten Schalter konnte das Gleich- bzw. Wechselrichtergefäß einzeln an den Wasserwiderstand R oder mit ihm in Reihe an die Drosselspule D gelegt werden, um die Stromrichtergefäße für sich prüfen zu können. Zum Schutz war vor jedem Strom-

Abb. 193. Versuchsaufbau von BBC in der Station Bodio.

richter ein Druckluftschalter eingebaut. Wie die Abb. 193 zeigt, ließen sich im vorhandenen Raum die beiden sechsanodigen Stromrichter mit ihren Steuer-, Kühl- und Hilfseinrichtungen bequem unterbringen. Je drei Anoden wurden über Anodendrosselspulen parallel an eine Transformatorphase angeschlossen. Die Stromrichter sind auf Podien aufgestellt, die gegen Erde isoliert sind. Die Gefäße wurden durch Luft gekühlt, die in einem Rückkühler auf der gewünschten Temperatur gehalten wurde. Die Steuerung wurde in der tiefer liegenden Schaltwarte untergebracht. Transformatoren, Drosselspulen und Schalter waren auf einem umzäunten Gelände des Kraftwerkes aufgestellt.

Die einphasige Belastung des Netzes und der hohe Blindleistungsbedarf der Kreisschaltung verursachten eine merkliche Verzerrung des Netzspannungsdreiecks. Das Netz erlaubte eine Gefäßbelastung bei einer Gleichspannung von 33 kV bis zu 400 A. Dauerversuche, die sich ununterbrochen bis über eine Woche erstreckten, konnten mit 300 bis 400 A gefahren werden. Allerdings wiesen bei diesen Belastungen die Gefäße noch Rückzündungen auf. Dies führte zur Untersuchung der bereits besprochenen Reihenschaltung der Gefäße und zu einer wesentlichen Heraufsetzung der Rückzündungssicherheit. Die Betriebsresultate in Bodio führten BBC zu der Bereitschaft, eine Großanlage zu übernehmen, also etwa zu dem gleichen Resultat, wie die Anlage Charlottenburg—Moabit, die die SSW veranlaßten, die Anlage Elbe—Berlin zusammen mit der AEG auszuführen. Diese Schweizer Großversuchsanlage zeigt, mit welch erheblichem Einsatz an technischen Mitteln an der Verwirklichung der Gleichstrom-Hochspannungsübertragung auch dort gearbeitet wird.

e) Die Versuchsanlage Trollhättan/Mellerud der ASEA.

In Schweden hat die ASEA in Zusammenarbeit mit der schwedischen Wasserfalldirektion eine Versuchsanlage von Trollhättan nach Mellerud gebaut, bei der eine 50 km lange Freileitung zur Gleichstromübertragung verwendet wird. Jedes Stromrichterhaus besitzt zwei Stromrichtergruppen in Drehstrombrückenschaltung mit je sechs Gefäßen. Als Übertragungsspannung sind 2×45 kV gewählt worden bei $J_g = 72$ A, entsprechend einer Leistung von 6500 kW. Die beiden Stromrichtergruppen besitzen eine Phasendrehung von 30° el., so daß beide Gruppen zwölfphasig zusammenarbeiten.

Für die Stromrichtergruppen wurden einanodige Quecksilberdampf-Stromrichter für 50 kV, 70 A verwendet mit kapazitiver Steuerung der Zwischenelektroden, wie in Abschnitt V bereits geschildert. Nach Angaben von U. LAMM wurden die Gefäße bis zu Gleichspannungen von 70 kV geprüft, wobei befriedigende Ergebnisse hinsichtlich Rückzündungsfestigkeit erzielt wurden. Die luftgekühlten Hochvakuumpumpen der Gefäße arbeiten auf einen Vakuumzwischenbehälter, an dem die Vorpumpen angeschlossen sind.

Außer den zwölf Gefäßen für die beiden Stromrichtergruppen in jeder Station ist noch je ein Nebenweggefäß an die Gleichstromklemmen jeder Gruppe angeschlossen. Dieses übernimmt den Strom, falls die Gefäße einer Stromrichtergruppe durch die Gitter gesperrt werden, wenn diese von einer Rückzündung oder anderen Störungen betroffen werden. Jede Station kann als Gleich- oder Wechselrichter arbeiten, so daß eine Energieübertragung nach beiden Richtungen möglich ist. Die Anlage kann mit geerdeter Mitte betrieben werden. Die Benutzung eines Leiters und der Erde als Rückleiter ist vorgesehen.

Die Gesamtanlage war 1946 noch nicht fertiggestellt. In Trollhättan konnte jedoch eine Gruppe als Gleichrichter, die andere als Wechselrichter, ähnlich wie bei den Versuchen von BBC in Bodio, gefahren werden, wobei jede Gruppe zur Prüfung auf einen Wasserwiderstand geschaltet wurde. Die längste bisherige Versuchsdauer betrug nach Angaben von BORQUIST 110 Stunden mit 40 kV, 50 A.

f) Versuchsanlagen mit Lichtbogenstromrichtern.

Der erste Versuch, einen Lichtbogenstromrichter unter verhältnismäßig schweren Bedingungen zu prüfen, wurde im Kraftwerk Zschornewitz der Elektrowerke AG schon etwa 1932 bis 1933 vorgenommen. Hierbei wurde eine Phase eines 110 kV-Transformators von 23,5 MVA über einen Lichtbogenstromrichter mit einem Ohmschen Widerstand belastet. Der Scheitelwert der Sperrspannung betrug 90 kV, der des Stromes 76 A. Der untersuchte Stromrichter war für eine Sperrspannung von 350 kV und einen Scheitelstrom von 300 A gebaut. Mit sechs Einheiten in Drehstrombrückenschaltung hätte man also 45 MW gleichrichten können. Um weitere Erfahrungen zu gewinnen, wurden

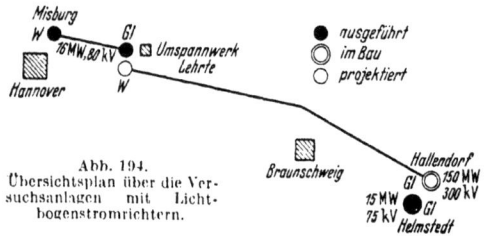

Abb. 194.
Übersichtsplan über die Versuchsanlagen mit Lichtbogenstromrichtern.

in der Umgebung von Hannover-Braunschweig Versuchsanlagen gebaut, die an Leistungsfähigkeit den Anlagen mit Quecksilberdampf-Stromrichtern nicht nachstehen. Eine Übersicht nach A. ERK gibt Abb. 194. Zunächst ist bei Braunschweig in Hallendorf eine Gleichrichteranlage für 15 MW, 75 kV zu erwähnen, ferner die Versuchsübertragungsanlage von 16 MW, 80 kV Gleichspannung mit der Gleichrichterstation in Lehrte und der Wechselrichteranlage in Misburg bei Hannover. Sie entspricht der Leistung nach etwa der SSW-Übertragung Charlottenburg—Moabit, wenn sie auch eine etwas geringere Gleichspannung aufweist. Etwa als Gegenstück zur Übertragung Elbe—Berlin der AEG und SSW, die als Kabelübertragung ausgelegt war, kann man die damals im Bau befindliche Anlage mit Lichtbogenstromrichtern für 150 MW und 300 kV ansehen. Die Gleichrichterstation dieser Anlage war in Hallendorf vorgesehen, die Wechselrichterstation in Lehrte. Die Übertragung sollte über eine bestehende 220 kV-Drehstromfreileitung erfolgen.

Die Gleichstromanlage in Hallendorf für 75 kV, 200 A war mit drei Lichtbogenstromrichtern mit vier Teilstrecken ausgestattet und arbeitete auf einen Widerstand, der aus Schniewindt-Bändern aufgebaut war. Die drei Stromrichter wurden an die 110 kV-Sammelschiene eines Unterwerkes angeschlossen, der Scheitelwert der Sperrspannung betrug somit etwa 160 kV. Die drei Stromrichter waren über den Widerstand mit dem Sternpunkt des 22,5 MVA-Transformators verbunden.

Abb. 195.
Gleichrichterstation für 15 MW, 75 kV mit Lichtbogenstromrichtern mit vier Teilstrecken.

Die Zündung der Stromrichter wurde mit Hilfe von 110 kV-Wandlern vorgenommen, der Zündzeitpunkt war stetig einstellbar. Bei Störungen wurde die Zündung schnell selbsttätig unterbrochen. Die Anlage war weitgehend praktischen Verhältnissen angepaßt. Einen Einblick in den Aufbau der Gleichrichteranlage gibt Abb. 195. Die Druckluftzu- und -abführung zu den drei Stromrichtern ist gut zu erkennen, ebenso die über den Stromrichtern angeordneten Kondensatoren zur Spannungsteilung.

Mit dieser Anlage wurden eingehende Versuche über das Verhalten der Lichtbogenstromrichter unternommen. Unter anderem zeigte sich, daß die Frequenz der wiederkehrenden Spannung erheblichen Einfluß besitzt. Sie kann ebenso, wie schon bei den Quecksilberdampf-Stromrichtern erwähnt, durch vorgeschaltete Drosselspulen und parallel zu den Stromrichtern angeordnete Kapazitäten beeinflußt werden. Auch nach Überbrückung von zwei Teilstrecken der Lichtbogenstromrichter konnte noch ein Betrieb mit voller Spannung durchgeführt werden. Damit waren die Voraussetzungen gegeben, eine vollständige Versuchsübertragung zu bauen und auch den Wechselrichterbetrieb mit zu erfassen.

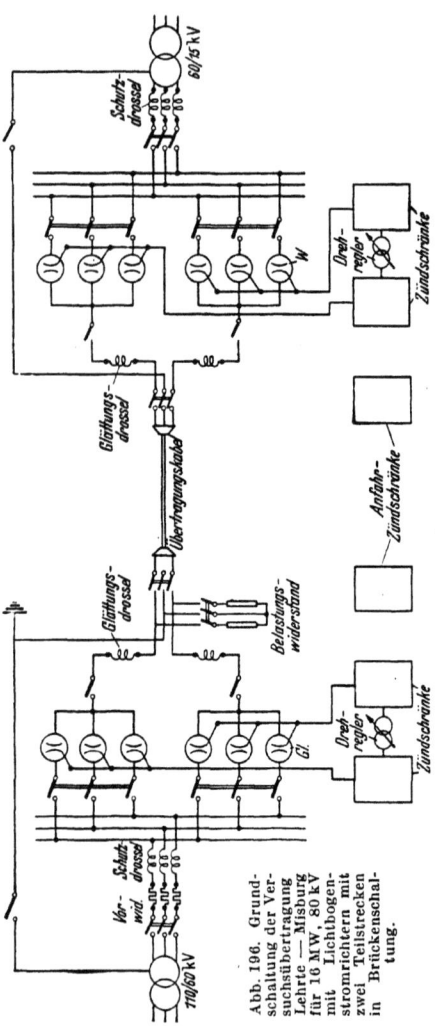

Abb. 196. Grundschaltung der Versuchsübertragung Lehrte — Misburg für 16 MW, 80 kV mit Lichtbogenstromrichtern mit zwei Teilstrecken in Brückenschaltung.

Die Versuchsübertragung von 16 MW, 80 kV Gleichspannung wurde zwischen dem Hauptunterwerk Lehrte, der Preußischen Elektrizitäts-A.G. und dem Unterwerk Misburg errichtet. An ein Drehstromsystem von 60 kV Spannung wurden sechs Lichtbogenstromrichter in Brückenschaltung mit je zwei Teilstrecken angeschlossen und somit bei geerdeter Mitte je 40 kV positive oder negative Spannung gegenüber Erde erzeugt. Über ein vorhandenes Drehstromkabel von 60 kV wurde der Gleichstrom einer etwa 5 km entfernten Wechselrichterstation zugeführt und an ein 60 kV-Drehstromnetz abgegeben. Beide Stationen waren gleich gebaut, die Energierichtung konnte gewechselt werden. Die Grundschaltung der Versuchsübertragung geht aus Abb. 196 hervor. Über einen 100/60 kV-Transformator ist der aus sechs Lichtbogenstromrichtern gebildete Gleichrichter Gl an das speisende Drehstromnetz angeschlossen, während der Wechselrichter W über einen Transformator mit dem gespeisten Drehstromnetz von 15 kV verbunden ist. Die Sternpunkte der 60 kV-Transformatoren können je über einen Nullpunktschalter mit der Erde und dadurch mit der dritten Ader des Übertragungskabels verbunden werden. Vor den Gleichrichter sind Vorwiderstände und Drosselspulen gelegt. Die Vorwiderstände werden im Betrieb kurzgeschlossen, sie dienen zum Einfahren der Stromrichter und sind in ähnlicher Weise auch bei Versuchsanlagen mit Quecksilberdampf-Stromrichtern verwendet worden. Zum Einfahren der Lichtbogenstromrichter wurde auch hier ein Belastungswiderstand für etwa 2000 kW angeordnet. In dem Gleichstromkreis liegen in bekannter Weise Glättungsdrosseln. Für je drei Stromrichtereinheiten ist ein Zündschrank zur Erzeugung der Stoßspannungen vorgesehen. Die Zündzeitpunkte des Gleich- und Wechselrichters werden durch einen Drehregler stetig verstellt, der mit Hilfe selbsttätiger Regler jedem gewünschten Gesetz unterworfen werden kann, wie dies für Quecksilberdampf-Stromrichter bereits beschrieben wurde. Ferner ist für jede Station noch ein Anfahrzündschrank für die Inbetriebnahme der Anlage vorhanden. Um mit der Gesamtanlage in Betrieb zu gehen, werden in der Gleich- und Wechselrichteranlage je zwei Stromrichter gleichzeitig gezündet. Dadurch entsteht über die Transformatoren und Kabel ein geschlossener Stromkreis, und es können die Schwingungen vermieden werden, die beim Einschalten von schwachbelasteten Kabeln über Drosselspulen auftreten. Besondere Sicherheitseinrichtungen sind vorgesehen, um Störungen schnell begegnen zu können. Beim Auftreten von Rückströmen wird die Zündung der Stromrichter selbsttätig abgeschaltet, ebenso wenn ein Lücken des Hauptstromes auftritt, und auch bei Überströmen und Überspannungen, ähnlich wie bei Quecksilberdampf-Stromrichtern mit Hilfe der Gittersteuerung. Auf der Wechselrichterseite wurde noch eine Einrichtung zur Kurzschlußfortschaltung angebracht, womit nach einer Abschaltdauer von 8 Per ein selbsttätiges Wiederhochfahren der Gesamtanlage erfolgt. Einen Eindruck vom Aufbau der Gleichrichteranlage dieser Versuchsübertragung vermittelt Abb. 112, S. 165. Hinter den Stromrichtern sind Kondensatoren zu sehen, die zur Abflachung des Anstieges der Sperrspannung dienen. Die Anlage ermöglichte einen Betrieb mit voller Leistung, und die vorgesehenen Regel- und Schutzeinrichtungen haben einwandfrei gearbeitet. Infolge der geringen Länge des Übertragungskabels von nur etwa 5 km ergibt sich aus dessen Kapazität und der Induktivität der Gleichstromglättungsdrosseln eine Eigenfrequenz von etwa 300 Per/s, so daß die Welligkeit je nach Lage der Zündzeitpunkte verhältnismäßig hohe Werte erreicht. Die Welligkeit konnte durch Parallelschalten von Kapazitäten, die die Gesamtkapazität auf den doppelten Wert erhöhten, wirksam vermindert werden, ebenso die Gefahr, daß der Strom in den Lichtbogenstromrichtern durch die überlagerten Schwingungen unterbrochen wird. Bei den großen Kabellängen, wie sie für Großkraftübertragungen erforderlich sind, dürften diese Erscheinungen kaum auftreten.

Auch eine Überwachungseinrichtung zur Einhaltung des für die Kommutierung des Wechselrichters erforderlichen Sicherheitswinkels wurde eingebaut, um ähnlich wie bei Quecksilberdampf-Stromrichtern die Einhaltung der Trittgrenze sicherzustellen. Die geplante Aufstellung von Hilfsstromrichtern zur künstlichen Kommutierung in der Station Misburg konnte nicht mehr verwirklicht werden.

Eine Großanlage von 150 MW und eine Gleichspannung von 300 kV war als letzte Versuchsstufe im Bau. Sie sollte an die 220 kV-Drehstromsammelschiene des Unterwerkes Hallendorf angeschlossen und mit sechs Lichtbogenstromrichtern mit sechs Teilstrecken ausgerüstet werden. Mit je drei Lichtbogenstromrichtern als Gleich- und Wechselrichter geschaltet war ein Kreisbetrieb geplant.

IX. Anordnung der Stromrichterstationen.

Der Entwurf der Stromrichterstationen wird meist durch die örtlichen Gegebenheiten beeinflußt werden und von der Gesamtleistung und Höhe der Übertragungsspannung abhängig sein. Ist man in der Grundfläche nicht zu beschränkt, so ergeben sich günstige Lösungen, wenn man die Stromrichter auf isolierten Plattformen nebeneinander aufstellt; bei sehr hohen Übertragungsspannungen — etwa über 600 kV — kann es mit Rücksicht auf eine größere Zahl in Reihe geschalteter Gefäße auch vorteilhaft sein, sie in einzelnen Stockwerken übereinander anzuordnen. Erstausführungen wird man nicht einen sonst erstrebenswerten Mindes'aufwand zugrunde legen, sondern die Stromrichterwerke etwas reichlicher bemessen und Betriebserfahrungen zur weiteren Ausgestaltung heranziehen, nicht zuletzt bei Erweiterungen der Anlagen, für die meist ohnehin ein stufenweiser Aufbau in Frage kommt.

Da der Betrieb der Quecksilberdampf-Stromrichter an verhältnismäßig enge Grenzen hinsichtlich Temperaturhaltung gebunden ist, wird man die Stromrichter auf alle Fälle in einem geschlossenen Bau unterbringen müssen, ebenso wie ihre Kühleinrichtungen, die Steuerungen und Warte. Alle übrigen Geräte werden nach den Grundsätzen der Drehstromübertragung als Freiluftgeräte vorgesehen.

Die Anordnung eines Stromrichterblocks für 200 MW, 2×225 kV Leerlaufspannung für Betrieb mit geerdeter Mitte und Einanodengefäßen in Brückenschaltung zeigt nach einem Entwurf der SSW Abb. 197. An jeden Freilufttransformator von 60 MVA ist eine aus sechs Einanodenstromrichtern gebildete Brückenschaltung angeschlossen. Durch Stern-Dreieck-Schaltung der Transformatoren ergibt sich eine zwölfphasige Netzrückwirkung. Vor die beiden Stromrichtertransformatoren einer Anlagenhälfte ist ein Regelumspanner geschaltet, der ebenfalls für Freiluftaufstellung vorgesehen ist. Für die dargestellte Gleichrichterstation wird man mit einer zwölfphasigen Ausführung auskommen. Falls eine Energieübertragung nach beiden Richtungen stattfinden soll, wäre noch vor den beiden Regelumspannern ein Phasenschwenktransformator vorzusehen, um die bei Wechselrichterbetrieb zunächst empfehlenswerte 24phasige Schaltung herzustellen. Wenn man, gestützt auf die bisherigen Versuchsresultate, die Entwicklung der Stromrichtergefäße zuversichtlich beurteilt, wird sich ein solcher 200 MW-Stromrichterblock mit 24 Einanodengefäßen verwirklichen lassen. Es scheint durchaus im Bereich des Erreichbaren zu liegen, Gefäße für 500 A herzustellen und die Spannungsfestigkeit mit potentialgesteuerten Zwischenelektroden zu erreichen.

Für den Entwurf wurde angenommen, daß eine Reihe von 100 kV-Drehstromleitungen den 200 MW-Stromrichterblock speist. Jede der ankommenden Drehstromleitungen ist über Trennschalter und Hochleistungsschalter mit einem 100 kV-Drehstrom-Doppelsammelschienensystem, das einen Kuppelschalter enthält, verbunden. Jeder Regelumspanner mit den zugehörigen Stromrichtertransformatoren wird an das Drehstrom-

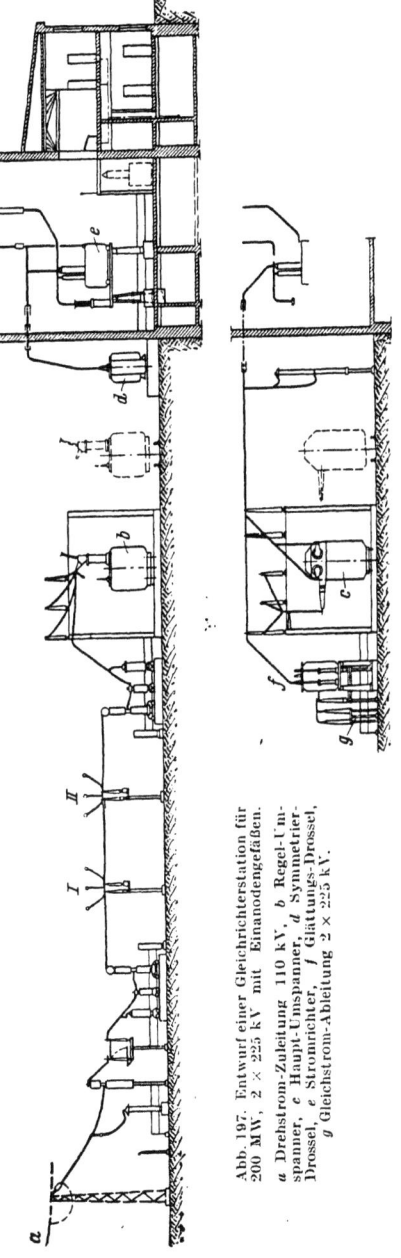

Abb. 197. Entwurf einer Gleichrichterstation für 200 MW, 2 × 225 kV mit Einanodengefäßen.
a Drehstrom-Zuleitung 110 kV, b Regel-Umspanner, c Haupt-Umspanner, d Symmetrier-Drossel, e Stromrichter, f Glättungs-Drossel, g Gleichstrom-Ableitung 2 × 225 kV.

Doppelsammelschienensystem über einen 100 kV-Hochleistungsschalter angeschlossen. Die Stromrichtergefäße sind auf einer durch Stützer isolierten Plattform im Stromrichterhaus aufgestellt, das eine Breite und Höhe von je etwa 12 m besitzt. Die Symmetrierdrossel für die beiden Hälften jeder Stromrichtergruppe, ebenso die vor den abgehenden Gleichstromkabeln liegenden Glättungsdrosseln sind entlang der Außenwand des Stromrichterhauses untergebracht. Das Stromrichterhaus ist zur Aufnahme der Kühlleitungen für die Stromrichter und der Rückkühler sowie der Kabel unterkellert. In einem Anbau in der Höhe der Stromrichtergefäße sind die Warte mit den zugehörigen Relaistafeln, darunter die Eigenbedarfsanlage sowie verschiedene Nebenräume zu sehen. Der Anbau enthält auch eine ausreichende Werkstatt, so daß Stromrichtergefäße geöffnet und nachgesehen werden können. Bei Anlagen dieser Größe und Bedeutung wird man auch Platz für einige Reservegefäße, die leicht einsetzbar sind, vorsehen. Der Entwurf dürfte zeigen, daß im Rahmen von Hochleistungsübertragungen der bauliche Aufwand, den die Stromrichter selbst erfordern, keine ins Gewicht fallende Rolle spielt. Die bauliche Anordnung läßt auch leicht eine Erweiterung zu. Immerhin würde z. B. eine notwendige Verdoppelung der Gefäße die Anlagekosten der Stromrichterstation, nicht zuletzt infolge des erhöhten Aufwandes an Zusatzgeräten und Schaltverbindungen, kostenmäßig und hinsichtlich Wartung und Betriebsführung zusätzlich belasten, so daß das Bestreben der Stromrichtertechnik, Gefäße möglichst hoher Leistungsfähigkeit herzustellen, verständlich wird. Bei noch höheren Übertragungsspannungen und der dann notwendigen mehrfachen Reihenschaltung von Stromrichtergefäßen kann, wie erwähnt, bei beschränkter zur Verfügung stehender Grundfläche die Anordnung

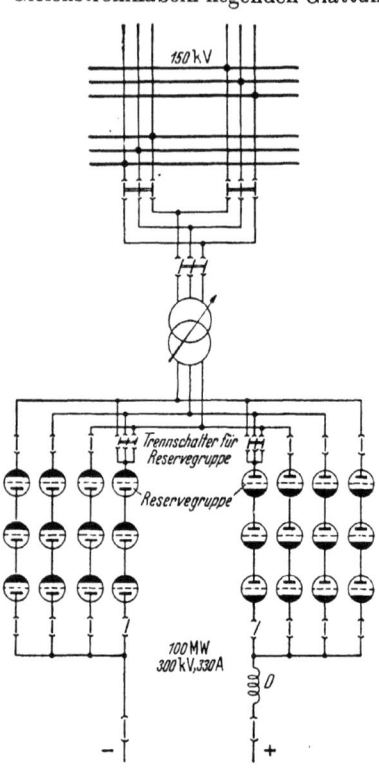

Abb. 198. Schaltung einer Stromrichterstation nach BBC für 100 MW, 300 kV mit in Reihe geschalteten Stromrichtergefäßen.

der Gefäße in übereinanderliegenden Stockwerken eine günstige Lösung ergeben. P. LAUENER hat einen Entwurf von BBC einer Gleichrichterstation für 100 MW, 300 kV, $J_G = 330$ A beschrieben. Dabei werden je Phase drei Gefäße in Reihenschaltung vorgesehen, die jeweils drei parallel geschaltete Anoden besitzen, für den Stromrichterblock also insgesamt 18 Gefäße. Die Schaltung zeigt Abb. 198. An die 150 kV-drehstromgespeiste Doppelsammelschiene ist über einen Trennschalter und einen Hochleistungsschalter der Transformator der Stromrichtergruppe angeschlossen. Mit Rücksicht auf die Größe der Leistung und aus Gründen der Reservehaltung wird der Stromrichtertransformator aus Einphaseneinheiten gebildet und als Regeltransformator mit Stufenschaltern vorgesehen. Alle Geräte mit Ausnahme der Stromrichter und Warte sind wieder für Freiluftaufstellung bestimmt.

Für die 18 Betriebsgefäße sind zur Reservehaltung zweimal drei Gefäße angeordnet, die über Trennschalter an Stelle eines zur Überholung herausgenommenen Betriebsgefäßes eingesetzt werden können. An sich dürften hierfür drei Gefäße ausreichend sein, aus Gründen des symmetrischen Aufbaues der Anlage wurde Raum für sechs Reservegefäße geschaffen. Wie aus der Anordnung Abb. 199 hervorgeht, sind im Stromrichterhaus vier Stockwerke vorhanden, im obersten sind die Reservegefäße untergebracht. Die Stromrichter mit ihren Hilfseinrichtungen sind isoliert auf einem Podium aufgestellt. Die zur gleichmäßigen Stromaufteilung auf die drei parallel arbeitenden Anoden eines Gefäßes erforderlichen Anodendrosseln sind über den Gefäßen an einer Isolatorenkette aufgehängt. Für die Kühlung der Stromrichter sind in jedem Stockwerk rechts die notwendigen Ventilatoren und Rückkühler für je drei Gefäße untergebracht. Die Kühlluft wird im Kreislauf durch Kanäle den Gefäßen zu- bzw. von ihnen abgeleitet. Für jeden Stromrichter ist der Kühlluftweg gleich groß, so daß eine gleichmäßige Verteilung der Kühlluft auf die drei Gefäße erreicht wird. Wird bei einer Überholung eine Stromrichterreihe abgeschaltet, so kann auch die Kühlanordnung außer Betrieb gesetzt werden. Einzelheiten der Gesamtanordnung können der Raumskizze entnommen werden. Auch dieser Entwurf weist eine klare Trennung zwischen Drehstrom- und Gleichstromseite sowie eine übersichtliche Leitungsführung auf.

Links am Gebäude befindet sich ein Aufzug, mit dem ein Rollwagen in jedes Stockwerk eingefahren werden kann. In jedem Stockwerk ist in der Mitte ein Gleis angeordnet, auf dem der Rollwagen zu der Plattform jedes Gefäßes gebracht werden und mit dessen Hilfe für eine Überholung ein Stromrichter in die Montagewerkstatt gefahren werden kann. Die Montagewerkstatt, Warte-, Aufenthalts- und Lagerräume sind wieder an einer Längsseite des Stromrichterhauses angebaut. Die Wechselrichterstation wird man gleichartig anlegen, nur ist für die Synchron-

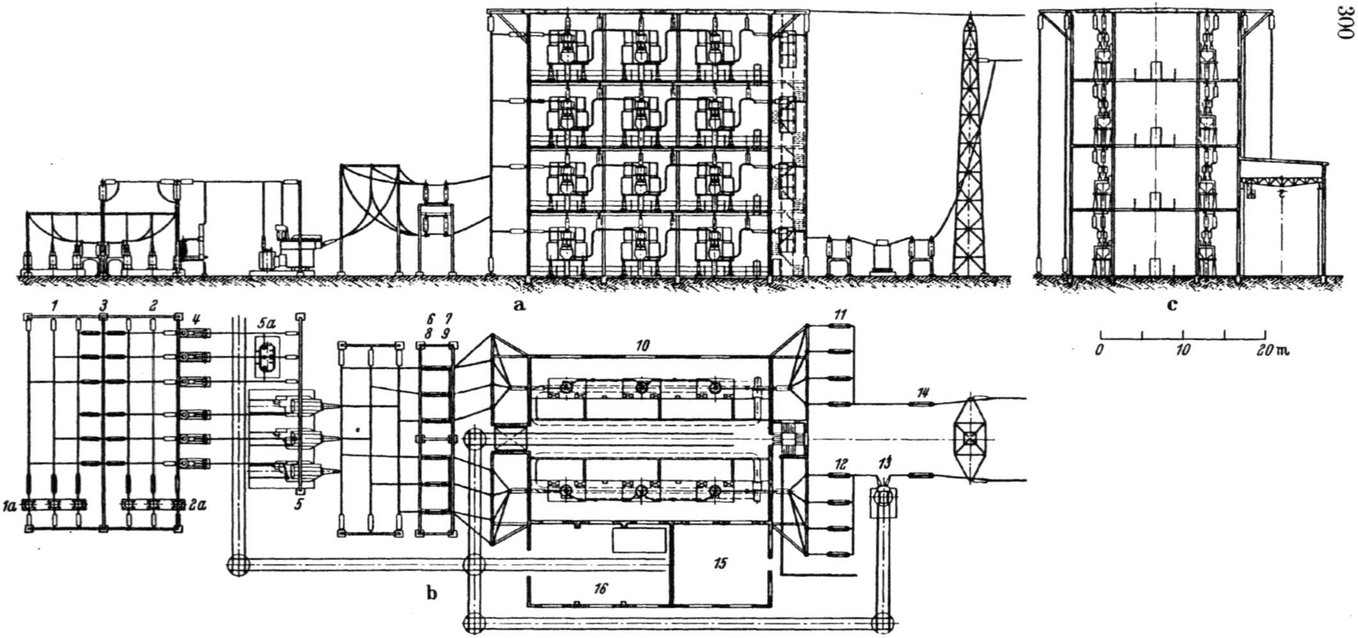

Abb. 199. Entwurf von BBC für eine Stromrichterstation nach der Schaltung Abb. 198.

1 und *2* Drehstromdoppelsammelschiene, *1a* und *2a* Spannungswandler, *3* Trennschalter, *4* Druckluftschalter, *5* Stromrichtertransformator, *5a* Hilfstransformator, *6*, *7*, *8*, *9* Trennschalter, *10* Stromrichter, *11* und *12* Trennschalter gleichstromseitig, *13* Glättungsdrossel, *14* Trennschalter für die Gleichstromleitung, *15* Kommandoraum, *16* Montagehalle.

blindleistungsmaschinen gegebenenfalls in Verbindung mit Kondensatoren einschließlich der Steuer- und Schaltanlagen der nötige Raum vorzusehen.

Der hier behandelte Entwurf ist so gewählt, daß bei Erweiterung um eine zweite 100 MW-Gruppe und Betrieb mit geerdeter Mitte auf eine Übertragungsspannung von 600 kV übergegangen werden kann. Diese Anordnung hat, wie bereits ausgeführt, den Vorteil, daß die Isolation für 300 kV Betriebsspannung gegen Erde trotz der endgültigen Außenleiterspannung von 600 kV sowohl für den ersten als auch den zweiten Ausbau ausreicht. Die Isolation ist somit etwa entsprechend Reihe 220 bei Drehstrom zu wählen.

Schrifttumsverzeichnis.

Bücher.

BURGER, O.: Berechnung von Gleichstrom-Kraftübertragungen. Berlin: Springer 1932.

v. ENGEL, A. u. M. STEENBECK: Elektrische Gasentladungen. Berlin: Springer 1932.

GLASER, A. u. K. MÜLLER-LÜBECK: Theorie der Stromrichter, Bd. I. Berlin: Springer 1935.

MARTI-WINOGRAD: Stromrichter. München: R. Oldenbourg 1933.

MARX, E.: Lichtbogenstromrichter für sehr hohe Spannung und Leistungen. Berlin: Springer 1932.

RÜDENBERG, R.: Elektrische Hochleistungsübertragung auf weite Entfernung. Vorträge von R. Rüdenberg, K. Pohlhausen, A. Mandl, E. Friedländer, A. Rachel, H. Piloty und A. Matthias. Berlin: Springer 1932.

TIAMSCHEFF, A.: Stabilität elektrischer Drehstromkraftübertragungen. Berlin: Springer 1940.

I. Das grundsätzliche Verhalten einer Gleichstromübertragung mit Stromrichtern.

GLASER, A. u. K. MÜLLER-LÜBECK: Theorie der Stromrichter, Bd. I. Berlin: Springer 1935.

STÖHR, M.: Technische Grundlagen der elastischen Kupplung von Wechselstromnetzen mittels gesteuerter Entladungsgefäße. Arch. Elektrotechn. Bd. 36 (1932) S. 143.

II. Regelung der Übertragung bei langsam verlaufenden Änderungen der Betriebsgrößen.

EHRENSBERGER, CH.: Einige Gegenüberstellungen der Energieübertragung mit Drehstrom oder Gleichstrom und die technisch reife Lösung der Gleichstromübertragung. BBC-Mitt. Bd. 32 (1945) S. 284. — Betriebsfragen bei der Gleichstrom-Hochspannungsübertragung der Zukunft. BBC-Mitt. Bd. 32 (1945) S. 322.

LAMM, U.: Mercury Arc Converter Stations for High Voltage DC-Power Transmission. Cigré Bericht 1946 Nr. 133.

III. Über die Stabilität eines Drehstromnetzes, das durch einen Wechselrichter gespeist wird.

LEONHARD, A.: Frequenz und Spannungsverhältnisse in einem durch Wechselrichter gespeisten Drehstromnetz. Elektrotechn. u. Masch.-Bau Bd. 60 (1942) S. 494. — Spannungs-, Frequenz- und Leistungsregelung bei Hochleistungsübertragung mit Gleichstrom. Elektrotechn. u. Masch.-Bau Bd. 61 (1943) H. 1/2.

BRÜCKNER, P.: Blindleistungserzeugung und -Regelung in wechselrichtergespeisten Drehstromnetzen. ETZ Bd. 69 (1948) S. 52.

Schrifttumsverzeichnis. 303

IV. Schaltung der Gleich- und Wechselrichter.

DEMONTVIGNIER: Essai d'une théorie de l'ionisation residuelle dans l'arc à mercure. Consequences pratiques sur le fonctionnement des redresseurs. Rev. gén. Electr. Bd. 49 (1941) S. 239.

KERN, E.: Die Schaltung der Transformatoren für die Gleichstrom-Hochspannungsübertragung. BBC-Mitt. Bd. 28 (1941) S. 314.

WASSERRAB, TH.: Die Drehstrom-Brückenschaltung für Stromrichter. Elektrotechn. u. Masch.-Bau Bd. 59 (1941) S. 3.

V. Stromrichter.

SCHIESSER, M.: 25 Jahre Brown-Boveri-Mutator. BBC-Mitt. Bd. 25 (1938) S. 83.

GAUDENZI, A.: Die Hochvakuum-Mutatoren für Gleichstromübertragung. BBC-Mitt. Bd. 18 (1931) S. 319.

HAHN, W.: Hochspannungs-Eisenstromrichter für Sendeanlagen. Siemens-Z. Bd. 18 (1938) H. 6.

KELLER, H.: Der Hochleistungs-Mutator für Gleichstrom-Übertragung. BBC-Mitt. Bd. 28 (1941) S. 322.

DÄLLENBACH, W.: Großgleichrichter ohne Vakuumpumpe. ETZ Bd. 55 (1934) S. 85.

BAUDISCH, K.: Umformer und Stromrichter. Elektrotechn. u. Masch.-Bau Bd. 49 (1941) H. 31/32, S. 349.

BOUWERS, A. u. A. KUNTKE: Ein Generator für 3 Millionen Volt Spannung. Z. techn. Phys. Bd. 18 (1937) S. 211.

KLUGE, W.: Leistungsgrenzen der Glühkathoden-Stromrichtgefäße. ETZ Bd. 63 (1942) S. 201.

LAMM, U.: Einige Fragen der Stromkreise bei der Hochleistungsübertragung mit Gleichstrom hoher Spannung. Asea's Tidn. Bd. 25 (1933) S. 201. — Mercury Arc Converter Stations for High Voltage DC-Power Transmission. Cigré-Ber. 1946, Nr. 133. — Grundlegende Probleme bei Übertragungen mit Gleichstrom hoher Spannung. Tekn. T. Bd. 77 (1947) S. 307.

MARTI, O. K.: Les Redresseurs de Puissance à Vapeur de Mercure. Cigré Ber. 1946, Nr. 114.

SLEPIAN, J. u. L. R. LUDWIG: A new method initiating the cathode of an arc. AJEE Trans. Bd. 52 (1933) S. 693.

STEINER, H. C., J. L. ZEHNER, u. H. E. ZUVER: Pentrode Ignitron for Electronic Power Converters. AJEE Trans. Bd. 63 (1944) S. 693.

V. BERTELE, H. u. TH. WASSERRAB: Umschaltschwingungen in Stromrichteranlagen. Elektrotechn. u. Masch.-Bau Bd. 60 (1942) S. 332.

HOCHRAINER, A.: Schwingungen bei Gleichrichtern. Elektrotechn. u. Masch.-Bau Bd. 61 (1943) S. 372.

DOUMA, T. J.: Spannungsstöße in Gleichrichtern. Philips techn. Rdsch. Bd. 9 (1947) S. 135.

BRYNHILDSEN, C.: Der heutige Aufbau des Mutators für die Gleichstrom-Hochspannungsübertragung. BBC-Mitt. Bd. 32 (1945) S. 318.

KELLER, H.: Neue Resultate machen die Gleichstrom-Hochspannungsübertragung mit Mutatoren reif für den Bau einer ersten Anlage. BBC-Mitt. Bd. 32 (1945) S. 310.

WARD, J. W.: Large Rectifier Station Practice. Operation in Aluminum Plants. El. Engng. Bd. 66 (1947) S. 958.

TRÖGER, R.: Entstehung der 440-kV-Gleichstrom-Hochspannungsübertragung „Elbe—Berlin". ETZ Bd. 69 (1948) S. 261.

MARX, E.: Gleichrichtung sehr hoher Wechselspannungen. ETZ Bd. 51 (1930) S. 1089.
BUCHWALD, H.: Über Lichtbogenstromrichter für sehr hohe Spannungen nach Marx. Elektrotechn. u. Masch.-Bau Bd. 50 (1932) S. 553.
GÖSCHEL, H.: Lichtbogenstromrichter für die Gleichstromfernübertragung. Z. VDI Bd. 79 (1935) S. 291.
MARX, E. u. H. BUCHWALD: Weiterentwicklung der Lichtbogenventile. ETZ Bd. 55 (1934) S. 861.
BUCHWALD, H.: Der Marx-Stromrichter. Z. VDI Bd. 78 (1934) S. 737.
MARX, E.: Hochspannungs-Lichtbogenstromrichter in strömendem Gas. Cigré Bericht 1935, Nr. 308.
BUCHWALD, H.: Lichtbogenzündung beim Marx-Stromrichter. Z. VDI Bd. 79 (1935) S. 524.
MEYER, H. W.: Die Sperrspannung des Marxschen Lichtbogenstromrichters neuer Bauart. Diss., T. H. Braunschweig 1935.
MARX, E.: Eine Ersatzschaltung für die Prüfung von Hochleistungsventilen und Hochleistungsschaltern. ETZ Bd. 57 (1936) S. 583. — Prüfung von elektrischen Ventilen mit zwei verschiedenen Stromquellen. ETZ Bd. 60 (1939) S. 1119. — Stromrichter mit beliebig veränderlichem Leistungsfaktor. ETZ Bd. 59 (1938) S. 357.

VI. Leitungen.

SCHERBIUS, A.: Gesichtspunkte für den Vergleich von Energieübertragungen mit Hochspannungs-Gleichstrom und Wechselstrom. ETZ Bd. 44 (1923) S. 657.
THURY, R.: Kraftübertragung auf große Entfernung durch hochgespannten Gleichstrom. ETZ Bd. 51 (1930) S. 114.
GOSEBRUCH, W.: Kraftübertragung auf große Entfernung bei verschiedenen Stromarten. ETZ Bd. 52 (1931) S. 689. — Die Aussichten der Gleichstrom-Kraftübertragung. ETZ Bd. 53 (1932), S. 453.
PILOTY, H.: Wirtschaftlichkeit der Drehstrom- und Gleichstromübertragung in „Elektrische Hochleistungsübertragung". Herausgegeben von R. Rüdenberg. Berlin: Springer 1932.
SCHJÖLBERG-HENRIKSEN, E.: Transmission d'énergie électrique par courant continu à de très haute tension. Cigré Bericht 1933, Nr. 25.
RÜDENBERG, R.: Vergleich der Hochspannungsübertragung durch Drehstrom und Gleichstrom. Bull. JRE 1939, S. 680.
STRIGEL, R.: Vergleichende Untersuchungen über Gleich- und Wechselspannungskorona an Doppelleitungen. Wiss.Veröff. Siemens-Werke Bd. XV/1 (1936) S. 68.
PRINZ, H.: Korona auf Freileitungen in „Fortschritte der Hochspannungstechnik", S. 260. Leipzig: Akad. Verlagsges. 1944.
HENNING, B.: Die Koronaverluste und Radiostörungen bei Hochspannungs-Energieübertragung. Tekn. T. Bd. 77 (1947) S. 303.
MATTHIAS, A.: Kraftübertragung mit hochgespanntem Gleichstrom. ETZ Bd. 56 (1935) S. 601.
RACHE, A.: Die technisch-wirtschaftliche Seite der Gleichstrom-Hochspannungsübertragung. Elektrizitätswirtsch. Bd. 34 (1935) S. 717.
BUSEMANN, S.: H.V. D.C. Transmission. El. Tms. Bd. 111 (1947) S. 36.
EHRENSPERGER, CH.: Der Vergleich der Wirtschaftlichkeit der Energieübertragung auf weite Entfernungen mit Drehstrom und mit Gleichstrom. BBC-Mitt. Bd. 28 (1941) S. 249. — Probleme der Gleichstrom-Energieübertragung bei sehr großen Leistungen und Distanzen und der wirtschaftliche Vergleich zwischen der Fernübertragung mit Drehstrom und Gleichstrom. Bull. schweiz. elektrotechn. Ver. Bd. 33 (1942) S. 145.

VÖGELI, R.: Freileitungen und ihre Kosten. BBC-Mitt. Bd. 28 (1941) S. 279. — Freileitungsbau für Drehstrom und Gleichstrom für die Übertragung großer Leistungen. Bull. schweiz. elektrotechn. Ver. Bd. 33 (1942) S. 185.

EHRENSPERGER, CH.: Einige Gegenüberstellungen der Energieübertragung mit Drehstrom oder Gleichstrom und die technisch reife Lösung der Gleichstromübertragung. BBC-Mitt. Bd. 32 (1945) S. 284. — High Voltage D. C. Transmission. Cigré Bericht 1946, Nr. 103.

BORGQUIST, W.: High Voltage DC-Power Transmission. Cigré Bericht 1946, Nr. 132. — Recent Research and Development Work in Sweden on high Voltage AC and DC Power Transmission. I. Instn. electr. Engrs. Bd. 95 (1948) S. 157.

GIESBERS, H.: Energieübertragung mittels hochgespanntem Gleichstrom. Der Ingenieur Bd. 62 (1947) Nr. 25.

BUSEMANN, F.: Les transmissions d'énergie à haute tension en courant continu du point de vue des études de réseaux importants. Cigré Bericht 1948, Nr. 403.

LÖBL, O.: Gleichstromübertragung. Jubiläumsheft des RWE „Großraum-Verbundwirtschaft" 1948.

MENGE, A.: Die Energieversorgung des mitteleuropäischen Raumes durch hochgespannten Gleichstrom. ETZ Bd. 64 (1943) S. 37.

OLLENDORFF, E.: Erdströme. Springer: Berlin 1928.

POHLHAUSEN, K.: Grundlagen der Bemessung von Starkstromerdern. VDE-Fachberichte Bd. 2 (1927) S. 19.

HÄBERLI, F.: Die Erde als Stromleiter bei Fernübertragungen. BBC-Mitt. Baden Bd. 79 (1941) S. 303.

LUNDHOLM, R.: The Experimental Sending D C Through The Earth in Sweden. Cigré Bericht 1946, Nr. 134.

SÖDERBAUM, C. E., J. BECKINS u. M. BÖCKMANN: Gleichstromübertragung mit Rückleitung durch die Erde. Teil A. Die Elektroden. Cigré Bericht 1948, Nr. 401.

HELD, CH. u. H. W. LEICHSENRING: La résistance des câbles à haute tension aux ondes de choc. Cigré Bericht 1939, Nr. 207.

HANFF, F., G. HOSSE u. W. DEISINGER: Aluminium als Baustoff für Kabelmäntel. Siemens-Z. Bd. 19 (1939) S. 357.

DOMENACH, L.: Possibilités offertes par les câbles souterrains et sousmarins pour le transport de l'énergie en courant alternatif et continu à très haute tension. Rev. gén. Electr. Bd. 53 (1943) S. 67 — E.T.H. D.C. Câbles. Cigré Bericht 1946, Nr. 111.

HANSSON, B. u. B. BJURSTRÖM: Cables for High-Tension D. C. Transmission. Cigré Bericht 1946, Nr. 131.

MÜLLER, P. u. R. BERNARD: Gleichstrom-Hochspannungskabel. BBC-Mitt. Bd. 32 (1945) S. 296.

VII. Das Schaltproblem.

RÜDENBERG, R.: Schaltvorgänge. 3. Aufl. Berlin: Springer 1933.

GAUDENZI, A.: Die Hochvakuum-Mutatoren für Gleichstromübertragungen. BBC-Mitt. Bd. 28 (1941) S. 319.

WILLIS, C. H.: Harmonic Commutation for Thyratron Inverters and Rectifiers. GEC Rev. Bd. 35 (1932) S. 633.

KOPPELMANN, F.: Der Kontaktumformer. ETZ Bd. 64 (1943) S. 3.

ROLF, E.: Fortschritte auf dem Gebiete des Kontaktumformers. Frequenz Bd. 1 (1947) S. 2.

MARX, E.: Stromrichter mit beliebig veränderlichem Leistungsfaktor. ETZ Bd. 59 (1938) S. 357.

FREGE, CH: Blindleistungs-Stromrichter. Diss. T. H. Braunschweig 1941.

CHEVALLEY, P., E. EICHENBERGER u. CH. EHRENBERGER: Leistungsschalter für hohe Gleichspannung. BBC-Mitt. Bd. 32 (1945) S. 298.

VIII. Versuchsanlagen.

WILLIS, C. H., B. D. BEDFORD u. F.R. ELDER: Power Transmission by Direct Current. GEC Rev. Bd. 39 (1936) S. 220.

STÖHR, M.: Vergleich zwischen Konstantspannungs- und Konstantstromsystem bei der Gleichstrom-Hochspannungsübertragung. VDE Fachberichte Bd. 13 (1938) S. 6.

TRÖGER, R.: Entstehung der 440-kV-Gleichstrom-Hochspannungsübertragung „Elbe—Berlin". ETZ. Bd. 69 (1948) S. 261.

EGLHOFF, P.: Die erste 50000 Volt-Gleichstrom-Energieübertragung mit Mutatoren. BBC-Mitt. Bd. 26 (1939) S. 290.

KERN, E.: Die Gleichstrom-Kraftübertragung Wettingen—Zürich auf der Schweizerischen Landesausstellung. Bull. schweiz. elektrotechn. Ver. Bd. 30 (1939) S. 481.

KELLER, H.: Neue Resultate machen die Gleichstrom-Hochspannungsübertragung mit Mutatoren reif für den Bau einer ersten Anlage. BBC-Mitt. Bd. 32 (1945) S. 310.

LAMM, U.: Mercury Arc Converter Stations for High Voltage D. C. Power Transmission. Cigré Bericht 1946, Nr. 133.

BÖHLAU, W.: Gleichstromkraftübertragung unter Verwendung von Lichtbogenkammern. Elektrizitätswirtsch. Bd. 32 (1933) S. 45.

MARX, E.: Probebetrieb eines Lichtbogenventils für große Durchgangsleistung im Kraftwerk Zschornewitz der Elektrowerke AG. ETZ Bd. 54 (1933) S. 396.

ERK, A.: Versuchsanlagen für die Gleichstromhochspannungs-Übertragung unter Verwendung von Hochdrucklichtbogen-Ventilen nach Marx. Bull. schweiz. elektrotechn. Ver. Bd. 38 (1947) S. 295.

IX. Anordnung der Stromrichterstationen.

LAUENER, P.: Disposition einer Endstation für Gleichstromübertragung. BBC-Mitt. Bd. 32 (1945) S. 306. — Disposition einer Endstation für Hochspannungsfernübertragung. BBC-Mitt. Bd. 28 (1941) S. 325.

LAMM, U.: Mercury Arc Converter Stations for High Voltage D. C. Power Transmission. Cigré Bericht 1946, Nr. 133.

Literatur über Drehstrom-Hochleistungsübertragung.

RÜDENBERG, R.: Das Verhalten elektrischer Kraftwerke und Netze beim Zusammenschluß. ETZ Bd. 50 (1929) S. 79. — Die Hauptprobleme der Weitübertragung elektrischer Energie. Z. VDI Bd. 76 (1932) S. 649.

RISSIK, H.: The Future of Alternating Current Power Transmission. Engineering Bd. 136 (1933) S. 39.

WANGER, W.: Probleme der Drehstromenergieübertragung bei sehr großen Leistungen und Distanzen. Bull. schweiz. elektrotechn. Ver. Bd. 33 (1942) S. 115.

WIST, E.: Energieübertragung auf große Entfernung. ETZ Bd. 65 (1944) S. 65.

WANGER, W.: Technical and Economic Aspects of the Transmission of Electrical Energy over Long Distances. J. Inst. electr. Engrs. Bd. 93 (1948) S. 340.

LEONHARD, A.: Die phasenschieberkompensierte Drehstromfernleitung. Z. f. Elektrotechn. Bd. 2 (1949) S. 1.

BAUDISCH, K. u. W. RAMBOLD: Starkstromkondensatoren in Einheitsbauweise und ihre Anwendung in Mittel- und Hochspannungsnetzen. Siemens-Z. Bd. 17 (1937) S. 641.

JOHNSON, A. A., R. E. MARBURY u. J. M. ARTHUR: Design and Protection of 10000 kVA Series Capacitor for 66 kV. Transmission Line. AJEE Trans. Bd. 67 (1948).

Schrifttumsverzeichnis. 307

MARKT, G. u. B. MENGELE: Drehstromübertragung mit Bündelleitern. Elektrotechn. u. Masch.-Bau Bd. 50 (1932) S. 293. — Die wirtschaftliche Bemessung der Bündelleiterleitungen. Elektrotechn. u. Masch.-Bau Bd. 53 (1935) S. 410.

v. MANGOLDT, W.: Elektrotechnische Grundlagen der Bündelleitung. SSW Druckschrift 1942, SGO Nr. 4520/1.1043. — Leistungsfähigkeit von Übertragungen mit Bündelleitungen. SSW Druckschrift 1942, SGO Nr. 4520/1.1043.

BÜRKLIN, A.: Bündelleitungen im Winter. SSW Druckschrift 1942, SGO Nr. 4520/1.1043.

MARKT, G. u. F. J. KROMER: Verlegung von Bündelleitungen. SSW Druckschrift 1942, SGO Nr. 4520/1.1043.

BUSEMANN, F. u. W. v. MANGOLDT: Koronaverhalten der Bündelleitung. SSW Druckschrift 1942, SGO Nr. 4520/1.1043.

LÄPPLE, H.: Neue Untersuchungen über die Wechselspannungskorona an Leitungsseilen. ETZ Bd. 65 (1944) S. 25.

PRINZ, H.: Korona bei Freileitungen. In: Fortschritte der Hochspannungstechnik Bd. I, S. 260. Leipzig: Akad. Verlagsges. 1944.

CAHEN, F. u. F. PÉLISSIER: L'emploi des conducteurs en faisceaux pour l'armement des lignes à très haute tension. Bull. Soc. franç. Electr. Bd. 8 (1948) Nr. 79 S. 111—160.

MARET, A.: Die Nullpunkterdung in Wechselstrom-Höchstspannungsnetzen. BBC-Mitt. Bd. 28 (1941) S. 294.

KOEPCHEN, A.: Das 400 kV-Projekt des Rheinisch-Westfälischen Elektrizitätswerkes. ETZ Bd. 69 (1948) S. 3.

ROSER, H.: Die technischen Probleme der Drehstromfernübertragung mit 400 kV. ETZ Bd. 69 (1948) S. 7. — The 500 kV-Tidd-Test-Project. El. Engng. Bd. 66 (1947) S. 1178.

LANGLOIS-BERTHELOT, R.: Les problèmes du transport massif de l'énergie électrique. Rev. gén. Electr. Bd. 53 (1943) S. 112.

AILLERET, P.: Position, sur le plan, du choix des tensions supérieures à 220 kV. Bull. schweiz. elektrotechn. Ver. 38 (1947). S. 719.

Sachverzeichnis.

Abschaltabschnitt 208.
Abschaltvorgang 17.
Anode 132 ff.
Aussteuerung, konstante, des Wechselrichters 47.

Blindleistung 38.
Blindleistungsaufwand 280.
Brennspannungsabfall 138.
Brückenschaltung 10, 116.
Bündelleiter 172.

Dämpfungsimpedanz 212, 220, 227, 233.
Dämpfungskreise 272.
Dämpfungswiderstand 213.
Drehregler 261.
Drehspulenstrommesser 271.
Drehstrom-Brücken-Reihenschaltung 95.
Drehstrom-Brückenschaltung 267, 291.
Drehstrom-Sternpunkt-Reihenschaltung 95.
Drosselspule 238.

Einphasentransformator (Alsthom) 284.
Energieerzeugung 1.
Entionisierung 238.
Erder 183.
Erdwiderstand, spezifischer 184.
Exitron 140.

Freileitungen 169.
Freiluftumspanner 266.
Frequenzhaltung 39.

Gefäße mit Dauererregung (Exitron) 140.
Gittersteuerung 144, 147, 260.
Gleichrichterschaltung 84 ff.
Gleichspannungsgenerator 196.
Gleichstrom-Konstantspannungsübertragung.
Gleichstromleitung 177.
Glühkathodengefäße 259.
Grenzgleichspannung 17.

Grenzwechselspannung 17.
Grenzzeit 250.

Hilfsanode 204.
Hochvakuumgefäße 202.

Ignitron 208.

Kabel 186 ff.
Kathode 141.
Kathodendrossel 8, 205.
Kommutierung 9, 34, 203.
Kommutierungskondensator 205, 207.
Kommutierungsspannung 204.
Kompoundierung 66.
Kondensatordrossel 206.
Kondensatorschalter 203, 207.
Koronafeldstärken 172.
Kreisschaltung 289.
Kühlkreis 145.
Kurzschluß-Fortschaltungseinrichtung 295.

Leitungswiderstand 19.
Lichtbogenstromrichter 158.
Lichtbogenstromrichter-Versuchsanlagen 292.

Massekabel 186.
Modellübertragung 259.

Ölkabel 186.
Ölrückkühlanlage 271.
Ohmscher Gleichspannungsabfall 9, 12.
Ohmsche Verbraucher 77.
Oszillogramm 268.

Parallelkondensatorschalter 209, 247.
Phasenschwingtransformator 297.
Prüffelder 261.

Quecksilberdampf-Höchstspannungsstromrichter 150.
Quecksilberdampf-Stromrichter 8, 123, 129.

Sachverzeichnis.

Regelkennlinien 279, 280.
Regler 282.
Reihenkondensatorschaltung 207, 209.
Reihenschaltung 152.
Rückzündung 291, 292.

Saugdrosselschaltung 10.
Schaltkondensator 208.
Schaltprobleme 200 ff.
Schaltwarte 272.
Schrittspannung 182.
Schwingungskreis 213, 242.
Sicherheitswinkel 30, 56 ff.
Spannungsabfall, induktiver 46.
Spannungsabsenkung 33, 275.
Spannungscharakteristik 7.
Spannungshaltung 40.
Sternpunktschaltung 87.
Steuerungsabfall 15.
Steuerwinkel 14.
Stichleitung (einer 400 kV-Übertragung) 212.
Stromrichter 123 ff.
Stromrichtergefäße 85.
Stromrichtergerüste 142.
Stromrichterstationen 270, 296.
Stromrichtertransformatoren 101.
Stromtore (Glühkathoden-) 127, 259.
Symmetrierdrossel 298.
Synchronmaschinen 70.

Takthaltung 70, 77.
Tiefenerder 182.
Transformator-Leerlaufspannung 23.
Trittgrenze 33.

Übernahmeabschnitt 217.
Überlappungswinkel 11.
Überlastungsfähigkeit 18, 21, 48, 52, 275, 277 ff.

Verschiebungsfaktor 78, 79.
Versuchsanlagen 258.
Versuchsübertragungen 264.
Vollastspannung 16.
Vorwiderstände 295.

Wasserwiderstand 271.
Wechselrichter 8, 33, 70.
Wechselrichterschaltung 84 ff.
Weitübertragungen 2.
Welligkeit 295.
Wirkleistung, konstante 38, 50, 51.
Wirkstrom, konstanter 50.

Zündpunktverlagerung 206.
Zündstiftgefäß 140.
Zündstiftsteuerung (Ignitron) 208.
Zündverfrühung 206.
Zündzeitpunkt, natürlicher 206.
Zwangskommutierung 203.
Zwischengitter 139.

Leipziger Druckhaus, Leipzig (M 115).
Gen.-Nr. 721/22/50.

Springer-Verlag / Berlin · Göttingen · Heidelberg

Fortleitung elektrischer Energie längs Leitungen in Starkstrom- und Fernmeldetechnik. Von Dr.-Ing. Werner zur Megede, Oberingenieur der Siemens-Schuckert-Werke A.G. Mit 87 Abbildungen. VIII, 163 Seiten. 1950. DMark 13.50

Praktische Stabilitätsprüfung mittels Ortskurven und numerischer Verfahren. Von Dr. Felix Strecker. Mit 101 Abbildungen. Etwa 224 Seiten.
Erscheint im Sommer 1950

Erdungen in Wechselstromanlagen über 1 kV. Berechnung und Ausführung. Von Dr.-Ing. Walther Koch. Mit 51 Abbildungen. VII, 85 Seiten. 1948. DMark 10.50

Schaltungsbuch für Gleich- und Wechselstromanlagen. Dynamomaschinen, Motoren und Transformationen. Lichtanlagen, Kraftwerke und Umformerstationen. Ein Lehr- und Hilfsbuch von Dipl.-Ing. Emil Kosack, Oberbaurat a. D., vorm. Direktor der Staatlichen Ingenieurschule in Hagen i. W. Sechste, durchgesehene Auflage. Mit 306 Abbildungen. XII, 216 Seiten. 1948. DMark 10.50

Elektrische Starkstromanlagen. Maschinen, Apparate, Schaltungen, Betrieb. Kurzgefaßtes Hilfsbuch für Ingenieure und Techniker und zum Gebrauch an technischen Lehranstalten. Von Dipl.-Ing. Emil Kosack, Oberbaurat a. D., vorm. Direktor der Staatlichen Ingenieurschule Hagen i. W. Elfte, durchgesehene Auflage. Mit 320 Textabbildungen. XII, 356 Seiten. 1950.
DMark 12.60; Ganzleinen DMark 15.—

Kurzes Lehrbuch der elektrischen Maschinen. Wirkungsweise, Berechnung, Messung. Von Rudolf Richter. Mit 406 Abbildungen im Text. XII, 386 Seiten. 1949. Ganzleinen DMark 25.50

Elektrische Maschinen. Von Rudolf Richter. Fünfter Band: Stromwendermaschinen für ein- und mehrphasigen Wechselstrom. Regelsätze. Mit 421 Textabbildungen. XIV, 642 Seiten. 1950. Ganzleinen DMark 49.50

Die Prüfung elektrischer Maschinen. Von Dr.-Ing. Werner Nürnberg, o. Professor, Berlin. Zweite, durchgesehene Auflage. Mit 219 Abbildungen. VIII, 355 Seiten. 1948. DMark 24.—

Zu beziehen durch jede Buchhandlung

Springer-Verlag / Berlin · Göttingen · Heidelberg

Elektrische Meßgeräte und Meßeinrichtungen. Von Albert Palm, Oberingenieur. Dritte, neubearbeitete Auflage. Mit 232 Abbildungen im Text und 7 Tafeln. XI, 284 Seiten. 1948. DMark 21.—

Elektrische Messung mechanischer Größen. Von Dr.-Ing. Paul M. Pflier. Dritte, erweiterte Auflage. Mit 308 Abbildungen. VI, 256 Seiten. 1948. DMark 30.—

Die Elektrotechnik und die elektromotorischen Antriebe. Lehrbuch für technische Lehranstalten und zum Selbstunterricht. Von Dipl.-Ing. Wilhelm Lehmann, Professor an der Staatlichen Berufspädagogischen Akademie Hannover. Vierte Auflage. Mit 828 Textabbildungen und 128 Beispielen. V, 377 Seiten. 1948. DMark 18.—

Einführung in die theoretische Elektrotechnik. Von K. Küpfmüller, Hon.-Professor an der Technischen Hochschule Berlin, Direktor der Siemens & Halske A.G. Dritte, verbesserte und erweiterte Auflage. Mit 378 Textabbildungen. VI, 357 Seiten. 1941 (Neudruck 1948). DMark 18.—

Einführung in die Theorie der Schwachstromtechnik. Von Dr. phil. Julius Wallot, Hon.-Professor an der Technischen Hochschule Karlsruhe. Mit 417 Textabbildungen. Fünfte, verbesserte Auflage. X, 458 Seiten. 1948. DMark 31.50; Halbleinen DMark 35.—

Elektrotechnisches Praktikum. Für Laboratorium, Prüffeld und Betrieb. Von Professor Dr.-Ing. Franz Moeller. Technische Hochschule Braunschweig. Mit 195 Abbildungen. VIII, 311 Seiten. 1949.
DMark 18.—; Halbleinen DMark 20.--

Abriß der Dauermagnetkunde. Von Dr.-Ing. Johannes Fischer, o. Professor an der Technischen Hochschule Karlsruhe. Mit 175 Abbildungen. VIII, 240 Seiten. 1949. DMark 36.—; Ganzleinen DMark 39.—

Ein einheitliches Motorwähler-Fernsprechsystem für Orts- und Fernverkehr. Von Max Langer, Berlin. Mit 48 Abbildungen im Text. IV, 124 Seiten. 1948. DMark 19.50

Zu beziehen durch jede Buchhandlung

If you have any concerns about our products,
you can contact us on
ProductSafety@springernature.com

In case Publisher is established outside the EU,
the EU authorized representative is:
**Springer Nature Customer Service Center GmbH
Europaplatz 3, 69115 Heidelberg, Germany**

Printed by Libri Plureos GmbH
in Hamburg, Germany